中 国 国 家 标 准 汇 编

2012 年修订-19

中国标准出版社　编

中国标准出版社

北　京

图书在版编目(CIP)数据

中国国家标准汇编:2012年修订.19/中国标准出版社编.—北京:中国标准出版社,2013.11
ISBN 978-7-5066-7251-1

Ⅰ.①中…　Ⅱ.①中…　Ⅲ.①国家标准-汇编-中国-2012　Ⅳ.①T-652.1

中国版本图书馆CIP数据核字(2013)第186468号

中 国 标 准 出 版 社 出 版 发 行
北京市朝阳区和平里西街甲2号(100013)
北京市西城区三里河北街16号(100045)

网址 www.spc.net.cn
总编室:(010)64275323　发行中心:(010)51780235
读者服务部:(010)68523946
中国标准出版社秦皇岛印刷厂印刷
各地新华书店经销

*

开本 880×1230 1/16　印张 31.5　字数 964 千字
2013年11月第一版　2013年11月第一次印刷

*

定价 220.00 元

出 版 说 明

1.《中国国家标准汇编》是一部大型综合性国家标准全集。自1983年起，按国家标准顺序号以精装本、平装本两种装帧形式陆续分册汇编出版。它在一定程度上反映了我国建国以来标准化事业发展的基本情况和主要成就，是各级标准化管理机构，工矿企事业单位，农林牧副渔系统，科研、设计、教学等部门必不可少的工具书。

2.《中国国家标准汇编》收入我国每年正式发布的全部国家标准，分为"制定"卷和"修订"卷两种编辑版本。

"制定"卷收入上一年度我国发布的、新制定的国家标准，顺延前年度标准编号分成若干分册，封面和书脊上注明"20××年制定"字样及分册号，分册号一直连续。各分册中的标准是按照标准编号顺序连续排列的，如有标准顺序号缺号的，除特殊情况注明外，暂为空号。

"修订"卷收入上一年度我国发布的、被修订的国家标准，视篇幅分设若干分册，但与"制定"卷分册号无关联，仅在封面和书脊上注明"20××年修订-1，-2，-3，……"字样。"修订"卷各分册中的标准，仍按标准编号顺序排列(但不连续)；如有遗漏的，均在当年最后一分册中补齐。需提请读者注意的是，个别非顺延前年度标准编号的新制定的国家标准没有收入在"制定"卷中，而是收入在"修订"卷中。

读者配套购买《中国国家标准汇编》"制定"卷和"修订"卷则可收齐由我社出版的上一年度我国制定和修订的全部国家标准。

3. 由于读者需求的变化，自1996年起，《中国国家标准汇编》仅出版精装本。

4. 2012年我国制修订国家标准共2 101项。本分册为"2012年修订-19"，收入新制修订的国家标准37项。

中国标准出版社

2013年7月

目　　录

ICS 13.110
J 09

中华人民共和国国家标准

GB/T 17889.1—2012
代替 GB/T 17889.1—1999

梯子　第1部分：术语、型式和功能尺寸

Ladders—Part 1: Terms, types, functional sizes

2012-05-11 发布　　2012-12-01 实施

中华人民共和国国家质量监督检验检疫总局
中国国家标准化管理委员会　发布

前　言

GB/T 17889《梯子》由以下4部分组成：

——第1部分：术语、型式和功能尺寸；

——第2部分：要求、试验和标志；

——第3部分：使用说明书；

——第4部分：带有单个或多个铰链的梯子。

本部分是GB/T 17889的第1部分。

本部分按照GB/T 1.1—2009给出的规则起草。

本部分代替GB/T 17889.1—1999《梯子　第1部分：术语、型式和功能尺寸》。

本部分对GB/T 17889.1—1999做了如下技术修改：

——修改了本部分的部分术语(见第3章,1999年版的第3章)；

——修改了单件倚靠式踏棍梯子的图示(见图22,1999年版的图23)；

——修改了分段式梯子的图示(见图23,1999年版的图24)；

——修改了倚靠式踏板梯子的图示(见图30,1999年版的图31)；

——增加了平台边缘防滑要求(见4.6)；

——增加了平台的图示(见图33)；

——增加了关于自立式踏板和踏棍梯子的要求(见4.7)。

本部分使用翻译法等同采用EN 131-1:2007《梯子　第1部分：术语、型式和功能尺寸》。为便于使用,本部分做了下列编辑性修改：

——删除了资料性附录A。

本部分由全国机械安全标准化技术委员会(SAC/TC 208)提出并归口。

本部分起草单位：镇江东方生物工程设备技术有限公司、天津市金锚集团有限责任公司、深圳市华测检测技术股份有限公司、南京林业大学光机电仪工程研究所、中机生产力促进中心。

本部分主要起草人：章金元、李杰、郭勇、居荣华、张晓飞、丁春华、李士森、李波、赵茂程、李勤、李春平、宁燕、孙松平、富锐、刘治永。

本部分所代替标准的历次版本发布情况为：

——GB/T 17889.1—1999。

梯子　第1部分:术语、型式和功能尺寸

1　范围

GB/T 17889 的本部分规定了梯子的术语和一般设计特征。

本部分适用于便携式梯子。

本部分不适用于梯凳,也不适用于设计用于专业用途的梯子,例如:屋顶梯子、消防用梯子、移动式梯子。

2　规范性引用文件

下列文件对于本文件的应用是必不可少的。凡是注日期的引用文件,仅注日期的版本适用于本文件。凡是不注日期的引用文件,其最新版本(包括所有的修改单)适用于本文件。

GB/T 17889.2　梯子　第2部分:要求、试验和标志

GB/T 17889.4—2012　梯子　第4部分:带有单个或多个铰链的梯子

3　术语和定义

下列术语和定义适用于本文件。

注:带有单个或多个铰链的梯子的术语和定义见 GB/T 17889.4。

表1　　单位为毫米

序号	术语	定义	图示
3.1	**梯子** ladder	包含有踏棍或踏板,可以供人上下的装置	
3.2	**便携式梯子** portable ladder	可以用手搬运和架起的梯子	
3.3	**移动式梯子** mobile ladder	借助移动支架将其搬运到使用场所的梯子	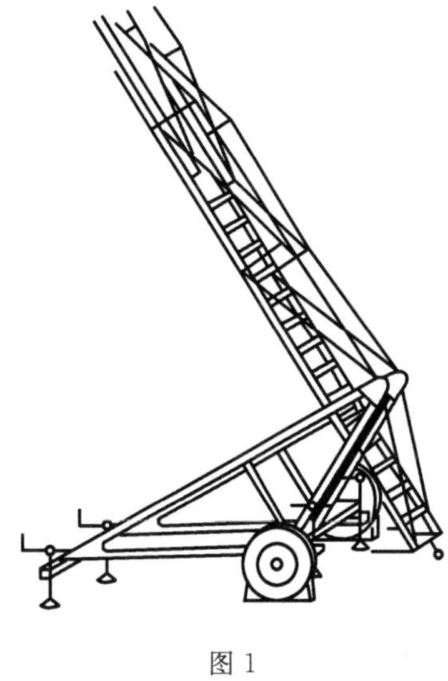 图1

表 1(续)

单位为毫米

序号	术语	定义	图示
3.4	**踏棍式梯子** rung ladder	带踏棍的便携式梯子，且踏棍站立面的前后宽度小于 80 mm	
3.5	**倚靠式踏棍梯子** leaning rung ladder	自身不带支架的踏棍式梯子	
3.6	**单件倚靠式踏棍梯子** one-piece leaning ladder	仅由一个梯段构成的倚靠式踏棍梯子	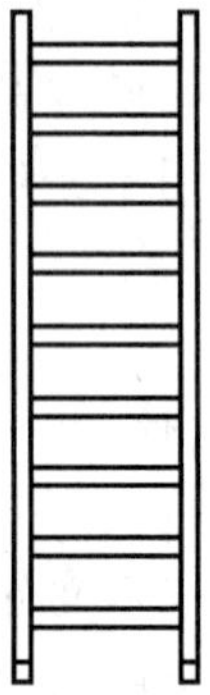 图 2
3.7	**分段式梯子** sectional ladder	由几段组成的倚靠式踏棍梯子，且各段可借助连接装置装配在一起 **注**：长度只能按一次一个整段来改变。	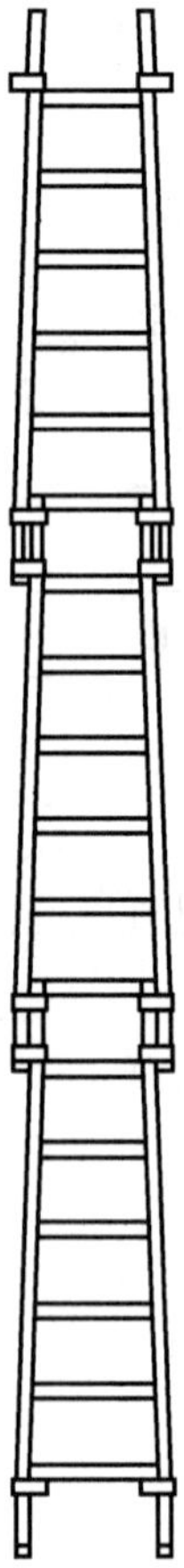 图 3
3.8	**延伸式梯子** extending ladder	由两部分或多个部分组成的倚靠式踏棍梯子，且各部分的梯框相互平行 **注**：长度可以通过一次升降一个梯级来改变。	

表 1(续)

单位为毫米

序号	术语	定义	图示
3.9	**推拉延伸式梯子** push-up extending ladder	上面部分直接用手来延伸的延伸式梯子	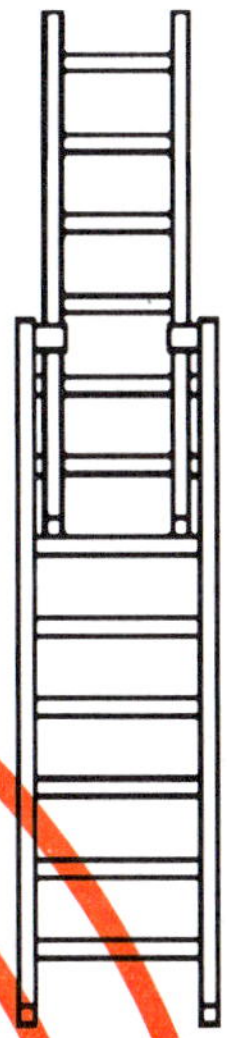 图 4
3.10	**拉绳延伸式梯子** rope-operated extending ladder	上面部分通过绳子或链、带、钢索等其他方式拉出的延伸式梯子	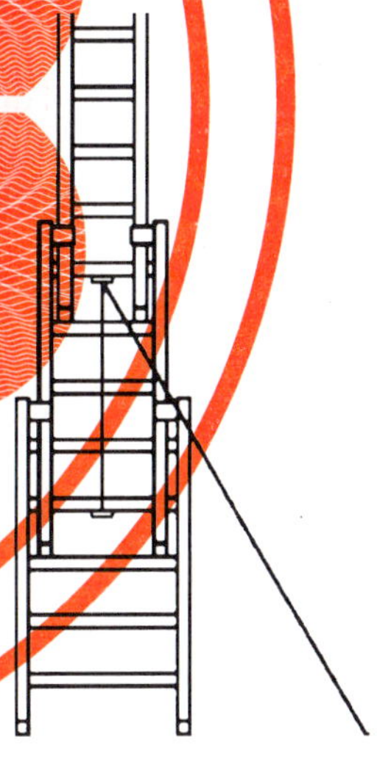 图 5
3.11	**自立式踏棍梯子** standing rang ladder	两件相互支撑的踏棍式梯子，可单侧或双侧攀爬	 图 6

表 1(续)

单位为毫米

序号	术语	定义	图示
3.12	**组合式梯子** combination ladder	由若干个部分组成的踏棍式梯子,可以作为延伸式梯子、自立式梯子或顶部带延伸式梯子的自立式梯子使用,且其各组成部分也可以作为单件倚靠式梯子使用	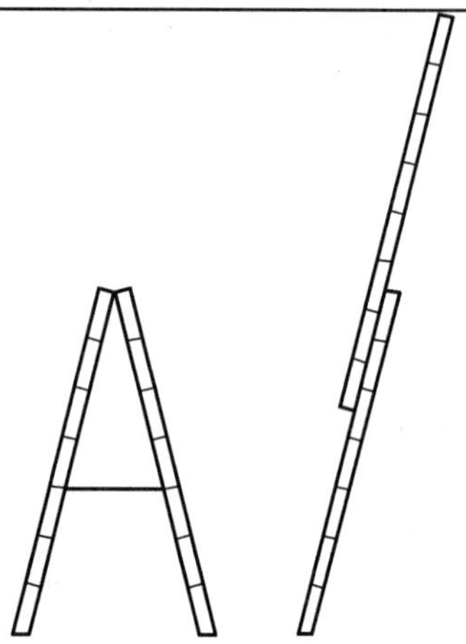 图 7 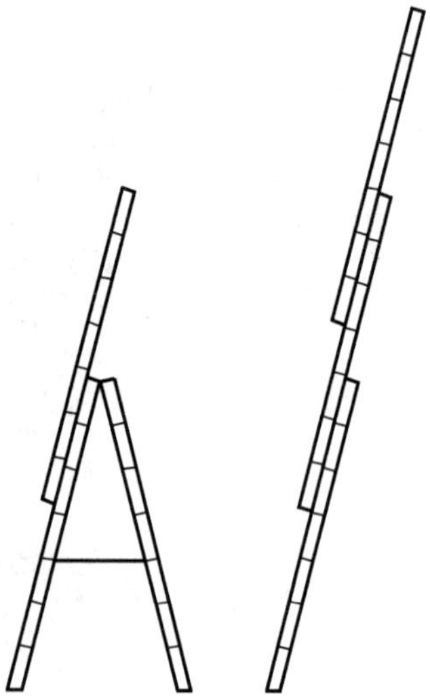 图 8
3.13	**踏板式梯子** step ladder	使用时踏板处于水平状态的便携式梯子,踏板站立面前后宽度等于或大于 80 mm	
3.14	**倚靠式踏板梯子** leaning step ladder	由一个或几个部分组成的不自带支架的踏板式梯子	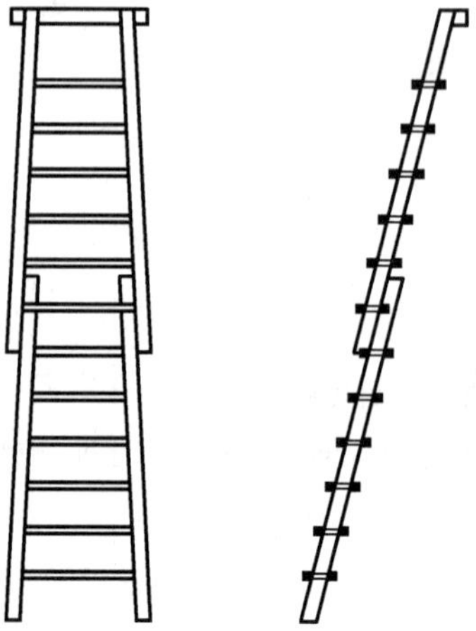 图 9

表 1（续）

单位为毫米

序号	术语	定义	图示
3.15	**自立式踏板梯子** standing step ladder	两件相互支撑的踏板式梯子，可以单侧或双侧攀爬；带或不带平台；带或不带扶手/横杆；平台作为一级踏板	
		单侧攀爬的踏板梯子	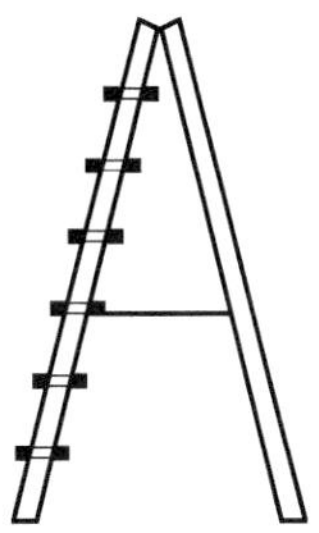 图 10
		双侧攀爬的踏板梯子	 图 11
		带有平台和扶手/横杆的单侧攀爬踏板梯子	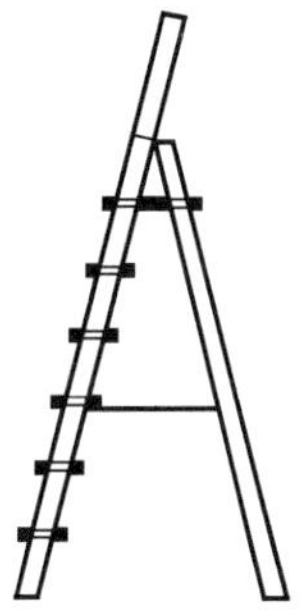 图 12
		带有平台和扶手/横杆的双侧攀爬踏板梯子	 图 13

表 1(续)

单位为毫米

序号	术语	定义	图示
3.16	**自立式梯子** standing ladder	自带支架的(踏棍或踏板)梯子	
3.17	**自立式踏棍和踏板梯子** standing rung and step ladder	一部分用踏棍,另一部分用踏板的自立式梯子	
3.18	**梯框** stile	支承踏棍、踏板或支撑腿横撑的梯子侧边构件	
3.19	**踏棍** rung	站立面前后宽度小于 80 mm,且不小于 20 mm 的攀爬支承件	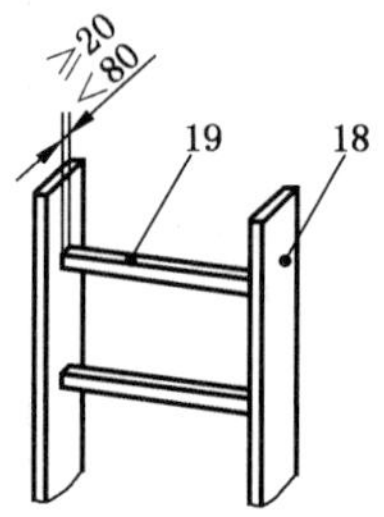 图 14
3.20	**踏板** step	站立面前后宽度不小于 80 mm 的攀爬支承件	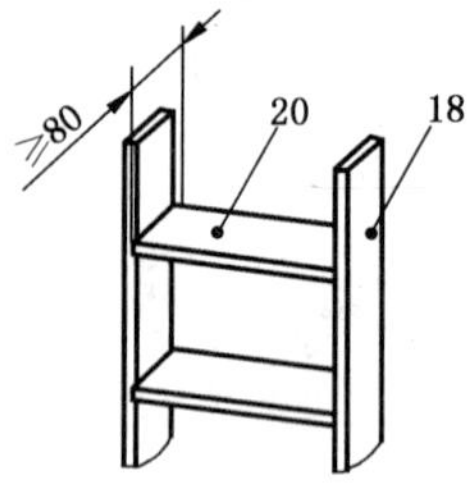 图 15
3.21	**平台** platform	自立式踏板梯子中不同于踏板的顶端站立面	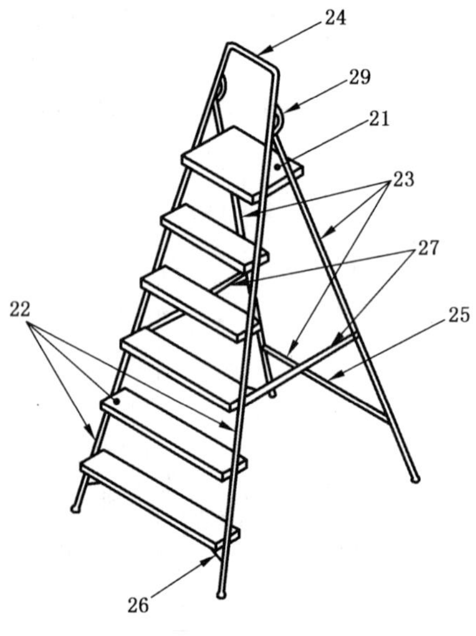 图 16
3.22	**攀爬腿** ascending leg	梯子中有攀爬支承的腿	
3.23	**支撑腿** supporting leg	梯子中无攀爬支承的腿	
3.24	**扶手/横杆** hand-/knee rail	自立式梯子上部末端用于抓握或获得支撑的装置	
3.25	**横撑** cross strut	支撑腿梯框的水平连接件	
3.26	**底部支撑** bottom brace	保证梯框下端不发生弯曲的装置	
3.27	**张开限制装置** opening restraint device	自立式梯子上保证梯子两条腿不滑开的装置	
3.28	**锁紧装置** locking device	使用过程中使梯钩始终钩住踏棍或踏板的装置	
3.29	**铰链** hinge-joint	自立式梯子上固定梯子两条腿的装置	

表 1(续)

单位为毫米

序号	术语	定义	图示
3.30	**梯脚** foot	永久安装在梯子底部的防滑装置。如果是木制梯子，则指梯框的底端	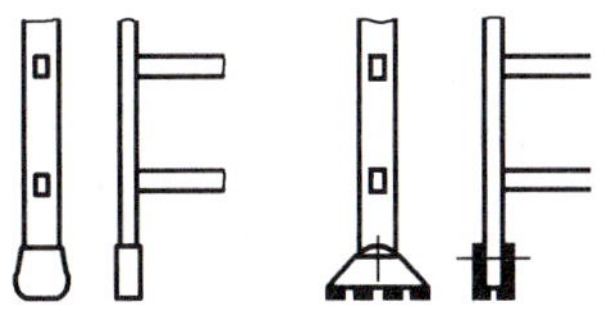 图 17
3.31	**内侧宽度 b_1** inner width b_1	沿最短踏棍/踏板/平台的上边缘梯框内侧之间的可用距离	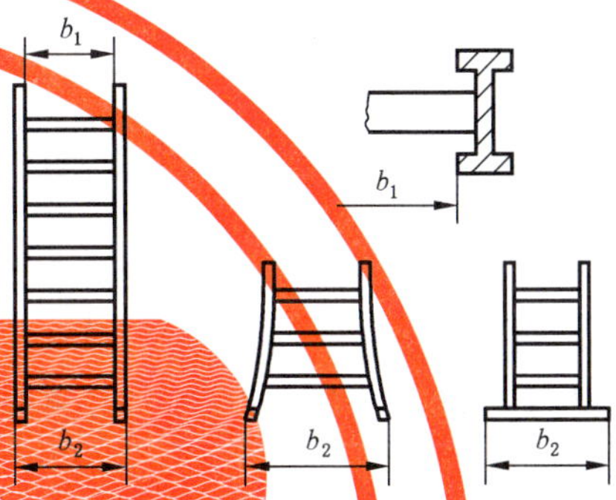 图 18
3.32	**外侧宽度 b_2** outside width b_2	梯框下端外侧之间的距离或稳定装置支撑点的外侧宽度	
3.33	**总长度 l_1** total length l_1	梯子由底脚到顶端的距离	(见图 19)
3.34	**组合式梯子长度 l_8** length of combination ladders l_8	沿两梯框之间的中线，由梯子的底端到确定组合式梯子外宽 b_2 的自立式梯子的上边缘测得的距离	(见图 28 和图 29)
3.35	**延伸长度 l_9** extending length l_9	完全延伸后，梯子从底脚到顶端的距离	(见图 24)
3.36	**至最上一级踏棍/踏板的长度 l_2** length to the topmost rung/step l_2	沿两梯框之间的中线，由梯子底端到最上一级踏棍/踏板上边缘或至平台上边缘测得的距离	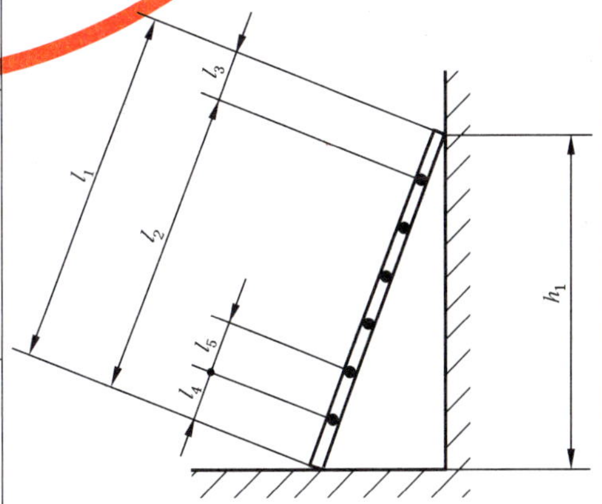 图 19
3.37	**最上一级踏棍与顶端之间的距离 l_3** distance between the topmost rung and the upper end l_3	沿两梯框之间的中线，由梯子最上一级踏棍的上边缘到梯子顶端之间测得的距离	
3.38	**底端与最下一级踏棍/踏板之间的距离 l_4** distance between the bottom end and the lowest rung/step l_4	沿两梯框之间的中线，由梯子底端到最下一级踏棍/踏板上边缘之间测得的距离	

表 1(续)

单位为毫米

序号	术语	定义	图示
3.39	**踏棍/踏板间距 l_5** distance between rungs/steps l_5	沿两梯框之间的中线，相邻踏棍/踏板上边缘之间的距离，或踏棍/踏板与相邻平台上边缘之间的距离	
3.40	**倚靠高度 h_1** touch-down height h_1	梯子架设在正确工作位置时，从地面至梯子最高接触点、架梯横档或钩挂棒上边缘之间的垂直高度	
3.41	**至踏棍/踏板/平台上边缘的高度 h_2** height to upper edge of rung/step/platform h_2	梯子架设在正确工作位置时，从地面到梯子最上一级踏棍/踏板的上边缘或平台的上边缘之间测得的垂直距离	(见图 31)
3.42	**倾角 α、β** inclination α, β	梯腿和水平面之间的夹角(α 为攀爬腿的倾角，β 为支撑腿的倾角)	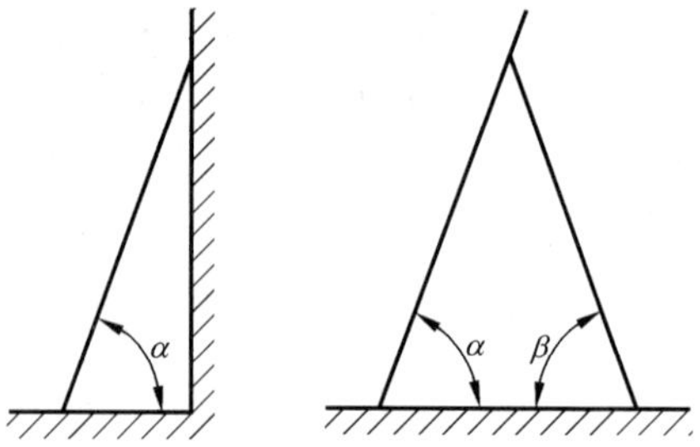 图 20
3.43	**平台宽度 l_6** width of platform l_6	平台左右边缘之间的距离	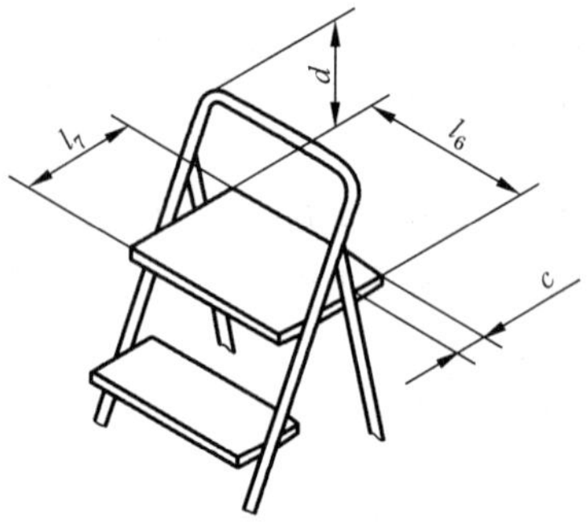 图 21
3.44	**平台深度 l_7** depth of platform l_7	平台前后边缘之间的距离	
3.45	**平台后伸量 c** platform overhang c	支撑腿后侧面至平台后边缘的距离	
3.46	**扶手/横杆高度 d** hand-/knee rail height d	平台上边缘至扶手/横杆上边缘的垂直距离	
3.47	**梯框厚度 t** thickness of stile t	在梯子平面内沿垂直于梯框轴线方向测得的梯框外形尺寸	(见图 25～图 29)
3.48	**空隙 e** clearance e	当锁定装置处于使用位置时，梯子两个平行部件的踏棍之间的水平距离	(见图 24)

4 功能尺寸

4.1 一般要求

本部分中的插图仅是示例，产品无需与其一致，但应符合要求。

梯子的踏棍/踏板之间应等间距，公差为±2 mm。

内宽 b_1 应在最短踏棍/踏板的上边缘测量。

外宽 b_2 应在梯子的下端测量。

除了对梯子整体进行试验之外，各个不使用工具就可拆卸的梯段还应分别符合单件倚靠式梯子的要求。

4.2 倚靠式踏棍梯子

4.2.1 一般要求

倚靠式踏棍梯子一般在全长上等宽，或者底部和/或顶部较宽。如果顶部较宽，即最上一级踏棍之后较宽。功能尺寸在表2中给出。

表2 倚靠式踏棍梯子的功能尺寸

单位为毫米

	b_1[a]	b_2[a]	e	l_4[a]	l_5	α/(°)
最小值	280	340	—	$0.5l_5$	250	65
最大值	—	—	45	l_5+15	300	75

[a] 该尺寸也适用于可单独作为倚靠式梯子使用的梯子单个组成部分。

4.2.2 单件倚靠式踏棍梯子(见图 22)

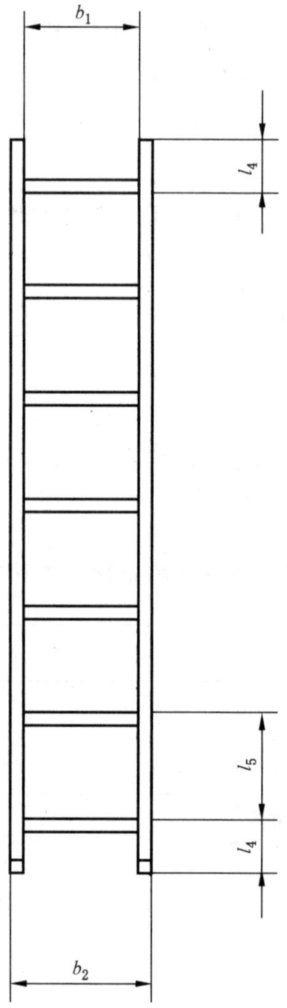

图 22 单件倚靠式踏棍梯子

4.2.3 分段式梯子(见图23)

图23 分段式梯子

4.2.4 延伸式梯子(见图24)

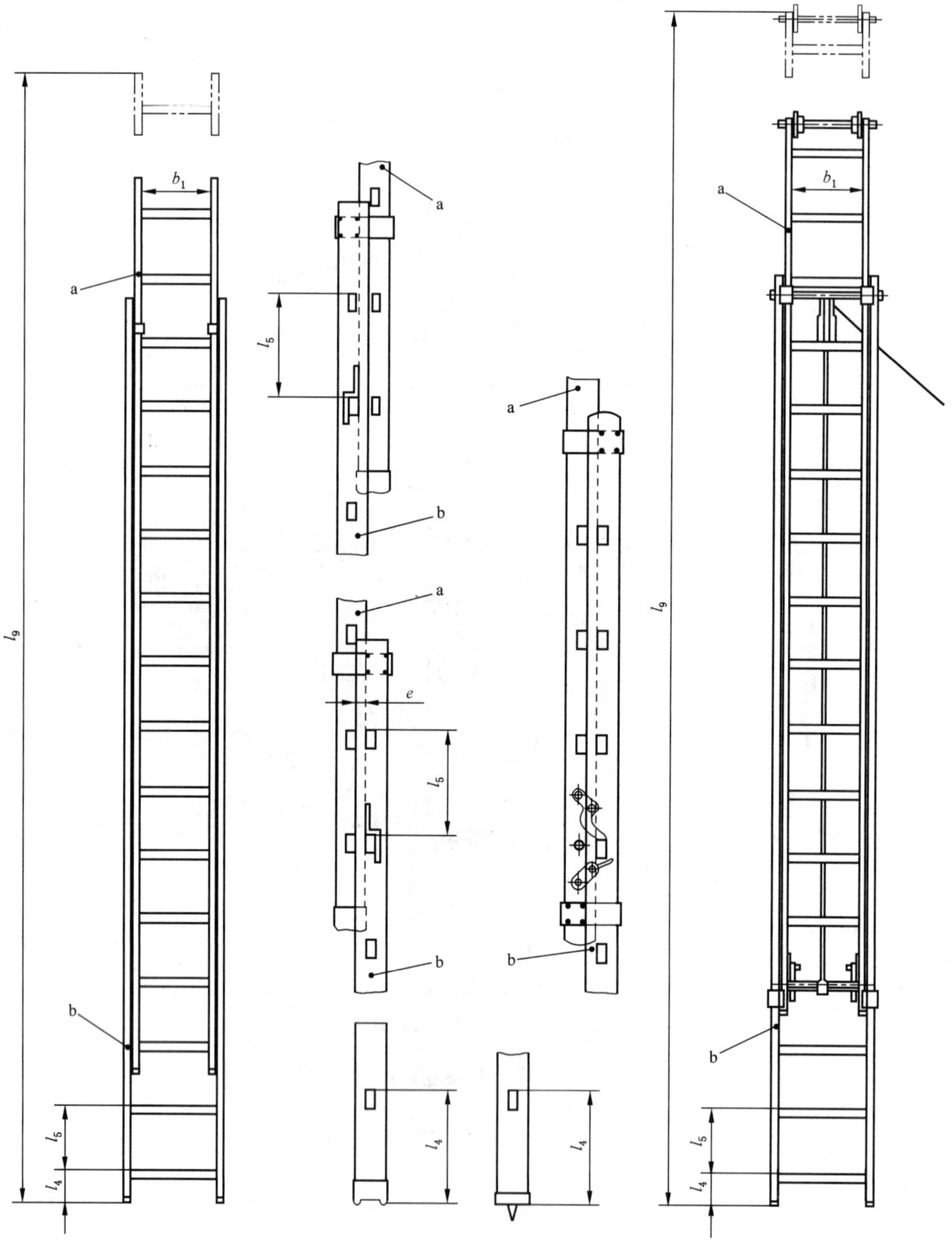

说明：

a——上梯；

b——下梯。

图24 延伸式梯子

搭接部分的尺寸取决于梯子的计算与设计，该尺寸由制造商确定。搭接部分的功能和承载能力应根据 GB/T 17889.2 中的试验进行验证。

4.3 自立式踏棍梯子（见图 25～图 27）

梯子的两条腿通过铰接连接，并应防止滑开，其功能尺寸在表 3 中给出。

表 3 自立式踏棍梯子的功能尺寸

单位为毫米

	b_1	b_2	l_4	l_5	α/(°)	β/(°)
最小值	280	$b_1+0.1l_2+2t$[a]	$0.5l_5$	250	65	65
最大值	—	—	l_5+15	300	75	75

[a] 梯框厚度 t 为梯框的外部尺寸。

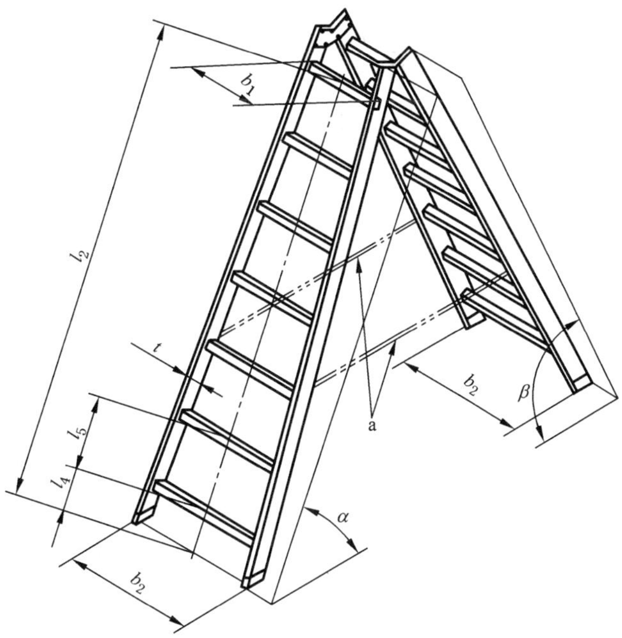

说明：

a——张开限制装置的示例。

图 25 锥形梯腿的自立式踏棍梯子

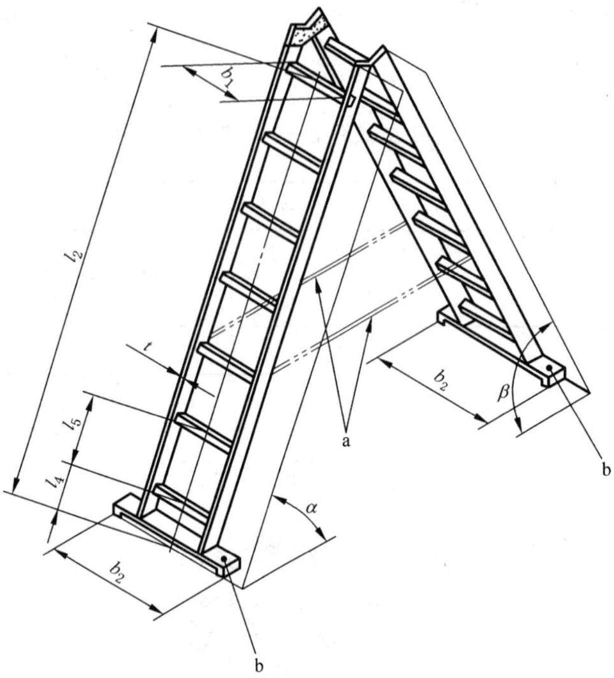

说明：

a——张开限制装置的示例；

b——用手不可能拆除稳定装置。

图 26　两个梯段底部都装有稳定装置的平行梯框自立式踏棍梯子

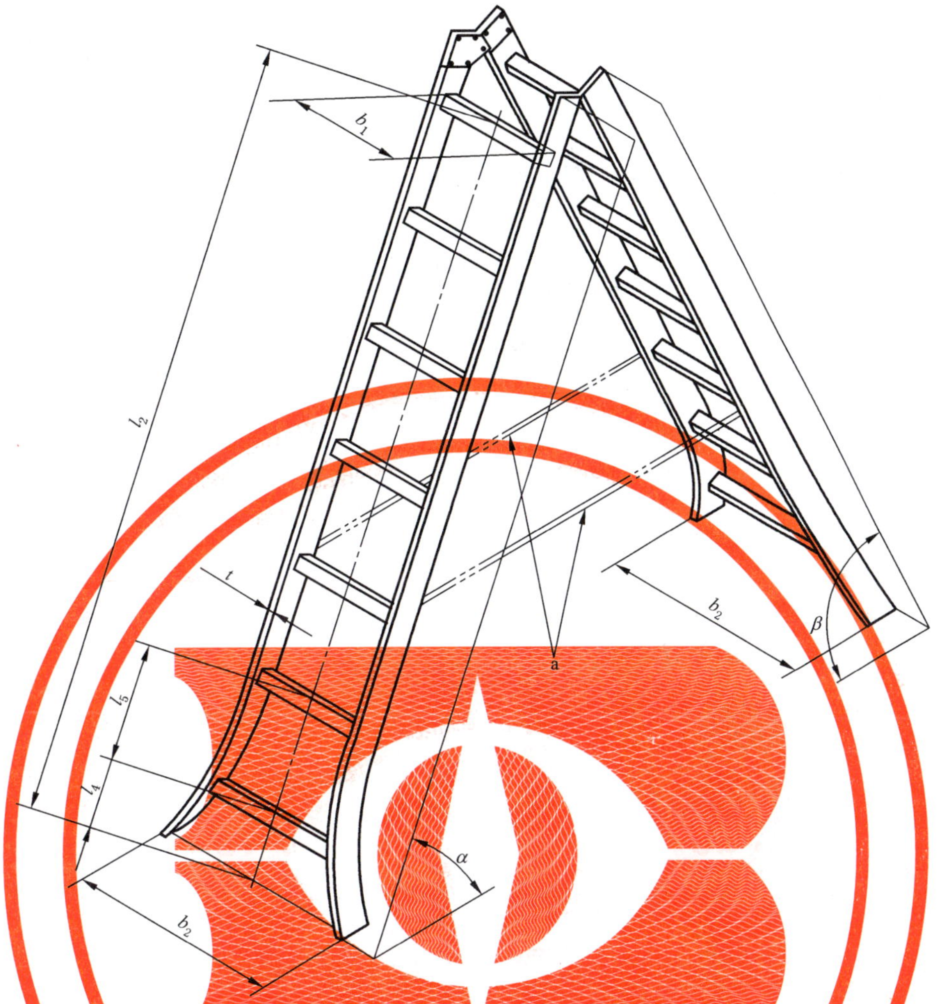

说明：
a——张开限制装置的示例。

图 27 两个梯段底部均成八字形的平行梯框自立式踏棍梯子

4.4 组合式梯子

4.4.1 一般要求

组合式梯子(见图 28～图 29)作为自立式梯子使用时，应防止两梯段滑开。

4.4.2 两件式组合梯子(功能尺寸见表 4)

表 4 两件式组合梯子的功能尺寸

单位为毫米

	b_1	b_2	l_3	l_4	l_5	α/(°)	β/(°)
最小值	280	$b_1+0.15l_8+2t^a$	0.5 l_5	0.5 l_5	250	65	65
最大值	—	—	l_5+15	l_5+15	300	75	75
如果各梯段可以单独作为倚靠式梯子使用，则见表 2。							
[a] 梯框厚度 t 为梯框的外部尺寸。							

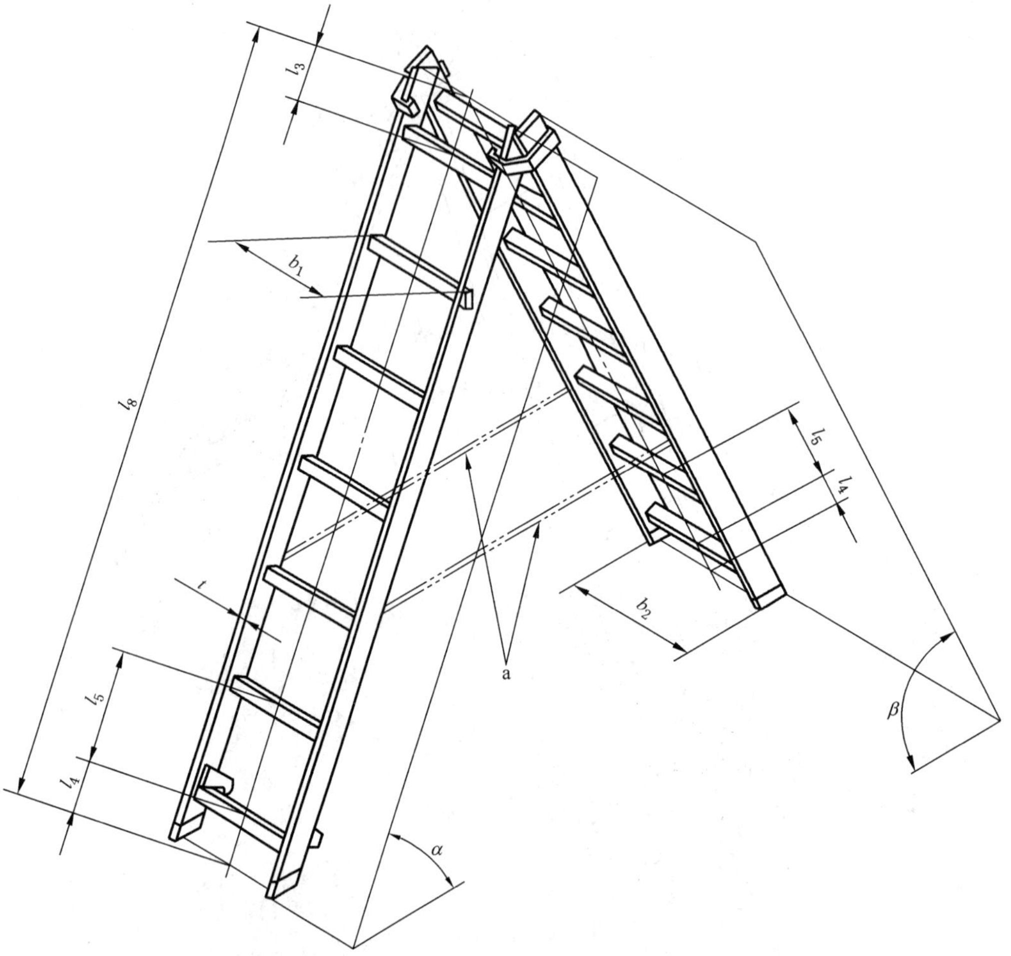

说明：

a——张开限制装置的示例。

图 28　组合式梯子示例(自立式梯子)

4.4.3　三件式组合梯子(见图 29,功能尺寸见表 5)

表 5　三件式组合梯子的功能尺寸

单位为毫米

	b_1	b_2	l_3	l_4	l_5	α/(°)	β/(°)
最小值	280	$b_1+0.175l_8+2t$[a]	$0.5l_5$	$0.5l_5$	250	65	65
最大值	—	—	l_5+15	l_5+15	300	75	75
如果各梯段可以单独作为倚靠式梯子使用,则见表 2。							
[a] 梯框厚度 t 为梯框的外部尺寸。							

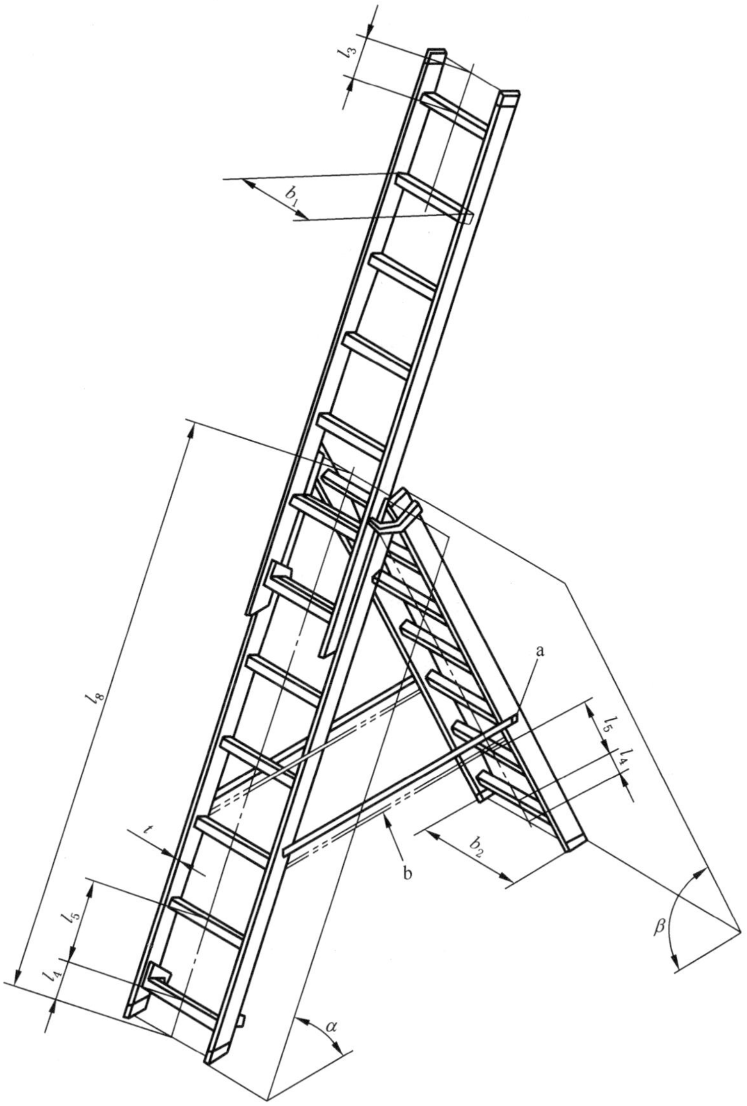

说明：
a、b——张开限制装置的示例。

图 29　组合式梯子示例(上部带延伸式梯子的自立式梯子)

4.5　倚靠式踏板梯子

倚靠式踏板梯子一般在其全长上等宽，或者底部和/或顶部较宽(见图 30)。如果顶部较宽，则是最高一级踏板之后较宽。

允许倾角 α 是指当踏板处于水平位置时，梯子与地面的夹角。功能尺寸在表 6 中给出。

表 6　倚靠式踏板梯子的功能尺寸

单位为毫米

	b_1	b_2	l_4	l_5	α/(°)
最小值	280	340	$0.5l_5$	230	60
最大值	—	—	l_5+15	300	70

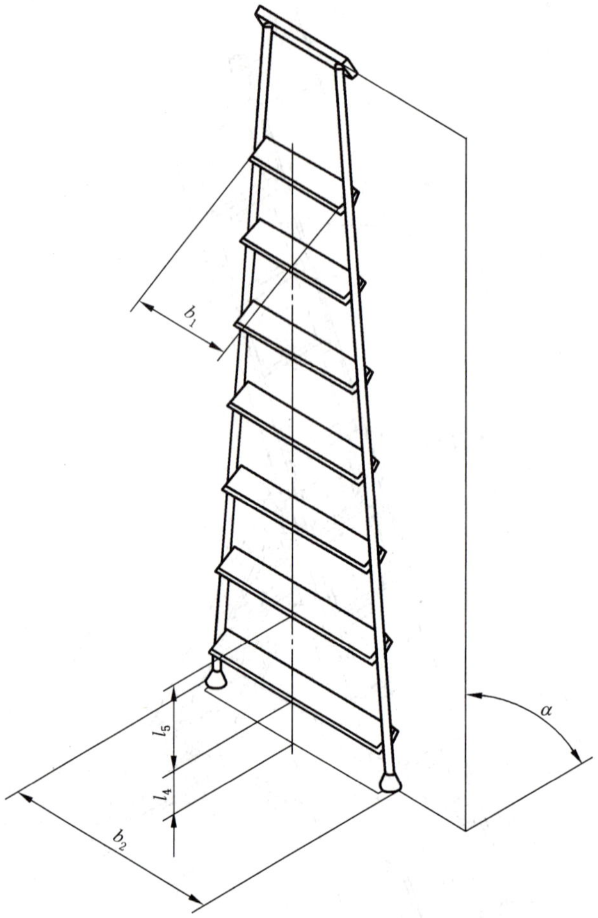

图 30 倚靠式踏板梯子

4.6 自立式踏板梯子(见图 31～图 32)

梯子的两条腿用铰链连接,并应防止滑开。

在梯子的使用期间,踏板应处于水平位置。

扶手在平台上的投影不应超出平台。

为了防止在平台边缘滑倒,平台水平边缘的半径不应超过 15 mm(见图 33)。

功能尺寸在表 7 中给出。

表 7 自立式踏板梯子的功能尺寸

单位为毫米

	b_1	b_2	c	d	l_4	l_5	l_6^c	l_7	α/(°)	β/(°)
最小值	280	$b_1+0.1l_2+2t$[a]	—	600[b]	$0.5l_5$	230	250	250	60	65
最大值	—	—	30		l_5+l_5	300	—	—	70	75

[a] 梯框厚度 t 为梯框的外形尺寸。

[b] 垂直测量。

[c] 应能在平台内画出一个 250 mm×250 mm 的正方形(见图 33)。

单位为毫米

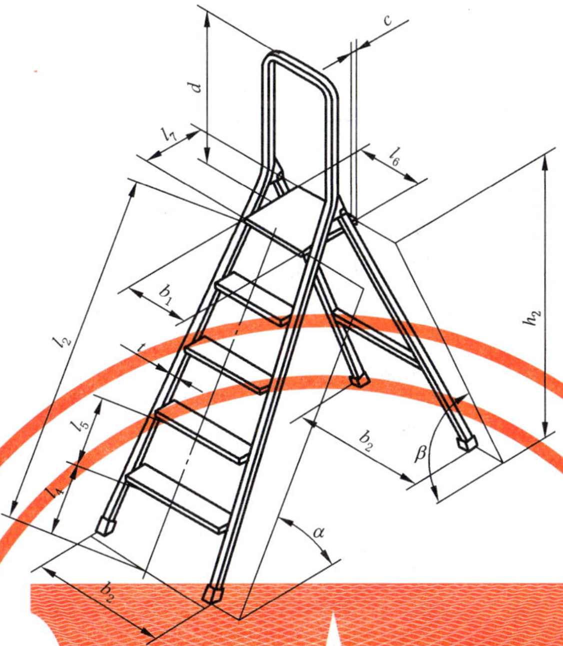

图 31 带平台和扶手的单侧攀爬自立式踏板梯子；平台视作踏板

单位为毫米

说明：

a——张开限制装置的示例；

b——最上面表面不作为踏板。

图 32 双侧攀爬自立式踏板梯子

单位为毫米

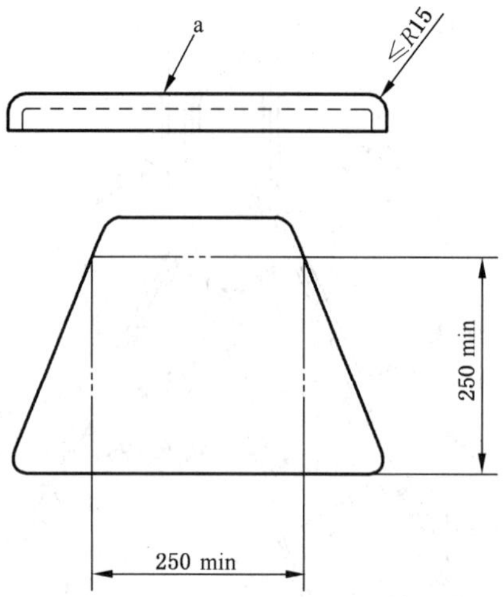

说明：
a——踩踏面。

图 33 平台

4.7 自立式踏棍和踏板梯子

踏棍部分应按 4.3 设计，踏板部分按 4.6 设计。

参考文献

[1] EN 131-3, *Ladders—Part3: User Instructions*

[2] prEN 131-5, *Ladders—Part5: Accessories for ladders*

[3] EN 14183, *Step stools*

ICS 13.110
J 09

中华人民共和国国家标准

GB/T 17889.2—2012
代替 GB/T 17889.2—1999

梯子　第2部分：要求、试验和标志

Ladders—Part 2: Requirements, test, marking

2012-05-11 发布　　2012-12-01 实施

中华人民共和国国家质量监督检验检疫总局
中国国家标准化管理委员会　发布

前　言

GB/T 17889《梯子》由以下 4 部分组成：

——第 1 部分：术语、型式和功能尺寸；

——第 2 部分：要求、试验和标志；

——第 3 部分：使用说明书；

——第 4 部分：带有单个或多个铰链的梯子。

本部分是 GB/T 17889 的第 2 部分。

本部分按照 GB/T 1.1—2009 给出的规则起草。

本部分代替 GB/T 17889.2—1999《梯子　第 2 部分：要求、试验和标志》。

本部分对 GB/T 17889.2—1999 做了如下技术修改：

——增加了术语和定义(见第 3 章)；

——修改了 4.2.3 中对塑料的要求(见 4.2.3,1999 年版的 3.1.3)；

——修改了 4.2.4 中对木材的要求(见 4.2.4,1999 年版的 3.1.4)；

——修改了第 5 章中的试验方法(见第 5 章,1999 年版的第 5 章)；

——增加了规范性附录(见附录 A)。

本部分使用翻译法等同采用欧洲标准 EN 131-2:2010《梯子　第 2 部分：要求、试验和标志》。

与本部分中规范性引用的国际文件有一致性对应关系的我国文件如下：

——GB/T 228.1—2010　金属材料　拉伸试验　第 1 部分：室温试验方法(ISO 6892-1:2009,MOD)

——GB/T 1040.1—2006　塑料　拉伸性能的测定　第 1 部分：总则(ISO 527-1:1993,IDT)

——GB/T 1040.2—2006　塑料　拉伸性能的测定　第 2 部分：模塑和挤塑塑料的试验条件(ISO 527-2:1993,IDT)

——GB/T 1043.1—2008　塑料　简支梁冲击性能的测定　第 1 部分：非仪器化冲击试验(ISO 179-1:2000,IDT)

——GB/T 12467.1—2009　金属材料熔焊质量要求　第 1 部分：质量要求相应等级的选择准则(ISO 3834-1:2005,IDT)

——GB/T 12467.2—2009　金属材料熔焊质量要求　第 2 部分：完整质量要求(ISO 3834-2:2005,IDT)

——GB/T 12467.3—2009　金属材料熔焊质量要求　第 3 部分：一般质量要求(ISO 3834-3:2005,IDT)

——GB/T 12467.4—2009　金属材料熔焊质量要求　第 4 部分：基本质量要求(ISO 3834-4:2005,IDT)

——GB/T 17620—2008　带电作业用绝缘硬梯(IEC 61478:2003,MOD)

——GB/T 19419—2003　焊接管理　任务与职责(ISO 14731:1997,IDT)

为便于使用，本部分做了下列编辑性修改：

——按照 GB/T 1.1—2009 的要求修改了范围中条款的表述；

——为便于实施，4.2.4.1 中增加了国内对应的树材名称；

——删除了资料性附录 B。

本部分由全国机械安全标准化技术委员会(SAC/TC 208)提出并归口。

本部分起草单位:苏州澳昆智能机器人技术有限公司、天津市金锚集团有限责任公司、深圳市华测检测有限公司、南京林业大学光机电仪工程研究所、中机生产力促进中心。

本部分主要起草人:李政德、李杰、王在彬、居荣华、富锐、刘霞、李士森、朱平、倪超、宁燕、李春平、潘一凡、李勤、张晓飞、刘治永。

本部分所代替标准的历次版本发布情况为:

——GB/T 17889.2—1999。

引　言

由于木材的不均匀性,本部分规定了相应的特殊要求。

梯子　第2部分：要求、试验和标志

1　范围

GB/T 17889的本部分规定了便携式梯子的一般设计特征、要求和试验方法。

本部分适用于便携式梯子。

本部分不适用于梯凳或专用梯子，例如：消防梯、屋顶梯子和移动式梯子。

本部分不适用于在带电系统或设备之上或靠近带电系统或设备工作的梯子，GB/T 17620适用于这类梯子。

注1：本部分与GB/T 17889.1配套使用。

注2：对于带有单个或多个铰链的梯子，见GB/T 17889.4。

2　规范性引用文件

下列文件对于本文件的应用是必不可少的。凡是注日期的引用文件，仅注日期的版本适用于本文件。凡是不注日期的引用文件，其最新版本（包括所有的修改单）适用于本文件。

GB/T 17889.1—2012　梯子　第1部分：术语、型式和功能尺寸

GB/T 17889.3　梯子　第3部分：使用说明书

ISO 179-1　塑料　简支梁冲击性能的测定　第1部分：非仪器化冲击试验（Plastics—Determination of Charpy impact properties—Part 1: Non-instrumented impact test）

ISO 527-1　塑料　拉伸性能的测定　第1部分：总则（Plastics—Determination of tensile properties—Part 1: General principles）

ISO 527-2　塑料　拉伸性能的测定　第2部分：模塑和挤塑塑料的试验条件（Plastics—Determination of tensile properties—Part 2: Test conditions for moulding and extrusion plastics）

ISO 3834-1　金属材料熔焊质量要求　第1部分：质量要求相应等级的选择准则（Quality requirements for fusion welding of metallic materials—Part 1: Criteria for the selection of the appropriate level of quality requirements）

ISO 3834-2　金属材料熔焊质量要求　第2部分：完整质量要求（Quality requirements for fusion welding of metallic materials—Part 2: Comprehensive quality requirements）

ISO 3834-3　金属材料熔焊质量要求　第3部分：一般质量要求（Quality requirements for fusion welding of metallic materials—Part 3: Standard quality requirements）

ISO 3834-4　金属材料熔焊质量要求　第4部分：基本质量要求（Quality requirements for fusion welding of metallic materials—Part 4: Elementary quality requirements）

ISO 4892-2:2006　塑料　实验室光源暴露试验方法　第2部分：氙弧灯（Plastics—Methods of exposure to laboratory light sources—Part 2: Xenon-arc lamps）

ISO 6892-1　金属材料　拉伸试验　第1部分：室温试验方法（Metallic materials—Tensile testing—Part 1: Method of test at room temperature）

ISO 14125　纤维强化塑料合成物　弯曲性能的确定（Fibre-reinforced plastic composites—Determination of flexural properties）

ISO 14731　焊接管理　任务与职责（Welding coordination—Tasks and responsibilities）

IEC 61478 带电作业用绝缘硬梯(Live working—Ladders of insulating material)

EN 59 玻璃纤维增强塑料 用巴氏硬度仪测量硬度(Glass reinforced plastics—Measurement of hardness by means of a Barcol impressor)

EN 204 非承重构件粘接热塑木胶粘剂的分类(Classification of thermoplastic wood adhesives for non-structural applications)

EN 301 承重木结构用的粘合剂、酚醛树脂和氨基塑料 分类和性能要求(Adhesives,phenolic and aminoplastic,for load-bearing timber structures—Classification and performance requirements)

EN 385 指形结合结构木料 性能要求和最低生产要求(Finger jointed structural timber—Performance requirements and minimum production requirements)

EN 386:2001 胶合板 性能要求和最低生产要求(Glued laminated timber—Performance requirements and minimum production requirements)

EN 391:2001 胶合板 胶粘层的剥离试验(Glued laminated timber—Delamination test of glue lines)

EN 392 胶合板 胶粘层的剪切试验(Glued laminated timber—Shear test of glue lines)

EN 408 木质结构 木料和胶合板 物理性能和机械性能的测定(Timber structures—Structural timber and glued laminated timber—Determination of some physical and mechanical properties)

EN 844-9:1997 圆木和锯木 术语 第9部分:与锯木性能有关的术语(Round and sawn timber—Terminology—Part 9:Terms relating to features of sawn timber)

EN 1310 圆木和锯木 特性测定方法(Round and sawn timber—Method of measurement of features)

3 术语和定义

GB/T 17889.1—2012 界定的以及下列术语和定义适用于本文件。

3.1

热固化塑料 thermoset plastic

通过加热或其他方法,如辐射、催化等,已固化成基本不溶、不熔状态的塑料。

[GB/T 2035—2008]

3.2

复合材料 composite material

以可交联树脂为基体,连续增强纤维(如玻璃纤维)为填充物的材料。

3.3

热塑性材料 thermoplastic material

热固化塑料或复合材料之外的塑料,无论其是否有填充物、是否增强。

3.4

最大总载荷 maximal total load

梯子按照制造商的说明书架起时设计能支撑的最大设计重力。

4 要求

4.1 一般要求

以下要求是基于最大总载荷为 150 kg 提出的。

在同一时间只能由一人使用梯子,但用踩住梯子(稳定梯子)的人员除外。

4.2 材料

4.2.1 铝合金

所有铝合金承重部件按照 GB/T 228.1 测量得到的断裂延伸率 A_5 最小应为 5%。

所有铝合金承重部件的厚度应至少为 1.2 mm。

4.2.2 钢

如果使用冷轧钢或特种合金钢，则 0.2% 屈服应力和极限强度($R_{p0.2}/R_m$)之间的比率应低于 0.92。

所有钢制部件的厚度应至少为 1.0 mm。

4.2.3 塑料

玻璃纤维增强塑料应采取保护措施，使其不被水和污物的浸透。表面应光滑。纤维不应暴露出来。根据 EN 59 测得的巴氏硬度至少应为 35。

试验方法与确定增强热塑性材料和复合材料特性的验收准则在 5.16 中给出。它们适用于梯子在使用时其结构中的承重元件(梯框、攀爬支撑、平台)。承重元件不应采用未增强的热塑性材料。

由热固化塑料和复合材料制成的承重元件的最小厚度为 2 mm。

当使用塑料时，应考虑抗老化和耐温。

4.2.4 木材

4.2.4.1 木材的不同种类

对于用作梯框、支柱、支撑、踏棍和踏板的木材种类，软木材的体积密度应大于或等于 450 kg/m³，硬木材的体积密度应大于或等于 690 kg/m³。测量体积密度时的含水量为 15%。

合适的木材种类的示例为：

针叶树材：

——冷杉(欧洲冷杉，国内为臭冷杉)；

——落叶松(欧洲落叶松，国内为兴安落叶松)；

——云杉(欧洲云杉，国内为鱼鳞云杉)；

——松木(欧洲赤松，国内为黑松、马尾松)；

——花旗松(北美黄杉，国内为江南黄杉)；

——铁杉(西部铁杉，国内为铁杉)。

阔叶树材：

——山毛榉(欧洲山毛榉，国内为水青冈、栎木)；

——白蜡木(欧洲白蜡木，国内为水曲柳)；

——橡木(夏橡，国内为麻栎、板栗)；

——槐树(刺槐，国内为刺槐、国槐)。

也允许使用其他至少具有上述同等质量的木材种类。

不允许使用以下种类的木材生产梯子：

——巴西杉(巴西南洋杉，国内为杉木)；

——北美铁杉(加州冷杉，国内为臭冷杉以外的密度较低的冷杉)；

——科西嘉松(欧洲黑松)。

4.2.4.2 通用要求

通用要求在表1中给出。

表1 通用要求

硬木材	软木材	准则	要 求
×	×	1. 缺棱	只允许在梯框的一边出现最大深度为10 mm,最大长度为500 mm的缺棱。踏棍上不允许出现(见图1)
× ×	×	2. 年轮的宽度	小于4 mm; 北美脂松:体积密度为550 kg/m³时小于6 mm。 不允许使用年轮小于1 mm的多孔渗水硬木材,例如:橡木(栎木)、白蜡木(欧洲白蜡木)、槐树(刺槐)
×	×	3. 斜纹理	每1 000 mm长度在纵边上允许木材年轮的斜纹理偏差最大为100 mm(见图2)。忽略局部偏差,例如:节疤
×	×	4. 开裂	
		——劈裂[a]	不允许
		——裂纹[a]	长度小于100 mm
		——雷击裂/冻裂、环裂	不允许
		5. 颜色	
	×	蓝变	允许
	×	红斑	允许至表面的25%
	×	红腐、褐腐	不允许
×		山毛榉红心伪心材、白蜡木褐心伪心材	允许
×		腐朽材	不允许
×	×	6. 应力木	允许至横截面或表面的1/5
×	×	7. 髓	不允许
×		8. 虫害	不允许
×	×	9. 槲寄生木材	不允许
	×	10. 树脂囊	
		不贯通	允许宽度不大于4 mm,长度不大于梯框宽度的1.5倍(见图3)
		贯通	不允许
×	×	11. 螺旋纹理	允许利用收缩裂缝工艺或刮痕法测得的纹理每1 000 mm偏离木材纵边不大于50 mm(见图4)。在相互垂直的两个面上进行测量。以最大的偏差为准。对于踏棍和踏板,除节疤外,纹理的末端应位于踏棍或踏板的末端

[a] 定义见EN 844-9:1997。

单位为毫米

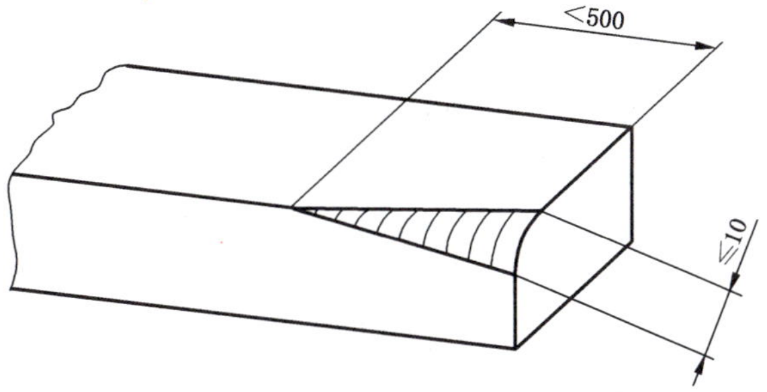

图1 允许的缺棱

单位为毫米

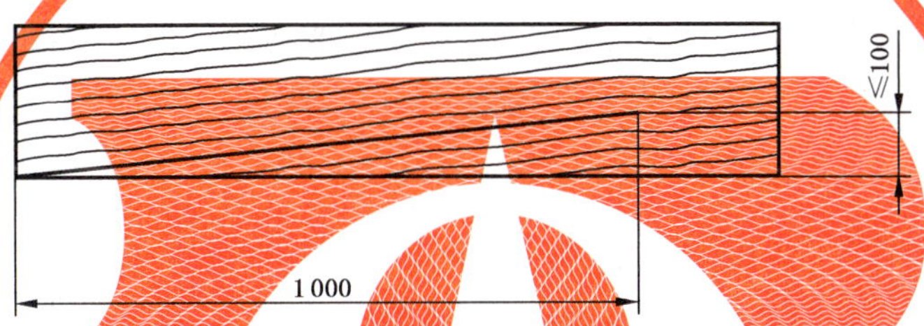

图2 斜纹理相对纵边的容许偏差

单位为毫米

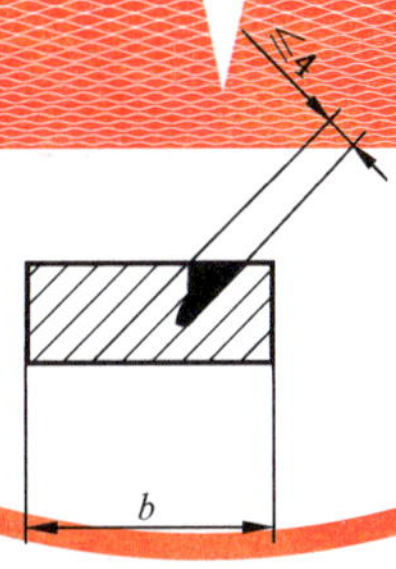

图3 容许的树脂囊

单位为毫米

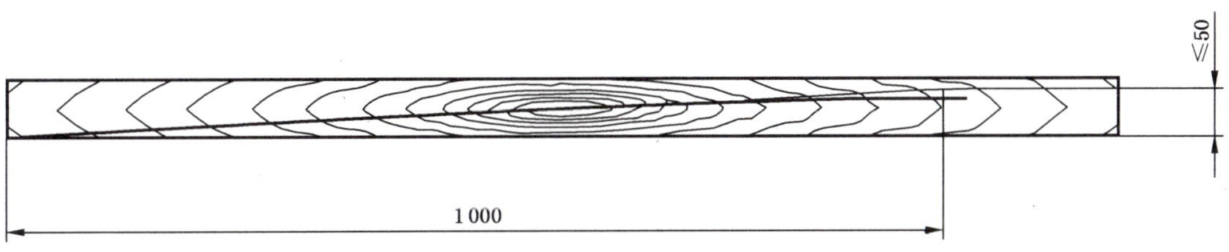

图4 纹理方向相对于纵边的容许偏差(螺旋纹理)

4.2.4.3 节疤

4.2.4.3.1 梯框和支撑件上的节疤

不允许有横向倾斜节疤[1]贯穿梯框或支撑件的横截面(见图 5)。

图 5 不允许的节疤

允许有直径小于或等于 5 mm 的针节[2](包括黑色针节)。

梯框或支撑件的上下三分之一内,每米允许有一个坚硬连生的节疤[1],该节疤的直径 d 应小于或等于 $0.2\times b$(梯框的宽度)。节疤的直径根据 EN 1310 测量。节疤距梯框或支撑件的边沿的最小距离应为 10 mm,距踏棍孔、踏板榫头和铣槽的最小距离为 50 mm(见图 6)。

单位为毫米

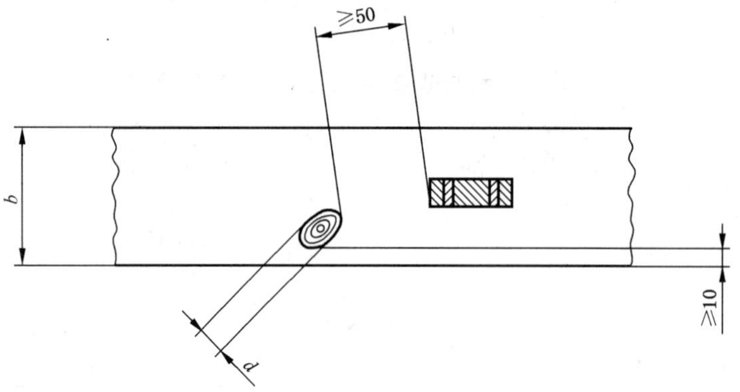

图 6 允许的节疤

对于由胶合板制成的梯子,梯子的全部长度上允许有上述数量、尺寸和位置的节疤。

4.2.4.3.2 踏棍、踏板、支撑的节疤

连生针节的最大允许直径为 3 mm。

4.2.4.4 制造时的含水量(相对于烘干重量)

含水量应采用湿度计进行测定,在有疑问或争议的情况下采用烘干方法。木材的含水量根据露天干燥的平衡含水量来选择,通常选择 12%～20%。

生产时,踏棍和踏板的含水量应低于梯框的含水量。

1) 定义见 EN 844-9:1997。

2) 针节是具有近似圆形横截面的节疤。

4.2.4.5 胶合板

a) 指形接合木材

指形接合木材应满足 EN 385。

指形接合挠度试验的结果应满足 EN 385 和 EN 408。该试验的结果应至少为 35 N/mm。

b) 胶合板

如果满足以下要求，则可使用胶合板：

——所使用的木材符合 4.2.4.1～4.2.4.4 中的要求；

——胶合板的胶合层完整性和强度试验应符合 EN 391:2001 中的 A 方法和 B 方法以及 EN 392。试验结果应符合 EN 386:2001 中的表 1 和表 2。

4.2.4.6 胶粘剂

胶粘剂应符合以下要求：

对于梯框与踏棍的连接，符合 EN 204 中 D3 级的要求；

对于胶合板，符合 EN 301 中 1 类或 EN 204 中 D4 级的要求。

4.3 设计

根据制造商的说明书使用时，梯子不应存在剪切点或挤压点。

注：如果可接近的部件之间的相对距离大于 7 mm，小于 18 mm，则在移动过程中任何位置都存在剪切或挤压点。

所有的连接都宜耐用，且有与应变相当的强度(也可见第 5 章)。连接的设计宜使得所产生的缺口张力保持低水平。

螺钉和螺母应防松，例如：通过自锁或机械锁定安全装置防松。

只有钉子的功能与生产过程有关时才允许使用，例如：胶合剂烘干期间的固定。

如果有合适的焊接工艺和焊接人员，则允许采用焊接接头。这时应满足 GB/T 19419 和 GB/T 12467.1 至 GB/T 12467.4 中的相关要求。

4.4 表面抛光

为了避免伤害，可触及的边、角和突出部分都应去毛刺，例如：倒角或倒圆角。

易受腐蚀影响的金属部件应通过涂漆或类似涂层加以保护。在正常条件下，铝合金不易受腐蚀影响。

木制部件的所有面都应进行抛光和涂层处理。

涂层应透明且可渗透水蒸气。

4.5 铰链(旋转点)

铰链应牢固的将自立踏棍式梯子和自立踏板式梯子的支撑腿连接起来。铰链的设计方式应使得在使用梯子时其部件不会越过铰链形成邻接。

铰链销应紧固，以防意外松动。铰链销应至少具有与 8.8 级 M6(5.3 mm)钢制销相同的强度。如果铰链销有几个剪切点(琴式铰链)，则对铰链销的直径没有限制。

铰链应满足 5.8 中的试验。

4.6 张开限制

自立式梯子的支撑腿应通过张开限制防止其张开超过正常使用的结构。如果使用链条，除了第一个和最后一个链环之外，所有链环都应能自由运动。

张开限制应满足 5.8 中的试验。

4.7 踏棍/踏板/平台

由金属或塑料制成的踏棍、踏板和平台的工作面应为网纹表面，以防滑倒。覆盖层的接触表面应牢固附着于踏棍或踏板。

踏棍和踏板与梯框的连接应牢固耐用。

木质踏棍应通过榫头和榫眼与梯框连接并以胶水粘合，当榫头贯穿榫眼时应楔紧(见图7、图8和图9)。木质踏棍的最小尺寸见图7。

单位为毫米

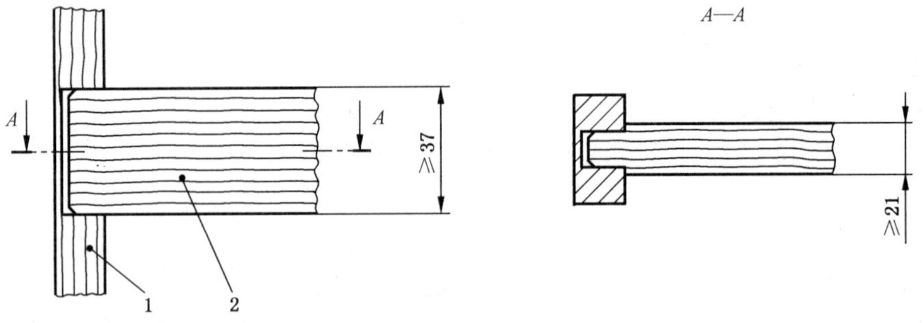

说明：

1——梯框；

2——踏棍。

图7　暗接头的示例

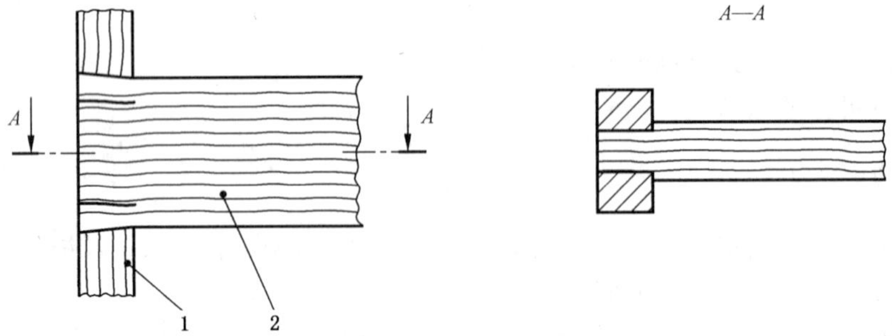

说明：

1——梯框；

2——踏棍。

图8　明接头的示例

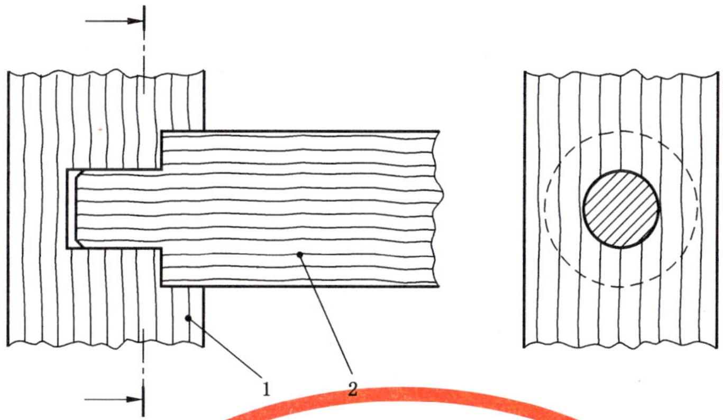

说明：
1——梯框；
2——踏棍。

图 9 暗接头的示例

圆踏棍的直径应大于或等于 25 mm。平站立面的上表面与水平面之间的夹角应小于或等于 25°。倚靠式梯子的踏棍与梯框的相对角度应为 65°～90°，踏板与梯框的相对角度应为 60°～70°。

踏棍/踏板/平台应满足 5.6 和 5.7 中的试验。

4.8 平台

如果自立式梯子的顶部步行表面设计成可折叠的平台，则当折叠梯子时该平台应通过一种装置被抬起。

平台应满足 5.10 中的翘起试验。

4.9 防滑装置

梯子的底端应防滑。

可认为木制梯框的末端是防滑的。

4.10 延伸式梯子与分段式梯子

4.10.1 踏棍/踏板的挂钩/锁定装置

在使用状态下，推拉延伸式梯子各部分应固定，防止意外关闭和分开。

所有分段式和延伸式梯子应安装锁定装置，以保持梯子挂钩在使用时钩在踏棍上。制造商可选择手动或自动的锁定装置。锁定装置应能支撑梯子下部部件的重量。

拉绳延伸式梯子上的锁定装置应确保可靠的安全锁紧。

拉绳延伸式梯子的踏棍/踏板挂钩的设计应使绳子松开或断裂时，梯子上部每一梯段的下落量不超过一个踏棍。此安全要求在梯子处于直立时和使用时都适用。

在使用梯子期间，相互重叠的踏棍应位于与梯框垂直的同一平面中，或者在一个水平面中，或在其他位于这两个平面之间的平面中。

4.10.2 拉绳

延伸式梯子所用的拉绳应至少能承受 4 000 N。手动拉绳的最小直径应为 8 mm。合成纤维拉绳应进行稳定化处理，以防紫外线。

5 试验

5.1 一般要求

对于所有的试验,除非在特殊试验中另有规定,否则允许采用下面的公差:

长度测量:±1 mm;

悬伸长度与支撑之间距离的测量:±5 mm;

角度测量:±1°;

静力和扭矩测量:±1%。

5.2 梯框强度试验

试验应在完整的梯子上进行。如果是延伸式梯子和组合式梯子,则试验应在完全展开的梯子上进行。分段式梯子应在所有可用部件的全部长度上进行试验。如果支撑腿没有永久固定在梯子上,则试验应在无支撑腿的条件下进行。

当攀爬边不能由产品的结构确定,或梯子是多部分组合式梯子时,应对梯子进行两次试验。进行第二次试验时,梯子应沿着纵轴旋转180°。

梯子应水平放置在两个支撑点上,两个支撑点分别位于距离梯子两端200 mm处。

两个支撑点应为直径在25 mm～100 mm之间的圆柱,并且其中一个能自由转动,另一个是固定的。

试验载荷应缓慢均等的施加到梯子中部的两个梯框上,受力处的宽度为100 mm。同时,施加载荷时应注意避免产生冲击力。

预加载500 N并持续1 min。去除预加载荷后,梯子的位置为初始测量位置。

施加1 100 N的试验载荷F(见图10)并持续1 min。应在去除试验载荷1 min之后进行测量。梯子的永久变形f不应超过两个支撑点间距l的0.1%。

对于自立式梯子,试验载荷F应由式(1)确定:

$$F = 2\,600\ \text{N} \times \cos\alpha \qquad (1)$$

式中:

α ——制造商设计的使用角度(容许角度:最小为60°;最大为70°)。

单位为毫米

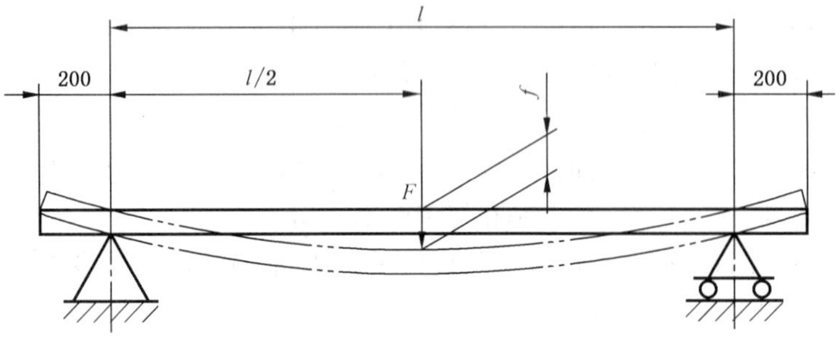

图10 强度试验

5.3 梯框弯曲试验

试验应在完整的梯子上进行。如果是延伸式梯子和组合式梯子，则试验应在完全展开的梯子上进行。分段式梯子应在所有可用部件的全部长度上进行试验。如果支撑腿没有永久固定在梯子上，则试验应在无支撑腿的条件下进行。

当攀爬边不能由产品的结构确定，或梯子是多部分组合式梯子时，应对梯子进行两次试验。进行第二次试验时，梯子应沿着纵轴旋转180°。

梯子应水平放置在两个支撑点上，两个支撑点分别位于距离梯子两端200 mm处。

两个支撑点应为直径在25 mm至100 mm之间的圆柱，并且其中一个能自由转动，另一个是固定的。

试验载荷应缓慢均等地施加到梯子中部的两个梯框上，受力处的宽度为100 mm。同时，施加载荷时应注意避免产生冲击力。

在梯子的中心垂直施加750 N的试验载荷(见图11)并至少持续1 min。

由此，最大允许挠度 f_{max} 是两个支撑点间距 l 的函数：

——梯子长度小于或等于5 m时，$f_{max}=5\times l^2\times 10^{-6}$ mm；

——梯子长度大于5 m且小于或等于12 m时，$f_{max}=0.043\times l-90$ mm；

——梯子长度大于12 m时，$f_{max}=0.06\times l-294$ mm。

单位为毫米

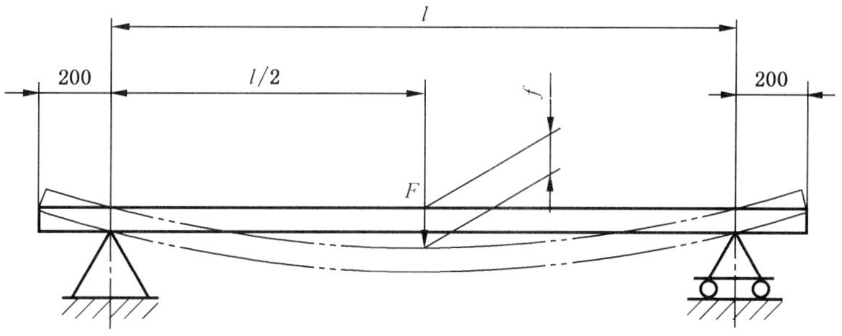

图11 弯曲试验

5.4 梯子的侧向挠度试验

所有单件式梯子、多件式梯子(自立式梯子、分段式梯子、组合式梯子、延伸式梯子)的每个可攀爬部分以及自立式踏棍或踏板梯子的支撑腿都应进行本试验。

梯子应水平放置在两个支撑点上，两个支撑点分别位于距离梯子两端200 mm处。

两个支撑点应为直径在25 mm至100 mm之间的圆柱，并且其中一个能自由转动，另一个是固定的。

梯子应侧向放置。

预加载100 N并持续施加1 min。去除预加载荷后梯子的位置为初始测量位置。

在下梯框与两个支撑点等距离的位置施加250 N的试验载荷 F(见图12)。

加载1 min后，测量与两个支撑点等距离的位置的挠度 f。

由此，作为两个支撑间距离 l 的函数的最大允许挠度 f_{max} 应为 $f_{max}=0.005l$ mm。

单位为毫米

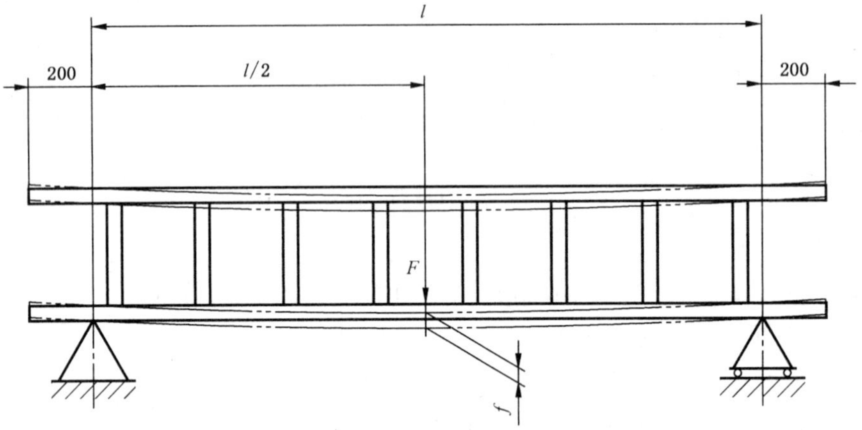

图 12 侧向变形试验

5.5 梯框底端试验

梯子侧向放置，梯子的纵轴处于水平位置。下面的梯框固定在支撑面上，以使梯框末端悬在支撑面之外（见图 13）。如果踏棍/踏板采用螺栓连接、铆接或以类似方法固定在梯框上，则支撑面的边缘应与底部螺栓或铆钉孔的下边成一条直线。如果踏棍/踏板采用未贯穿梯框的方式固定在梯框上，则支撑面的边缘应与踏棍/踏板的下边成一条直线。

如果梯子永久性的安装平衡腿，则不需要进行本试验。

放置一个 50 mm 宽的刚性加载块，并使其末端与梯框末端对齐。加载块应静止在梯框上并作用于整个梯框宽度。梯框末端的侧向挠度 f 应沿纵轴方向在加载块的外棱上测量。

注：为了能在梯框上得到好的静止效果，如果有防滑材料，则允许部分切除。

将 1 100 N 的垂直作用力 F 施加于加载块的中间并保持 1 min（见图 13 和图 14）。需记录去除试验载荷之后的永久挠度及任何损伤。

在不转动梯子的情况下在下部梯框上重复本试验。

要求：每次试验的永久挠度 f 不应超过 2 mm。

不允许出现破裂或可见的裂纹。

本试验还应在支撑腿上进行。

单位为毫米

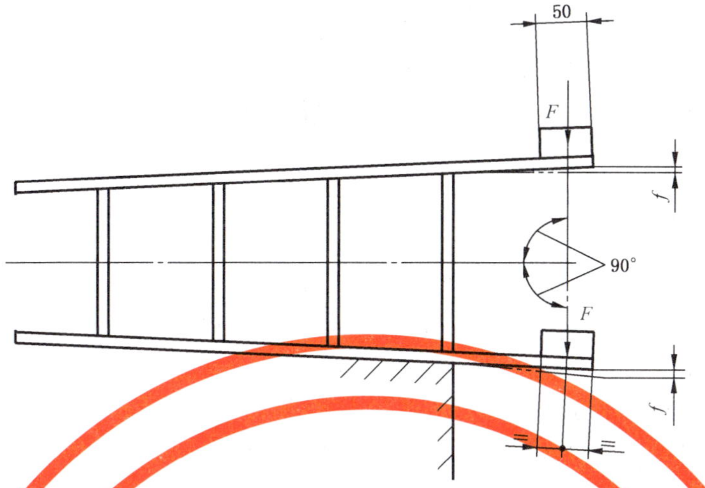

图 13　梯框底端试验方法

单位为毫米

图 14　梯框底端试验方法(变形)

5.6　踏棍、踏板和平台的垂直载荷试验

5.6.1　一般要求

施加 200 N 的预加载荷 F 并持续 1 min。去除预加载荷后踏棍/踏板/平台的位置为初始测量位置。

5.6.2 踏棍和踏板

在梯子的使用位置，将 2 600 N 的试验载荷 F 垂直施加到设计中最不结实的踏棍或踏板的中点，并均匀分布在宽度为 100 mm、深度等于踏棍/踏板深度的范围内，持续 1 min(见图 15)。

去除试验载荷之后的最大永久变形应小于或等于在被测踏棍下方测得的内侧宽度 b_1(见 GB/T 17889.1)的 0.5%。

5.6.3 平台

应在平台中心和前沿的圆角处这两个位置进行试验(见图 16)。

梯子按使用状态放置，将 2 600 N 的试验载荷 F 均匀施加在 100 mm×100 mm 范围内并持续 1 min。

去除每一试验载荷之后，在载荷施加点的平台上方，测得的平行于踏棍或踏板的最大永久变形应小于或等于内侧宽度 b_1(见 GB/T 17889.1)的 0.5%。第二次试验后应满足的要求是在平台与梯框连接处下部测时，不存在大于 b_1 的 0.5%的永久变形。

单位为毫米

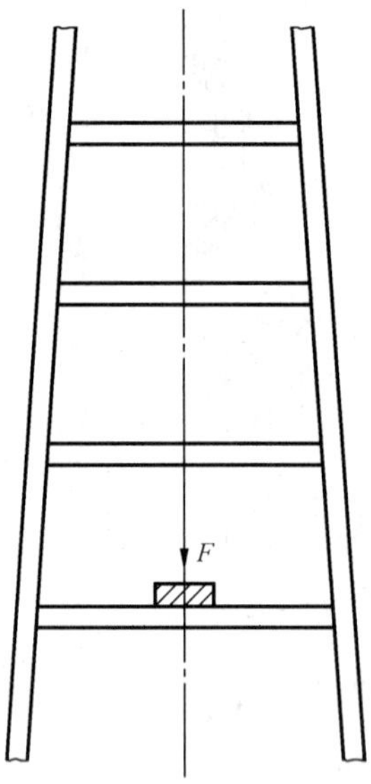

图 15 踏棍/踏板/平台上的垂直载荷试验

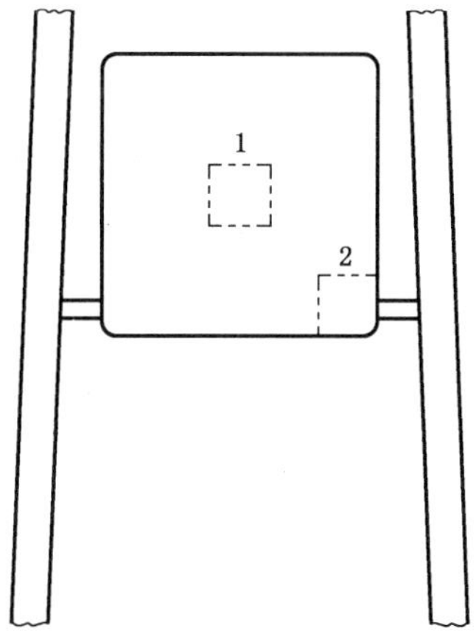

说明：
1——载荷 1 的位置；
2——载荷 2 的位置。

图 16 载荷位置

5.7 踏棍和踏板的扭转试验

通过 100 mm 宽的夹紧装置将 50 Nm 的扭矩 M(见图 17)施加于踏棍或踏板的中点。应交替施加该扭矩，即顺时针 10 次，逆时针 10 次，每次的持续时间为 10 s。

在试验过程中，梯框与踏棍/踏板之间的连接处不应有相对运动。

试验后的最大永久变形应为±1°，公差为±0.2°。

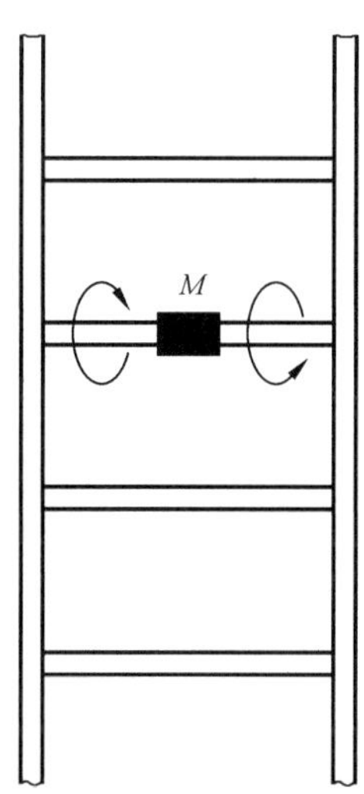

图 17 踏棍和踏板的扭转试验

5.8 自立式梯子的张开限制和铰链试验

5.8.1 一般要求

本试验针对自立式梯子或用作自立式梯子的组合式梯子。对于本试验，这些梯子的工作姿态是两个部件在顶部相连并能防止相互滑开。当梯子安装有自动和手动两种限制装置时，应只使用自动装置。只有在没有安装自动装置的情况下，才允许使用手动限制装置。

注 1：一般不允许只使用手动限制装置。

注 2：闭锁铰链可认为是自动限制装置。

处于工作姿态的梯子，每个腿都放在装有多向滚轮的平台上(见图 18)。应忽略滚轮与地面摩擦力的影响。试验应在干净、表面平整的混凝土地面上进行。

去除 5.8.2～5.8.4 中的试验载荷后，在铰接处、开口限制装置及其附件上不应出现可见的永久变形。梯子不应出现任何可见的损伤，如：破裂、凹陷等。只有在不削弱梯子的使用性能时，才可以接受永久变形。

图 18 自立式梯子的开口限制装置和铰链试验

5.8.2 两侧攀爬的梯子

将 2 600 N 的试验载荷 F 分为两个 1 300 N 的载荷(见图 18),各自分布在长度为 100 mm,宽度至少等于所施加的踏棍或踏板表面宽度的平面内,尽可能靠近梯框地施加于最上面的踏棍或踏板,并持续 1 min。然后在另外一条腿上重复进行本试验。

5.8.3 带平台的自立式梯子

将 2 600 N 的试验载荷 F 分为两个 1 300 N 的载荷,各自分布在 100 mm×100 mm 的平面内,尽可能靠近梯框地施加于平台的前边缘,并持续 1 min。然后在平台的后边缘重复进行本试验。

5.8.4 单侧攀爬的梯子

将 2 600 N 的试验载荷 F 分为两个 1 300 N 的载荷(见图 18),各自分布在长度为 100 mm,宽度至少等于所施加的踏棍或踏板的表面宽度的平面内,尽可能靠近梯框地施加于攀爬腿最上面的踏棍或踏板,并持续 1 min。

5.9 延伸式梯子和组合式梯子的踏棍/踏板挂钩试验

梯子至少延长一档踏棍/踏板的距离并竖直放置。试件的长度由试验者选择。

将均匀分布的 3 500 N 的试验载荷 F(见图 19)垂直施加于梯子的上部,并持续 1 min。

去除试验载荷后,不应存在削弱梯子使用性的永久变形。

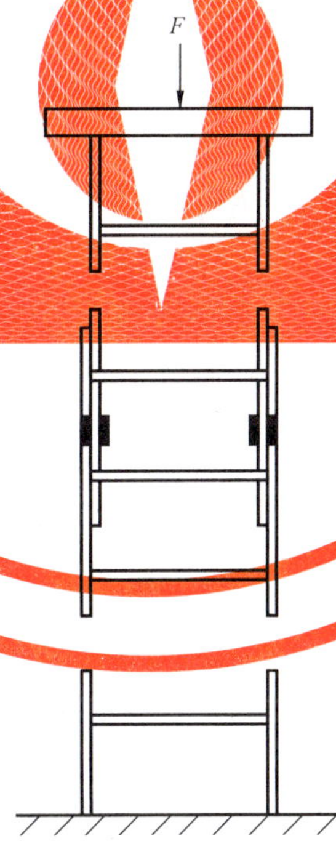

图 19 锁紧装置试验

5.10 自立式梯子的平台翘起试验

在水平面上将自立式梯子架设成工作姿态,并沿着垂直方向将 100 N 的作用力 F 施加到平台的转动边上且在踏板垂直中心线 100 mm 宽度内(见图 20)。平台从其使用位置翘起的角度不应超过 6°。

单位为毫米

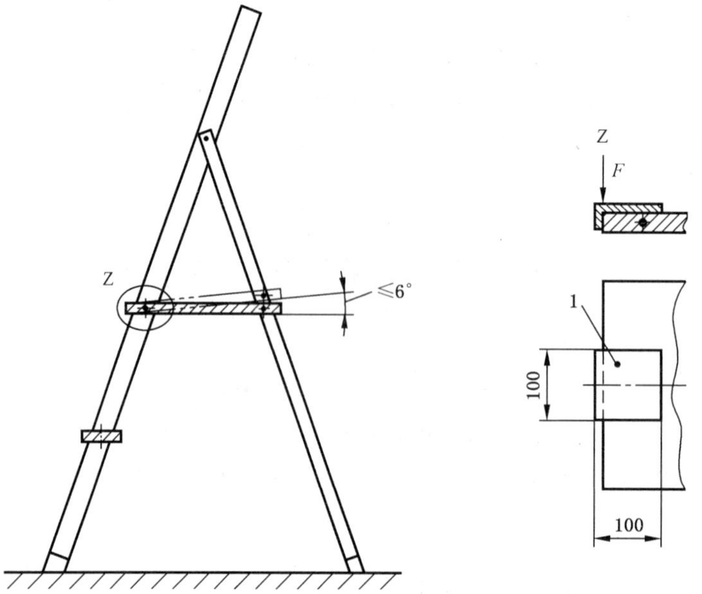

说明：

F=100 N；

1——载荷衬垫。

图 20　自立式梯子的平台翘起试验

5.11　梯脚拉拔试验

5.11.1　由一个部件制成的梯脚

将梯子固定并在梯脚的中心处装上一个固定装置。沿着最有可能将梯脚与梯框分离的方向上施加作用力。

应施加 150 N 的载荷并持续 1 min(示例见图 21)。

试验后，梯脚应功能完好并且与梯框的分离距离小于或等于 4 mm。

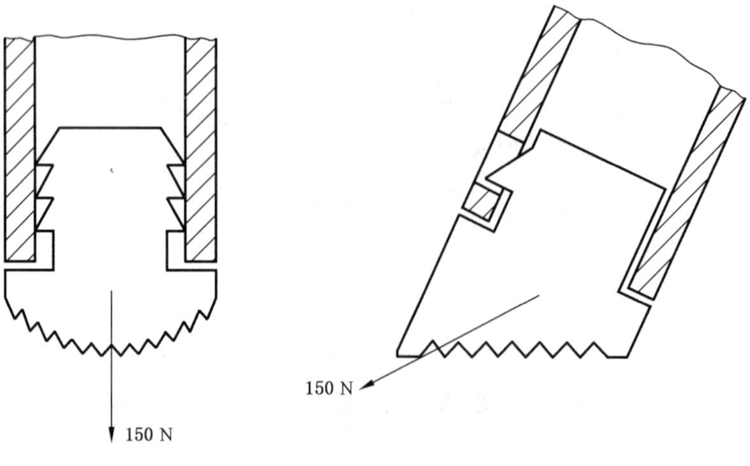

图 21　安装在梯子上的梯脚试验

5.11.2 安装在梯子制造商提供的平衡腿上且由一个部件制成的梯脚

在一对梯脚周围放置障碍物，防止梯子移动。在最有可能将梯脚与平衡腿分离的位置和方向将作用力施加到自由梯脚上。

应施加 150 N 的载荷并持续 1 min(见图 22)。

试验后，梯脚应功能完好并且从初始位置移动的距离小于或等于 4 mm。

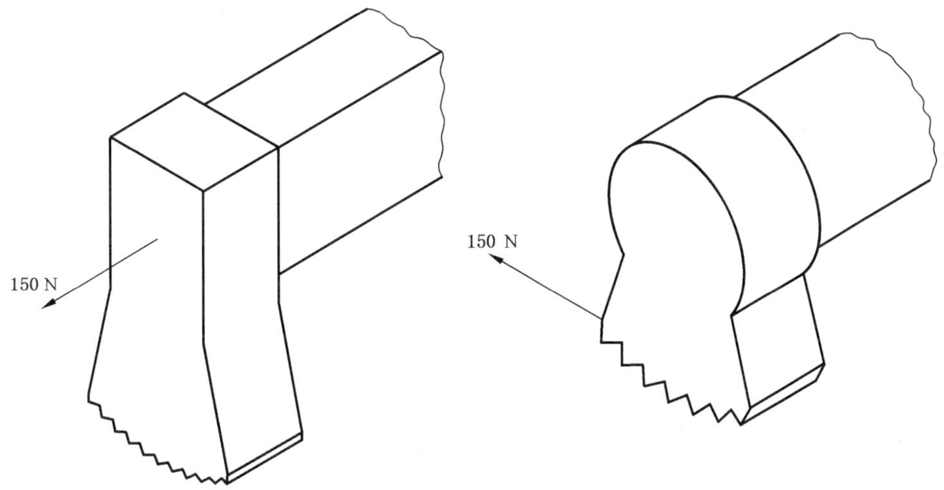

图 22 安装在平衡腿上的梯脚试验

5.11.3 多部件组成的梯脚和平衡腿梯脚

应完成 5.11.1 或 5.11.2 中的相关试验。此外，梯脚相对于产生地面移动阻力的部分，应按照实验人员确定的最危险的位置和方向施加 150 N 的载荷并持续 1 min(见图 23)。试验后，梯脚的不同部件之间不应有分开的痕迹。

如果产生地面与梯子之间摩擦力的梯脚部分已松开或脱落，则当梯子处于使用姿态时，应清晰可见。当这部分磨损时，则在梯子使用前的检查过程中也应清晰可见。

设计用于产生梯子与地面摩擦力的梯脚部分，应只是梯子使用或试验时与地面接触的部件。当梯子处于使用姿态时，梯脚的这一部件即使发生磨损，也不能被推入梯脚的外部部件中。

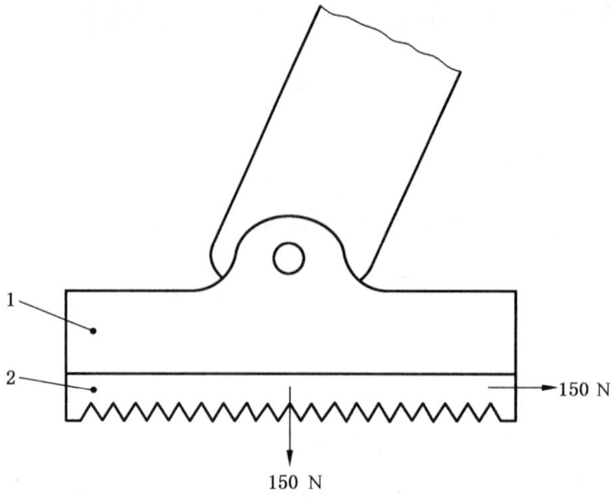

说明：
1——上面部件；
2——下面部件。

图 23　多部件组成的梯脚试验

5.12　扶手/横杆试验

5.12.1　自立式梯子的顶部扶手/横杆

自立式梯子应水平固定。将 300 N 的垂直载荷施加到扶手/横杆的顶部中心(见图 24)。载荷应施加到长度为 100 mm,宽度至少等于扶手/横杆宽度的范围内 1 min。

试验后,扶手不应出现任何可见的、削弱梯子使用性的永久变形。

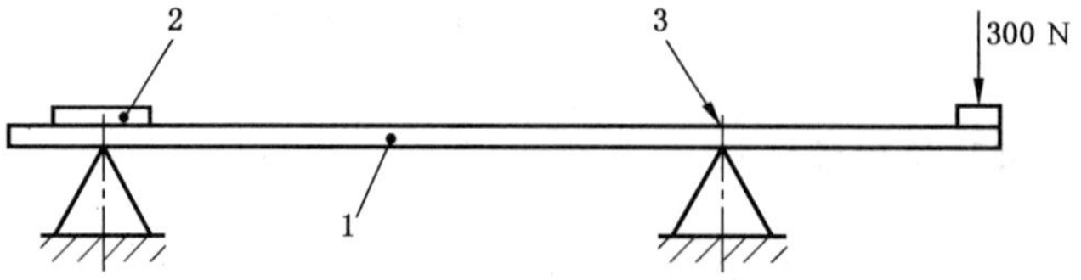

说明：
1——踏板梯子；
2——固定；
3——铰链点。

图 24　顶部扶手/横杆试验

5.12.2　侧面扶手

梯子架设至最大长度(完全延伸),并按照制造商的使用说明书调整梯子,使其与顶部铰链的枢轴垂直。在装有待测扶手的梯框一侧,放置一个止动装置以防梯脚移动。将 400 N 的静载荷 F 通过一块 100 mm 的衬垫施加到踏棍中心或者最靠近已延伸的梯子中心的绳上(见图 25)。整个试验过程中都应保持此载荷。每次施加表 2 中的试验力时应足够缓慢,从而消除任何动力效应。每个力施加 10 次并且每次保持 5 s。向外的力 A、B 和 C 沿两个方向(垂直和平行于梯子的平面)施加,向下的力 D 平行于梯子的平面施加。将表 2 中给出的力施加到图 25 给出的位置,并将向外的力 A、B 和 C 也施加到由于设计可能导致失效的扶手上的其他点。单独施加每个力。

完成试验后，扶手固定装置不应失效。施加载荷的位置，永久变形不应超过 15 mm。梯框与扶手之间的距离在试验期间不应小于 15 mm。

表 2　扶手试验载荷

方　　向	力/N
向外的力 *A*	100
向外的力 *B*	100
向外的力 *C*	100
向外的力 *D*	500
静载荷 *F*	400

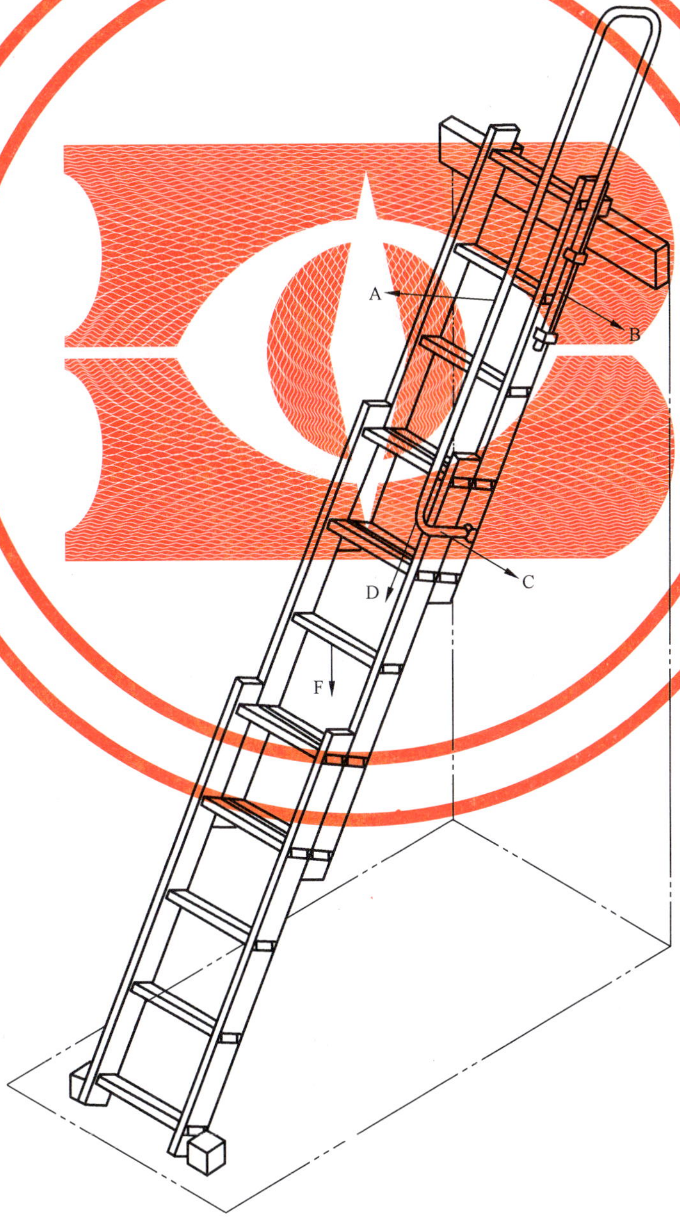

图 25　侧面扶手试验

5.13 梯子的最大延伸量

将梯子延伸至最大可能的长度。上面部分的底部梯框末端不允许超过下面部分顶部的第二级踏棍（见图 26）。

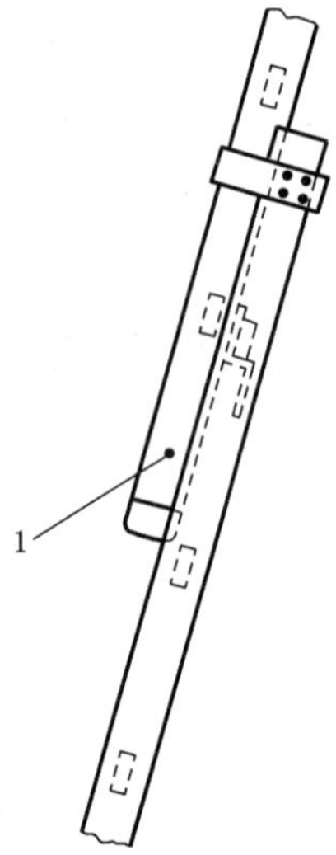

说明：
1——上面梯子的梯框底端。

图 26 梯子的最大延伸

5.14 A 状态三件组合式梯子的试验

对于处于“A”状态且顶部部分完全延伸到工作姿态的三件组合式梯子（见图 27），顶部部分的自由运动应小于或等于 5°。

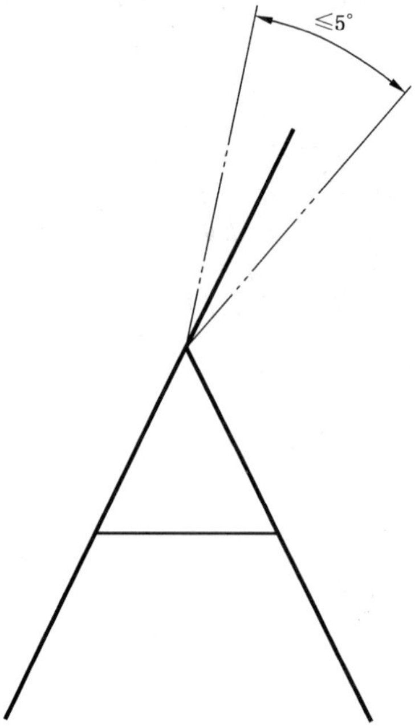

图 27 A 状态三件组合式梯子的试验

5.15 梯子长度方向上的扭转试验

试件应由能承受 2 000 mm 试验跨度的任意长度梯子的基本部分组成。如果梯子基本部分(梯子的攀爬部分)长度小于 2 000 mm,则应尽量采用最大试验跨度。如图 28 所示,将梯子放在平坦的水平位置,并在每个末端给予支撑,底部踏棍直接位于枢轴支撑之上。

旋转点中心与踏棍或踏板中心线平面之间的距离不应大于 50 mm。逐渐施加 65 Nm 的预加载扭矩然后移开。枢轴支撑的残余角度应作为基准位置,以便建立角度偏转的基准。沿预加载荷相同的方向,使用扭矩扳手或在悬臂末端施加试验载荷来施加 130 Nm 的试验扭矩。测量相对于基准位置的扭转角度。在相反的方向上施加与预加载扭矩相等的第二载荷,然后移开。枢轴支撑的残余角度应作为基准位置。在第一试验载荷相反的方向上施加第二试验载荷。测量相对于第二基准位置的扭转角度。

扭转角度不应超过式(2)确定的值:

$$最大允许扭转角度(^\circ)=\frac{c\times l}{2\ 000}=\frac{l}{111} \qquad \cdots\cdots(2)$$

式中:

c ——允许的扭转角度(18°);

l ——试验跨度,单位为毫米(mm)。

单位为毫米

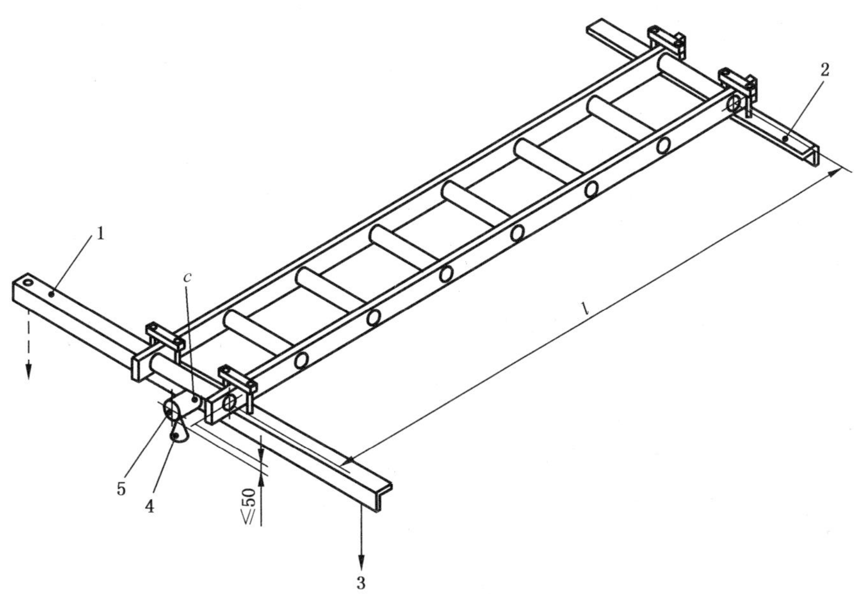

说明:

1——枢轴安装支架;

2——固定安装支架(夹紧);

3——试验载荷;

4——枢轴支撑;

5——施加扭矩扳手的位置(如果使用)。

图 28 扭转试验的布置

5.16 塑料梯子的试验方法

5.16.1 热固化塑料和复合材料

5.16.1.1 原则

为了确定梯子结构中承重元件(如梯框、踏棍、踏板、平台)复合材料的使用特征,应优先按以下两个试验系列进行试验:

a) 第一个试验系列为两批(每批 10 个样品)冲击试验(GB/T 1043.1),第一批不进行老化试验,第二批在老化试验(ISO 4892-2)后进行;

b) 第二个试验系列为两批(每批 5 个样品)挠度试验(ISO 14125),第一批样品不进行老化试验,第二批在老化试验(ISO 4892-2)后进行。

5.16.1.2 样品的准备

老化试验的样品应从厚度最薄处取样。样品应由实验室根据成品承重元件的主纤维方向采样。

5.16.1.3 老化试验

每个系列中的一批样品应在以下试验条件下,根据 GB/T 16422.2 中的方法进行老化试验:

——试验持续时间为 500 h;

——样品应按照方法 A 暴露在氙弧光下并符合 ISO 4892-2:2006 中表 1 的要求;

——黑标准温度的基准温度为(65±3)℃;

——相对湿度为(65±3)%;

——连续照明(102±0.5)min,洒水时间(18±0.5)min,无暗期的完成循环;

——试验后不应造成暴露后特性改变,其确定方法按 ISO 4892-2。

5.16.1.4 冲击试验

根据 GB/T 1043.1,应在以下条件下对第一试验系列(见 5.16.1.1)的两批 10 个样品进行冲击试验:

——冲击应在垂直于纤维轴向的方向上施加;

——冲击应是贯层冲击 f 和垂直冲击 n。

5.16.1.5 弯曲试验

根据 ISO 14125,应在以下条件下对第二试验系列(见 5.16.1.1)的两批 5 个样品进行弯曲试验:

弯曲特性确定试验应根据三点加载法(方法 A—等级Ⅳ)进行。

5.16.1.6 验收准则

表 3 规定了老化试验前和老化试验后的验收准则:

表 3 复合材料的验收准则

试验类型	标　　准	验收准则
冲击	GB/T 1043.1	≤20%
弯曲	ISO 14125	≤20%

5.16.2 增强热塑性塑料

5.16.2.1 原则

为了确定梯子的承重元件中塑料的使用特征，应按照以下顺序进行试验：

a) 对第一试验系列的两批5个样品进行拉伸试验(GB/T 1040.1和GB/T 1040.2)，但第一批在老化试验前进行，第二批在老化试验后(ISO 4892-2)进行；

b) 冷(−20 ℃)和热(60 ℃)条件下，在试验舱内对三件成品进行第二试验系列。

5.16.2.2 样品试验

a) 样品的准备

老化和拉伸试验的样品应在梯子结构中不同元件上取样。

b) 老化试验

第一试验系列的一批样品应根据ISO 4892-2中的方法在以下试验条件下进行老化试验：

1) 试验持续时间为500 h；

2) 样品应按照方法A暴露在氙弧光下并符合表3的要求；

3) 黑标准温度的基准温度为(65±3)℃；

4) 相对湿度为(65±3)%；

5) 连续照明(102±0.5)min，洒水时间(18±0.5)min，无暗期的完成循环；

6) 试验后不得造成暴露后特性改变，其确定方法按ISO 4892-2。

c) 拉伸试验

拉伸试验应根据GB/T 1040.1和GB/T 1040.2对第一系列(见5.16.2.1)中的两批(每批5个样品)进行拉伸试验。

5.16.2.3 验收准则

老化试验前和试验后的验收准则应小于或等于拉伸试验所得结果的20%。如果样品的试验结果为合格，则宜在冷(−20 ℃)和热(60 ℃)条件下连续对三件成品进行试验。

a) 冷试验

将三件成品放在(−20±1)℃的试验仓内24 h。温度稳定在−20 ℃后，对成品进行试验：

对于梯子，进行5.2梯子强度试验、5.3梯子弯曲试验和5.6踏棍/踏板/平台的强度试验。

如果试验满足给定的验收准则，则再对这些成品进行热试验。

b) 热试验

已进行冷试验的三件成品放在室温下24 h，然后放入(60±1)℃的试验舱内24 h。

温度稳定在(60±1)℃后，成品应进行与冷试验中描述相同的试验。

5.16.3 绝缘试验

5.16.3.1 一般要求

绝缘试验用于测试梯子是否适合在电压小于1 000 V(a.c.)和1 500 V(d.c.)的条件下使用。

对于声明绝缘的所有梯子，应强制进行绝缘试验。

当梯子在电压大于1 000 V的条件下使用时，则应符合GB/T 17620。

5.16.3.2 试验件的准备

取自梯子的试验件应至少包括两个邻近的踏棍。

对于叠接梯子,试验件应包括有连接装置的部件(梯子最敏感的部件)。

绝缘试验应在已进行5.16.1.3所述的机械老化试验的绝缘材料部分上进行。

5.16.3.3 程序

将试验件浸入电阻系数为(100±15)Ω·m的水中24 h。然后从水中取出梯子,并将梯子竖直挂立4 h。施加试验电压之前,仔细擦干梯子。

将宽度至少为50 mm的合适电极接到两个连续的踏棍上。电极的位置应确保试验电压施加到梯框上(见图29)。

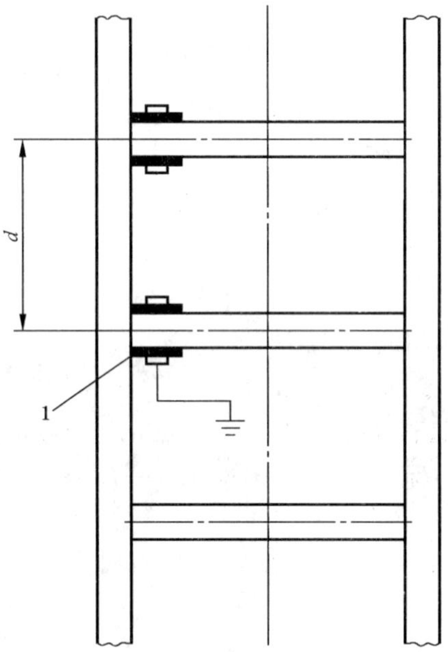

说明:

1——电极。

a) 试验布局

单位为毫米

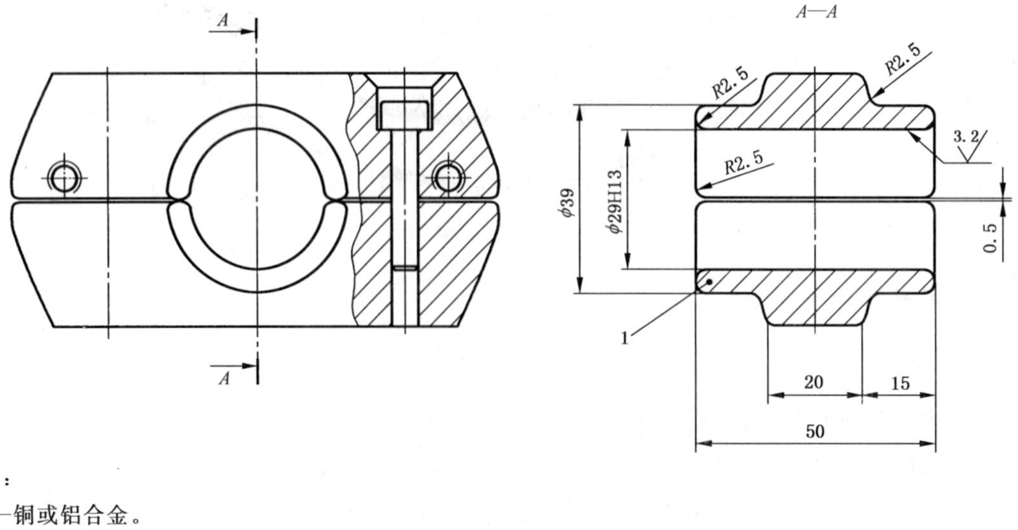

说明:

1——铜或铝合金。

b) 试验可能使用的电极示例

图29 机械老化的踏棍电气试验

相邻电极之间施加的电压是频率在 40 Hz～62 Hz 之间的交流电压，该电压以 1 kV/s 的速度从 0 逐渐增至 U_m。

试验电压 U_m 根据两个踏棍之间的间距 d 通过以下公式得出：

$$U_m = 1\,000 \times d/300 \qquad \cdots\cdots(3)$$

式中：

U_m 的单位为伏(V)；

d 是两个相邻踏棍或踏板之间的距离，单位为毫米(mm)；

由在 U_m 时短路电流不小于 0.5 A 的变压器提供电压，电压 U_m 施加 1 min。

试验在相邻的踏棍上进行，并与梯框(扶手)接触；如果梯框上没有出现闪络、击穿和温度升高(Δ5 ℃)，则可认为通过试验。

6 标志与使用说明书

只有符合 GB/T 17889.1 和 GB/T 17889.2 或者 GB/T 17889.4 的梯子才能标记为“GB/T 17889”。

标志应符合 GB/T 17889.3。

标签应耐久。标签的耐久力应通过检查和轻轻摩擦标签的方法进行检验，即首先用蘸水的布擦 15 s，然后用蘸汽油的布擦 15 s。试验后标签清晰度不应减弱。如果有胶粘的标签，则不应出现松动或卷边。

应提供符合 GB/T 17889.3 的使用说明书。

7 认证

本部分可作为认证的基础。

附 录 A
（规范性附录）
试 验 顺 序

表 A.1 试验顺序

<table>
<tr><th rowspan="3">顺序编号</th><th rowspan="3">试验</th><th colspan="4">倚靠式</th><th rowspan="3">自立式</th><th colspan="4">组合式</th></tr>
<tr><th colspan="3">踏棍</th><th rowspan="2">踏板</th><th colspan="2">两件式</th><th colspan="2">三件式</th></tr>
<tr><th>单件式</th><th>分段式</th><th>延伸式</th><th>倾斜位置</th><th>自立位置</th><th>倾斜位置</th><th>自立位置</th></tr>
<tr><td>1</td><td>5.10 自立式梯子平台的翘起试验</td><td></td><td></td><td></td><td></td><td>×</td><td></td><td></td><td></td><td></td></tr>
<tr><td>2</td><td>5.14 处于A位置的三件式组合梯子</td><td></td><td></td><td></td><td></td><td>×</td><td></td><td></td><td></td><td>×</td></tr>
<tr><td>3</td><td>5.12 扶手/横杆试验</td><td>×</td><td></td><td>×</td><td>×</td><td></td><td></td><td></td><td></td><td></td></tr>
<tr><td>4</td><td>5.13 最大延伸量</td><td></td><td></td><td>×</td><td></td><td></td><td></td><td></td><td></td><td></td></tr>
<tr><td>5</td><td>5.11 梯脚拉拔试验</td><td>×</td><td>×</td><td>×</td><td>×</td><td>×</td><td colspan="2">×</td><td colspan="2">×</td></tr>
<tr><td>6</td><td>5.2 梯框强度试验</td><td>×</td><td>×</td><td>×</td><td>×</td><td>×</td><td>×</td><td></td><td>×</td><td></td></tr>
<tr><td>7</td><td>5.3 梯框弯曲试验</td><td>×</td><td>×</td><td>×</td><td>×</td><td>×</td><td>×</td><td></td><td>×</td><td></td></tr>
<tr><td>8</td><td>5.4 梯子的侧向挠度试验</td><td>×</td><td>×</td><td>×</td><td>×</td><td>×</td><td colspan="2">×</td><td colspan="2">×</td></tr>
<tr><td>9</td><td>5.5 梯框底端试验</td><td>×</td><td>×</td><td>×</td><td>×</td><td>×</td><td colspan="2">×</td><td colspan="2">×</td></tr>
<tr><td>10</td><td>5.6 踏棍、踏板和平台的垂直载荷试验</td><td>×</td><td>×</td><td>×</td><td>×</td><td>×</td><td></td><td>×</td><td></td><td>×</td></tr>
<tr><td>11</td><td>5.7 踏棍、踏板的扭转试验</td><td>×</td><td>×</td><td>×</td><td>×</td><td>×</td><td></td><td>×</td><td></td><td>×</td></tr>
<tr><td>12</td><td>5.9 延伸式/组合式梯子的挂钩试验</td><td></td><td></td><td>×</td><td></td><td></td><td>×</td><td></td><td>×</td><td></td></tr>
<tr><td>13</td><td>5.15 梯子长度方向上的扭转试验</td><td>×</td><td>×</td><td>×</td><td>×</td><td>×</td><td>×</td><td></td><td>×</td><td></td></tr>
<tr><td>14</td><td>5.8 自立式梯子的张开限制和铰链试验</td><td></td><td></td><td></td><td></td><td>×</td><td></td><td>×</td><td></td><td>×</td></tr>
</table>

参 考 文 献

[1] GB/T 17889.4 梯子 第4部分:带有单个或多个铰链的梯子

[2] GB/T 2035—2008 塑料术语及其定义

[3] EN 581-1,*Outdoor furniture—Seating and tables for camping,domestic and contract use—Part 1:General safety requirements*

[4] EN 10088-2,*Stainless steels—Part 2:Technical delivery conditions for sheet/plate and strip of corrosion resisting* steels *for general purposes*

[5] EN 14183,*Step stools*

[6] prEN 50528:2008,*Insulating ladders for use on or near low voltage electrical installations*

ICS 13.110
J 09

中华人民共和国国家标准

GB/T 17889.3—2012

梯子 第3部分:使用说明书

Ladders—Part 3:User instructions

2012-05-11 发布 2012-12-01 实施

中华人民共和国国家质量监督检验检疫总局
中国国家标准化管理委员会 发布

前　言

GB/T 17889《梯子》由以下4部分组成：

——第1部分：术语、型式和功能尺寸；

——第2部分：要求、试验和标志；

——第3部分：使用说明书；

——第4部分：带有单个或多个铰链的梯子。

本部分是GB/T 17889的第3部分。

本部分按照GB/T 1.1—2009给出的规则起草。

本部分使用翻译等同采用欧洲标准EN 131-3:2007《梯子　第3部分：使用说明书》。

为便于使用，本部分做了下列编辑性修改：

——在第1章中增加了本部分适用的范围；

——删除了欧洲标准的第2章；

——对2.1的定义做了编辑性修改。

本部分由全国机械安全标准化技术委员会(SAC/TC 208)提出并归口。

本部分起草单位：中机生产力促进中心、天津市金锚集团有限责任公司、苏州市华测检测技术有限公司、南京林业大学光机电仪工程研究所。

本部分主要起草人：宁燕、李杰、朱平、居荣华、李勤、李士森、孙华山、卢锦峰、富锐、李春平、张晓飞、汪希伟、刘治永。

梯子 第3部分:使用说明书

1 范围

GB/T 17889 的本部分给出了 GB/T 17889.1 所涵盖的且满足 GB/T 17889.1、GB/T 17889.2 要求的梯子的安全使用建议,以及满足 GB/T 17889.4 要求且用作自立式或倚靠式梯子的带有单个或多个铰链的梯子的安全使用建议。

本部分适用于 GB/T 17889.1 涵盖的梯子,也适用于用作自立式或倚靠式梯子的带有单个或多个铰链的梯子。

2 术语和定义

下列术语和定义适用于本文件。

2.1

生产者 producer

产品制造商,或者其他通过在产品上加贴自身名称、商标、或其他区别性标记而以生产者身份出现的个人或公司,或者改装产品的个人或公司,或者供应链中其采取的行动会影响产品安全性能的其他专业人员或公司。

2.2

经销者 distributor

供应链中所采取的行为不会影响产品安全性能的专业人员或公司。

2.3

所有者 owner

购买或拥有梯子的个人或公司。

注:所有者可以自己使用梯子,也可以将梯子提供给其他使用人。

2.4

使用者 user

使用梯子的个人。

2.5

伤害 harm

对人造成的人身伤害或健康损害,或对财产或环境的损害。

2.6

危险 hazard

潜在伤害源。

2.7

风险 risk

会造成伤害的危险发生的概率以及伤害的严重程度。

3 提供使用说明书

生产者应对使用说明书的内容负责,并保证随同每架梯子提供使用说明书。

经销者应保证给每架梯子提供使用说明书。

梯子所有者应保证向使用者提供使用说明书。

使用说明书应采用梯子销往国语言书写。

4 造成事故的原因

以下采用非穷尽方式列举了梯子使用过程中造成事故的常见危险情形,并以此为基础制定 GB/T 17889 的本部分:

a) 失去稳定性:
   1) 梯子架设位置不正确(如倚靠式梯子角度不正确或自立式梯子未完全打开);
   2) 底端朝外滑动(如梯子底端朝离开墙的方向滑动);
   3) 侧向滑动,倒向侧面以及上端前翻(如探伸过度或上部接触面太脆弱);
   4) 梯子状况(如缺少防滑的梯脚);
   5) 在高空踏离未固定的梯子;
   6) 地面条件(如不稳固的软地面、有斜坡的地面、打滑的表面或受污的硬表面);
   7) 不利的天气条件(如刮大风);
   8) 梯子受到碰撞(如车辆或门);
   9) 梯子选用不当(如太短或用途不适合)。

b) 搬运原因:
   1) 将梯子搬运至工作位置;
   2) 安装和拆卸梯子;
   3) 拿着东西爬梯子。

c) 使用者滑倒或跌落:
   1) 穿鞋不当;
   2) 踏棍或踏板受污;
   3) 使用者不安全的做法(如一次爬两档、顺梯框向下滑)。

d) 梯子发生结构性损坏:
   1) 梯子状况(如梯框损坏、磨损);
   2) 梯子过载。

e) 电气危险:
   1) 不可避免的带电操作(如故障查找);
   2) 梯子的架设离带电电气设备(如架空电力线路)太近;
   3) 梯子损坏电气设备(如盖板或保护绝缘);
   4) 电气作业时梯子选型不当。

5 标志

5.1 倚靠式梯子

5.1.1 图形符号

所有设计作为倚靠式梯子使用的梯子应在醒目位置应采用图形符号标识的以下基本信息:

a) 请阅读使用说明书(示例见图 A.1);

b) 最大载荷(示例见图 A.2);

c) 正确的架设角度(示例见图 A.3);
d) 应架设在水平承载面上(示例见图 A.4);
e) 不要过度探伸(示例见图 A.5);
f) 确保地面上没有污垢(示例见图 A.6);
g) 架设在坚实的承载面上(示例见图 A.7);
h) 梯子高出登临点的高度(示例见图 A.8);
i) 不得从侧面踏离梯子(示例见图 A.9);
j) 使用梯子时应将正确一端朝上(只有因梯子设计原因而有必要的情况除外)(示例见图 A.22)。

5.1.2 正确角度指示装置

设计作为倚靠式梯子使用的梯子,宜设置指示正确架设角度的指示装置。

5.2 自立式梯子

所有设计作为自立式梯子使用的梯子,在醒目位置用图形符号标识的基本信息应包括:
a) 请阅读使用说明书(示例见图 A.1);
b) 最大载荷(示例见图 A.2);
c) 应架设在水平承载面上(示例见图 A.4);
d) 使用前应完全张开(示例见图 A.17);
e) 不要过度探伸(示例见图 A.5);
f) 架设在坚实的承载面上(示例见图 A.7);
g) 不得从侧面踏离梯子(示例见图 A.9);
h) 确保张开限制装置已扣好(如果有)(示例见图 A.21)。

5.3 有效踏棍或踏板

所有设计作为倚靠式梯子使用的梯子,均应标出最上面不能站人的三档。

注 1:可在梯框上进行标记,或者最好在不能站人的第一级踏棍或踏板上标记。

所有设计作为自立式梯子使用的梯子均应标出不能站人的踏棍或踏板。

使用者应随时能够获得牢靠的抓握和支撑。

5.4 各类梯子的其他标识信息

图形标识最小尺寸为 15 mm×15 mm,并且应采用对比色。应由生产者负责选择图形符号。可以使用的图形符号示例在附录 A 中给出。

也可以采用图形符号或文本形式提供其他信息。

标识信息还应包括:
a) 生产者和/或经销者的名称和地址;
b) 梯子型式(型式、部件数量和长度、梯子最大使用长度);
c) 生产年月和/或序列号;
d) 因结构或设计原因造成倾角不明显的梯子应标明倾角;
e) 最大总载荷;
f) 梯子上最多允许的使用者数量;
g) 成品梯子重量,单位为千克(kg);
h) 绝缘(如果能)。

6 使用说明书

6.1 一般要求

应随同每架梯子提供与之相关的，采用销售国语言书写的基本使用说明书。使用说明书可采用文字配插图或图表的形式编写。如果说明书与梯子分开提供，则还应重复6.1或6.2中的信息。

生产者应提供检验和检查项目清单和验收准则。使用说明书中应提供或梯子上应标明如何获取该清单的详细方法。生产者也可利用其网站提供使用说明书。

随梯子提供的使用说明书应至少包括以下内容。

6.2 使用前

a) 确保使用者的健康状况允许其使用梯子。患某些疾病或服用某些药物、过量饮酒或吸食毒品后使用梯子会不安全；
b) 将梯子放在车顶架上或车厢内运输时，应妥善放置，防止造成损坏；
c) 梯子到货后和第一次使用前进行检查，确认各部分的状况和操作；
d) 需要使用梯子时，应在当天开工前目视检查梯子是否损坏，使用是否安全；
e) 专业梯子应定期检查；
f) 确保梯子适合相应用途；
g) 不使用已损坏的梯子；
h) 清除梯子上的污垢，如湿油漆、泥巴、油污或冰雪；
i) 工作中使用梯子前，宜根据使用国相关的法律法规进行风险评价。

6.3 梯子的定位和架设

a) 梯子应架设在正确位置。例如：倚靠式梯子应以正确的角度架设（倾角约为1∶4），使踏棍或踏板处于水平位置；自立式梯子架设时则应完全张开；
b) 如果安装了锁定装置，则应在使用前充分固定；
c) 梯子应架设在不会发生移动的平坦水平承载面上；
d) 倚靠式梯子应倚靠在不容易损毁的平整表面上，并应在使用前固定，例如通过绑定或采用适当的稳固装置；
e) 不得从上面将梯子重新定位；
f) 梯子定位时，应考虑行人、车辆或门与梯子发生碰撞的风险。尽可能将工作区域内的门（太平门除外）和窗户固定好；
g) 应识别出工作区域内的任何电气危险，如架空电线或其他外露电气设备；
h) 架设梯子时，应梯脚着地，而不是踏棍或踏板；
i) 除非采取额外有效措施防止梯子滑动或能够保证受污表面足够干净，否则，不得将梯子架设在打滑的表面上（如冰面、光滑表面或严重受污的硬表面）。

6.4 使用梯子

a) 不得超出梯子类型所允许的最大载荷；
b) 不得过度探伸；使用者应使皮带扣（肚脐）保持在梯框内，并保证整个作业过程中两脚始终踏在同一踏板/踏棍上；
c) 在未采取将梯子绑定或使用适当稳固装置等额外安全措施的情况下，不得在高空踏离倚靠式梯子；

d) 不得使用自立式梯子攀爬到另一个高度；
e) 不得站立在倚靠式梯子最上面的三档踏板/踏棍上；
f) 不得站立在无平台和扶手/横杆的自立式梯子的最上面两档踏板/踏棍上；
g) 不得站立在上部带伸缩梯的自立式梯子最上面的四档踏板/踏棍上；
h) 梯子只宜用于短时间的轻作业；
i) 不可避免带电操作时，应使用不导电的梯子；
j) 在强风等恶劣天气条件下，不得在户外使用梯子；
k) 应采取措施防止儿童在梯子上嬉戏；
l) 尽可能将工作区域内的门(太平门除外)和窗户固定好；
m) 上下梯子时应面朝梯子；
n) 上下梯子时，应抓牢梯子；
o) 不得将梯子用作过桥；
p) 爬梯子时应穿合适的鞋子；
q) 避免过大的侧向载荷，如在砖头和混凝土上钻孔；
r) 不得在梯子上连续长时间工作，中间应定期休息(疲劳本身就是风险)；
s) 用于爬到高处的倚靠式梯子至少应高出登临点上方1 m；
t) 攀爬梯子时只能携带重量轻且方便手拿的东西；
u) 避免对自立式梯子造成侧向载荷的作业，如从侧面在坚硬物体(砖或混凝土)钻孔；
v) 在梯子上作业时，应保持一手抓牢。如果不能，则应采取额外安全措施。

6.5 修理、维护和存放

修理和维护工作应由具备相应资质的人员根据生产者的说明书进行。

梯子应按生产者的说明书进行存放。

附 录 A
（资料性附录）
图形符号示例

A.1 概述

本附录包含了梯子随货基本使用说明书中使用的图形符号示例。在这些示例中，正方形图形符号表示应采取的正确行为，通常采用绿色边框；圆形图形符号则表示所禁止的行为，一般采用红色边框。

本附录所给出的图形符号仅用作示例，并不限定生产者为满足本部分的要求而从本附录中选取。建议使用满足 GB/T 2893 的图形符号。

注：GB/T 2893.1 和 GB/T 2893.2 所规定图形符号在不断发展。本部分将来修订时将包括新发展的图形符号。

A.2 图形符号示例

图 A.1 请阅读使用说明书

图 A.2 最大载荷

图 A.3　正确的架设角度

图 A.4　架设在水平承载面上

图 A.5 不要过度探伸

图 A.6 确保地面没有污垢

图 A.7 架设在坚实的承载面上

图 A.8 梯子应高出登临点 1 m

图 A.9 不得从侧面踏离梯子

图 A.10 梯子/踏板梯子的每条攀爬腿只能上一人

图 A.11 使用前进行目视检查

图 A.12 不得将梯子用作过桥

图 A.13 不得站立在最高一档踏板上

图 A.14 应检查梯脚

图 A.15 搬运梯子时应注意电气危险

图 A.16 上下梯子时应面朝梯子

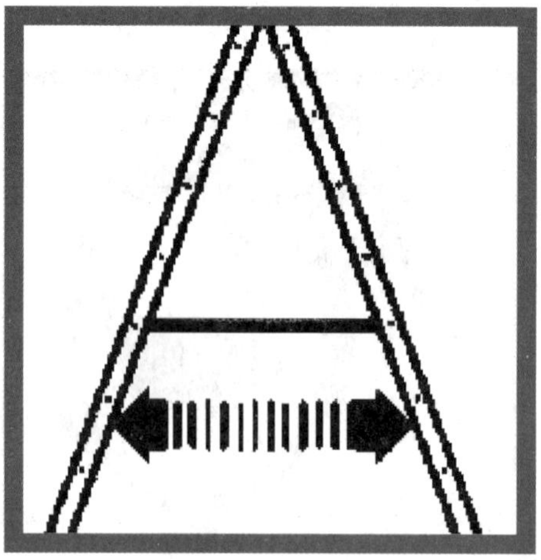

图 A.17　自立式梯子使用前应确保完全张开

图 A.18　梯子上最多允许的人数

图 A.19　固定梯子的上部/下部

图 A.20　确保梯子上部正确定位

图 A.21　确保张开限制装置已扣好

图 A.22　使用梯子时应将正确一端朝上

参 考 文 献

［1］ GB/T 2893.1 图形符号 安全色和安全标志 第1部分:工作场所和公共区域中安全标志的设计原则
［2］ GB/T 2893.2 图形符号 安全色和安全标志 第2部分:产品安全标签的设计原则
［3］ GB/T 17889.1 梯子 第1部分:术语、型式和功能尺寸
［4］ GB/T 17889.2 梯子 第2部分:要求、试验和标志
［5］ GB/T 17889.4 梯子 第4部分:带有单个或多个铰链的梯子

ICS 13.110
J 09

中华人民共和国国家标准

GB/T 17889.4—2012

梯子
第4部分：带有单个或多个铰链的梯子

Ladders—Part 4: Single or multiple hinge-joint ladders

2012-05-11 发布　　2012-12-01 实施

中华人民共和国国家质量监督检验检疫总局
中国国家标准化管理委员会　发布

前言

GB/T 17889《梯子》由以下4部分组成：

——第1部分：术语、型式和功能尺寸；

——第2部分：要求、试验和标志；

——第3部分：使用说明书；

——第4部分：带有单个或多个铰链的梯子。

本部分是GB/T 17889的第4部分。

本部分按照GB/T 1.1—2009给出的规则起草。

本部分使用翻译等同采用欧洲标准EN 131-4:2007《梯子　第4部分：带有单个或多个铰链的梯子》。为便于使用，本部分做了下列编辑性修改：

——按照GB/T 1.1—2009的要求修改了范围中条款的表述，并增加了本部分适用的范围；

——将规范性引用文件的导语按GB/T 1.1—2009进行了修改，并将EN 131-4:2007引用的标准改为对应的国家标准；

——删除了资料性附录B。

本部分由全国机械安全标准化技术委员会(SAC/TC 208)提出并归口。

本部分起草单位：中机生产力促进中心、天津市金锚集团有限责任公司、深圳市华测检测技术股份有限公司、南京林业大学光机电仪工程研究所。

本部分主要起草人：张晓飞、李杰、郭冰、居荣华、李勤、李士森、董宁、宁燕、宋小宁、富锐、刘治永、许蕾。

梯子
第4部分:带有单个或多个铰链的梯子

1 范围

GB/T 17889的本部分规定了有一个或多个铰链接头的铰链组合式梯子的要求、试验和标志。

本部分适用于带有单个或多个铰链的梯子。

本部分不适用于GB/T 17889.1中所规定组合式和自立式梯子的铰链接头。

注:本部分与GB/T 17889.1和GB/T 17889.2配套使用。

2 规范性引用文件

下列文件对于本文件的应用是必不可少的。凡是注日期的引用文件,仅注日期的版本适用于本文件。凡是不注日期的引用文件,其最新版本(包括所有的修改单)适用于本文件。

GB/T 17889.1—2012 梯子 第1部分:术语、型式和功能尺寸

GB/T 17889.2 梯子 第2部分:要求、试验和标志

GB/T 17889.3 梯子 第3部分:使用说明书

3 术语和定义

GB/T 17889.1—2012界定的以及下列术语和定义适用于本文件。

3.1

纵向铰链梯子 ladder hinged in the longitudinal direction

可通过铰链接头纵向折叠(手动或自动)的梯子。

注:不包括属于GB/T 17889.1范围的梯子。

3.1.1

带一个可锁定铰链接头装置的梯子 ladder with one lockable hinge joint device

包含一个铰链接头装置的梯子,且至少有一个预设定的可锁定位置。

注:见图1和图2。

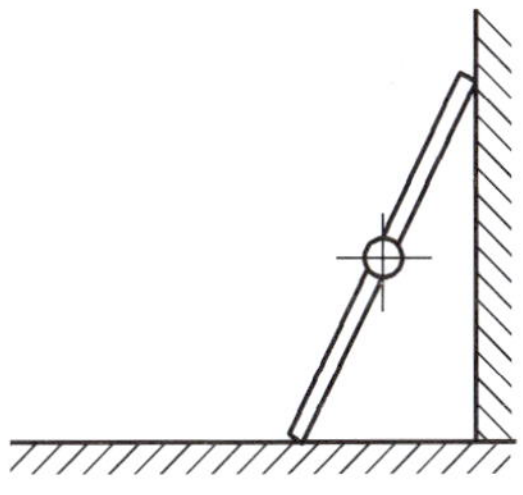

图1 架设成倚靠式梯子

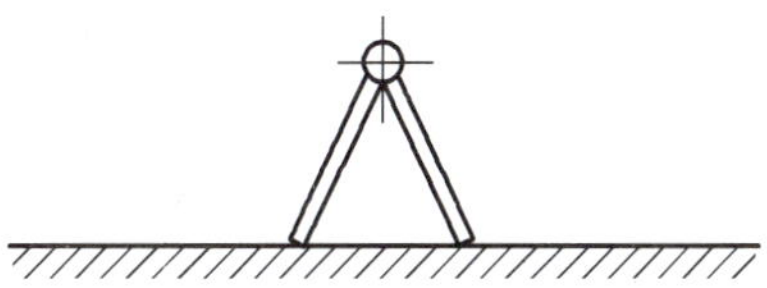

图2 架设成自立式梯子

3.1.2

带多个可锁紧铰链接头装置的梯子　ladder with several lockable hinge-joint devices

包含多个铰链接头装置的梯子，且至少有一个能通过铰链接头装置将其锁定在预设角度的固定位置。

注：见图3～图6。

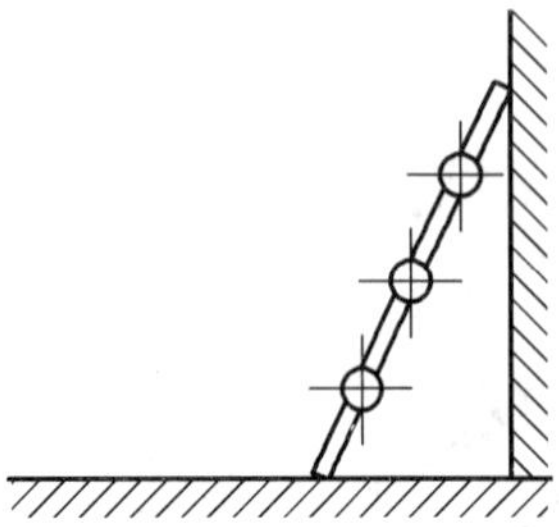

图3　位置1"单梯"

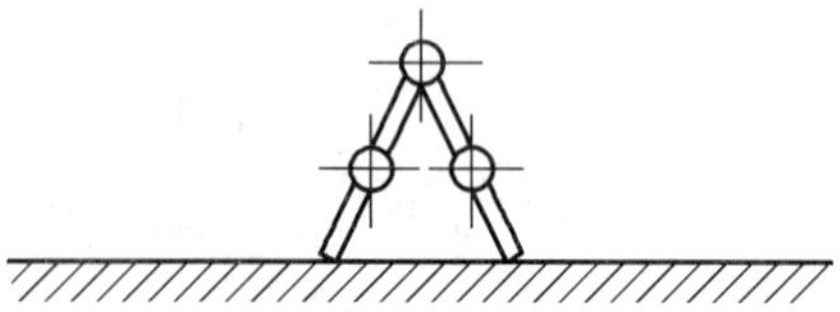

图4　位置2"自立式梯子"

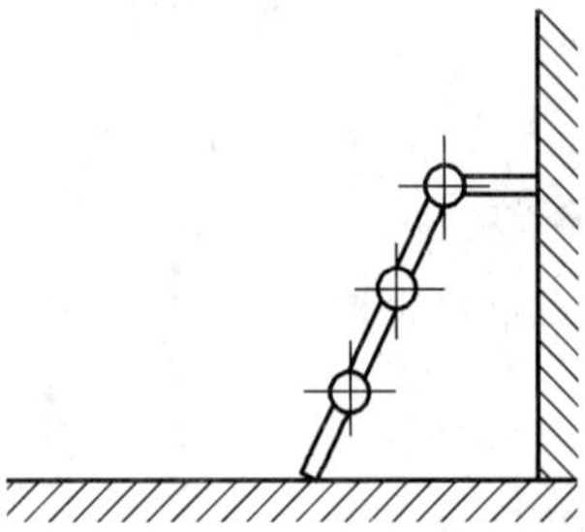

图5　位置3"支座"

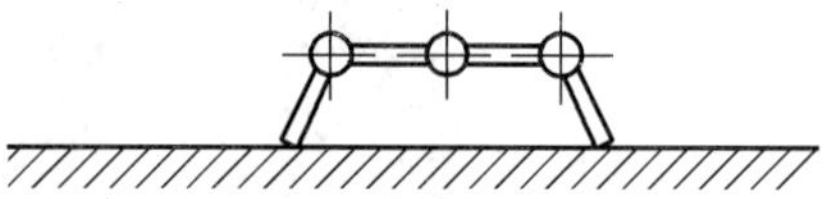

图6　位置4"平台"

3.2

横向铰链梯子　ladder hinged in the lateral direction

具有多个铰链接头使其能横向折叠的梯子。

注1：铰链接头可设置在梯腿和踏板之间。踏板本身也可以安装铰链接头。

注2：见图7。

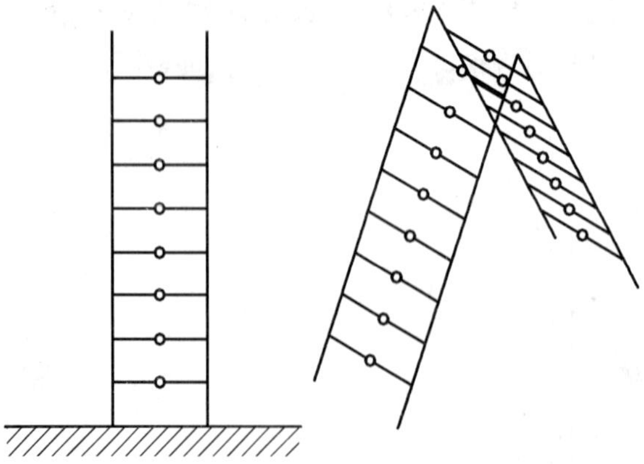

图7　横向铰链式梯子

3.3

台板件　decking component

形成站立面,使多个铰链接头的梯子能以"平台"的姿态使用的一个或多个构件。

3.3.1

基准面　reference level

台板件的上表面,包括防滑表面。

3.3.2

台板件高度　decking component height

h_3

台板件高出基准地面的高度。

3.3.3

伸出量　overhang

l_{10}

台板件超出最后一个支撑点的长度。

4　功能尺寸

4.1　可转换位置的自立式单梯

尺寸在 GB/T 17889.1 中给出。

4.2　通过铰链架设成"倚靠式或自立式"的梯子

如果能够用作倚靠式梯子,则采用倚靠式梯子的功能尺寸。如果能够用作自立式梯子,则采用自立式梯子的功能尺寸。

参见 GB/T 17889.1 中关于各种梯子型式的规定。

内宽 b_1 应按图 8 所示进行测量。

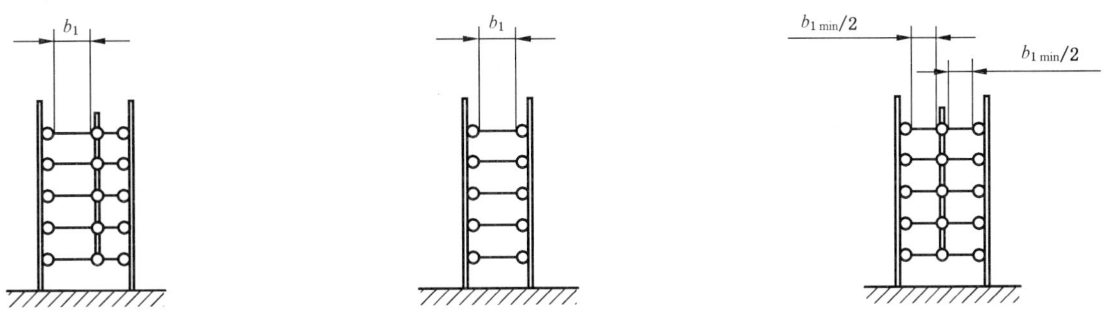

图 8　尺寸 b_1

4.3　架设成"平台"的铰链梯子

架设成"平台"的铰链梯子见图 9,其功能尺寸见表 1。

表 1 功能尺寸

	h_3/mm	l_{10}/mm	α^a/(°)	α^b/(°)
最小值	—	—	65	65
最大值	1 000	50	75	70
[a] 用于踏棍式梯子。 [b] 用于踏板式梯子。				

如果台板件安装在梯框里面，则间隙不得超过 5 mm。如果台板件横跨梯框安装，每侧伸出量不应超过 25 mm。平台应在相对于梯子纵轴±10 mm 范围内对中。如果台板件由多个构件组成，则完成装配后应保证人不能从空档中掉下去。

注：相关梯子型式的 b_1 和 b_2 见 GB/T 17889.1—2012。

单位为毫米

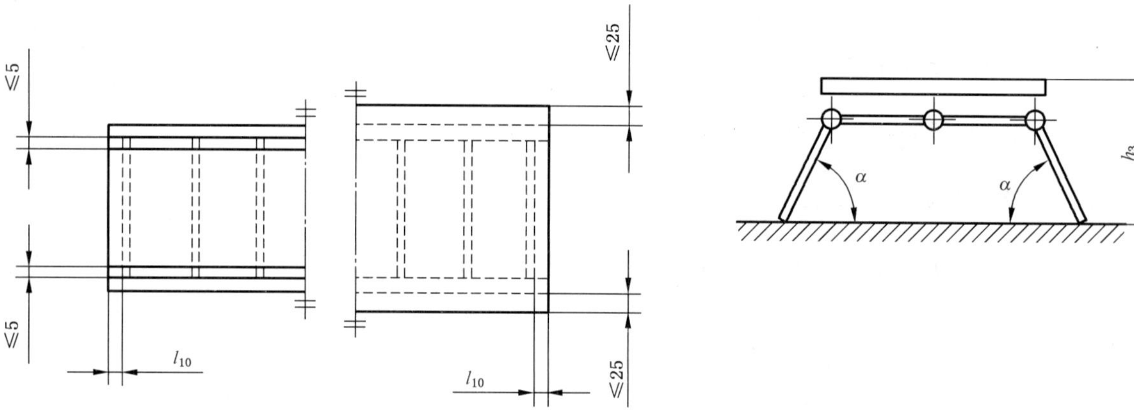

图 9 架设成“平台”的铰链梯子

4.4 架设成“支座”的铰链梯子

架设成“支座”的铰链梯子见图 10，其功能尺寸见表 2。

表 2 功能尺寸

	l_2/mm	α/(°)
最小值	—	65
最大值	1 200	75

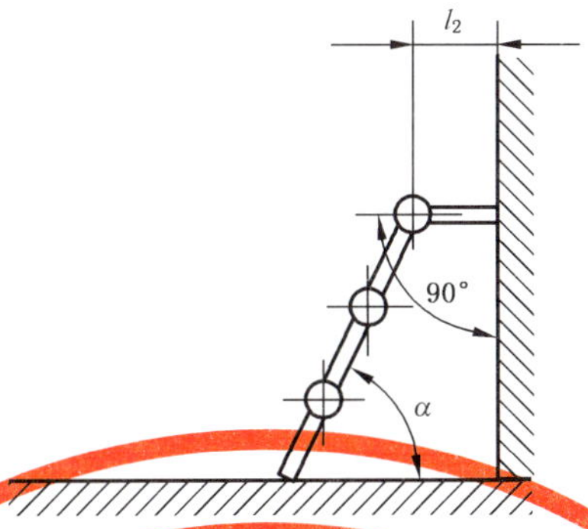

图 10　架设成“支座”的铰链梯子

5　要求

5.1　一般要求

以下要求是基于最大总载荷为 150 kg 提出的。

一次只能一个人使用铰链梯子。

5.2　台板件

如果有台板件，则应将台板件固定好，防止发生意外移动，并应设置防滑工作面。台板件的设计应确保其在梯子上不会滑动或倾斜。

5.3　纵向铰链梯子

此类梯子应至少有一个可用的、固定的可锁定位置。

注：梯子处于存放状态（折叠后）时不要求可锁定。

6　试验方法

6.1　概述

通用要求见 GB/T 17889.2。

6.2　纵向铰链梯子试验方法

6.2.1　原则

符合 3.1 的梯子应按照 GB/T 17889.2 中的要求进行试验，但梯子的强度试验应按照 6.2.2 进行修改。

应按 6.2.3 对铰链接头进行循环试验。

如果梯子设计成作为平台使用，则应将台板件安装在平台上后进行 6.2.4 规定的试验。

6.2.2 梯子强度试验

应在完全延伸后的梯子上进行此项试验,如图 11。

应预加载荷 500 N 并持续 1 min。去除预加载荷后梯子的位置即为测量起始点。

应施加 1 100 N 的试验载荷 F(见图 11)并持续 1 min。应在去除试验载荷 1 min 后进行测量。梯子的永久形变 f 不得超过两个支撑点之间距离 l 的 0.2%。

对于自立式梯子,应根据式(11)确定试验载荷 F:

$$F = 2\ 600\ \text{N} \times \cos\alpha \qquad (1)$$

式中:

α——制造商设计的使用角度(容许角度:最小为 60°;最大为 70°)。

单位为毫米

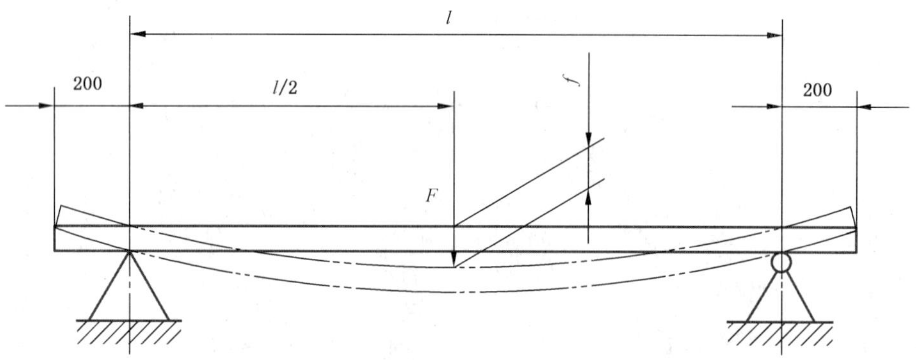

图 11 梯子强度试验

6.2.3 铰链接头循环试验

此类试验在带自动锁定装置的铰链接头上进行。

为了测试铰链接头的功能,应对铰链接头(横向和纵向铰链接头梯子)进行循环试验。应对位置数量最多的一副铰链接头连续进行 4 000 次从闭合位置至完全打开位置的循环试验。每次循环过程中,应以正常使用速度在每个位置锁紧和松开铰链接头。试验过程中不应给铰链接头加油。

要求:自动锁定功能应在没有手动干预的情况下正常工作 4 000 个循环。

6.2.4 架设成平台的梯子试验

6.2.4.1 一般要求

试验应在将梯子架设成平台并装上全部台板件后进行。

6.2.4.2 台板件强度试验

将载荷加到各台板件中心最不利的位置进行试验。1 000 N 的试验力分布在 200 mm×200 mm 的硬钢板上。试验力包括钢板的重量。

承载时的变形应小于或等于台板件长度的 1%。

残余变形应小于或等于台板件长度的 0.1%。

6.2.4.3 梯子安全试验

将载荷施加到台板件中心进行试验。载荷分布在 200 mm×200 mm 的硬钢板上，且为最大载荷的 1.5 倍。

承载时的变形应小于或等于台板件长度的 2%。

然后再用两倍的最大总载荷进行试验。试验后，产品应仍能正常使用。

最大载荷应由制造商规定，且应不小于 120 kg，不大于 150 kg。

6.2.4.4 梯子稳定性试验

向位于台板件边缘施加分布在 200 mm×200 mm 硬钢板上的 750 N 载荷。钢板的边缘与台板件的边缘齐平。

钢板的中心线应与台板件的纵向中心线对中(见图 12)。

应沿最不利的方向向台板件上施加 300 N 的水平力 F。

梯子不应翻倒。

单位为毫米

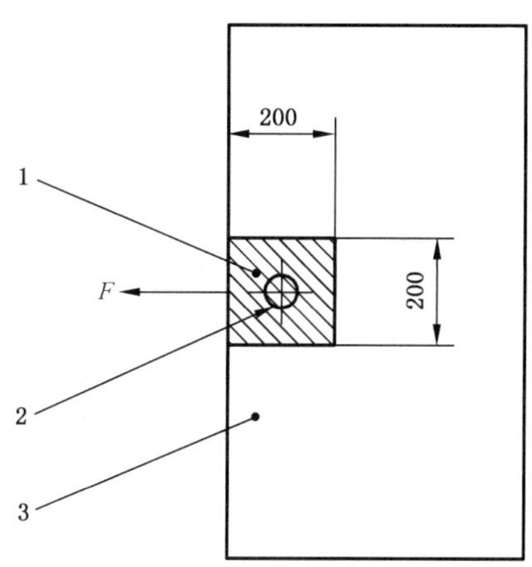

说明：

1 ——方钢板；

2 ——750 N 的载荷；

3 ——台板件；

F——300 N。

图 12 梯子稳定性试验

6.2.4.5 台板件滑动试验

交替向台板件两侧的中间位置施加 300 N 的水平力。

台板件的横向移动不应超过 5 mm。

台板件可能稍有移动，但是纵向上的停止位置应符合 l_{10} 的限值要求，而且根据 4.3，两边的侧向伸出量均不应超过 25 mm(见图 13)。

单位为毫米

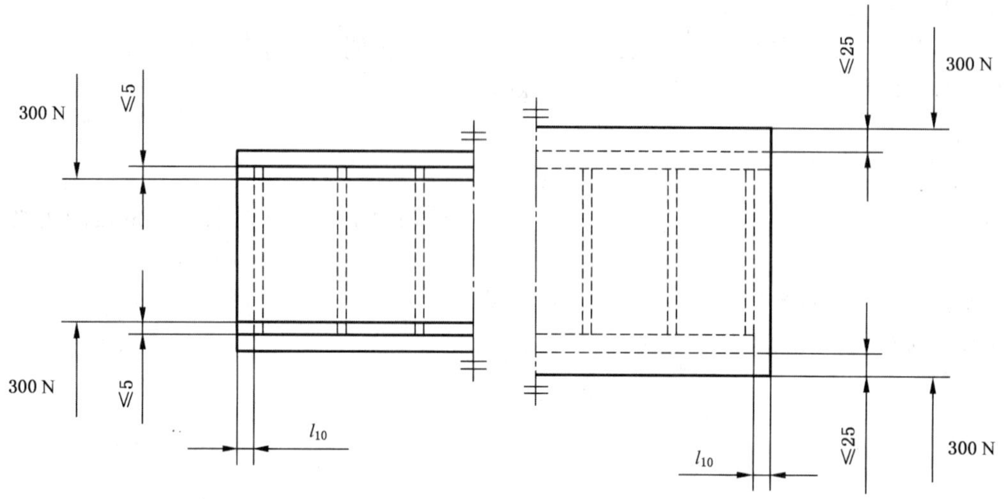

图 13 台板件滑动试验

6.3 横向铰链梯子试验方法

6.3.1 原则

符合 3.2 的梯子应满足 GB/T 17889.2 中的试验要求。

对于这些试验，梯子应处于工作姿态(见 3.2)。应对铰链接头进行循环荷载试验。

然后，还应对从存放姿态进入工作姿态的能力进行试验。

6.3.2 铰链接头循环试验

为了试验铰链接头的耐久性，应对整个梯子进行一系列的折叠和打开操作。

应以正常使用速度连续进行 4 000 次从工作姿态到存放姿态的循环试验。

试验过程中不应给铰链接头加油。

要求：部件不应有破裂。

如果梯子安装了自动锁定系统，则每次循环过程中自动锁定装置都应在每个极限位置进行锁定和解锁操作。在这种情况下，试验结束后自动锁定功能应能正常工作。

6.3.3 从存放姿态进入工作姿态的能力

将梯子置入工作姿态，然后把梯子的使用方向倒过来：梯子上端朝下放置在坚硬的水平表面上(见图 14)。

在离地面最近的踏棍上一段 100 mm 的长度内施加 100 N 的最大载荷。

施加该载荷后，梯子应无法再保持在工作姿态，以防止梯子被倒过来使用。

如果这类梯子上没有解锁装置，则梯子倒过来后，应满足 GB/T 17889.2 中踏棍和踏板上垂直载荷试验要求。

说明：
B——下端；
H——上端。

图 14　中间铰链梯子的横向折叠

7　标志

梯子应满足 GB/T 17889.2 中的标志要求，此外，还应增加以下内容：

应采用视觉图形或文字给出禁止的姿态。标志应标出可能的水平调节姿态。应规定最大的平台重量。

8　使用说明书

应提供符合 GB/T 17889.3 的使用说明书。

附　录　A
（规范性附录）
试验顺序

表 A.1　符合 3.1 的纵向铰链梯子的试验顺序

顺序编号	GB/T 17889.2	GB/T 17889.4
1		6.2.2 梯子强度试验
2	梯框弯曲试验	
3	梯子侧向挠度试验	
4	梯框底端试验	
5	踏棍、踏板和平台的垂直载荷试验	
6	踏棍和踏板的扭转试验	
7	自立式梯子的张开限制和铰链试验	
8	延伸式梯子和组合式梯子的踏棍/踏板挂钩试验	
9	梯子长度方向上的扭转[a]	
10	梯脚拉拔试验[a]	
11		6.2.4.2 台板件强度试验
12		6.2.4.3 梯子安全试验
13		6.2.4.4 梯子稳定性试验
14		6.2.4.5 台板件滑动试验
15	材料	

[a] 见 GB/T 17889.2—2012。

表 A.2　符合 3.2 的横向铰链梯子的试验顺序

顺序编号	GB/T 17889.2	GB/T 17889.4
1		6.3.3 从存放姿态进入工作姿态的能力
2		6.3.2 铰链接头的循环试验
3		6.2.2 梯子强度试验
4	梯框弯曲试验	
5	梯子侧向挠度试验	
6	梯框底端试验	
7	踏棍、踏板和平台上的垂直载荷试验	
8	踏棍和踏板的扭转试验	
9	自立式梯子的张开限制和铰链试验	
10	延伸式梯子和组合式梯子的踏棍/踏板挂钩试验	
11	梯子长度方向上的扭转[a]	
12	梯脚拉拔试验[a]	
13	材料	

[a] 见 GB/T 17889.2—2012。

ICS 27.010
F 01

中华人民共和国国家标准

GB 17896—2012
代替 GB 17896—1999

管形荧光灯镇流器能效限定值及能效等级

Minimum allowable values of energy efficiency and energy efficiency grades of ballasts for tubular fluorescent lamps

2012-05-11 发布　　2012-09-01 实施

中华人民共和国国家质量监督检验检疫总局
中国国家标准化管理委员会　发布

前　言

本标准的5.3为强制性的，其余为推荐性的。

本标准按照GB/T 1.1—2009给出的规则起草。

本标准代替GB 17896—1999。

本标准与GB 17896—1999相比主要技术变化如下：

——用镇流器效率(η_b)代替了镇流器能效因数(BEF)；

——标准中新增加了配合IEC 60081和IEC 60901中各类灯管以及国内新兴的各类高效灯管的镇流器能效的要求；

——增加了待机功耗要求；

——增加了能效等级；

——增加了附录A(规范性附录)；

——增加了附录B(资料性附录)。

本标准参考国外类似标准EN 50294《镇流器-灯电路的总输入功率的测量方法》以及欧盟法规(EC)No.245/2009和(EU)No.347/2010。

本标准由国家发展和改革委员会资源节约和环境保护司提出。

本标准由全国能源基础与管理标准化技术委员会(SAC/TC 20)归口。

本标准起草单位：中国标准化研究院、上海时代之光照明电器检测有限公司、北京电光源研究所、飞利浦灯具(上海)有限公司、欧司朗(中国)照明有限公司、国家电光源质量监督检验中心(北京)、北京松下电工有限公司、深圳市恒耀光电科技有限公司、中国质量认证中心、中国航空工业设计院、国际铜业协会(中国)。

本标准主要起草人：赵跃进、俞安琪、张俊斌、胡逢康、朱鸿斌、杨小平、何其辉、陈松、查跃丹、倪伟、施文勇、任元会。

管形荧光灯镇流器能效限定值及能效等级

1 范围

本标准规定了管形荧光灯电子镇流器的能效等级、能效限定值、节能评价值和电感镇流器的能效限定值，以及试验方法。

本标准适用于220 V、50 Hz交流电源供电，标称功率在4 W～120 W的管形荧光灯用电感镇流器和电子镇流器。

本标准不适用于配合非预热启动灯的电子镇流器。

2 规范性引用文件

下列文件对于本文件的应用是必不可少的。凡是注日期的引用文件，仅注日期的版本适用于本文件。凡是不注日期的引用文件，其最新版本(包括所有的修改单)适用于本文件。

GB/T 14044 管形荧光灯镇流器 性能要求

GB/T 15144 管形荧光灯用交流电子镇流器 性能要求

GB 17625.1 电磁兼容 限值 谐波电流发射限值(设备每相输入电流≤16 A)

GB 17743 电气照明和类似设备的无线电骚扰特性的限值和测量方法

GB 19510.4 灯的控制装置 第4部分：荧光灯用交流电子镇流器的特殊要求

GB 19510.9 灯的控制装置 第9部分：荧光灯用镇流器的特殊要求

EN 50294 镇流器-灯电路的总输入功率的测量方法

IEC 60081 双端荧光灯 性能要求(Double-capped fluorescent lamps—Perfomance specifications)

IEC 60901 单端荧光灯 性能要求(Single-capped fluorescent lamps—Perfomance specifications)

3 术语和定义

下列术语和定义适用于本文件。

3.1

镇流器效率 efficiency of a ballast

镇流器效率为灯参数表中的额定/典型功率与在标准规定测试条件下经修正后镇流器-灯线路输入总功率的比值。

注：镇流器效率是评价镇流器能效的指标，也是评定镇流器和灯的组合体能效水平的参数。

3.2

镇流器能效限定值 minimum allowable values of energy efficiency of ballasts

在标准规定测试条件下所允许镇流器的最低效率值。

3.3

镇流器节能评价值 evaluating values of energy conservation for ballasts

节能镇流器的镇流器效率允许最低限值。

3.4

待机功耗 standby power

在正常工作条件下，当灯管没有发光时和当其他可能的连接部件没有连接到镇流器时，荧光灯镇流器的功率损耗。

4 基本要求

镇流器安全要求和性能要求应分别符合 GB 19510.4、GB/T 15144、GB 19510.9、GB/T 14044 的规定；电磁兼容要求应符合 GB 17625.1 和 GB 17743 的规定。

5 技术要求

5.1 镇流器效率(η_b)

5.1.1 电子镇流器效率按式(2)计算：

$$P_{\text{tot. ref.}} = P_{\text{tot. meas.}} \times \frac{P_{\text{Lrated}}}{P_{\text{Lref. meas.}}} \times \frac{\text{Light}_{\text{ref.}}}{\text{Light}_{\text{test}}} \qquad (1)$$

$$\eta_b = \frac{P_{\text{Lrated}}}{P_{\text{tot. ref.}}} = \frac{P_{\text{Lref. meas.}}}{P_{\text{tot. meas.}}} \times \frac{\text{Light}_{\text{test}}}{\text{Light}_{\text{ref.}}} \qquad (2)$$

式中：

$P_{\text{tot. ref.}}$ ——修正后的被测镇流器-灯输入总功率，单位为瓦(W)；

$P_{\text{tot. meas.}}$ ——实测到的被测镇流器-灯输入总功率，单位为瓦(W)；

P_{Lrated} ——高频工作时灯额定/典型功率，单位为瓦(W)，参见表 1；

$P_{\text{Lref. meas.}}$——用基准镇流器实测到的灯功率，单位为瓦(W)；

$\text{Light}_{\text{ref.}}$ ——由光电测试仪测量的基准镇流器-基准灯组合的光输出；

$\text{Light}_{\text{test}}$ ——由光电测试仪测量的被测镇流器-基准灯组合的光输出。

注： $\text{Light}_{\text{test}}$ 与 $\text{Light}_{\text{ref.}}$ 的比值应不小于 0.925。

5.1.2 电感镇流器效率按式(4)计算：

$$P_{\text{tot. ref.}} = P_{\text{tot. meas.}} \left(\frac{0.95 P_{\text{Lref. meas.}}}{P_{\text{Lmeas.}}}\right) - (P_{\text{Lref. meas.}} - P_{\text{Lrated}}) \qquad (3)$$

$$\eta_b = 0.95 \frac{P_{\text{Lrated}}}{P_{\text{tot. ref.}}} = \frac{0.95 P_{\text{Lrated}}}{P_{\text{tot. meas.}} (0.95 P_{\text{Lref. meas.}} / P_{\text{Lmeas.}}) - (P_{\text{Lref. meas.}} - P_{\text{Lrated}})} \qquad (4)$$

式中：

$P_{\text{Lmeas.}}$——用被测镇流器测得的灯功率，单位为瓦(W)；

P_{Lrated} ——灯额定功率，单位为瓦(W)，参见表 3。

5.2 电子镇流器能效等级

5.2.1 各类电子镇流器能效等级分为 3 级，其中 1 级能效最高，损耗最低。

5.2.2 在规定测试条件下，非调光电子镇流器各能效等级不应小于表 1 规定值。

5.2.3 在规定测试条件下，调光电子镇流器在100%光输出时各能效等级不应小于表1的规定值；在25%光输出时，其系统输入功率(P_{in})不应大于表2的规定值。

5.3 镇流器能效限定值

5.3.1 在规定测试条件下，非调光电子镇流器能效限定值为表1中3级的规定值。

5.3.2 在规定测试条件下，调光电子镇流器在100%光输出时的能效限定值为表1中3级的规定值；此外，在25%光输出时，其系统输入功率(P_{in})不应大于表2中3级的规定值。

5.3.3 在规定测试条件下，电感镇流器的能效限定值为表3规定值。

5.4 电子镇流器节能评价值

5.4.1 在规定测试条件下，非调光电子镇流器的节能评价值为表1中2级的规定值。

5.4.2 在规定测试条件下，调光电子镇流器在100%光输出时效率应不小于表1中2级的规定值；此外，在25%光输出时，其系统输入功率(P_{in})不应大于表2中2级的规定值。

表1 非调光电子镇流器能效等级

与镇流器配套灯的类型、规格等信息					镇流器效率/%		
类别和示意图		标称功率/W	国际代码	额定功率/W	1级	2级	3级
T8	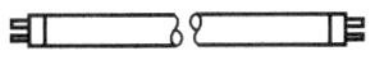	15	FD-15-E-G13-26/450	13.5	87.8	84.4	75.0
T8		18	FD-18-E-G13-26/600	16	87.7	84.2	76.2
T8		30	FD-30-E-G13-26/900	24	82.1	77.4	72.7
T8		36	FD-36-E-G13-26/1200	32	91.4	88.9	84.2
T8		38	FD-38-E-G13-26/1050	32	87.7	84.2	80.0
T8		58	FD-58-E-G13-26/1500	50	93.0	90.9	84.7
T8		70	FD-70-E-G13-26/1800	60	90.9	88.2	83.3
TC-L	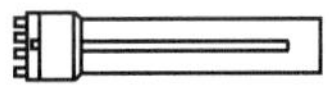	18	FSD-18-E-2G11	16	87.7	84.2	76.2
TC-L		24	FSD-24-E-2G11	22	90.7	88.0	81.5
TC-L		36	FSD-36-E-2G11	32	91.4	88.9	84.2
TCF	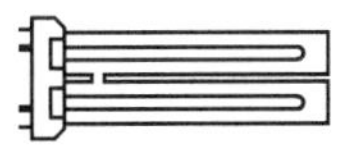	18	FSS-18-E-2G10	16	87.7	84.2	76.2
TCF		24	FSS-24-E-2G10	22	90.7	88.0	81.5
TCF		36	FSS-36-E-2G10	32	91.4	88.9	84.2
TC-D/DE	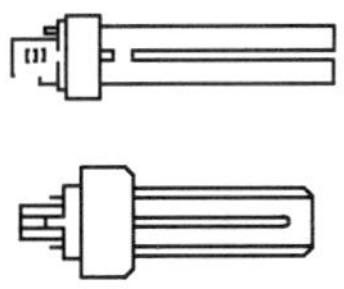	10	FSQ-10-E-G24q=1 FSQ-10-I-G24d=1	9.5	89.4	86.4	73.1
TC-D/DE		13	FSQ-13-E-G24q=1 FSQ-13-I-G24d=1	12.5	91.7	89.3	78.1
TC-D/DE		18	FSQ-18-E-G24q=2 FSQ-18-I-G24d=2	16.5	89.8	86.8	78.6

表 1（续）

与镇流器配套灯的类型、规格等信息					镇流器效率/%		
类别和示意图		标称功率/W	国际代码	额定功率/W	1 级	2 级	3 级
TC-D/DE		26	FSQ-26-E-G24q=3 FSQ-26-I-G24d=3	24	91.4	88.9	82.8
TC-T/TE	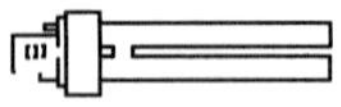	13	FSM-13-E-GX24q=1 FSM-13-I-GX24d=1	12.5	91.7	89.3	78.1
TC-T/TE	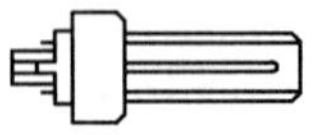	18	FSM-18-E-GX24q=2 FSM-18-I-GX24d=2	16.5	89.8	86.8	78.6
TC-T/TC-TE		26	FSM-26-E-GX24q=3 FSM-26-I-GX24d=3	24	91.4	88.9	82.8
TC-DD/DDE		10	FSS-10-E-GR10q FSS-10-L/P/H-GR10q	9.5	86.4	82.6	70.4
TC-DD/DDE	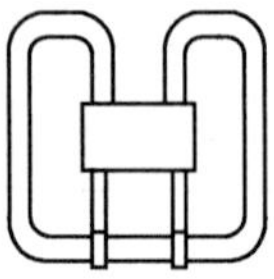	16	FSS-16-E-GR10q FSS-16-I-GR8 FSS-10-L/P/H-GR10q	15	87.0	83.3	75.0
TC-DD/DDE		21	FSS-21-E-GR10q FSS-21-I-GR10q FSS-21-L/P/H-GR10q	19.5	89.7	86.7	78.0
TC-DD/DDE	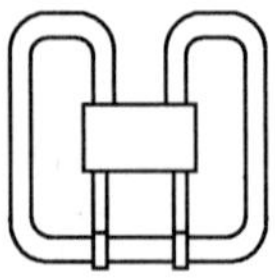	28	FSS-28-E-GR10q FSS-28-I-GR8 FSS-28-L/P/L-GR10q	24.5	89.1	86.0	80.3
TC-DD/DDE		38	FSS-38-E-GR10q FSS-38-L/P/L-GR10q	34.5	92.0	89.6	85.2
TC		5	FSD-5-I-G23 FSD-5-E-2G7	5	72.7	66.7	58.8
TC		7	FSD-7-I-G23 FSD-7-E-2G7	6.5	77.6	72.2	65.0
TC		9	FSD-9-I-G23 FSD-9-E-2G7	8	78.0	72.7	66.7
TC		11	FSD-11-I-G23 FSD-11-E-2G7	11	83.0	78.6	73.3
T5		4	FD-4-E-G5-16/150	3.6	64.9	58.1	50.0
T5	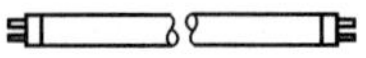	6	FD-6-E-G5-16/225	5.4	71.3	65.1	58.1
T5		8	FD-8-E-G5-16/300	7.5	69.9	63.6	58.6
T5		13	FD-13-E-G5-16/525	12.8	84.2	80.0	75.3

表 1（续）

与镇流器配套灯的类型、规格等信息					镇流器效率/%		
类别和示意图		标称功率/W	国际代码	额定功率/W	1 级	2 级	3 级
T9-C	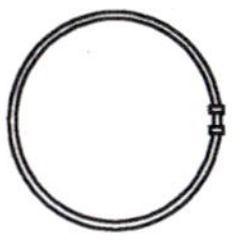	22	FSC-22-E-G10q-29/200	19	89.4	86.4	79.2
T9-C		32	FSC-32-E-G10q-29/300	30	88.9	85.7	81.1
T9-C		40	FSC-40-E-G10q-29/400	32	89.5	86.5	82.1
T2		6	FDH-6-L/P-W4.3x8.5d-7/220	5	72.7	66.7	58.8
T2		8	FDH-8-L/P-W4.3x8.5d-7/320	7.8	76.5	70.9	65.0
T2		11	FDH-11-L/P-W4.3x8.5d-7/420	10.8	81.8	77.1	72.0
T2		13	FDH-13-L/P-W4.3x8.5d-7/520	13.3	84.7	80.6	76.0
T5-E	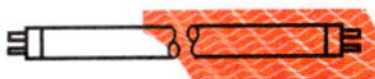	14	FDH-14-G5-L/P-16/550	13.7	84.7	80.6	72.1
T5-E		21	FDH-21-G5-L/P-16/850	20.7	89.3	86.3	79.6
T5-E		24	FDH-24-G5-L/P-16/550	22.5	89.6	86.5	80.4
T5-E		28	FDH-28-G5-L/P-16/1150	27.8	89.8	86.9	81.8
T5-E		35	FDH-35-G5-L/P-16/1450	34.7	91.5	89.0	82.6
T5-E		39	FDH-39-G5-L/P-16/850	38	91.0	88.4	82.6
T5-E		49	FDH-49-G5-L/P-16/1450	49.3	91.6	89.2	84.6
T5-E		54	FDH-54-G5-L/P-16/1150	53.8	92.0	89.7	85.4
T5-E		80	FDH-80-G5-L/P-16/1150	80	93.0	90.9	87.0
T8		16	FDH-16-L/P-G13-26/600	16	87.4	83.2	78.3
T8		23	FDH-23-L/P-G13-26/600	23	89.2	85.6	80.4
T8		32	FDH-32-L/P-G13-26/1200	32	90.5	87.3	82.0
T8		45	FDH-45-L/P-G13-26/1200	45	91.5	88.7	83.4
T5-C		22	FSCH-22-L/P-2GX13-16/225	22.3	88.1	84.8	78.8
T5-C		40	FSCH-40-L/P-2GX13-16/300	39.9	91.4	88.9	83.3
T5-C		55	FSCH-55-L/P-2GX13-16/300	55	92.4	90.2	84.6
T5-C		60	FSCH-60-L/P-2GX13-16/375	60	93.0	90.9	85.7
TC-LE	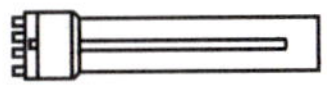	40	FSDH-40-L/P-2G11	40	91.4	88.9	83.3
TC-LE		55	FSDH-55-L/P-2G11	55	92.4	90.2	84.6
TC-LE		80	FSDH-80-L/P-2G11	80	93.0	90.9	87.0
TC-TE	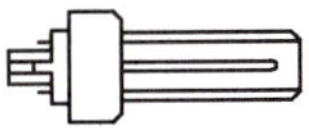	32	FSMH-32-L/P-GX24q=3	32	91.4	88.9	82.1
TC-TE		42	FSMH-42-L/P-GX24q=4	43	93.5	91.5	86.0
TC-TE		57	FSM6H-57-L/P-GX24q=5 FSM8H-57-L/P-GX24q=5	56	91.4	88.9	83.6
TC-TE		70	FSM6H-70-L/P-GX24q=6 FSM8H-70-L/P-GX24q=6	70	93.0	90.9	85.4

表 1（续）

与镇流器配套灯的类型、规格等信息					镇流器效率/%		
类别和示意图		标称功率/W	国际代码	额定功率/W	1 级	2 级	3 级
TC-TE		60	FSM6H-60-L/P-2G8=1	63	92.3	90.0	84.0
TC-TE		62	FSM8H-62-L/P-2G8=2	62	92.2	89.9	83.8
TC-TE		82	FSM8H-82-L/P-2G8=2	82	92.4	90.1	83.7
TC-TE		85	FSM6H-85-L/P-2G8=1	87	92.8	90.6	84.5
TC-TE		120	FSM6H-120-L/P-2G8=1	122	92.6	90.4	84.7
注：在多灯镇流器情况下，镇流器的能效要求等同于单灯镇流器，计算时灯的功率取连接该镇流器上灯的功率之和。							

表 2　25%光输出时调光电子镇流器等级对应的系统输入功率上限值

调光镇流器能效等级	系统输入功率（P_{in}）
1 级	$0.5\ P_{Lnom}/\eta_{b1}$
2 级	$0.5\ P_{Lnom}/\eta_{b2}$
3 级	$0.5\ P_{Lnom}/\eta_{b3}$
注：η_{b1} 为非调光电子镇流器 1 级能效值；η_{b2} 为非调光电子镇流器 2 级能效值；η_{b3} 为非调光电子镇流器 3 级能效值。	

表 3　非调光电感镇流器能效限定值

与镇流器配套灯的类型、规格等信息					镇流器效率/%
类别和示意图		标称功率/W	国际代码	额定功率/W	
T8	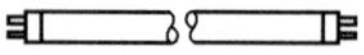	15	FD-15-E-G13-26/450	15	62.0
T8		18	FD-18-E-G13-26/600	18	65.8
T8		30	FD-30-E-G13-26/900	30	75.0
T8		36	FD-36-E-G13-26/1200	36	79.5
T8		15	FD-15-E-G13-26/450	15	62.0
T8		18	FD-18-E-G13-26/600	18	65.8
T8		30	FD-30-E-G13-26/900	30	75.0
T8		36	FD-36-E-G13-26/1200	36	79.5
T8		38	FD-38-E-G13-26/1050	38.5	80.4
T8		58	FD-58-E-G13-26/1500	58	82.2
T8		70	FD-70-E-G13-26/1800	69.5	83.1

表 3（续）

与镇流器配套灯的类型、规格等信息					镇流器效率/%
类别和示意图		标称功率/W	国际代码	额定功率/W	
TC-L	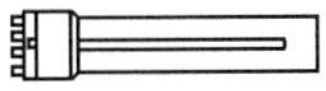	18	FSD-18-E-2G11	18	65.8
TC-L		24	FSD-24-E-2G11	24	71.3
TC-L		36	FSD-36-E-2G11	36	79.5
TCF	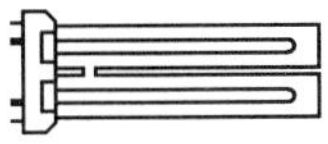	18	FSS-18-E-2G10	18	65.8
TCF		24	FSS-24-E-2G10	24	71.3
TCF		36	FSS-36-E-2G10	36	79.5
TC-D/DE	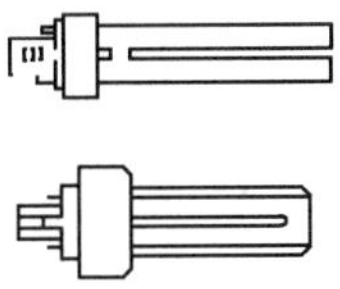	10	FSQ-10-E-G24q=1 FSQ-10-I-G24d=1	10	59.4
TC-D/DE		13	FSQ-13-E-G24q=1 FSQ-13-I-G24d=1	13	65.0
TC-D/DE		18	FSQ-18-E-G24q=2 FSQ-18-I-G24d=2	18	65.8
TC-D/DE		26	FSQ-26-E-G24q=1 FSQ-26-I-G24d=1	26	72.6
TC-T/TE		13	FSM-13-E-GX24q=1 FSM-13-I-GX24d=1	13	65.0
TC-T/TE		18	FSM-18-E-GX24q=2 FSM-18-I-GX24d=2	18	65.8
TC-T/TC-TE		26	FSM-26-E-GX24q=3 FSM-26-I-GX24d=3	26.5	73.0
TC-DD/DDE	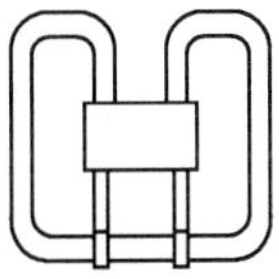	10	FSS-10-E-GR10q FSS-10-L/P/H-GR10q	10.5	60.5
TC-DD/DDE		16	FSS-16-E-GR10q FSS-16-I-GR8 FSS-16-L/P/H-GR10q	16	66.1
TC-DD/DDE		21	FSS-21-E-GR10q FSS-21-I-GR8 FSS-21-L/P/L-GR10q	21	68.8
TC-DD/DDE	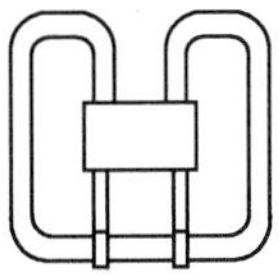	28	FSS-28-E-GR10q FSS-28-I-GR10q FSS-28-L/P/L-GR10q	28	73.9
TC-DD/DDE		38	FSS-38-E-GR10q FSS-38-L/P/H-GR10q	38.5	80.4

表 3（续）

与镇流器配套灯的类型、规格等信息					镇流器效率/%
类别和示意图		标称功率/W	国际代码	额定功率/W	
TC		5	FSD-5-I-G23 FSD-5-E-2G7	5.4	41.4
TC		7	FSD-7-I-G23 FSD-7-E-2G7	7.1	47.8
TC		9	FSD-9-I-G23 FSD-9-E-2G7	8.7	52.6
TC		11	FSD-11-I-G23 FSD-11-E-2G7	11.8	59.6
T5	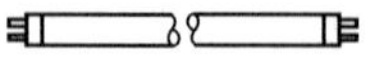	4	FD-4-E-G5-16/150	4.5	37.2
T5		6	FD-6-E-G5-16/225	6	43.8
T5		8	FD-8-E-G5-16/300	7.1	42.7
T5		13	FD-13-E-G5-16/525	13	65.0
T9-C		22	FSC-22-E-G10q-29/200	22	69.7
T9-C		32	FSC-32-E-G10q-29/300	32	76.0
T9-C		40	FSC-40-E-G10q-29/400	40	79.2

注 1：灯额定功率为相应灯性能标准参数表中规定的灯功率。

注 2：在多灯镇流器情况下，镇流器的能效要求等同于单灯镇流器，计算时灯的功率取连接该镇流器上灯的功率之和。

5.5 待机功耗

电子镇流器的待机功耗不应大于 1 W。

6 试验方法

6.1 效率试验方法

电子镇流器和电感镇流器的效率试验方法：首先按 EN 50294 的规定测量和计算出 $P_{tot.ref.}$，参见式(1)和式(3)，然后根据式(2)和式(4)计算出镇流器效率。其试验条件应符合附录 A 的要求。

6.2 生产过程中效率检验方法

电子镇流器产品的生产过程检验，企业可采用附录 B“电子镇流器-荧光灯线路电子镇流器效率的等效电阻测试方法”。

6.3 非调光电子镇流器试验环境温度

灯额定功率为相应灯性能标准参数表中规定的灯功率，其中 T5-E 灯为环境温度 35 ℃下的额定功率，其余型号为灯在环境温度 25 ℃下的额定功率或典型数值。注意 T5-E 灯也可以在 25 ℃下测试，只要这时采用 25 ℃下的灯参数去挑选基准灯，且符合附录 A 所规定的测试期间温度等要求即可。

附 录 A
（规范性附录）
试 验 条 件

A.1 环境温度

各项试验应在无对流风的室内和20 ℃～27 ℃的环境温度下进行。

对于要求基准灯性能稳定的试验，例如电子镇流器的效率测试，在进行试验期间，灯周围的环境温度应设定在24 ℃～26 ℃，其变化应不超过1 ℃。

A.2 电源电压和频率

A.2.1 试验电压和频率

受试镇流器应在其额定电压下工作，基准镇流器应在其额定电压和频率下工作，但另有规定时除外。

当镇流器上标有所采用的电源电压范围或镇流器具有几种不同的独立额定电源电压时，该镇流器应采用220 V作为额定电压。

A.2.2 电源和频率的稳定性

一般情况下，电源电压和基准镇流器所适用的频率误差应稳定保持在±0.5%之内。在实际测量期间，电压误差应调整到规定试验值的0.2%之内。

A.2.3 电源电压波形

电源电压的总谐波含量应不超过3%。

A.3 磁效应

在与基准镇流器或受试镇流器的表面相距25 mm的范围之内应不存在任何磁性物体，但另有规定时除外。

A.4 基准灯的安装与连接

为了确保基准灯电特性的一致性，基准灯的位置应按照相应灯的参数表的说明进行安装。如果灯的参数表未给出安装说明，应将灯水平安装。

宜将基准灯持久固定在其试验灯座中。

A.5 基准灯的稳定性

A.5.1 在进行测量之前，应使灯达到稳定的工作状态。不应出现灯管表面发光“滚龙”（条纹放电）或抖动等放电不稳定的现象。

A.5.2 一只老炼时间大于 100 h 的灯与一基准镇流器在附录 A 所规定的条件和 25 ℃或 35 ℃的环境温度下一起工作时，当灯的功率、灯端电压或灯的工作电流与 IEC 60081 和 IEC 60901 所给定的相应额定值的差异不超过 2.5%，则该只灯被视为是符合要求的基准灯。

A.6 基准镇流器

A.6.1 所用基准镇流器应符合相应灯的参数表的规定。

A.6.2 检测电子镇流器时，应采用高频基准镇流器；检测电感镇流器时，应采用工频基准镇流器。

A.6.3 对于 IEC 60081 和 IEC 60901 中仅给出高频条件下工作的典型灯功率和/或典型灯电压及典型灯电流值，但未给出高频电源测试电压也没有提供高频基准镇流器参数的规格，在进行这些规格的配套电子镇流器的效率检测时，其高频电源测试电压和高频基准镇流器的参数应符合表 A.1 的规定。

注：上述高频电源测试电压和高频基准镇流器的阻抗仅是测试开始时的设定值，在测试基准镇流器-基准灯组合的参数时，关键是有需要时调整高频电源电压，令基准灯功率与灯额定/典型功率相差不到 2.5%，参看 EN 50294 的 5.4。

表 A.1 部分有关的高频测试电压和高频基准镇流器参数

灯的类型与规格				高频测试电压和高频基准镇流器参数				
灯型号		标称功率/W	灯的国际代码	高频工作时典型灯参数			高频电源测试电压/V	基准镇流器阻抗值/Ω
				灯功率/W	灯电压/V	灯电流/A		
T8	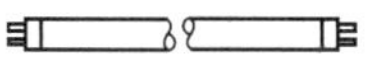	15	FD-15-E-G13-26/450	13.5	45	0.310	90	145
T8		18	FD-18-E-G13-26/600	16	55	0.290	110	190
T8		30	FD-30-E-G13-26/900	24	95	0.260	190	365
T8		36	FD-36-E-G13-26/1200	32	102	0.320	204	319
T8		38	FD-38-E-G13-26/1050	32	105	0.310	210	339
T8		58	FD-58-E-G13-26/1500	50	111	0.455	222	244
T8		70	FD-70-E-G13-26/1800	60	129	0.470	258	275
TC-L	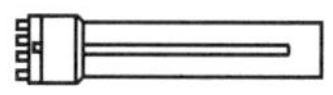	18	FSD-18-E-2G11	16	50	0.320	120	219
TC-L		24	FSD-24-E-2G11	22	75	0.300	180	350
TC-L		36	FSD-36-E-2G11	32	90	0.360	220	361
TCF	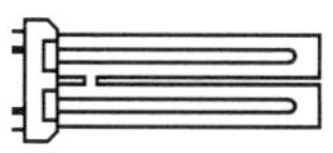	18	FSS-18-E-2G10	16	50	0.320	120	219
TCF		24	FSS-24-E-2G10	22	75	0.300	180	350
TCF		36	FSS-36-E-2G10	32	90	0.360	220	361
TC-D/DE	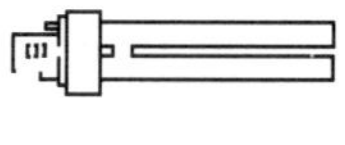	10	FSQ-10-E-G24q=1 FSQ-10-I-G24d=1	9.5	51	0.190	125	390
TC-D/DE		13	FSQ-13-E-G24q=1 FSQ-13-I-G24d=1	12.5	77	0.165	180	624
TC-D/DE		18	FSQ-18-E-G24q=2 FSQ-18-I-G24d=2	16.5	80	0.210	190	524

表 A.1（续）

灯的类型与规格				高频测试电压和高频基准镇流器参数				
灯型号		标称功率/W	灯的国际代码	高频工作时典型灯参数 灯功率/W	灯电压/V	灯电流/A	高频电源测试电压/V	基准镇流器阻抗值/Ω
TC-D/DE	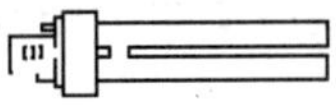	26	FSQ-26-E-G24q=1 FSQ-26-I-G24d=1	24	80	0.300	200	400
TC-T/TE	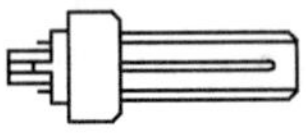	13	FSM-13-E-GX24q=1 FSM-13-I-GX24d=1	12.5	77	0.165	180	624
TC-T/TE		18	FSM-18-E-GX24q=2 FSM-18-I-GX24d=2	16.5	80	0.210	190	524
TC-T/TC-TE		26	FSM-26-E-GX24q=3 FSM-26-I-GX24d=3	24	80	0.300	200	400
TC-DD/DDE	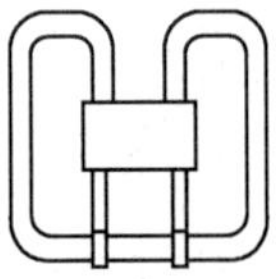	10	FSS-10-E-GR10q FSS-10-L/P/H-GR10q	9.5	60	0.160	120	375
TC-DD/DDE		16	FSS-16-E-GR10q FSS-16-I-GR8 FSS-10-L/P/H-GR10q	15	84	0.180	168	466
TC-DD/DDE		21	FSS-21-E-GR10q FSS-21-I-GR10q FSS-21-L/P/H-GR10q	19.5	82	0.240	164	341
TC-DD/DDE	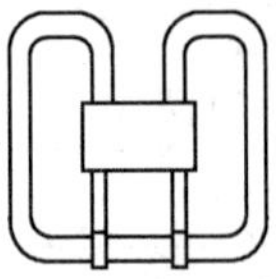	28	FSS-28-E-GR10q FSS-28-I-GR8 FSS-28-L/P/L-GR10q	24.5	95	0.260	190	365
TC-DD/DDE		38	FSS-38-E-GR10q FSS-38-L/P/L-GR10q	34.5	97	0.355	194	273
TC	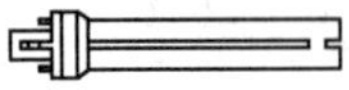	5	FSD-5-I-G23 FSD-5-E-2G7	5	27	0.190	60	174
TC		7	FSD-7-I-G23 FSD-7-E-2G7	6.5	37	0.175	80	246
TC		9	FSD-9-I-G23 FSD-9-E-2G7	8	48	0.170	110	365
TC		11	FSD-11-I-G23 FSD-11-E-2G7	11	75	0.150	170	633
T5	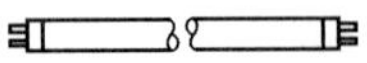	4	FD-4-E-G5-16/150	3.6	24	0.150	60	240
T5		6	FD-6-E-G5-16/225	5.4	36	0.150	90	360
T5		8	FD-8-E-G5-16/300	7.5	50	0.150	110	400
T5		13	FD-13-E-G5-16/525	12.8	85	0.150	180	633

表 A.1（续）

灯的类型与规格				高频测试电压和高频基准镇流器参数				
灯型号		标称功率/W	灯的国际代码	高频工作时典型灯参数			高频电源测试电压/V	基准镇流器阻抗值/Ω
				灯功率/W	灯电压/V	灯电流/A		
T9-C	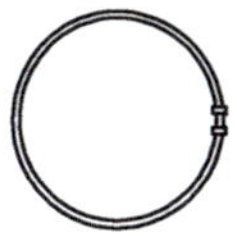	22	FSC-22-E-G10q-29/200	19	57	0.340	120	185
T9-C		32	FSC-32-E-G10q-29/300	30	72	0.430	172	233
T9-C		40	FSC-40-E-G10q-29/400	32	107	0.310	230	397

A.7 仪器的特性

A.7.1 电压线路

流经跨接于灯端仪器的电压线路的电流应不超过灯标称工作电流的3%。

A.7.2 电流线路

与灯串联连接的仪器应具有足够低的阻抗，以使电压降不超过灯的目标电压的2%。

在将测量仪器串接在并联的加热电路中时，该仪器的总阻抗应不超过0.5 Ω。

A.7.3 有效值的测量

测量仪器应基本上不会出现由波形畸变引起的误差，并应与工作频率相适应。

应注意确保测量仪器的对地电容不会干扰受试部件的工作，并确保受试线路的测量零电位点处于地电位。

附　录　B
（资料性附录）
电子镇流器-荧光灯线路电子镇流器效率的等效电阻测试方法

B.1　测试方法的适用范围

本测量方法适用于生产企业的电子镇流器-荧光灯线路中待测电子镇流器效率的快速测量。

B.2　测试方法

测试线路应由一个待测镇流器和一套模拟基准灯的电阻负载(或者按照镇流器设计要求的灯数量选取多套电阻负载)构成,测试线路见图 B.1。在灯电阻两端可加延时继电器帮助启动,连接方法见图 B.2。

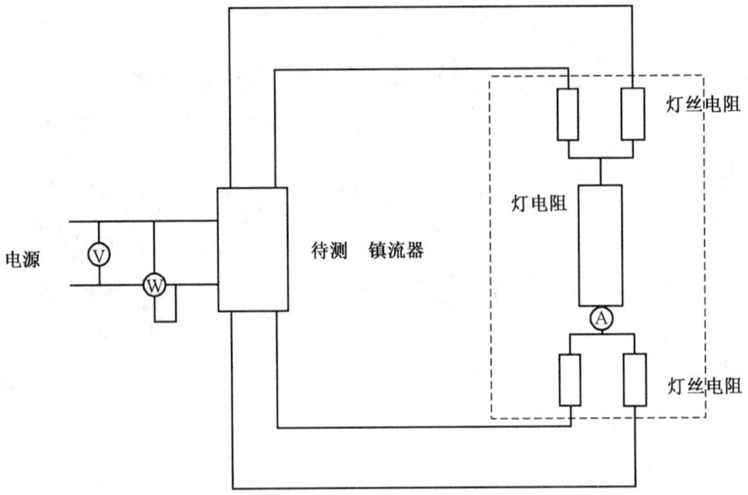

图 B.1　电子镇流器-荧光灯线路测量图

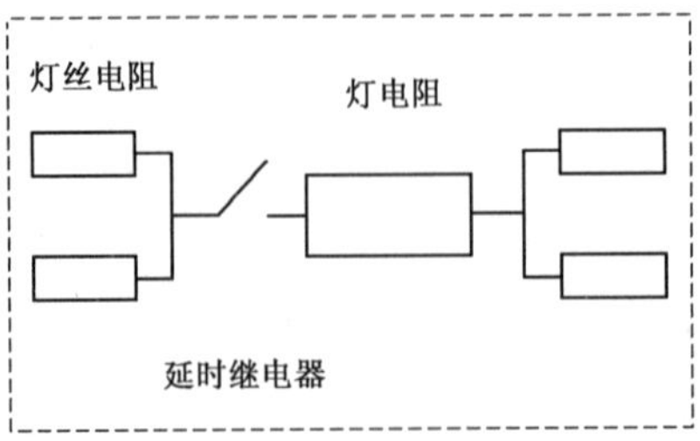

图 B.2　灯电阻两端延时继电器线路

灯丝电阻的阻值应按照 IEC 60081 和 IEC 60901 中相应灯参数表规定的或按制造商或相关销售商声明的阴极电阻选取。

灯电阻应按照 IEC 60081 和 IEC 60901 中相应灯参数表规定的额定/典型电参数计算得出，或按制造商或相关销售商声明的灯电阻选取。

当达到稳定条件后（镇流器温度和电阻负载电流稳定），测量灯电阻的电流（I_{lamp}）以及镇流器电源输入端的总输入功率（$P_{tot.\,meas.}$）。

应根据式（B.1）计算出校正的电子镇流器-荧光灯输入总功率（$P_{tot.\,ref.}$）：

$$P_{tot.\,ref.}=P_{tot.\,meas.}\times\left(\frac{P_{Lrated}}{P_{R.\,lamp}\cdot K}\right) \qquad \cdots\cdots(B.1)$$

式中：

$P_{tot.\,ref.}$ ——校正的电子镇流器-荧光灯输入总功率，单位为瓦（W）；

$P_{tot.\,meas.}$——电子镇流器-荧光灯输入总功率，单位为瓦（W）；

P_{Lrated} ——高频工作时灯的典型/额定功率，单位为瓦（W）；

$P_{R.\,lamp}$ ——模拟灯功率，单位为瓦（W）；

K ——校正系数。

注：每种型号镇流器的 K 系数应以第 6 章所规定的测试方法测得 $P_{tot.\,ref.}$ 值后，再用式（B.1）算出。

模拟灯功率应按式（B.2）进行计算：

$$P_{R.\,lamp}=I_{lamp}^{2}\times R_{lamp} \qquad \cdots\cdots(B.2)$$

式中：

I_{lamp}——模拟灯电阻的电阻负载上的电流，单位为安培（A）；

R_{lamp}——模拟灯电阻的电阻负载电阻，单位为欧姆（Ω）。

镇流器效率应按式（B.3）进行计算：

$$\eta_{b}=\frac{P_{Lrated}}{P_{tot.\,ref.}} \qquad \cdots\cdots(B.3)$$

注：按式（B.3）计算的镇流器效率为灯功率（镇流器输出）和输入功率（传感器、网络连接和其他辅助负载断开时的校正的电子镇流器-荧光灯线路输入总功率）之比。

ICS 01.020
A 22

中华人民共和国国家标准

GB/T 17933—2012
代替 GB/T 17933—1999

电子出版物　术语

Electronic publication—Terms

2012-12-31 发布　　　　2013-06-01 实施

中华人民共和国国家质量监督检验检疫总局
中国国家标准化管理委员会　发布

前　　言

本标准按照 GB/T 1.1—2009 给出的规则起草。

本标准代替 GB/T 17933—1999《电子出版物　术语》。

本标准由全国术语与语言内容资源标准化技术委员会提出并归口(SAC/TC 62)。

本标准起草单位:中国标准化研究院、山东交通学院。

本标准主要起草人:王海涛、程永红、于欣丽、周长青、肖玉敬、刘智洋、朱晓莉。

本标准所代替标准的历次版本发布情况为:

——GB/T 17933—1999。

电子出版物　术语

1　范围

本标准规定了电子出版物及其生产过程中的有关术语。

本标准适用于电子出版物的编辑、制作、出版、复制、版权工作，其他涉及电子出版物的工作也可参照使用。

2　规范性引用文件

下列文件对于本文件的应用是必不可少的。凡是注日期的引用文件，仅注日期的版本适用于本文件。凡是不注日期的引用文件，其最新版本(包括所有的修改单)适用于本文件。

GB/T 1988—1998　信息技术　信息交换用七位编码字符集

GB/T 5271.4—2000　信息技术　词汇　第4部分：数据的组织

GB/T 5698—2001　颜色术语

GB/T 11457—2006　信息技术　软件工程术语

3　一般概念

3.1

电子出版物　electronic publication

其内容是数字化的，并存储在磁、光、电、生物等类型的存储器(含网络服务器的存储器)上，借助计算机和其他电子阅读器阅读的出版物。

3.2

网络出版物　network publication

将数字信息以一定的编排方式存储在网络服务器上，通过计算机或类似功能的联网设备调阅使用，以表达思想、普及知识和传播文化的大众传播媒体。

3.3

光盘　optical disc；optical disk

用光束读取或写入记录层信息的盘片，用以记录数字和/或模拟信息。

3.4

激光影像盘　laser disc；LD

用模拟方式记录视频(4.27)信号、用模拟和数字方式记录音频(4.26)信号的光盘(3.3)。有直径300 mm和200 mm两种。

3.5

只读光盘　read-only disc

制造时就确定信息内容的光盘(3.3)，使用时其信息只能读取不能写入。

3.6

一次写入光盘　write once read many；WORM

一次写入不能重写可多次读出的光盘(3.3)。有直径350 mm、300 mm、200 mm和130 mm四种。

3.7

小型光盘 compact disc;CD

存储数字信息的系列光盘(3.3),有直径120 mm和80 mm两种。

3.8

数字唱盘 compact disc-digital audio;CD-DA

存储数字音频(4.23)信息的小型光盘(3.7)。

3.9

只读存储光盘 compact disc-read only memory;CD-ROM

用于计算机的只读小型光盘(3.7)。

3.10

影像光盘 video disc;video CD;VCD

一种用于存储影像及伴音信息光盘。

3.11

交互式光盘 compact disc-interactive;CD-I

实现用户与光盘(3.3)信息之间交互操作的小型光盘(3.7)。

3.12

超级影像光盘 super video compact disc;SVCD

将影像光盘(3.10)的画质解析度从260线增加到350线,音频(4.26)从立体声改进为环绕声的小型光盘(3.7)。

3.13

可记录光盘 recordable compact disc;CD-R

一次写入不能重写可多次读出的小型光盘(3.7)。

3.14

可重写光盘 compact disc rewritable;CD-RW

可擦写的相变型小型光盘(3.7)。

3.15

照片光盘 photo-compact disc;photo-CD

具有特殊格式的用于记录数字化照片信息的小型光盘(3.7),也可以用于存储文字、图形(4.19)、音频(4.26)信息。

3.16

微型光盘 mini disc;MD

直径63.5 mm用于存储数字信息的可重写光盘(3.14)。

3.17

多用途数字光盘 digital versatile disc;DVD

高密度存储信息用的小型系列光盘(3.3)。有五种类型:用于计算机的只读存储多用途数字光盘(DVD-ROM)、视频多用途数字光盘(DVD-Video)、音频多用途数字光盘(DVD-Audio)、可录多用途数字光盘(DVD-R)、随机存储(可重写)多用途数字光盘(DVD-RAM)。

3.18

闪盘 flash disk

以集成电路芯片作为存储介质,可反复进行读写,断电后数据也能保存,通过USB接口与计算机进行数据交换的移动式微型存储器。

3.19

蓝光光盘 blue-ray disc

一种光盘存储介质,采用的激光波长为405 nm,主要用于高清晰度视频和大容量数据存储,光盘尺寸与 DVD 和 CD 一致。

3.20

通用串行总线　universal serial bus;USB

连接外部设备的一个串口总线标准，在计算机上使用广泛，但也可以用在机顶盒和游戏机上，补充标准 On-The-Go(OTG)使其能够用于在便携设备之间直接交换数据。

3.21

字符　character

用于表示、组织或控制数据的元素集合中的一个成员。

[GB/T 5271.4—2000，定义 04.01.01]

注：字符可以是字母、数字符、标点符号或其他符号，通常用相邻或相连笔划的空间排列形式来表示，或者以数据媒体中的其他物理状态的形式来表示。

3.22

字符集　character set

约定的不同字符(3.21)的有限集合，它对某些用途而言被认为是完整的。

示例：在 GB 1988—1998《信息技术　信息交换用七位编码字符集》中的字符集。

3.23

超文本　hypertext

一种链接(3.28)在一起的、复合的、非顺序的、相关联的文本信息。

3.24

多媒体　multimedia

综合表现音频(4.26)、视频(4.27)、图形(4.19)、图像(4.20)、动画(4.28)和文本的信息组合。

3.25

超媒体　hypermedia

一种信息的集合体，在多媒体(3.24)信息之间建立的非线性网状链接(3.28)关系。

3.26

超链接　hyperlink

在信息之间建立的一种非线性网状链接(3.28)。

3.27

字符字形库　character font library

字库

建立在信息处理设备上的字模数据的集合。

3.28

链接　link

a) 由已编辑的模块(程序、例程、库文件)产生一个可执行程序，即通过合并程序的目标代码(汇编语言目标代码、可执行机器代码或机器代码的异体)和解决互连引用(如库例程被程序调用)来实现这一过程。

b) 使用下标变量或指针变量将数据结构中的两个元素连接起来。

3.29

热键　hot key

快速访问选单(4.17)的选项或某种功能的处理程序的键盘快捷键，通过一个或多个键的组合键击，使用户切换到不同的处理程序。

3.30

热字　hot word

一个或多个具有特殊标记的计算机字符(3.21)，通过点击这些字符，切换到不同的信息内容或处理程序。

3.31

图像地图　image map

已被分为多个区域(或称“热点”)的图像;当用户单击某个热点时,会发生某种操作(例如,打开一个新文件)。

3.32

上载　upload

借助计算机网络将文件从本地计算机传送到远程计算机的过程。

3.33

下载　download

借助计算机网络将文件从远程计算机传送到本地计算机的过程。

3.34

压缩　compression

缩短数据长度的处理过程。

3.35

图标　icon

屏幕上显示的有一定含义的小型图形(4.19)或图像(4.20),表示用户操作的对象。

3.36

导航　navigation

沿着链路,从一个节点(结点)到另一个节点(结点)的过程。

3.37

软件引擎　software engine

能够决定程序如何管理和操作数据的一种处理程序或程序段。

3.38

文件格式　file format

文件记录的数据结构。它规定了相应操作系统下的文件记录格式。

3.39

比特率　bit rate

比特的传送速度:每秒能传输的二进制位数,通常以 bit/s、kbit/s、Mbit/s 等为单位,其英文缩略语为 bps(比特每秒)。

3.40

单击　click

按鼠标器左键一次。

3.41

双击　double click

连续按鼠标器左键两次。

3.42

右击　right click

按鼠标器右键一次。

3.43

插件　plug-in

一种遵循一定规范的应用程序接口编写的程序,用于在特定应用软件中提供特殊功能。

3.44

搜索引擎　search engine

根据一定的策略、运用特定的计算机程序搜集计算机系统或互联网上的信息，在对信息进行组织和处理后，为用户提供检索服务的系统。

4　编辑

4.1

文字脚本　script

电子出版物(3.1)著作者用文字表述的底本。在编排过程中，编导者可根据需要增删其内容或程序功能。

4.2

多媒体脚本　multimedia script

电子出版物(3.1)或网络出版物(3.2)编导案头工作的框架性编辑文件，是将电子出版物或网络出版物的文字描述的内容分切成一系列可以用多种媒体形式表述并可编程处理的稿本。

4.3

脚本语言　script language

一种编程语言，无需编译，依靠解释器执行。

4.4

标记　tag

在通用标志语言中，加在一组数据上的一个或几个字符，它包含有关该数据组的标识信息和其他信息。

4.5

帮助文件　help file

应用程序提供的一种支持形式。它在程序使用方面提出帮助或指导意见。

4.6

全文检索　full text retrieval

对电子出版物(3.1)中文本部分进行的逐字或逐词的检索。

4.7

附件　accessory

外围设备、计算机追加的设备或小的辅助性应用程序。

4.8

多媒体素材　multimedia source material

来源于不同媒体的原始材料，用于制作多媒体电子出版物所需的图、文、声、像、小程序片段等内容。

4.9

版式　format

电子出版物(3.1)界面设计，用以表示电子出版物(3.1)各组成部分之间的关系和结构(4.35)。

4.10

界面设计　interface design

对屏幕显示区域中的内容进行编排的过程。

4.11

颜色　colour

色

光作用于人眼引起除空间属性以外的视觉特性。用色名或色的三属性来表示的视觉特性。

［GB/T 5698—2001，定义 4.1］

4.12

色调　hue

色相

表示红、黄、绿、蓝、紫等颜色特性。

4.13

调色板　color palette

屏幕所呈现的颜色(4.11)的集合。

4.14

标题　headline

电子出版物(3.1)中标示章节、段落或论文内容的简短语句。

4.15

页面元素　page element

电子出版物(3.1)页面的组成部分，包括：文本、图形(4.19)、选单(4.17)、按钮(4.16)等。

4.16

按钮　button

界面上用户操纵的功能部件，可实现选择、确认功能。

4.17

选单　menu

供用户选择的可执行命令的列表(4.33)。

4.18

页面功能部件　page functional unit

页面上设置的引导用户到达电子出版物(3.1)各个部分或进行文本处理的部件。例如翻页部件、查找部件、多媒体(3.24)部件等。

4.19

图形　graphics

用来表示一个变量相对于其他变量变化情况的线条图，或用以代替文字说明一个概念和思想的图解、图表和表格。

4.20

图像　image

物体通过感光材料、光电传感处理设备和计算机而重显的影像。(一种可存储的有关图片的描述，是说明像素的亮度和色度的一组量值或可使该图片复原的若干指令的集合。)

4.21

像素　pixel

直角网格上成千上万个点中的一个，每个这样的点均可单独“着色”，以形成由计算机(或类似设备)在屏幕上产生或由打印机在纸上产生的图像。像素是显示器或打印机硬件和软件在建立字母、数字或图形时所能处理的最小元素。

4.22

影像　video

用于显示一个或多个图像格式的数据，例如，电影录像带的内容、气象雷达信号。影像通常由一系列图像表示，给人以动作的或状态不断变化的图像。

4.23

浏览器　browser

用于查找数据库和文件清单的软件工具。

4.24

网络浏览器　web browser

帮助用户上网查找信息、传输文件、收发电子邮件和在网上进行交流的软件工具。

4.25

播放器　player

用于音频(4.26)、视频(4.27)、动画(4.28)等媒体播放的软件。

4.26

音频　audio

一种数字化动态媒体形态,用于描述声音及其顺序,给人以时序的感觉,并可进行数字人工合成。

4.27

视频　video

一种数字化动态媒体形态,用于描述运动图像(4.20),进行高速信息传送或显示瞬间的相互关系。

4.28

动画　animation

一种数字化动态媒体形态,通过记录一系列静止图像来产生动态画面效果。

4.29

功能测试　function testing

在电子出版物(3.1)制作过程中,检测其每一部分是否符合功能设计要求的措施。

4.30

性能测试　performance testing

检测电子出版物(3.1)在特定软硬件支撑环境下的整体运行状况,以整体检验显示及播放效果是否达到设计要求的措施。

4.31

兼容性测试　compatibility testing

检测电子出版物(3.1)在规定的每个软硬件平台环境下其功能和性能的跨平台兼容能力的措施。

4.32

置标语言　markup language

一组位于文本文件中的代码,用于说明计算机如何在打印机或显示器上格式化文本文件、如何索引和链接(3.28)其内容。

4.33

列表　list

在不同的文本形式中抽取关键词或定义,并按某种规定的顺序排列。排列方式可以有多种。例如:有序列表、无序列表、定义列表、项目列表、标号列表、词汇列表、选单(4.17)列表等。

4.34

主页　home page

网络中进入某个特定站点所见到的首页。

4.35

结构　structure

对电子出版物(3.1)中各个功能成分间依存关系的描述。

4.36

主页面设计　general page design

为保证电子出版物(3.1)的统一风格,确定一个页面元素(4.15)及其性质的主页(4.34)面,电子出版物中的其他页面都按此风格进行设计。

4.37

分页设计　separate page design

单独页面设计 divide page design

对电子出版物(3.1)的每一个页面进行的单独设计。

4.38

多媒体著作工具　multimedia authoring tools

用于对电子出版物(3.1)中的各种媒体素材进行整理、编排,并赋予媒体交互功能的软件工具。

4.39

多媒体编辑工具　multimedia creative software tools

对电子出版物(3.1)所需的媒体素材进行创作、加工的软件工具。

4.40

数字化处理　digital processing

将模拟信息转化为数字信息的处理过程。

4.41

淡入淡出　fade in/fade out

渐显渐隐

渐明渐暗

电子出版物(3.1)图像(4.20)剪辑处理手法之一,是表现时空间隔的重要手段。表现形式为前一场景的画面逐渐暗淡直至完全消失(淡出),后一场景的画面逐渐显露直到十分清晰(淡入)。

4.42

溶变　dissolve off

化出化入

化

电子出版物(3.1)图像(4.20)剪辑处理手法之一,也是表现时间、空间和深化情绪的重要手段。表现形式为在前一场景的画面渐渐隐去(化出)之前,后一场景的画面即已开始同时重叠隐现(化入),起到时空自然过渡的作用。

4.43

划变　wipe off

划出

划入

划

电子出版物(3.1)图像(4.20)剪辑处理手法之一,可用多种方法把两幅画面衔接起来。表现形式为滑移,即后一画面从前一画面上渐渐划过,前后交替。

4.44

声音淡入淡出　sound fade in/sound fade out

声音渐显、渐隐

电子出版物(3.1)声音剪辑处理手法之一,通过声音的逐渐出现和逐渐消失,用于表现屏幕时空的转换或叠置。

4.45

声音切变　sound cut off

声音切入、切出

电子出版物(3.1)声音剪辑处理手法之一,用于表现声音的突然出现和突然消失。

5 出版

5.1

复制委托书 reproduction certificate of entrustment

出版单位委托光盘(3.3)复制(6.3)单位进行光盘复制的书面凭证。

5.2

必载信息 indispensable information

电子出版物(3.1)中必须刊载的向用户说明的信息,例如,安装使用方法、软硬件环境、版本情况等。

5.3

测试用样盘 template disk for testing

电子出版物(3.1)在正式复制(6.3)之前,能够进行全面测试的可记录光盘(3.12)或其他载体。

5.4

复制用样盘 template disk for reproduction

出版单位提交给光盘(3.3)复制(6.3)单位刻有电子出版物(3.1)全部信息,并可用来制作玻璃母盘(6.1)的可记录光盘(3.13)或其他载体。

5.5

电子版权页 electronic copyright page

电子出版物(3.1)中应包括中国标准书号(5.14)/中国标准刊号(5.15)、出版单位名称、著作权人等信息的页面。

5.6

盘标 disc mark

印有电子出版物(3.1)名称、中国标准书号(5.14)/中国标准刊号(5.15)及相关信息的盘片印刷面。

5.7

电子封面 electronic cover

电子出版物(3.1)初始运行状态时所显示的图形(4.19)、图像(4.20)或其他信息。

5.8

美术设计 art design

为电子出版物(3.1)的艺术造型进行设计和制作的创作过程。

5.9

编程 programming

程序设计

a) 程序的编写工作。

b) 用源程序语言或某种代码为程序编码之前的一部分工作作设计。

[GB/T 11457—2006,定义 2.1251]

5.10

打包 packing

将电子出版物(3.1)的所有信息资源和经过编辑、链接(3.28)的程序集合成一个完整的可执行文件的过程。

5.11

数字版权保护技术 digital rights management

以一系列软硬件技术,实现对数字内容的保护,数字内容包括网络出版物、数字电影、数字音乐、图片、软件等。

5.12

网络发行　network distribution

将出版物存储在网络服务器上，供用户在联网的计算机或者类似功能的设备上调阅或下载(3.33)。

5.13

塑封　enveloping in plastic film

用软质塑料对电子出版物(3.1)成品及其附属物进行封装的过程。

5.14

中国标准书号　China standard book number;CSBN

在中国注册的出版社所出版的每一种图书的每一个版本都具有的唯一标识代码，它由“国际标准书号(ISBN)”和“图书分类——种次号”两部分组成。国际标准书号部分可独立使用。

5.15

中国标准刊号　China standard serial numbering;CSSN

在中国登记的每种报纸和期刊的每一个版本都具有的唯一标准编码，它由国际标准刊号(ISSN)和国内统一刊号两部分组成。

5.16

国际标准书号条码　ISBN bar code

由一组规则排列的条、空及其对应字符(3.21)组成的标记，以表示图书的国际标准书号。

6　复制

6.1

玻璃母盘　glass master

记录原始信息的玻璃盘。

6.2

模版　stamper

由玻璃母盘(6.1)转换而成的镍盘，用于复制(6.3)成品盘(6.10)。

6.3

复制　replication

通过专用设备将模版(6.2)上的信息坑槽压制在塑料盘片上的过程。

6.4

丝网印刷　screen printing

版面呈网状，由丝网模版、丝网和网框组成的一种孔版印刷。

6.5

粘接　bonding

将两片厚0.6 mm的盘片粘合成完整的多用途数字光盘(3.17)的过程。

6.6

在线检测　in-line inspection

通过复制(6.3)生产线上的检测仪器对盘片的机械特性数据进行的测试。

6.7

来源识别码　source identified code;SID

光盘(3.3)上的一串模压字符(3.21),表示光盘复制(6.3)生产厂家的身份代码。

6.8

胶印　offset

印版上的图文先印在中间载体(橡皮布滚筒)上,再转印到承印物上的间接印刷方式。

6.9

保护胶　protect lacquer

用特殊感光材料制成的胶,以保护反射层不被氧化或划伤。

6.10

成品盘　disc

经过生产过程,并经测试合格的光盘(3.3)产品。

7　支撑环境

7.1

声卡　audio card

采集声音、输入和进行声音合成输出的计算机接口部件。

7.2

视频采集卡　video capture card

对视频(4.27)信号进行数字化采集的计算机接口部件。

7.3

图形加速卡　graphic accelerator card

一种含有图形(4.19)协处理器的计算机接口部件,用于提高图形函数的计算能力。以加速图形处理。

7.4

网络接口卡　network interface adapter;network interface card;NIC

网卡

网络适配器

用于实现联网计算机和网络之间的物理连接,为计算机之间相互通信提供一条物理通道,并通过这条通道进行高速数据传输。

7.5

光盘刻录机　optical disc recorder

能够与计算机相联接并可在可记录光盘(3.13)上直接写入数据的设备。

7.6

显示存储器　display memory

显示卡的组成部分,用于显示器的缓冲存储器件。

7.7

光盘驱动器　optical drive

光驱

用激光束在光盘(3.3)上进行数据读出、记录和擦除操作的驱动装置。

索 引

汉语拼音索引

英文对应词索引

ICS 37.100.01
A 17

中华人民共和国国家标准

GB/T 17934.5—2012/ISO 12647-5:2001

印刷技术　网目调分色片、样张和印刷成品的加工过程控制 第5部分:网版印刷

Graphic technology—Process control for the manufacture of half-tone color separation, proof and production prints—Part 5:Screen printing

(ISO 12647-5:2001,IDT)

2012-12-31 发布　　2013-06-01 实施

中华人民共和国国家质量监督检验检疫总局
中国国家标准化管理委员会　发布

前　言

GB/T 17934《印刷技术　网目调分色片、样张和印刷成品的加工过程控制》包含以下部分：

——第1部分：参数与测试方法

——第2部分：胶印

——第3部分：新闻纸冷固型油墨胶印

——第4部分：凹印

——第5部分：网版印刷

——第6部分：柔性版印刷

——第7部分：使用数字文件的传统印刷或数字印刷

本部分为GB/T 17934的第5部分。

本部分按照GB/T 1.1—2009给出的规则起草。

本部分使用翻译法等同采用ISO 12647-5:2001《印刷技术　网目调分色片、样张和印刷成品的加工过程控制　第5部分：网版印刷》。

本部分做了下列编辑性修改：

——将表中的百分比符号统一从表中移至表的右上角表示（见ISO 12647-5:2001中4.2.7表1和本部分的4.2.7表1）。

——将表注放入表中（见ISO 12647-5:2001中4.3.1.3表3、4.3.2表6和本部分的4.3.1.3表3、4.3.2表6）。

——将标准中没有采用的规范性引用文件"ISO 13655"放入参考文献（见ISO 12647-5:2001中第2章和本部分参考文献）。

——根据表2内容及GB/T 1.1的要求，在不改动技术数据的前提下，为表2添加了表头。

请注意本文件的某些内容可能涉及专利。本文件的发布机构不承担识别这些专利的责任。

本部分由新闻出版总署提出。

本部分由全国印刷标准化技术委员会(SAC/TC 170)归口。

本部分起草单位：深圳市裕同印刷股份有限公司、中国网印及制像协会、上海烟草包装印刷有限公司、深圳职业技术学院、深圳科精诚印刷机械制造有限公司、西安印刷技术学院、西安理工大学、深圳市印刷行业协会。

本部分主要起草人：车良、裴桂范、朱海鸥、王利婕、邱耀光、甄文龙、刘昕、刘玉盛、冉娜、刘霞。

引　言

当生产一个网目调彩色印刷品时，分色、打样及印刷人员根据需要印制的产品视觉特性及其他技术特性预先设置一套能保证最低要求的参数值是非常重要的。这样才可以确保（而不是通过试错法）随后的分色工作正常进行，以及尽可能地获得与最终印刷产品的模拟视觉特性相近的脱机打样样张或在机打样样张。

区分主要参数和次要参数是必要的。GB/T 17934 本部分中所描述的主要参数是指能直接影响图像视觉特性的参数，次要参数是指通过改变该参数的值间接影响图像效果的参数。次要参数包括：

——分色片厚度；

——图像的状态（阴图或阳图）；

——乳剂面的粗糙度；

——颜色标识或十字线标识。

ISO 12647-1 列出并解释了一套最低限度的过程控制参数，这些参数用来精确地控制网目调样张或由网目调分色片生产的印刷产品的视觉特性和相关的技术特性。

GB/T 17934 本部分的目的是列举出用网目调分色片生产网版印刷品时的建议值或 ISO 12647-1 中指定的主要参数值以及相关技术参数。另外，对认为有用的次要参数也做了推荐性规范。

印刷技术　网目调分色片、样张和印刷成品的加工过程控制 第5部分:网版印刷

1　范围

本部分规定了制备四色网版印刷用分色片和用平面或滚筒网版印刷方法生产印刷品时所应用的一些工艺参数及其量值。

选择的这些工艺参数及其量值覆盖整个工艺,包括下述工艺过程:

——分色

——制版

——打样

——印刷

——表面整饰

2　规范性引用文件

下列文件对于本文件的应用是必不可少的。凡是注日期的引用文件,仅注日期的版本适用于本文件。凡是不注日期的引用文件,其最新版本(包括所有的修改单)适用于本文件。

ISO 5-3　照相术　密度测定　第3部分:光谱条件(Photography—Density measurements—Part 3:Spectral conditions)

ISO 2846-4　印刷技术　四色印刷油墨颜色和透明度　第4部分:网版印刷(Graphic technology—Colour and transparency of printing ink sets for four-colour printing—Part 4: Screen printing)

ISO 12637-5　印刷技术　多语种印刷术语　第5部分:网版印刷术语(Graphic technology—Multilingual terminology of printing arts—Part 5:Screen printing terms)

ISO 12647-1:1996　印刷技术　网目调分色片、样张和印刷成品的加工过程控制　第1部分:参数与测试方法(Graphic technology—Process control for the manufacture of half-tone colour separations, proof and production prints—Part 1:Parameters and measurement methods)

3　术语和定义

ISO 12647-1 和 ISO 12637-5 界定的术语和定义适用于本文件。

4　技术要求

4.1　通则

下述条款按照 ISO 12647-1:1996 给定顺序排列,参数的定义和测试方法的条款也按照此顺序排列。

4.2 彩色分色片

4.2.1 质量

除非另有说明，分色片上网点中心的密度值应至少比透明胶片的密度值(片基加灰雾)高 3.50。透明网点中心的透射密度值不应高于大面积透明区域的密度值 0.10；透明胶片的密度值不应高于 0.15。上述测定应使用光学特性符合 ISO 5-3 中规定的 ISO 1 型(UV)印刷密度测试用的透射密度计。分色片上的网点不应有明显的碎裂，网点边缘的宽度不应超过网线宽度的 1/40。分色片的质量采用 ISO 12647-1:1996 附录 B 中的方法进行鉴定。

注 1：透明胶片的密度值要求以下述为条件：

——为使网版曝光一致，要求晒制网印版用的所有透明胶片的密度值相差不得超过 0.10；

——ISO 1 型印刷密度的常见最低值是 0.05。

注 2：实际应用中，如果大面积实地的密度值高于透明胶片 4.5 以上，则网点中心的密度值通常可高于透明胶片密度值 3.5 以上。

注 3：如果用户希望用蓝滤光片作为透射密度测定，则必须确定胶片类型和处理条件、用蓝滤光片得到的密度与用所规定的 ISO 1 型印刷密度测定仪器测得的密度之间的关系。测定网点中心的密度值可使用所规定的 ISO 2 型印刷密度的测定仪器。

4.2.2 网线数

对于四色印刷，加网线数一般在 20 cm^{-1}～40 cm^{-1}范围之间。

注 1：若加网线数在 20 cm^{-1}～40 cm^{-1}的范围以外，GB/T 17934 规定的基本原则仍然有效，但特定的量值可能不同。

注 2：计算机加网时，为了尽可能减少莫尔条纹，不同色版的加网线数和加网角度可能略有不同。

4.2.3 网线角度

网丝与网框的角度为 0°和 90°。

无主轴的网点，青、品红与黑版之间的网线角度差为 30°，黄版与另一色版的网线角度差为 15°。如图 1 所示的典型实例，任何色版的网线不应与经向或纬向的网丝相平行或者成对角线。为了做到这一点，一个色版应该相对于网丝旋转 7.5°。与这些量值相关的是分色片要正向读乳剂面朝上。

有主轴的网点，青、品红和黑版之间的网线角度差为 60°，黄版与另一色版的网线角度差为 15°。典型例子示于图 2。

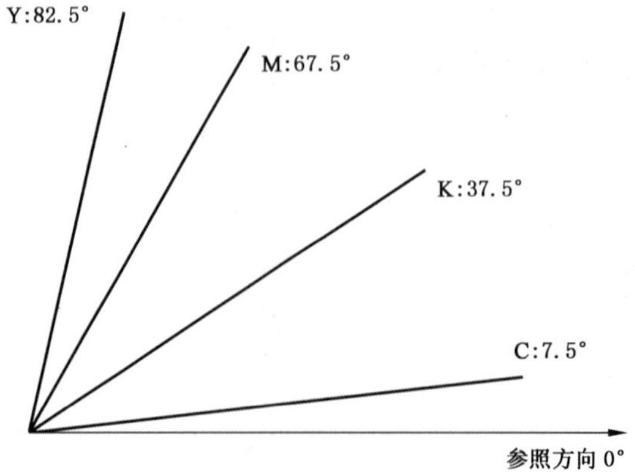

图 1 无主轴网点的网线角度

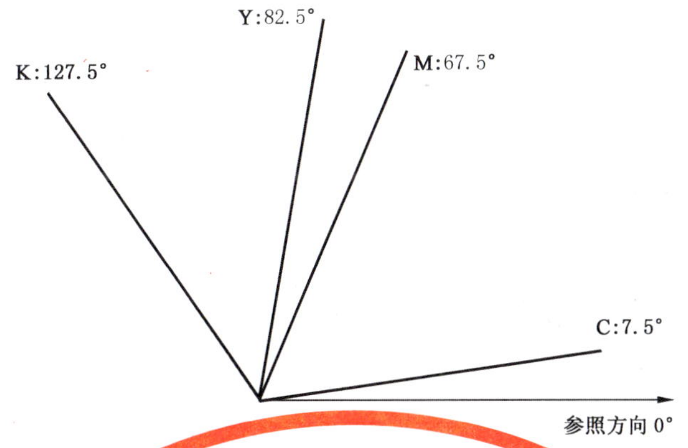

图 2 有主轴网点的网线角度

4.2.4 网点形状及其与阶调值的关系

使用椭圆形网点，第一个连接应发生在不低于35%的阶调值处，第二个连接应发生在不高于65%的阶调值处。

4.2.5 图像尺寸允差

在通常环境稳定的情况下，一套分色片各对角线长度之差不得大于0.02%。

注：该允差包括图像输出设备的可重复性及胶片的稳定性引起的误差。

4.2.6 阶调值总和

对阶调值总和没有限制。

注：可采用的阶调值总和为300%～400%，但要与其他工艺生产的产品相匹配，阶调值总和低些为宜。

4.2.7 灰平衡

除非另有说明，灰平衡的阶调值组合列于表1。

表 1 灰平衡

单位为%

阶调值	青	品红	黄
25	25	15	15
50	50	40	40
75	75	64	64

4.3 印刷品

4.3.1 图像的视觉特性

4.3.1.1 承印物的颜色

对于4.3.1.3中规定的三类色域，承印物的颜色应为白色，其色度值范围列于表2。打样用的承印物应与印刷用的承印物相同。若有困难，打样材料的颜色、光泽、表面类型（如纸、塑料、纸板）和单位面积的质量要接近印刷生产的承印物。

注：如果最终产品要进行表面整饰，将严重影响承印物的颜色。

表 2　承印物颜色的限定

数据类别	数据范围
L^* 值	$100 \geq L^{*a} \geq 90$
a^* 值	$-3 \leq a^{*a} \leq 3$
b^* 值	$-5 \leq b^{*a} \leq 5$

[a] 按照 ISO 12647-1:1996 中 5.6 规定的方法测定。

4.3.1.2　承印物光泽度

用于打样的承印物的光泽度应尽可能与生产用承印物的光泽度相接近。

注：如果最终产品要进行表面整饰，会对光泽度产生严重影响。在要求严格的情况下，分色的效果可通过与整饰后的成品表面光泽度极为接近的样张来判断。在准备阶段为了便于使生产的图像与样张的图像相一致，可向印刷厂另外提供一个表面光泽度与生产用的承印物相接近的打样样张。

4.3.1.3　油墨固着后颜色

按照 ISO 2846-4 规定使用原色油墨。样张上的青、品红、黄、黑实地及除黑色之外的双色叠印获得的组合实地色的 CIELAB 色度值 L^*、a^*、b^* 要符合表 3 中的规定值，并在表 4 规定的偏差容许值内。

生产过程中，印刷原色实地的变化受后工序条件的限制，至少要有 68% 的印张与合格印张的色差不得超过表 4 中规定的均差值，并不得超过偏差值的 1/2。

表 3　实地颜色的 CIELAB 色度值

颜色	色域等级								
	1			2			3		
	L^{*a}	a^{*a}	b^{*a}	L^{*a}	a^{*a}	b^{*a}	L^{*a}	a^{*a}	b^{*a}
青	59	−35	−43	52	−33	−51	46	32	−54
品红	51	70	−15	47	47	−5	42	79	10
黄	90	−11	66	89	−9	83	88	−7	100
黑	24	0	0	18	0	0	8	0	0
红[b]	50	59	42	47	67	50	44	66	47
绿[b]	55	−68	32	49	−65	30	43	−62	28
蓝[b]	28	27	−41	21	26	−40	16	29	−39

注 1：表 3 规定的三类色度值反映出许多种类的图形网版印刷产品的色度值，第一类适合于色饱和度低的印刷品，第二类适合于色饱和度中等的印刷品，第三类适合于色饱和度高的印刷品，如销售点广告。

注 2：如果采用白底色，表 3 中的 a^*、b^* 的色度值基本保持相同，但 L^* 值可能会高些，依承印物的不透明度而定。

注 3：如果最终产品要进行表面整饰，其颜色与未整饰产品的颜色会有一定的偏差。

注 4：二次色红、绿、蓝的色度值与印刷色序有关，并依印刷机的结构、承印物的表面特性、油墨的流变性和透明性等条件而不同。因此，原色的色度值符合规定要求并不能保证二次色也符合规定要求。

注 5：附录 A 给出原色实地的反射密度值。

[a] 测定方法按 ISO 12647-1:1996 中 5.6 的规定。

[b] 色序为黄、青、品红。

表 4　印刷原色实地的色差 CIELAB ΔE^*_{ab}

容许值类型	黑	青	品红	黄
偏差	4	5	6	6
均差[a]	1.5	2.0	3.0	3.0

[a] CIELAB 色差的分布不是高斯分布，而是非对称的。为了保持一致性，这里规定的均差为 68%的印刷品的上限值。这是模拟高斯分布，68%的印刷品的色差在偏差平均值±1 之内。

4.3.1.4　油墨固着后光泽

如果有必要规定实地颜色的光泽，则在一定入射角上测定并记录实地区域的光泽度。

4.3.2　阶调复制范围

表 5 规定的阶调值范围，是网点一致、均匀转移到印刷品上的基本要求。表 6 列出了推荐转移的阶调值范围。分色片上主要图文部分的阶调值不应超出表 6 推荐的范围。

表 5　要求转移的阶调值范围(软片)

加网线数/cm^{-1}	溶剂油墨/%	空气干燥水基墨/%	UV 油墨/%	水基 UV 墨/%
20	10～90	10～90	5～95	10～90
40	20～80	20～80	10～90	15～85

表 6　推荐转移的阶调值范围(软片)

加网线数/cm^{-1}	溶剂油墨/%	空气干燥水基墨/%	UV 油墨/%	水基 UV 墨/%
20	6～95	6～95	3～96	5～94
40	10～90	10～90	8～92	10～90

注：在多数印刷应用中，尤其是在纸上印刷，通常能达到表 6 中较大的阶调范围。阶调范围取决于印刷使用的丝网，丝网越粗(网丝较粗)，能复制的阶调范围就越小。当加网线数由 20 cm^{-1} 增加到 40 cm^{-1} 时，能复制的阶调范围明显减小，使用溶剂油墨和空气干燥的水基油墨尤其是这样。

4.3.3　图像定位允差

任意两种颜色印刷的图像中心之间的最大偏差不应超过印刷网版对角线长度的 0.02%。

4.3.4　阶调值增大

表 7 规定了打样和生产印刷中的阶调值增大(网点增大)的目标值，测试方法按第 5 章的规定。5.1 规定了网线宽度为 30 cm^{-1}、圆形网点测控条阶调值增大的目标值。如果按照表 7 规定的一组数值，主体图像的印刷特性曲线近似于图 3 或图 4 中相应的曲线。

在软片上 25%、50% 和 75%的阶调值处，样张或合格印刷品阶调值与规定值的偏差不得超过 5%。

生产作业中统计的阶调值标准偏差不应超过 4%(68%的印刷品与合格印刷品的偏差在 4%以内)。样张和生产印刷品的阶调值增大的允差(各色之间阶调值增大的差异)不应超过 5%。

注：承印物的不同可能要求印刷机做些微调，以使各种材料产生的曲线相一致。

表 7 在网线为 30 cm^{-1} 条件下生产印刷品的阶调值增大

UV 油墨类型	印刷品上阶调值增大[a]/%					
	软片上的阶调值					
	15	25	50	60	75	85
水基 UV,普通溶剂	−5	−1	2	3	9	7
普通 UV,水基空气干燥	3	7	13	14	12	8

[a] 在有或无偏振片的 E 或 T 状态下测定。

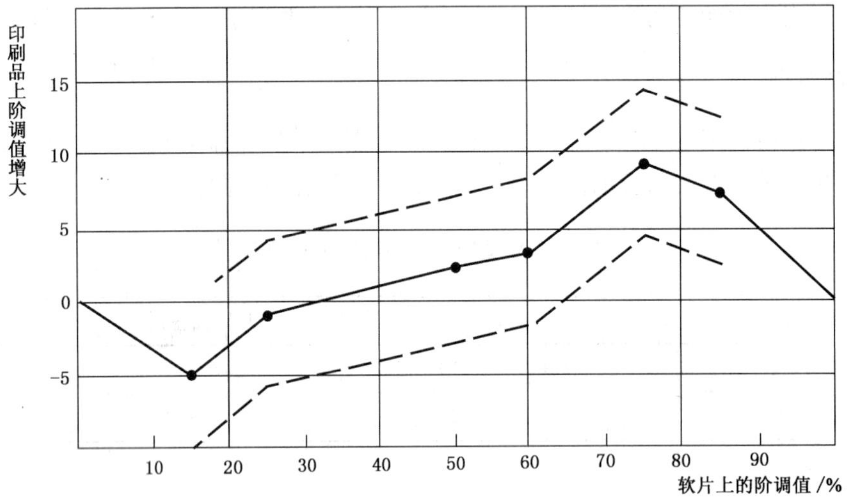

图 3 在网线为 30 cm^{-1} 的条件下测定的水基 UV 和溶剂 UV 油墨(实线)的典型阶调值增大曲线和允差曲线(虚线)

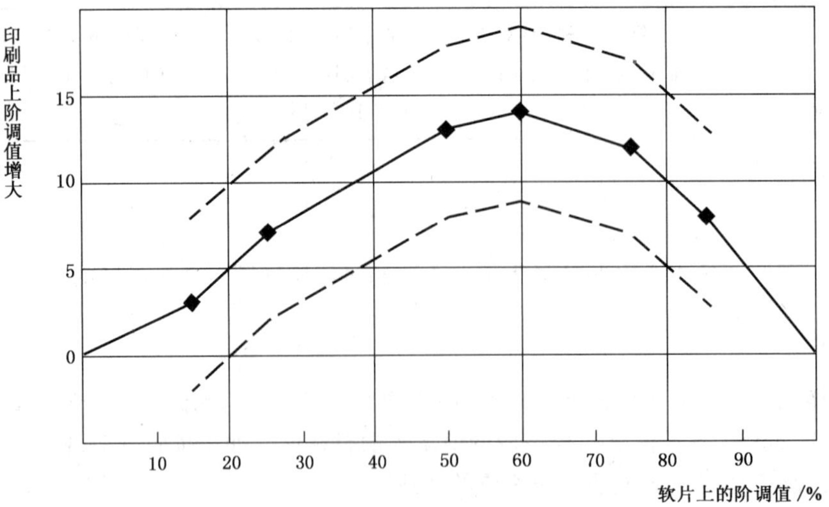

图 4 在网线为 30 cm^{-1} 的条件下测定的普通 UV 和水基自然干燥 UV 油墨(实线)的典型阶调值增大曲线和允差曲线(虚线)

5 测试方法和报告:印刷品的阶调值测定

5.1 软片测控条和数字测控条

参见 ISO 12647-1:1996 中 5.3 和 5.4,并注意下述附加要求:

为了在打样和印刷生产中进行工艺控制,应在印刷图像边缘印刷颜色测控条,内有明确限定的、指示准确阶调值的控制色块,并符合 4.2.1 中对软片的质量要求。网点形状应为圆形,网线为 30 cm^{-1},阶调范围至少是表 5 给出的数值。对于非调幅加网,网点最小直径应为 50 μm。如果数字测控条与印刷图像一起晒制到软片上,应该检验软片上的色标,确保达到预期的阶调值和本条款中的要求。

此外,为了解信息或查验网印版和溢墨问题,网点测控条可与颜色测控条一起印刷,其网点类型与印刷图像相同。

测试印刷品密度计的有效测试孔径一般应为 5 mm,最小不低于 3.3 mm。

注 1:采用适中的链形网点比采用圆形网点产生的阶调值略高(达 1%)。

注 2:测得的阶调值与测试仪器条件略有关系,特别是原色黄图像,用无偏振片的宽带仪器和用有偏振片的窄带仪器,其中间调的观测结果差别达 2%。

注 3:选用 PostScript 程序能使测控条中的网线和网点形状的生成不依赖于印刷图像的网线和网点形状。

注 4:对于 5 mm 以下的测试孔径,建议每个控制标取 5 个读数的平均数。

5.2 结果报告

报告应包含测得的阶调值、测控条(软片或数字)阶调值、所用仪器的光谱响应、取样孔径和是否使用偏振片。

附 录 A
（资料性附录）
在非规范条件下测定油墨固着颜色

表 A.1 表 3 中印刷原色实地的反射密度

	色域 1		色域 2		色域 3	
	偏振片		偏振片		偏振片	
	无	有	无	有	无	有
ISO E 状态反射密度[a]						
青	1.12	1.28	1.43	1.64	1.86	2.14
承印物	0.06	0.06	0.06	0.06	0.06	0.06
品红	1.14	1.54	1.45	1.96	1.88	2.54
承印物	0.06	0.06	0.06	0.06	0.06	0.06
黄	0.69	0.72	1.14	1.20	1.58	1.64
承印物	0.06	0.06	0.06	0.06	0.06	0.06
ISO T 状态反射密度[a]						
青	1.10	1.27	1.40	1.61	1.80	2.07
承印物	0.06	0.06	0.06	0.06	0.06	0.06
品红	1.10	1.49	1.40	1.89	1.80	2.43
承印物	0.06	0.06	0.06	0.06	0.06	0.06
黄	0.55	0.58	0.80	0.84	1.05	1.10
承印物	0.05	0.05	0.05	0.05	0.05	0.05
ISO 视觉反射密度[a]						
黑	1.30	1.63	1.50	1.88	1.90	2.4
承印物	0.08	0.08	0.08	0.08	0.08	0.08

[a] 参照 ISO 5-3。

参考文献

[1] GB/T 19437 印刷技术 印刷图像的光谱测量和色度计算(GB/T 19437—2004,ISO 13655:1996,IDT)

[2] CIE 出版物 15.2-1986，比色法

ICS 33.160
M 64

中华人民共和国国家标准

GB/T 17953—2012
代替 GB/T 17953—2000

标准清晰度电视 4：2：2 数字分量视频信号接口

Interface for 4：2：2 digital component video signals in standard definition television

(ITU-R BT.656-5:2007, Interface for digital component video signals in 525-line and 625-line television systems operating at the 4：2：2 level of recommendation ITU-R BT.601, MOD)

2012-06-29 发布　　　　2012-10-01 实施

中华人民共和国国家质量监督检验检疫总局
中国国家标准化管理委员会　发布

前　言

本标准按照 GB/T 1.1—2009 给出的规则起草。

本标准代替 GB/T 17953—2000《4：2：2 数字分量图像信号的接口》，与 GB/T 17953—2000 相比主要变化如下：

——对原标准的题目进行了修改，明确限定了本标准的适用范围；

——对原标准的格式进行了修改和调整；

——对原标准 4.1 增加了举例说明；

——将原标准 4.2.4 的“每个定时基准信号由 4 个字组成，顺序为 FF 00 00 XY”改为“每个定时基准信号由 4 个字组成，顺序为 3FF 000 000 XYZ”；

——将比特串行接口电特性的上升和下降时间的容许范围由“0.75 ns 到 1.50 ns”改为“0.40 ns 到 1.50 ns”；

——删除原标准 6.6.2.4 输入抖动；

——增加了 5.7 光缆接口特性的内容；

——删除原标准的附录 A。

本标准使用重新起草法修改采用 ITU-R BT.656-5:2007《工作在 ITU-R BT.601 中 4：2：2 模式下的 525 行和 625 行电视系统的数字分量视频信号接口》中关于 625 行电视系统的部分，并将比特串行接口电特性的上升和下降时间的容许范围由“0.75 ns 到 1.50 ns”改为“0.40 ns 到 1.50 ns”。

本标准由国家广播电影电视总局提出。

本标准由全国广播电影电视标准化技术委员会(SAC/TC 239)归口。

本标准起草单位：国家广播电影电视总局广播电视规划院。

本标准主要起草人：孙岩、宁金辉、韦安明、李倜、康诵诗、李木兰。

标准清晰度电视 4：2：2 数字分量视频信号接口

1 范围

本标准规定了工作在 GB/T 14857—1993 中 4：2：2 模式下的 625 行标准清晰度电视系统的数字分量视频信号接口。

本标准适用于工作在 GB/T 14857—1993 中 4：2：2 模式下的数字分量视频信号接口。

2 规范性引用文件

下列文件对于本文件的应用是必不可少的。凡是注日期的引用文件，仅注日期的版本适用于本文件。凡是不注日期的引用文件，其最新版本(包括所有的修改单)适用于本文件。

GB 3174—1995 PAL-D 制电视广播技术规范

GB 9254—2008 信息技术设备的无线电骚扰限值和测量方法(IEC/CISPR 22:2006,IDT)

GB/T 14857—1993 演播室数字电视编码参数规范(ITU-R BT. 601-3:1992,EQV)

GB/T 20562—2006 演播室串行数字信号抖动技术参数与测量方法(ITU-R BT. 1363-1:1998,MOD)

GY/T 160—2000 数字分量演播室接口中的附属数据信号格式

GY/T 161—2000 数字电视附属数据空间内数字音频和辅助数据的传输规范

GY/T 163—2000 数字电视附属数据空间内时间码和控制码的传输规范

GY/T 164—2000 演播室串行数字光纤传输系统

SJ/T 11072—1996 BNC 型射频同轴连接器

ISO 2110 数据通信-25 针 DTE/DCE 接口连接器和引脚分配(Data communication—25-pin DTE/DCE interface connector and pin assignments)

ITU-R BT. 803:1992 数字电视演播室设备产生干扰的避免(The avoidance of interference generated by digital television studio equipment)

3 术语、定义和缩略语

3.1 术语和定义

下面的术语和定义适用于本文件。

接口 interface

单个发送器和单个接收器之间的单向连接，包含机械连接和通过的数字信号两大部分。目前有并行接口和串行接口两种方式。通过接口的数字信号包括视频信号、数字消隐数据、定时基准信号和辅助信号。

3.2 缩略语

下列缩略语适用于本文件：

EAV　有效视频结束(End of Active Video)
ECL　射极耦合逻辑(Emitter Coupled Logic)
NRZ　非归零(NonReturn to Zero)
NRZI　反向非归零(NonReturn to Zero Inverted)
SAV　有效视频起始(Start of Active Video)

4　接口的数字信号格式

4.1　概述

接口用于设备之间信号的单向连接。

接口的数字信号格式见4.2。

数字信号是8比特或10比特编码的二进制信号,包括:

——视频信号;

——数字消隐数据;

——定时基准信号;

——辅助信号。

在本标准中,10比特的数据字内容用十六进制的形式描述。例如,1001000101比特模式表示为245 h。

10比特字的左边第一位(比特号9)是最高有效比特,8比特字占用10比特字的左边8个最高有效比特,即比特号9~2。

4.2　视频数据

4.2.1　编码特性

视频数据应符合GB/T 14857—1993的有关规定,场消隐和场识别的定义见表1。

表1　场消隐和场识别定义

V-数字场消隐		
第一场	起始 (V=1)	第624行
	结束 (V=0)	第23行
第二场	起始 (V=1)	第311行
	结束 (V=0)	第336行
F-数字场识别		
第一场	F=0	第1行
第二场	F=1	第313行

注:F和V在数字行开始时与有效视频结束定时基准码同步改变状态。
行序号的定义见GB 3174—1995,数字行序号在O_H之前改变状态。

4.2.2 视频数据格式

数据字的8个最高有效比特都是1或都是0时，用于识别目的。所以256个8比特字中只有254个或1 024个，10比特字中只有1 016个可以用于表达信号值。

视频数据是以27兆字/秒的速率复用传送的，其顺序是：C_B、Y、C_R、Y、C_B、Y、C_R……。其中，C_B、Y、C_R 这三个字属于同位置的亮度和色差信号取样。后面的Y属于下一个亮度取样。

4.2.3 接口信号构成

接口数据流中视频取样数据部分的构成见图1，图1中的取样标识应符合GB/T 14857—1993规定的标识。

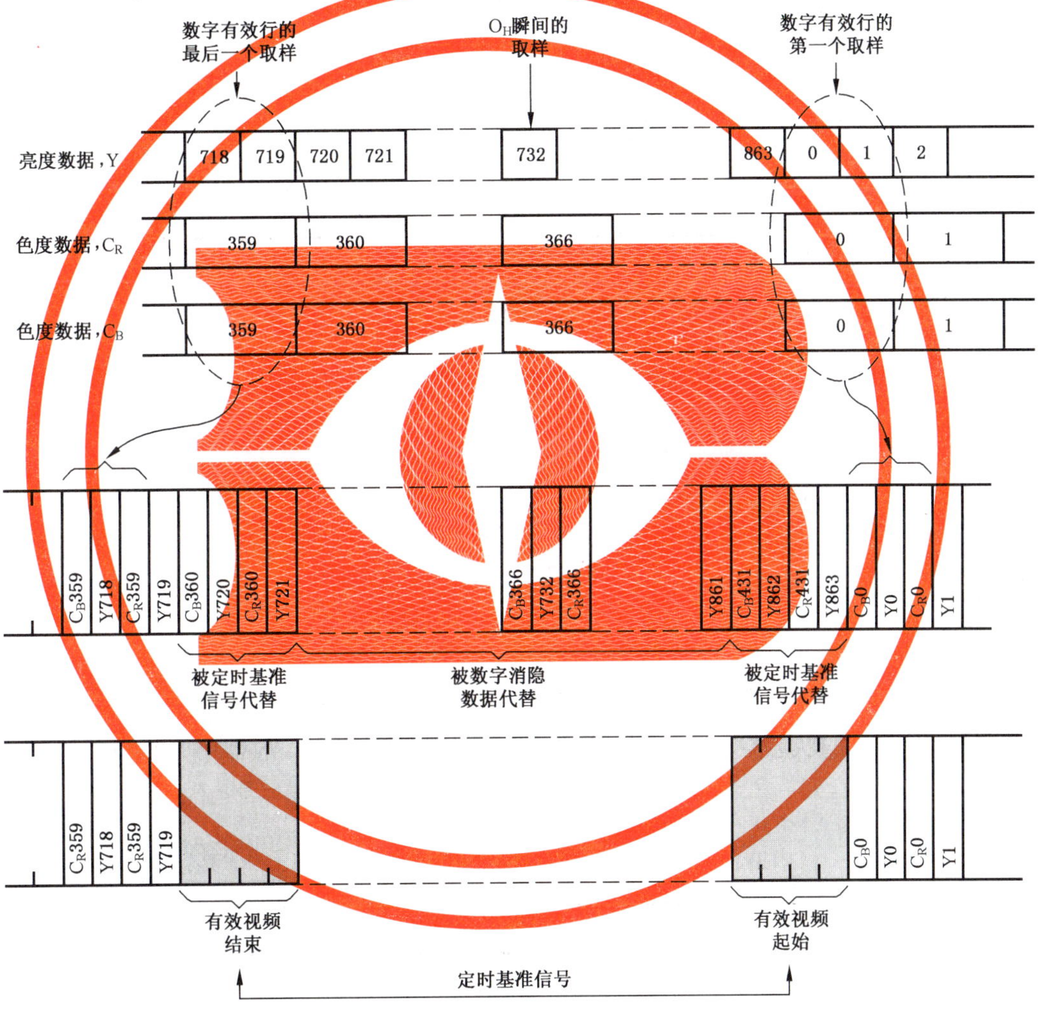

图1 接口数据流中视频取样数据部分的构成

4.2.4 视频定时基准码

有两个定时基准信号，一个在每个视频数据块的开始，另一个在每个视频数据块的结尾，见图1。每个定时基准信号由4个字组成，顺序为3FF 000 000 XYZ（这些值用十六进制表示，3FF 000保留用于定时基准信号）。头三个字是固定前缀，第4个字包含定义第二场识别、场消隐状态和行消隐状态的信息。视频定时基准码见表2。

表 2 视频定时基准码[a]

数据比特号	第一字 (3FF)	第二字 (000)	第三字 (000)	第四字 (XYZ)
9(MSB)	1	0	0	1
8	1	0	0	F
7	1	0	0	V
6	1	0	0	H
5	1	0	0	P_3
4	1	0	0	P_2
3	1	0	0	P_1
2	1	0	0	P_0
1[b]	1	0	0	0
0	1	0	0	0

[a] 表中示出的数是 10 比特接口建议的值；

[b] 为与已存在的 8 比特接口兼容，两个最低有效比特的值未规定：

第 1 场时，F=0；

第 2 场时，F=1；

场消隐期，V=1；

非场消隐期，V=0；

有效视频起始(SAV)码中，H=0；

有效视频结束(EAV)码中，H=1；

P_0　P_1　P_2　P_3：保护比特(见表 3)；

MSB：最高有效比特；

表 1 定义了 V 和 F 比特的状态。

P_0、P_1、P_2、P_3 比特的状态与 F、V、H 比特的状态有关，见表 3。在接收器中，这种安排容许校正1 比特误码和检出 2 比特误码。

表 3 保护比特

F	V	H	P_3	P_2	P_1	P_0
0	0	0	0	0	0	0
0	0	1	1	1	0	1
0	1	0	1	0	1	1
0	1	1	0	1	1	0
1	0	0	0	1	1	1
1	0	1	1	0	1	0
1	1	0	1	1	0	0
1	1	1	0	0	0	1

4.2.5 辅助数据

辅助数据应符合 GY/T 160—2000、GY/T 161—2000 和 GY/T 163—2000 的有关规定。

4.2.6 消隐期中的数据字

在数字消隐期中，不是用于定时基准码或辅助数据的数据字，应为相应于 C_B、Y、C_R、Y 信号消隐电平的 200h、040h、200h、040h……序列。

5 比特串行接口

5.1 概述

10 位字的复用数据流（见第 4 章）以比特串行形式通过单一通道传送。在传输之前，附加编码的存在提供了频谱成型和字节同步，有利于时钟恢复。

5.2 编码

采用多项式发生器 $G1(x) \times G2(x)$ 对未编码串行比特数据流加扰，见式(1)和式(2)。

$$G1(x) = x^9 + x^4 + 1 \qquad \cdots\cdots (1)$$

$$G2(x) = x + 1 \qquad \cdots\cdots (2)$$

式(1)用于产生一个加扰 NRZ 信号，式(2)用于产生一个无极性 NRZI 序列。

5.3 传输顺序

先传每个 10 比特字的最低有效位。

5.4 逻辑规定

信号以 NRZI 形式传送，与比特极性无关。

5.5 传输媒介

比特串行数据流能够用同轴电缆（见 5.6）或光缆（见 5.7）传送。

5.6 电接口特性

5.6.1 线路驱动器特性（发端）

5.6.1.1 输出阻抗

线路驱动器为不平衡输出，源阻抗为 75 Ω，并且在（5～270）MHz 频率范围内反射损耗不小于 15 dB。

5.6.1.2 信号幅度

在未接任何传输线时，终接 75 Ω 的电阻性负载，直接测量到的输出端信号峰-峰值在 800×(1±10%)mV 之间。

5.6.1.3 直流偏置

以信号幅度中点为基准的直流偏置在−0.5 V～+0.5 V 之间。

5.6.1.4 上升和下降时间

20%幅度点到80%幅度点之间的时间间隔为上升时间，80%幅度点到20%幅度点之间的时间间隔为下降时间。终接75 Ω的电阻性负载，直接在输出端上测量，其值应在0.40 ns～1.50 ns之间，并且上升时间和下降时间之差不应超过0.50 ns。

5.6.1.5 抖动

对输出抖动规定如下：

——f_1=10 Hz；

——f_3=1 kHz；

——f_4=1/10时钟速率；

——A_1=0.2UI(UI为单位间隔)；

——A_2=0.2UI。

1UI为3.7 ns，0.2UI为0.74 ns。

抖动及其测量方法应符合GB/T 20562—2006的规定。

5.6.2 线路接收器特性(收端)

5.6.2.1 终接阻抗

电缆终接为75 Ω，在5 MHz～270 MHz频率范围内的反射损耗不小于15 dB。

5.6.2.2 接收器灵敏度

线路接收器连接到5.6.1.2所允许的极限电压下工作的线路驱动器时，或通过一个在270 MHz上有40 dB损耗，其损耗特性为$1/\sqrt{f}$的电缆连接时，都应能够正确读出随机的二进制数据。

5.6.2.3 干扰抑制

当直接连接到工作在5.6.1.2中规定的下限电压的线路驱动器时，线路接收器应在叠加有以下电平的干扰信号时也能正确读出二进制数据：

——DC(直流偏移)：±2.5 V；

——1 kHz以下：2.5 V(峰-峰)；

——1 kHz～5 MHz：100 mV(峰-峰)；

——5 MHz以上：40 mV(峰-峰)。

5.6.3 电缆和插接件

5.6.3.1 电缆

所选电缆的电磁辐射应符合GB 9254—2008。

5.6.3.2 特性阻抗

所用电缆应有75 Ω的标准特性阻抗。

5.6.3.3 插接件特性

插接件的机械特性应符合SJ/T 11072—1996。

5.7 光接口特性

光接口特性应符合 GY/T 164—2000 的规定。

为方便使用此规定，做如下说明：

——上升和下降时间：<1.5 ns(20%幅度点～80%幅度点)；

——输出抖动：f_1=10 Hz；

——f_3=1 kHz；

——f_4=1/10 时钟速率；

——A_1=0.135 UI；

——A_2=0.135 UI。

抖动及其测量方法应符合 GB/T 20562—2006 的规定。

6 比特并行接口

6.1 概述

描述视频信号的数字码字的比特用并行的 8 对(可选择 10 对)导线来传送，每对导线载有每个分量信号 C_B、Y、C_R、Y 的相同位的复用比特流。这 8 对导线也载有辅助数据，这些数据以时分复用方式嵌入到视频消隐期的数据流中。附加的一对导线传送 27 MHz 的同步时钟。用平衡导线对传送接口上的信号，无均衡时电缆长度可达 50 m，采用合适均衡时，长度可达 200 m。

连接采用 25 芯 D 型插接件，并带有锁定机械，见 6.5。

为了方便，数据字的比特被赋予 DATA0 到 DATA9 的名字。全字以 DATA(0～9)表示。DATA9 是最高位，8 比特数据字占有 DATA(2～9)。

视频数据采用 NRZ 编码，并以数据块方式实时(无缓冲器)传送。每个数据块包含一个有效电视行的数据。

6.2 数据信号格式

接口载有 8 或 10 个并行的数据比特和一个分开的同步时钟。数据用 NRZ 形式编码，所建议的数据格式见 4.2.2。

6.3 时钟信号

6.3.1 概述

时钟信号是 27 MHz 方波，0～1 的过渡代表数据传送时刻。此信号有以下特点：

——脉宽：18.5 ns±3 ns；

——抖动：在一场平均周期中，小于 3 ns。

该抖动适宜于有效并行接口的抖动规定，不适合于数字—模拟转换或并行—串行转换的定时。

6.3.2 时钟-数据的关系

时钟信号的上升沿发生在数据持续期的中间处，见图 2。

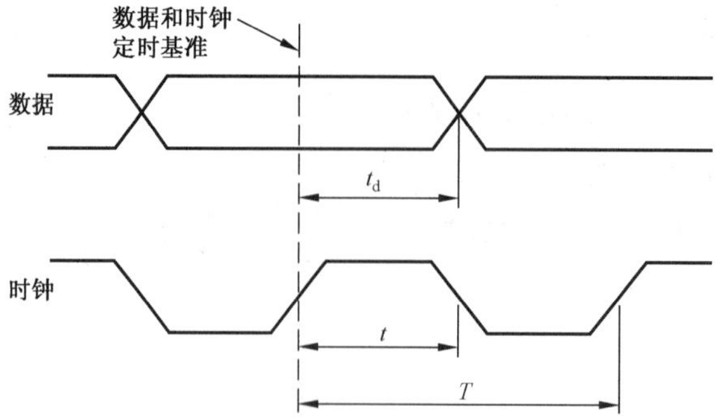

说明：

T ——时钟周期，$T=\frac{1}{1\,728f_H}=37\ \text{ns}$；

t ——时钟脉冲宽度，$t=18.5\ \text{ns}\pm3\ \text{ns}$；

t_d ——数据定时，$t_d=18.5\ \text{ns}\pm3\ \text{ns}$；

f_H——行频。

图 2　时钟-数据定时(在信号源端)

6.4　接口的电特性

6.4.1　概述

线路驱动器发端为平衡输出，相应的线路接收器收端为平衡输入，见图 3。

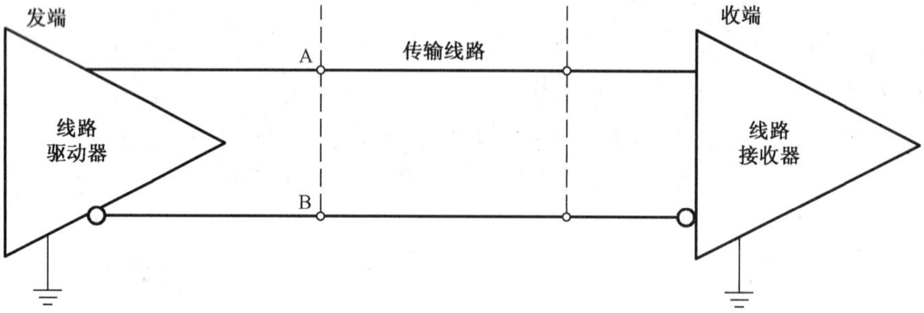

图 3　线路驱动器和线路接收器的连接

虽然没有规定采用 ECL 技术，但是线路驱动器和接收器应是 ECL 兼容的，即应容许驱动器和接收器采用 ECL。

所有数字信号时间间隔都在半幅度点测得。

6.4.2　逻辑规定

在线路驱动器的 A 端相对于 B 端为正时是二进制的 1，为负时是二进制的 0，见图 3。

6.4.3　线路驱动器特性(发端)

6.4.3.1　输出阻抗：最大 110 Ω。

6.4.3.2　共模电压：−1.29×(1±15%) V(两端都相对于地)。

6.4.3.3　信号幅度：在 110 Ω 的电阻负载上测量，为 0.8 V～2.0 V(峰-峰)。

6.4.3.4　上升和下降时间：采用 110 Ω 负载阻抗终接，在 20%幅度点和 80%幅度点之间的时间间隔小于 5 ns。上升和下降时间差不能超过 2 ns。

6.4.4 线路接收器特性(收端)

6.4.4.1 输入阻抗:110 Ω±10 Ω。

6.4.4.2 最大输入信号:2.0 V(峰-峰)。

6.4.4.3 最小输入信号:185 mV(峰-峰)。同时,输入信号满足图 4 中眼图所示的条件时,线路接收器应仍能正确读出二进制数据。

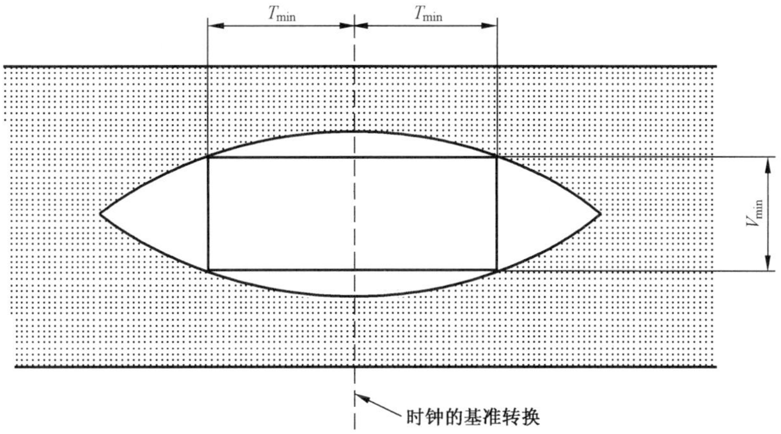

说明:

T_{min}=11 ns;

V_{min}=100 mV。

图 4 相应于最小输入信号电平的理想眼图

6.4.4.4 最大共模信号:±0.5 V,包括 0 Hz~15 kHz 范围内的干扰(两端相对于地)。

6.4.4.5 延时差:当时钟对数据的延时差在±11 ns 之内时,见图 4,数据应能被正确读出。在眼图中数据应被正确检出的窗口宽度,包括±3 ns 的时钟抖动、±3 ns 的数据定时(见 6.3.2)和电缆对之间的±5 ns 的延时差(见 ITU-R BT.803:1992)。

6.5 接插件的机械部分

接口使用 ISO 2110 中规定的 25 芯联接方式的 D 型插接件,接点分配见表 4。

表 4 接点分配

接　　点	信　号　线	接　　点	信　号　线
1	时钟	14	返回时钟
2	系统地 A	15	系统地 B
3	数据 9(MSB)	16	返回数据 9
4	数据 8	17	返回数据 8
5	数据 7	18	返回数据 7
6	数据 6	19	返回数据 6
7	数据 5	20	返回数据 5
8	数据 4	21	返回数据 4

表 4（续）

接　　点	信　号　线	接　　点	信　号　线
9	数据 3	22	返回数据 3
10	数据 2	23	返回数据 2
11	数据 1	24	返回数据 1
12	数据 0	25	返回数据 0
13	电缆屏蔽[a]		

[a] 电缆屏蔽是为减小电缆的电磁辐射，建议接点 13 应当在两端对机架地进行高频连接，另外也在发送端对机架地实行 DC 连接，见 ITU-R BT.803：1992。

用电缆插头上的两个 UNC4-40 螺钉与设备上的插座锁在一起。电缆插接件采用针形插头，而设备插接件采用针孔插座。连接电缆及其插件应有屏蔽。

ICS 11.180
Y 14

中华人民共和国国家标准

GB/T 18029.14—2012/ISO 7176-14:2008

轮椅车　第14部分:电动轮椅车和电动代步车动力和控制系统要求和测试方法

Wheelchairs—Part 14: Power and control systems for electrically powered wheelchairs and scooter—Requirements and test methods

(ISO 7176-14:2008,IDT)

2012-12-31 发布　　　　2013-05-01 实施

中华人民共和国国家质量监督检验检疫总局
中国国家标准化管理委员会　发布

前　言

GB/T 18029《轮椅车》由以下部分组成：

——第1部分：静态稳定性的测定；

——第2部分：电动轮椅车动态稳定性的测定；

——第3部分：制动器的测定；

——第4部分：电动轮椅车和电动代步车理论能耗的测定；

——第5部分：外形尺寸、质量和转向空间的测定；

——第6部分：电动轮椅车最大速度、加速度和减速度的测定；

——第7部分：座位和车轮尺寸的测量方法；

——第8部分：静态强度、冲击强度及疲劳强度的要求和测试方法；

——第9部分：电动轮椅车的气候试验方法；

——第10部分：电动轮椅车越障能力的测定；

——第11部分：测试用假人；

——第13部分：测试表面摩擦系数的测定；

——第14部分：电动轮椅车和电动代步车动力和控制系统　要求和测试方法；

——第15部分：信息发布、文件出具和标识的要求；

——第16部分：座(靠)垫阻燃性的要求和测试方法；

——第17部分：电动轮椅车控制器的界面；

——第18部分：上下楼装置；

——第19部分：用于机动车的轮式移动装置；

——第20部分：站立式轮椅车性能的测定；

——第21部分：电磁兼容性的要求和测试方法；

——第22部分：调节程序；

——第23部分：护理者操作的爬楼梯装置的要求和测试方法；

——第24部分：乘坐者操纵的爬楼梯装置的要求和测试方法；

——第25部分：电池和充电器的要求和测试方法；

——第26部分：术语。

本部分等同采用ISO 7176-14:2008《轮椅车　第14部分：电动轮椅车和电动代步车动力和控制系统　要求和测试方法》(英文版)。

与本标准中规范性引用的国际文件有一致性对应关系的我国文件如下：

——GB/T 7593　机动工业车辆　驾驶员控制装置及其他显示装置用符号(GB/T 7593—2008，ISO 3287:1999，IDT)

——GB/T 18029.3　轮椅车　第3部分：制动器的测定(GB/T 18029.3—2008，ISO 7176-3:2003，IDT)

——GB/T 18029.4　轮椅车　第4部分：电动轮椅车和电动代步车理论能耗的测定(GB/T 18029.4—2009，ISO 7176-4:1997，IDT)

——GB/T 18029.6　轮椅车　第6部分：电动轮椅车最大速度、加速度和减速度的测定(GB/T 18029.6—2009，ISO 7176-6:2001，IDT)

——GB/T 18029.9　轮椅车　第9部分：电动轮椅车的气候试验方法(GB/T 18029.9—2008，

ISO 7176-9:2001,IDT)

——GB/T 18029.11 轮椅车 第11部分:测试用假人(GB/T 18029.11—2008,ISO 7176-11:1992,IDT)

——GB/T 18029.13 轮椅车 第13部分:测试表面摩擦系数的测定(GB/T 18029.13—2008,ISO 7176-13:1989,IDT)

——GB/T 18029.15 轮椅车 第15部分:信息发布、文件出具和标识的要求(GB/T 18029.15—2008,ISO 7176-15:1996,IDT)

——GB/T 18029.22 轮椅车 第22部分:调节程序(GB/T 18029.22—2009,ISO 7176-22:2000,IDT)

——GB/T 20138 电器设备外壳对外界机械碰撞的防护等级(IK代码)(GB/T 20138—2006,IEC 62262:2002,IDT)

——GB 9706.1 医用电气设备 第1部分:安全通用要求(GB 9706.1—2007,IEC 60601-1:1988,IDT)

——GB/T 16842 外壳对人和设备的防护 检验用试具(GB/T 16842—2008,IEC 61032:1997,IDT)

请注意本文件的某些内容可能涉及专利。本文件的发布机构不承担识别这些专利的责任。

本部分由中华人民共和国民政部提出。

本部分由全国残疾人康复和专用设备标准化技术委员会(SCA/TC 148)归口。

本标准起草单位:国家康复辅具研究中心、佛山东方医疗设备厂有限公司、国家康复辅具质量监督检验中心、上海互邦医疗器械有限公司。

本标准主要起草人:闫和平、赵次舜、谷慧茹、单新颖、赵键荣。

引　言

GB/T 18029 的本部分对在倾斜测试平面上进行的轮椅车测试做出一些规定，这些测试不是为了评估在最大坡度时轮椅车的可操作性能，而是为了发现轮椅车在故障状况下可能发生的任何运转状态的变化，这些变化在轮椅车处于斜面上运行时更容易被发现。为方便起见，可将倾斜测试平面做成固定斜坡，作为轮椅车可能操作使用的具有代表性的坡度。

本部分对测试环境的温度范围进行了限制，其目的是为了便于比较轮椅车在正常操作时和引入故障时的性能。

轮椅车 第 14 部分:电动轮椅车和电动代步车动力和控制系统要求和测试方法

警示:GB/T 18029 的本部分提示,在操作中如果不采取适当的预防措施,可能会伤及人身。本部分仅提供相关的技术适用性,并不免除那些与健康和安全有关的法律义务的执行或委托测试。对于可能造成轮椅车出现危险动作的测试,建议在进行测试之前,充分估计可能出现的结果,以便进行妥当的安排,使危险降到最低。

1 范围

GB/T 18029 的本部分规定了电动轮椅车和电动代步车的动力和控制系统的要求及相关的测试方法。本部分规定的安全和性能要求,适用于在正常使用以及操作不当和发生故障的情况。本部分还规定了操纵控制器所需力的测量方法及某些操作所需力的范围。

GB/T 18029 的本部分适用于最大速度不超过 15 km/h,用于室内型、室外型和道路型,且限于在 GB/T 18029.11 规定的使用者质量范围内的残障者一人乘坐的电动轮椅车和电动代步车。

2 规范性引用文件

下列文件对于本文件的应用是必不可少的。凡是注日期的引用文件,仅注日期的版本适用于本文件。凡是不注日期的引用文件,其最新版本(包括所有的修改单)适用于本文件。

ISO 3287 机动工业车辆 驾驶员控制装置及其它显示装置用符号(Powered indus trial trucks-Symbols for operator controls and other displays)

ISO 7176-3 轮椅车 第 3 部分:制动器的测定(Wheelchairs—Part 3: Determination of effectiveness of brakes)

ISO 7176-4 轮椅车 第 4 部分:电动轮椅车和电动代步车理论能耗的测定(Wheelchairs—Part 4: Energy consumption of electric wheelchairs and scooters for determination of theoretical distance range)

ISO 7176-6 轮椅车 第 6 部分:电动轮椅车最大速度、加速度和减速度的测定(Wheelchairs—Part 6: Determination of maximum speed, acceleration and deceleration of electric wheelchairs)

ISO 7176-9 轮椅车 第 9 部分:电动轮椅车的气候试验方法(Wheelchairs—Part 9: Climatic tests for electric wheelchairs)

ISO 7176-11 轮椅车 第 11 部分:测试用假人(Wheelchairs—Part 11: Test dummies)

ISO 7176-13 轮椅车 第 13 部分:测试表面摩擦系数的测定(Wheelchairs—Part 13: Determination of coefficient of friction of test surfaces)

ISO 7176-15 轮椅车 第 15 部分:信息发布、文件出具和标识的要求(Wheelchairs—Part 15: Requirements for information disclosure, documentation and labeling)

ISO 7176-22 轮椅车 第 22 部分:调节程序(Wheelchairs—Part 22: Set-up procedures)

ISO 7176-26 轮椅车 第 26 部分:术语(Wheelchairs—Part 26: Vocabulary)

IEC 60529 外壳防护等级(IP 代码)(Degrees of protection provided by enclosures (IP Code))

IEC 60601-1 医用电气设备 第 1 部分:安全通用要求(Medical electrical equipment—Part 1: General requirements for basic safety and essential performance)

IEC 60601-1-2 通用电气设备 第 1-2 部分:安全通用要求 并列标准:电磁兼容 要求和试验(Medical electrical equipment—Part 1-2: General requirements for basic safety and essential performance—Collateral standard: Electromagnetic compatibility—Requirements and tests)

IEC 61032 外壳对人员和设备的防护—检验用的探头(Protection of persons and equipment by enclosures—Probes for verification)

IEC 62262 电器设备外壳对外界机械碰撞的防护等级(IK 代码)(Degrees of protection provided by enclosures for electrical equipment against external mechanical impacts (IK code))

EN 563 机械安全—可接触表面的温度—对热表面建立温度起始值的人类工程学数据 (Safety of machinery—Temperatures of touchable surfaces—Ergonomics data to establish temperature limit values for hot surfaces)

EN 12182 残疾人辅助器具 一般要求和测试方法(Technical aids for disabled persons—General requirements and test methods)

EN 30993-1 医疗设备的生物学评估 第 1 部分 测试选择指导(Biological evaluation of medical devices—Part 1: Guidance on selection of tests)

UL 94 设备零部件中塑料材料可燃性测试(Tests for flammability of plastic materials for parts in devices and appliances)

3 术语和定义

ISO 7176-26 给出的定义以及下列定义适用于 GB/T 18029 的本部分。

3.1

标称电压 nominal voltage

用来标明或识别电池的近似电压值。

[改编于 IEV 482-03-31 IEV(International Electrotechnical Vocabulary)国际电工词汇]

3.2

命令信号 command signal

控制装置发出的电信号。

3.3

控制装置 control device

操作者用来操控轮椅车移动速度和(或)方向的装置。

注:控制装置可作为控制器的一个组成部分。

3.4

控制器 controller

将操作者发出的移动速度和(或)方向指令转换为给电机提供(配送)相应电能的所有电器装置、电路及安放电器电路的壳体。

3.5

挤压点 pinch point

移动部件接触到或接近另一个部件以致于第三个部件在此处受损或受挤压的位置。

3.6

电池 battery

一个或一个以上用必要的装置(如外壳、接线端子、标识和保护装置)组装在一起的供电单元。

[改编于 IEV 482-01-04]

3.7

电池室 battery compartment

可拆卸或不可拆卸的、可放置一个或一个以上电池的壳体。

3.8

电池盒 battery pack

内装一个或一个以上电池、可拆卸的电池室。

注:如果轮椅车无可拆卸的电池室,则单一电池为电池盒。

3.9

电池组 battery set

一组互相连接并作为轮椅车电源的电池。

3.10

电池充电器 battery charger

可将电池组与供电电源连接起来并使电池充电的装置。

3.11

截止电压 cut-off voltage

规定的电池放电结束时的电压。

3.12

危险处境 hazardous situation

使人、财产或环境处于一个或一个以上的危险中的情况。

[IEC 60601-1]

3.13

危险 hazard

潜在的伤害或损坏源。

[IEC 60601-1]

3.14

伤害 harm

对人、畜身体的损伤,对财产或环境的损害。

[IEC 60601-1]

3.15

外壳 enclosure

能防止设备受到某些外部影响并在各个方向防止直接接触的设备部件。

注1:外壳用于保护设备不受机械冲击的不良影响。

注2:开口状或其他任何形式(不管是安装在外壳上或与外壳一体)的电池,只要能阻碍或限制规定的测试探针进入,则被视为外壳的一部分,不使用钥匙或工具可从外壳上拆下的电池除外。

3.16

容量 capacity

在规定的放电条件下,电池能释放的电荷量。

注:电荷量(电量)的国际单位是库仑[1C=1A·s(安培秒)],但在实际应用中,容量通常用安培小时(A·h)来表示。

[IEV 482-03-14]

3.17

额定容量 rated capacity

在规定的条件下测定的、由制造商公布的电池容量值。

[IEV 482-03-15]

3.18

放电率 discharge rate

电池放电时的电流值。

注：放电率是额定容量除以相应的放电时间，得到的电流值。

[IEV 482-03-25]

3.19

充电率 charge rate

可充电电池充电时的电流值。

注：充电率用 $I_t = C_t / n$ 表示，式中 C_t 为制造商公布的额定容量，n 为额定容量的放电小时数。

[IEV 482-05-45]

3.20

理论充电状态 theoretical state of charge

以已知的充电率在已知时间内，向一个已完全放电的电池加入电荷，或者估计一个已充满电的电池，以已知的放电率在已知时间内进行放电的剩余电荷，用额定容量的百分比表示。

3.21

端子(引出端) terminal

设备、电路或供电网的导电部件，使设备、电路或供电网能够与一个或多个外部导体进行连接。

[IEV 151-12-12]

注：可拆除的螺栓、螺丝和紧固件不能作为端子的一个部件。

3.22

模拟信号 analogue signal

描述信息的特性量在一段连续时间内任一瞬时有不同的取值的信号。

注：如一个模拟信号能连续跟踪另一个物理量表示的信息的值。

[IEV 702-04-02]

3.23

泄漏电流 leakage current

在不需要导电的线路上的电流(短路除外)。

[IEV 151-15-49]

4 设备

4.1 **倾斜测试平台**：平台表面应有足够的摩擦(符合 ISO 7176-13 的规定)，以确保测试时轮子在最小限度内滑动，应有足够的尺寸以保证被测轮椅车在其上完成 GB/T 18029 本部分的测试，平台应有标志用来测量轮椅车的停车距离。

此测试道与水平面的夹角应固定为 3°或 6°，加载后的轮椅车(见 5.2)以大于 0.5km/h 的速度爬上 3°的斜面后再爬较陡的斜面。

注：通常尺寸为 6 m×1.5 m 的测试平台即适合在其上进行最大速度为 6 km/h 的测试。

4.2 **水平测试平台**：应具有与倾斜测试平台(见 4.1)相同的摩擦特性，并有足够的尺寸使被测轮椅车在其上进行 GB/T 18029 本部分的测试。

注：通常尺寸为 6 m×1.5 m 的平台即适合最大速度为 6 km/h 的轮椅车在其上进行测试。

4.3 **噪声测试区域**：在环境噪声不超过 55 dB(A 声级)的室内水平面上标记出测试道，该测试道应有足够长的距离以使轮椅车在到达测试区域(按 10.6 的规定)之前达到最大速度，并能在测试区域之外安全停车。

4.4 **速度仪**：或其他用于测量轮椅车速度的设施，量程为 0 km/h～20 km/h，精度为±0.5 km/h。

4.5 **测量轮椅车制动距离的工具**：精度为±100 mm。

注：测量速度和制动距离达到所要求的精度至关重要，达到要求的方法包括：

a) 能检测测试平面上的反光带或光源的光电管开关；

b) 能记录走过距离的"第五轮"，该装置能够通过中断开关启动。

4.6 **电压源**：电压可在 $0.25U_B$～$1.5U_B$ 范围内可调，其中 U_B 为电池组的额定电压，单位为 V。

电压源应能提供轮椅车使用电池工作时从电池组获得的峰值电流，并能够在轮椅车工作时降低峰值电流将其返还至电池。电压的变化应不超过 U_B 的 5%，电流的变化范围相同。

4.7 **B 型测试探针**：应符合 ISO 61032 的规定。

4.8 **18＃测试探针**：应符合 ISO 61032 的规定。

4.9 **11＃测试探针**：应符合 ISO 61032 的规定，并能安装在 4.11 所规定的测力仪上，如图 1 所示。

单位为毫米

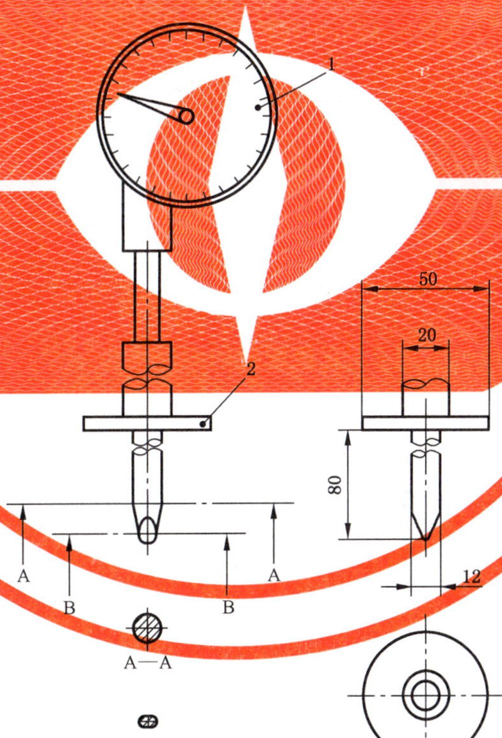

说明：

1——测力仪；

2——挡板。

图 1 11＃测试探针(资料性)

4.10 **小型直杆式测试探针**：结构应符合 18＃探针的规定，不带关节，可带或不带延长手柄并能安装在 4.11 所规定的测力仪上。

4.11 **测力仪**：量程为 0 N～150 N，刻度值为 1 N，精度为±1 N。

4.12 控制装置力测量仪器:量程为 0 N～10 N,刻度值为 0.1 N,精度为±0.1 N,能安装半径 5 mm±0.2 mm 的硬质球形端套。

4.13 空气正压力测量装置:能测量相对于当地大气压的正压力,量程为 0 kPa～20 kPa,刻度值为 200 Pa,精度为±200 Pa。

4.14 空气负压力测量装置:能测量相对于当地大气压的负压力,量程为 0 kPa～20 kPa,刻度值为 200 Pa,精度为±200 Pa。

4.15 测试电路:按图 2 和图 3 布置,并应包括下列设施和元器件:

a) 直流电流表,测量范围 0 mA～10 mA,刻度值为 1 mA,精度不小于±1 mA,能承受 100 mA 的电流;

b) 电阻值为 $R\pm5\%$(单位为 Ω)的电阻,R 由式(1)得出:

$$R=\frac{U_B}{0.1} \qquad \cdots\cdots(1)$$

式中:

U_B——轮椅车电池组的额定电压,单位为 V。

例如:轮椅车电池组的电压为 12 V,R 为 120 Ω;轮椅车电池组的电压为 24 V,R 为 240 Ω。

电阻的最小功率 P(单位为 W)由式(2)得出:

$$P=0.1U_B \qquad \cdots\cdots(2)$$

c) 11#测试探针(见 4.9)。

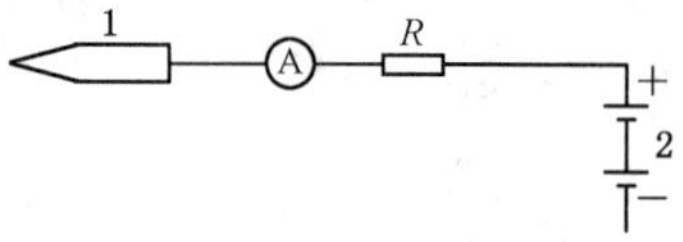

说明:

1——测试探针;

2——轮椅车电池组。

图 2 正极配置的测试电路

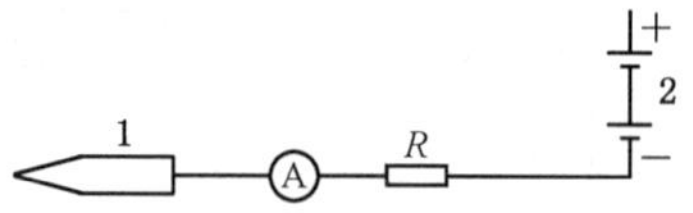

说明:

1——测试探针;

2——轮椅车电池组。

图 3 负极配置的测试电路

4.16 断路器:手动操作,能切断可能从电池或电池组输出的最大电流,使此装置两端导线的压降不超过电池组额定电压的±10%。

注:典型的轮椅车最大短路电流能达到数百安培。

4.17 支撑轮椅车的装置:能垂直且稳固的将轮椅车提升至离开地面,从而使所有轮子能自由转动的装置。

4.18 声级计:精度±3 dB(A 加权)。

4.19 热电偶:温度指示精度±2 ℃。

4.20 测量电机电流的设施:精度为轮椅车电机最大堵转电流的±5%。

4.21 测试道:应符合 ISO 7176-4 的规定。

4.22 **电压表**:能测量电池电压,精度为±1%。

4.23 **可变电阻**:能在 20 kΩ～1 MΩ 的范围内调节。

5 被测试轮椅车的准备

5.1 轮椅车调节

按 ISO 7176-22 的规定调节轮椅车。

注:在有些测试中电池设置有改变。

5.2 轮椅车加载

如果要求进行特定的测试,轮椅车应按下列方法之一加载:

a) 按本部分选择和固定,并按 ISO 7176-22 的规定加载假人;

b) 测试操作员加上配重,使其质量平均分布在轮椅车的座位上,且总质量与 a)所规定的假人质量相等,误差为 $^{+2}_{0}$ kg。

如果轮椅车座位前端装有骨盆支撑装置,应用此支撑装置对假人限位。

如果用测试操作员加载,应采取适当的措施,确保测试操作员的人身安全。

注:在座位前端装有骨盆支撑装置的轮椅车上用测试操作员加载较危险,例如,当需要操作员快速离开轮椅车时比较困难。

5.3 轮椅车特性

按 ISO 7176-6 规定的方法测量并记录轮椅车在水平面上行驶的最大速度 V。

按 ISO 7176-3 规定的方法测量并记录轮椅车从斜坡(见 4.1)上以(0.5±0.05)×V 的速度正常行驶下坡时的最大停车距离 L_1。

5.4 轮椅车文件

向制造商索取轮椅车电器线路图。

5.5 记录

每一项测试后应记录下列信息:

a) 规定用于测试配备的轮椅车;

b) 所有身体支撑系统可调节部件的位置;

c) 电池制造商及电池型号;

d) 加载的测试用假人或操作员(若使用)的质量和配置。

6 测试指导

6.1 测试顺序

除非在测试方法中特别说明,验证第 7 章～第 14 章要求的测试可按任意顺序进行。在开始每一项测试前,应将前一项测试时对轮椅车造成的所有变化全部恢复,并将前一项测试后所有损坏部件进行修复或更换。

6.2 电池

制造商应公布电池的额定电压和截止电压。

6.3 测试环境

测试应在 20 ℃±5 ℃的环境中进行。

7 单一故障的安全性

7.1 单一故障状态

7.1.1 概述

如果轮椅车发生单一故障状态，应采取适当的措施尽可能地消除或减少随之而来的危险。然而，轮椅车的控制系统复杂且各不相同，因此难以编制相应的要求。另外，由于在控制系统中普遍使用日渐增多的集成电子装置，使测试人员难以直接接触许多功能元件。

注：由于软件测试难以实施，ISO 7176 的本部分不将其纳入测试范围。

7.1.2 要求

制造商应采取适当的措施尽可能地消除或减少由于单一故障状态而带来的危险。

注：轮椅车上能观察到的单一故障状态包括：

——导体和电线短路和开路；

——电子元件暴露在液体(如雨水和尿液)中；

——元件失效，如泄漏、内部短路和逻辑状态闭锁。

制造商应向测试人员声明轮椅车具备防止单一故障的措施。

7.2 控制器命令信号处理故障

7.2.1 概述

最重要的是开路、短路或漏电流造成的单一命令信号故障不会造成危险状况。

7.2.2 要求

7.2.2.1 应确保在开路或短路命令信号故障时：

a) 不造成除轮椅车停车外的其他失控现象；

b) 不阻止轮椅车在控制装置处于停车位置时停车；

c) 不出现危险状态。

当按 7.2.3.2 和 7.2.3.3 的规定测试时，轮椅车应在不超过 $5\times L_1$ 的距离内停车且不产生倾翻现象。

7.2.2.2 当按 7.2.3.4 的规定测试时，轮椅车应不：

a) 造成任何驱动轮以超过 0.1 m/s 的圆周速度转动；

b) 造成轮椅车中可经常接触到使用者的零部件有超过 10 mm 的移动；

c) 出现危险状态(如起火)。

7.2.3 测试方法

注意：本项测试有危险性，应做好适当的安全措施以保护测试人员。由于轮椅车可能以最大速度向不可控制的方向起动，因此需要较大的测试区域。

7.2.3.1 **准备**

7.2.3.1.1 检查轮椅车及其电路图并确定：

——传递控制轮椅车速度和方向信号的控制装置导体；

——向控制装置提供动力和信号的导体；

——传递控制轮椅车移动部件(这些部件通常与使用者接触)信号的导体。

上述哪些导体在引入干扰信号后会影响轮椅车的控制。

注：符合上述要求的导体包括单独的导线、元件的引出端、接线端子和印刷电路。

7.2.3.1.2 在7.2.3.1.1中确定的每一个可引入开路测试的导体上确定一个点。

7.2.3.1.3 对7.2.3.1.1中的导体，确定可合理预见它们之间会发生短路的其他导体。

7.2.3.1.4 在7.2.3.1.1中确定的导体中，确定每一个传递模拟信号的导体。

7.2.3.1.5 对每一个在7.2.3.1.4中确定的导体，确定可合理预见到它们之间因可能发生的液体污染而引发的漏电通路的其他导体。

注1：包括的例子：连接控制装置外壳与其他元件或外壳之间的电缆中的导线；在控制装置上相邻的裸露接线端子；控制装置外壳内相邻的容易受潮(外壳受损及液体进入)的导体。

注2：不包括的例子：控制装置外壳内用塑封包装的导体；印刷电路板上印刷可靠的电路或元件。

注3：按14.2的规定进行冲击测试，再进行13.1规定的测试后，水不会进入的外壳被视为不会被水污染。但这不包括那些用柔性易损零件作为环境保护的外壳(如典型的操纵杆盖套)。

7.2.3.2 **开路测试**

使轮椅车做好在倾斜测试道(见4.1)上行驶的准备。

切断控制器的电源并将其与电池组断开。选择一个7.2.3.1.2中所确定的点，将被测导体断开，接上一个测试开关，使其与原来的连接一致。接通此测试开关，将控制器与电池组重新连接。

接通控制器电源。注意测试道上的标记，驱动轮椅车直线向前对准标记下坡行驶直至其速度达到$(0.5\pm0.05)\times V$，当到达标记时，断开测试开关。

沿着驱动轮轨迹的中心线测量轮椅车的停车距离，误差为±100 mm。

切断控制器电源并接通测试开关。重新设置或更换电路保护装置。

接通控制器电源。注意测试道上的标记，驱动轮椅车直线向前对准标记下坡行驶直至其速度达到$(0.5\pm0.05)\times V$，当到达标记时，断开测试开关并将控制装置放至停车位置。

沿着驱动轮轨迹的中心线测量轮椅车的停车距离，误差为±100 mm。

重新设置或更换电路保护装置。

对每一个7.2.3.1.2中所确定的导体进行上述测试。

7.2.3.3 **短路测试**

使轮椅车做好在倾斜测试道(见4.1)上行驶的准备。

切断控制器的电源并将其与电池组断开。选择一对7.2.3.1.3中所确定的导体，保持原来的连接，在两个被测导体之间接上一个测试开关(类似短路)。断开此测试开关，将控制器与电池组重新连接。

接通控制器电源。注意测试道上的标记，驱动轮椅车直线向前对准标记下坡行驶直至其速度达到$(0.5\pm0.05)\times V$，当到达标记时，接通测试开关。

沿着驱动轮轨迹的中心线测量轮椅车的停车距离，误差为±100 mm。

切断控制器电源并断开测试开关。重新设置或更换电路保护装置。

接通控制器电源。注意测试道上的标记，驱动轮椅车直线向前对准标记下坡行驶直至其速度达到$(0.5\pm0.05)\times V$，当到达标记时，接通测试开关并将控制装置放至停车位置。

沿着驱动轮轨迹的中心线测量轮椅车的停车距离,误差为±100 mm。

切断控制器电源并断开测试开关。重新设置或更换电路保护装置。

对每一个7.2.3.1.3中所确定的导体两两配对,进行上述测试。

7.2.3.4 漏电流测试

用合适的设施(见4.17)将轮椅车支撑起来,使其驱动轮离开地面并能自由转动。

切断控制器的电源并将其与电池组断开。选择一对7.2.3.1.5中所确定的导体,保持原来的连接,在两个被测导体之间接上一个4.23规定的可变电阻(类似漏电流)。将此可变电阻调至最大值,将控制器与电池组重新连接。

以每秒钟不超过阻值10%的速率调节可变电阻。在电阻变化的同时,观察是否有驱动轮线速度有大于0.1 m/s的转动或轮椅车移动部件(这些部件通常与乘坐者接触)有大于10 mm的移动。

重新设置或更换电路保护装置。

对每一个7.2.3.1.5中所确定的导体两两配对,进行上述测试。

7.3 控制器输出装置故障

7.3.1 概述

一旦输出装置发生故障不会造成轮椅车失控(除停车外)是至关重要的。

注:功率晶体管即是常见的输出装置。

7.3.2 要求

应确保任何输出装置故障不会造成轮椅车失控(除停车外)。

当按7.3.3.2和7.2.3.3的规定测试时,轮椅车应:

a) 不出现危险状态;

b) 作下列任一操作时,在$5\times L_1$(见5.3)的距离内停车:

  1) 在标记处操作测试开关(断开或接通,取决于进行开路测试或短路测试)或

  2) 若进行1)的操作不停车,则在标记处操作测试开关的同时将控制装置放至停车位置。

7.3.3 测试方法

7.3.3.1 准备

注意:本项测试有危险性,应做好适当的安全措施以保护测试人员。由于轮椅车可能以最大速度向不可控制的方向起动,因此需要较大的测试区域。

使轮椅车做好在倾斜测试道(见4.1)上以$(0.5\pm0.05)\times V$的速度行驶的准备。

在轮椅车控制器和电池组之间连接一个断路器(见4.16)。

核对轮椅车的电器线路图并测定:

a) 哪些装置传递和调节驱动电机的电流及转向电机的电流;

b) 哪些电路保护装置保护各自的装置以及这些电路保护装置的额定电流;

c) 轮椅车是否有两个电机且左右各一个,调节左右电机动力的电流是否一致。

如果轮椅车符合c)的条件,传递和调节任一侧或两侧驱动电机的电流。

注1:在7.3.3.2和7.3.3.3给出的方法中,假设测试开关能被连接在传递驱动或转向电机电流的装置上,但这通常不可能。因此,测试开关可能被连接在控制电路(此电路控制输出装置的开、关状态)的某一导线上,在这种情况下,此开关必须能控制此装置的电流。若有必要,向制造商咨询。

注2:若有必要可向制造商咨询短路或开路时输出装置能承受的最大电流。

7.3.3.2 **开路测试**

对每一个 7.3.3.1 的 a)所确定的输出装置进行下列测试：

切断控制器的电源并将其与电池组断开。在输出装置上连接一个功率匹配的测试开关(类似开路)。接通此测试开关，将控制器与电池组重新连接。图 4 为典型的测试控制电路。

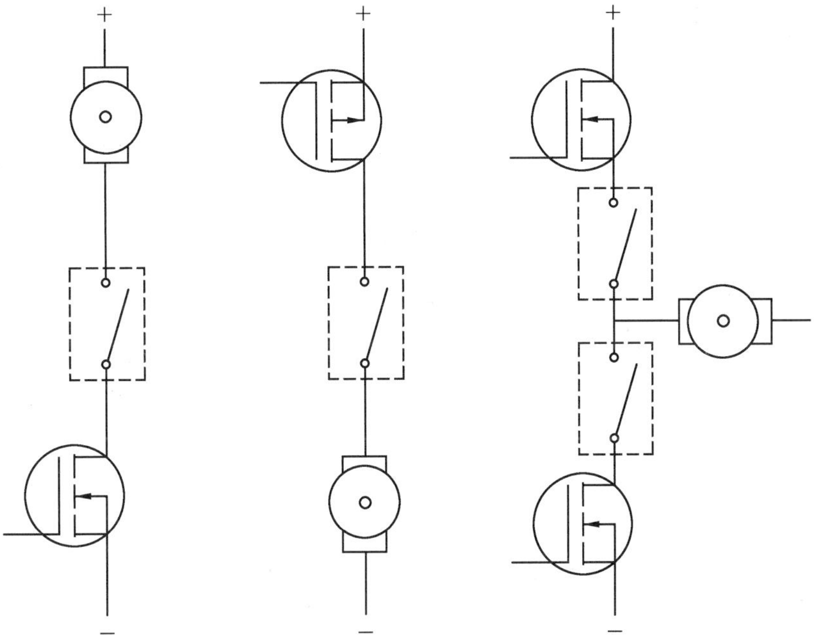

图 4 开路测试开关

接通控制器电源。注意测试道上的标记，驱动轮椅车直线向前对准标记下坡行驶直至其速度达到 $(0.5 \pm 0.05) \times V$，当到达标记时，断开测试开关。

沿着驱动轮轨迹的中心线测量轮椅车的停车距离，误差为±100 mm。

切断控制器电源并接通测试开关。

如果轮椅车不在 $5 \times L_1$ 距离内不停车，修复、更换或重新设置所有电路保护装置。然后重复上述测试，但在到达标记时在断开测试开关的同时，将控制装置放在停车位置。

沿着驱动轮轨迹的中心线测量轮椅车的停车距离，误差为±100 mm。

切断控制器电源。重新设置或更换电路保护装置。

7.3.3.3 **短路测试**

对每一个 4.3.3.1 的 a)所确定的输出装置进行下列测试：

切断控制器的电源并将其与电池组断开。在输出装置上连接一个功率匹配的测试开关(类似短路)。断开此测试开关，将控制器与电池组重新连接。图 5 为典型的测试控制电路。

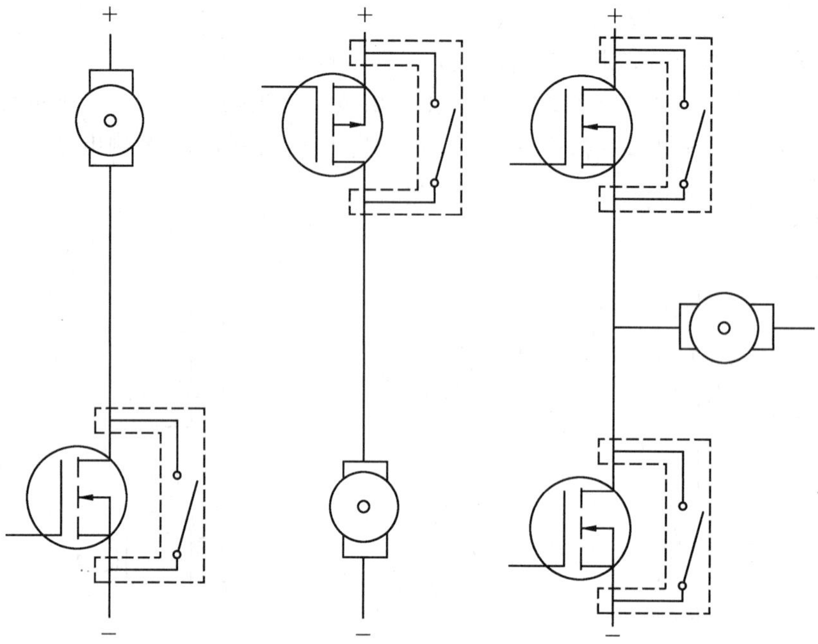

注：右图的两个开关每次测试只需接通一个。

图 5　短路测试开关

接通控制器电源。注意测试道上的标记，驱动轮椅车直线向前对准标记驶下坡直至其速度达到 $(0.5\pm0.05)\times V$，当到达标记时，接通测试开关。

沿着驱动轮轨迹的中心线测量轮椅车的停车距离，误差为±100 mm。

切断控制器电源并断开测试开关。

如果轮椅车不在 $5\times L_1$ 距离内不停车，修复、更换或重新设置所有电路保护装置。然后重复上述测试，但在到达标记时在断开测试开关的同时，将控制装置放在停车位置。

沿着驱动轮轨迹的中心线测量轮椅车的停车距离，误差为±100 mm。

重新设置或更换电路保护装置。

7.4　断电时的停车能力

7.4.1　概述

当轮椅车在行驶时可能会在无意中断电。如果在斜坡上发生这种情况，轮椅车可能出现在无法控制的状态下从斜坡上往下滚的危险。

即使电池组脱开，具有储能制动能力的控制器应能产生足够的能量保持控制器的正常操作。轮椅车在这种情况下应能随时作出反应。

如果给轮椅车突然断电，其应能自动停车或作出其他安全的反应。

7.4.2　要求

当轮椅车按 7.4.3 的规定测试时，应：

a)　正常转向；或

b)　在停止正常转向后 $5\times L_1$(见 5.3)的距离内停车。

除了 a)和 b)外，在控制装置放在停车位置后，在 $5\times L_1$ 的距离内停车。

7.4.3 测试方法

注意：本项测试有危险性，应做好适当的安全措施以保护测试人员。由于轮椅车可能以最大速度向不可控制的方向起动，因此需要较大的测试区域。

a) 使轮椅车做好在倾斜测试道（见4.1）上向下行驶的准备；

b) 在轮椅车控制器和电池组之间连接一个断路器（见4.16）；

c) 接通控制器电源。注意测试道上的标记，驱动轮椅车直线向前对准标记下坡行驶直至其速度达到$(0.5\pm0.05)\times V$，当到达标记时，断开断路器；

d) 如果轮椅车停车，沿着驱动轮轨迹的中心线测量轮椅车的停车距离，误差为±100 mm；

注意：有些控制器允许来自电机的再生电能使制动器处于“制动”状态。

e) 如果轮椅车不停车，或不在$5\times L_1$的距离内停车，重复c)和d)，但在标记处断开断路器的同时，将轮椅车向一侧转向，并注意观察转向反应；

f) 如果轮椅车停车，沿着驱动轮轨迹的中心线测量轮椅车的停车距离，误差为±100 mm；

g) 如果轮椅车不停车，或不在$5\times L_1$的距离内停车，但转向反应正常，重复c)～f)，但将轮椅车向另一侧转向。如果轮椅车不停车，观察转向反应是否正常；

h) 重复上述测试两次，确定影响停车的方式；

i) 由三次测量的结果计算停车距离的算术平均值；

j) 重复c)和d)，但在到达标记时，断开断路器，同时将控制装置放在停车位置；

k) 如果轮椅车停车，测量并记录轮椅车的停车距离，误差为±100 mm；

l) 重复j)和k)两次；

m) 由三次测量的结果计算停车距离的算术平均值。

8 设计

8.1 通/断开关

8.1.1 要求

至少应有一种方法：

——开启轮椅车；

——关闭轮椅车。

每一种方法均应在操作装置上或其邻近处用符号直观地标明。

注1：这些操作件可能做成单一的装置。

注2：如果轮椅车是由乘坐者操作，至少应向其提供一种接通轮椅车电源和切断轮椅车电源的方法。

当切断轮椅车电源后，控制器的动作应不会造成驱动轮转动。

8.1.2 测试方法

将轮椅车放在倾斜测试道上，面向下坡位置，关闭轮椅车电源，然后试着驱动轮椅车，并记录轮椅车的任何微小移动。

8.2 电源切断时的电流损耗

8.2.1 概述

当电源切断后，轮椅车的电池组不应有电流或漏电通路。

8.2.2 要求

当轮椅车电源切断后，电池中不应输出过大的电流使其发生移动，其在4个月内造成电池容量损失不应大于20 h放电率时轮椅车规定的最小电池的额定容量。

8.2.3 测试方法

将轮椅车的电池组断开。

接上电压源(见4.6)并调至电池组额定电压，公差 $^{+10}_{0}$ %，再串接一个断路器(见4.16)和一个电流表，其精度为 I_{2900} 的5%，由式(3)得出：

$$I_{2900}=\frac{C_{20}}{2\ 900} \qquad \cdots\cdots(3)$$

式中：

I_{2900}——由电池组输出的电流值，单位为安培(A)，此值与4个月放电周期(2 900 h)的放电电流一致；

C_{20}——制造商规定的轮椅车最小电池20 h放电率时的额定容量，单位为安培小时(A·h)。

记录电源切断后的平均电流并与上限值 I_{2900} 比较。

注：当电压源刚连接上时，有些轮椅车的瞬间电流会比平均电流大得多。在本项测试中，这样的瞬间电流会使电流表过载。因此，电流表应接旁通，直至电流达到稳定值。

8.3 电源接通时的控制信号

8.3.1 要求

如果轮椅车接通电源时控制装置不在初始位置，轮椅车应不会移动，自动制动装置不应松开。在这样情况下，在将控制装置归回到初始位置然后再操作之前，应不能驱动轮椅车。

8.3.2 测试方法

a) 用合适的设施(见4.17)将轮椅车支撑起来，使其驱动轮离开地面并能自由转动；
b) 选择一个控制装置；
c) 确定此控制装置的设置，要求使操纵装置处于向前速度为0.1 m/s $^{+0.1}_{0}$ m/s的位置；
d) 切断轮椅车电源；
e) 按c)的要求操作控制器；
f) 接通轮椅车电源；
g) 记录驱动轮是否有转动或自动制动装置是否松开；
h) 切断轮椅车电源；
i) 将控制装置的操纵装置处于最大向前速度位置；
j) 接通轮椅车电源；
k) 记录驱动轮是否有转动或自动制动装置是否松开；
l) 对每一个控制装置进行b)～k)的测试；
m) 如果在g)或k)的记录中驱动轮有任何转动或制动器有松开现象，则应视为轮椅车未通过本项测试；

8.4 电池用完时的安全性

8.4.1 概述

当电池用完时轮椅车不应出现危险状态。

8.4.2 要求

当轮椅车按 8.4.3 的规定测试时：

a) 轮椅车的支撑轮不应触及斜坡测试框任何部位；

b) 除了驱动电机外，任何电机不应有意外的移动。

8.4.3 测试方法

8.4.3.1 准备

注意：本项测试有危险性，应做好适当的安全措施以保护测试人员。

安装制造商规定的容量最小的电池。

用下列两方法之一使电池组放电：驱动轮椅车行驶直到其停车，或在电池组上连接一个外部负载并将其电流调至不超过 5 h 放电率，直至电池组的电压降到其 5 h 放电率时的截止电压。将电池组充电至轮椅车能在按 8.4.3.2 的规定测试时至少行驶上下一个来回。

注：例如，如果将电池组充电 5 min 就可使轮椅车在按 8.4.3.2 的规定测试时至少行驶上下一个来回，这即是足够的充电量。

在倾斜测试道（见 4.1）上标出图 6 所示的斜坡测试框，此框的内宽 W 为被测轮椅车总宽度的 1.5 倍，误差为±50 mm，两端端框的内长 L 为被测轮椅车总长度的 1.5 倍，误差为±50 mm。

注：此测试外框规定了一个厚度，允许轮椅车在人工控制时有少量的误差。

单位为毫米

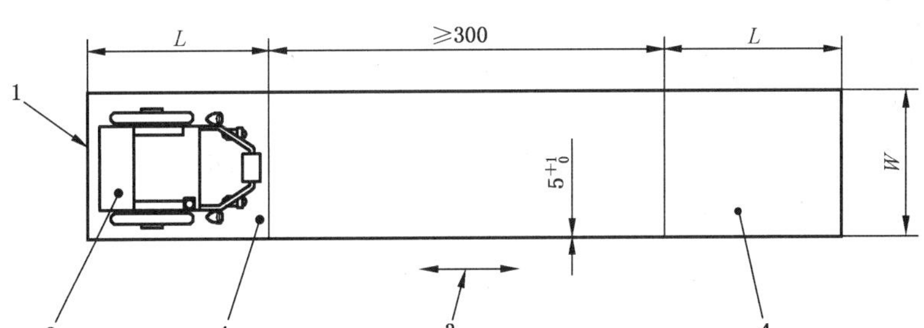

说明：

1——斜坡测试框；

2——轮椅车；

3——倾斜测试道上、下方向；

4——端框。

图 6 斜坡测试框

8.4.3.2 上坡测试

将轮椅车放在斜坡测试框的下端框内，面向上坡。

驱动轮椅车上坡，通过控制装置保持轮椅车在斜坡测试框内，并将其停在上端框内。

注：不必使轮椅车以斜坡上能达到的最大速度行驶。

驱动轮椅车倒车坡，通过控制装置保持轮椅车在斜坡测试框内，并将其停在下端框内。

使轮椅车斜坡测试框内按上述方法上下行驶直到其不能移动。记录是否有轮椅车的支撑轮触及斜坡测试框的任何部位。

切断控制器电源，3 min 后再接通电源。

使轮椅车在斜坡测试框内按上述方法上下行驶直到其不能移动。

8.4.3.3 下坡测试

按 8.4.3.1 的规定将电池组充电。

重复 8.4.3.2 的测试，但将轮椅车面向下坡。

8.5 过度放电的保护

8.5.1 要求

轮椅车应：

——如果电池电压降到低于其截止电压，避免其过度放电；或

——提供电池电压已降到低于其截止电压的可视和可听见的指示信号。

注：这是为了避免损坏电池。

8.5.2 测试方法

8.5.2.1 概述

使用 8.5.2.2 或 8.5.2.3 规定的方法。

8.5.2.2 电池组测试法

用合适的设施(见 4.17)将轮椅车支撑起来，使其驱动轮离开地面并能自由转动。用电压表(见 4.22)监察电池的电压。

将控制装置调至最大向前速度。驱动，直到驱动轮停止转动或电池组的电压达到其截止电压的 90%。

记录在电压达到其截止电压时驱动轮是否停止转动，若轮子不停止转动，轮椅车是否有可视和可听见的指示信号提示电池电压已达到其截止电压。

8.5.2.3 电压源测试法

将电池组与轮椅车断开，并在轮椅车上连接一个电压源(见 4.6)和一个断路器(见 4.16)。

用合适的设施(见 4.17)将轮椅车支撑起来，使其驱动轮离开地面并能自由转动。

接通电压源开关并将其电压设置成电池组额定电压，公差 ${}^{+5}_{0}$%。将控制装置调至最大向前速度。驱动，以不超过电池组额定电压 1%/s 的速度减小电压源的电压，到驱动轮停止转动或电池组的电压达到其截止电压的 90%。

记录在电压达到其截止电压时驱动轮是否停止转动，若轮子不停止转动，轮椅车是否有可视和可听见的指示信号提示电池电压已达到其截止电压。

8.6 控制器过电压保护

8.6.1 概述

在充电时，电池电压可能会超过其额定电压，在此较高电压情况下，轮椅车不应发生故障。

8.6.2 要求

当按 8.6.3 的规定测试时：

a) 轮椅车应可按制造商的规定操作；

b) 轮椅车不应出现危险状况；

c) 除了熔丝外,不应有其他零部件损坏。

8.6.3 测试方法

将电压源(见4.6)的电压调至(1.33±0.05)U_B,式中U_B为电池组的额定电压。将电池组与轮椅车断开,并在轮椅车上连接此电压源和一个断路器(见4.16)。

用合适的设施(见4.17)将轮椅车支撑起来,使其驱动轮离开地面并能自由转动。

接通电压源开关。使用控制器的各种功能,使轮椅车所有驱动部件工作。注意观察轮椅车所有部件的任何移动,判定如果轮子与地面接触这些移动是否会产生危险。

切断电压源开关,更换或重新设置工作过的电路保护装置。

8.7 行驶时切断电源

8.7.1 概述

当轮椅车行驶时,以任何方式切断其电源都不会使轮椅车出现危险情况至关重要。

8.7.2 要求

当轮椅车以最大速度向前或倒车行驶时,以任何方式切断其电源都不应使轮椅车出现危险情况。

8.7.3 测试方法

注意:本项测试有危险性,应做好适当的安全措施以保护测试人员。

a) 确定一个易于切断轮椅车电源的方式,以便在轮椅车行驶时用此方式切断其电源;

b) 驱动轮椅车在水平测试台(见4.2)上以最大速度向前行驶;

c) 用a)确定的方式切断轮椅车的电源;

d) 记录是否轮椅车出现危险状况;

注:本项测试中,危险状况包括轮椅车倾翻、突然停车造成乘坐者从轮椅车中翻出或轮椅车失去控制(除了停车)。

e) 在轮椅车倒车时重复b)~d)的操作;

f) 对每一个易于切断轮椅车电源的方式重复a)~e)的操作。

8.8 显示装置

8.8.1 概述

轮椅车在设计和制造时应有提供测量和指示的装置,这类装置应有足够的精度和稳定性。精度应适当且考虑预期用途,制造商应给出精度等级。

测量、监视和显示装置的设计应符合人类工程学原理,考虑预期用途。若有可能,测量装置的测量值应用国际单位表示。

8.8.2 电池电量显示

8.8.2.1 概述

为了帮助使用者估计电池所剩余的电量,轮椅车应配备显示电池电量的装置。

8.8.2.2 要求

轮椅车应提供电池将用尽的指示。

此指示应表示轮椅车还能行驶的距离范围。

制造商应公布影响指示精度的条件。

8.8.2.3 测试方法—指示

验证轮椅车具有电池将用尽的指示。

8.8.2.4 测试方法—剩余电量行驶距离范围(资料)

确保电池组的电量能激活电量指示器。

驱动轮椅车在测试道(见 4.21)上行驶(将电池组放电),直到指示器被激活。使轮椅车继续在测试道上行驶,同时开始记录所走过的距离,直到轮椅车由于电池用尽而停车。

记录指示器激活后轮椅车所走过的距离。

8.9 充电时抑制行驶

8.9.1 概述

如果轮椅车在充电时移动,可能会造成机械损坏、人身伤害或电器电裸露的危险。

8.9.2 要求

当按 8.9.3 的规定测试时,应不能移动轮椅车。

8.9.3 测试方法

按制造商的要求将电池充电器连接在电池组和供电电源上,打开开关。

接通控制器电源,并试着驱动轮椅车。记录下轮椅车任何微小的移动。

关闭供电电源开关,试着驱动轮椅车。记录下轮椅车任何微小的移动。

8.10 充电连接时的电压降

8.10.1 概述

充电效率受电池充电器接线端子与电池组接线端子之间电压差的影响。此电压差与导线、熔丝、接插件或其他连接它们的线路的电器特性有关。

8.10.2 要求

如果轮椅车不随车配充电器或轮椅车制造商未规定充电器的型号,当按 8.10.3 的规定测试时,充电器入口端电压 U_{ep} 与电池组的总电压 $U_{batt,tot}$ 的电压差 dU 应不超过电池组额定电压的 3.5%。

注:入口端定义为充电器的输出接线端子。

8.10.3 测试方法

对电池组充电或放电至 5 h 放电率时额定容量的 30%~50% 的理论充电状态。

选择一个充电器,使其充电电流 I_{chg} 在 $I_{chg,max}$ 的 80%~100% 的范围内,其中 $I_{chg,max}$ 为轮椅车制造商规定的最大额定充电电流。用电压降不超过电池级额定电压 0.1% 的电流表测量充电电流 I_{chg} 的平均值,误差为 I_{chg} 的 ±5%。

注 1:非接触式电流表为理想的测量装置。

测量入口端电压 U_{ep} 的平均值和电池组中每一个电池的端电压 U_{batt1},U_{batt2},…,U_{battn},精度为 0.5%。

注 2:电流和电压的平均值应在 1s 内完成测量。

开始充电。充电时间为 5 min±1 min。

在 1 min 内测量并记录 I_{chg},U_{ep},U_{batt1},U_{batt2},…,U_{battn}。

计算总电压 $U_{batt,tot}$:

$U_{batt,tot}=U_{batt1}+U_{batt2}+\cdots+U_{battn}$

计算在 $I_{chg,max}$时的 dU:

$$dU=(U_{ep}-U_{batt,tot})\times\left(\frac{I_{chg,max}}{I_{chg}}\right)$$

8.11 无电时移动能力

8.11.1 概述

如果轮椅车失去动力,护理者应能容易地移动轮椅。

8.11.2 要求

在无动力的状态下在水平面上直线移动加负载的轮椅车所需要的力应不超过 f 应由下式计算:

$$f=65+(0.6\times M)$$

式中:

f——最大推力,单位为牛(N);

M——规定的轮椅车最大使用者质量,单位为千克(kg)。

如果驱动或自动制动系统可脱开,此脱开装置应不:

a) 需要拆卸任何部件;

b) 影响任何传动调节;

c) 需要使用的力超过:

——60 N(手和上臂一起操作);

——13.5 N(一只手操作);

——5 N(一只手指);

——100 N(一只脚推);

——60 N(一只脚拉)。

注 1:如果如何操作这些装置不是很明显,则应在用户手册中说明或在轮椅车上标明。

驱动或自动制动系统应不可部分啮合。如果轮椅车的每一个驱动轮装有独立脱开的装置,这些装置应不可能部分啮合。

注 2:"部分啮合"一词指既不完全啮合也不完全脱开的状态。此词仅适用于每一个独立的脱开装置,不适用于结合在一起的脱开装置。例如,它不适用于一个驱动轮完全啮合而另一个驱动轮完全脱开的轮椅车,但适用于施加在离合器片上的力允许其滑动的摩擦式离合器。

如果自动制动器处于脱开状态而并有电能储存,轮椅车应不能被驱动。

8.11.3 测试方法

将轮椅车放在水平测试台(见 4.2)上。

用假人或测试操作员将轮椅车加载。

将电池组与轮椅车断开。

用测力仪测量使驱动轮或制动系统完全脱开所需要的力。用此方法将每一个装置测量三次,记录算术平均值。图 7 和 10.2.3 是施加在球形手柄和杆式手柄上力方法的例子。

操作每一个不用工具即可脱开驱动轮或制动系统的装置。

使小脚轮处于前行从动位置,转向轮处于直线向前位置。用测力仪对加载的轮椅车(见 5.2)的把手或靠背部位施加水平力(类似护理者直线推动轮椅车)。

缓慢地增加推力直至轮椅车开始移动并观察测力仪指示的最大力。测量3次并记录其算术平均值。

重新将电池组与轮椅车接通。恢复驱动轮的啮合,接通控制器电源。

如果自动制动器仍然处于脱开状态,操作驱动控制装置并观察轮椅车是否能行驶。

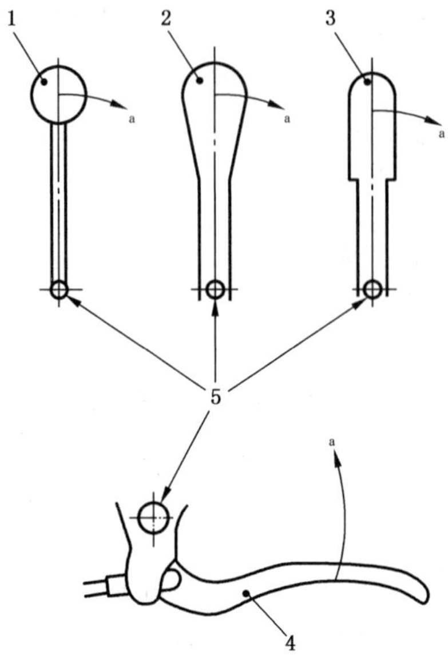

说明:

1——带球形手柄的操纵杆;

2——锥形端部操纵杆;

3——直杆状操纵杆;

4——自行车式操纵杆;

5——支点。

a 施加操作力点的路径。

图7 向操纵杆施加力

8.12 制动器

8.12.1 概述

单一故障安全的基本要求也适用于轮椅车制动系统。例如,仅一个制动器的车辆在传动件故障时将会失去制动能力,这将直接导致出现危险。

8.12.2 要求

当轮椅车按8.12.3的规定测试时,不应有单一元器件故障能:

——导致全部失去制动能力;或

——导致部分失去制动能力以致于使用者操作另一个有效的制动器时轮椅车不停车。

注:元器件包括(但不限于)机械部件、电器部件和机电部件。

8.12.3 测试方法

测试方法为:

a) 跟踪制动激活命令的路径(从使用者命令信号到被制动的轮椅车轮子),借助于所有必要的设计图纸、线路图和原理图,从中确定制动系统中涉及的元器件(不包括用于传动的机械部件,如驱动电机的转子、轴、齿轮和传动带)；

b) 从 a)确定的元器件中确定潜在的单一故障的元器件，当控制装置处于停车位置时，这些元器件的故障会导致完全或部分制动失效；

c) 将加载后的轮椅车(见 5.2)放在倾斜测试道(见 4.1)上，面对上坡。接通轮椅车电源，引入 b)中确定的单一故障，然后立即操作其他任何一个制动器；

d) 如果轮椅车滑行超过 2 m(下坡)的距离，则被视为测试失败；

e) 对轮椅车每一个制动器进行 c)和 d)的测试；

f) 将轮椅车面向下坡重复 c)～e)的测试；

g) 对 b)所确定的每一个潜在的故障重复 c)～f)的测试。

8.13 电池外壳

8.13.1 要求

轮椅车电池室的设计应易于按制造商的要求检查和保养。

用于铅酸电池的电池室应开一个或若干个通气口，其最小总面积按下式计算：

$$A = 0.005 \times n \times C_5$$

式中：

A ——开口的面积，单位为平方厘米(cm^2)；

n ——电池室内电池的极板数；

C_5——电池 5 h 放电率时的额定容量，单位为安培小时(A·h)。

注：开口是为了让气体溢出。

所有轮椅车均应使用电池室(除非确定电池是非溢出式的)，并且所使用的电池室在 8.13.2 规定的测试中不应泄漏。

电池室应能防止电池溢出物的腐蚀。

8.13.2 测试方法

将电池放在电池室内。

在电池室内注入电池高度一半的水，误差为±3 mm。

将电池室向各个方向倾斜至与水平面 20°±3°。

肉眼检查电池室是否漏水。

8.14 符号

标志在轮椅车上的符号应符合 IEC 60601-1 的规定。

注：见 10.1。

8.15 移动部件的安全性

8.15.1 概述

轮椅车的电驱动移动部件不出危险至关重要。

若有可能，应避免乘坐者的手由于与其他物体(如家具)碰撞而受伤。特别应注意由于这样的碰撞引起的无意识操作控制装置。

8.15.2 要求

轮椅车的电驱动移动部件应满足 EN 12182 的有关要求：

——移动部件的安全性；

——防止人体部位被卡住；
——折叠和调节机构。

8.16 与其他装置结合使用

如果制造商欲将其他装置或设备连接在轮椅车的电池组上与轮椅车结合使用，整个联合体，包括连接系统，应符合 ISO 7176 的本部分。

9 电击、灼伤、燃烧和爆炸的保护

9.1 电绝缘

9.1.1 概述

电动轮椅车的车架不应与电池组或电器系统的其他任何部件连接(除非用高直流阻抗的材料隔绝)。这一措施会减少电器部件与车架间因短路造成火灾的危险，还可利用车架的低交流阻抗特性进行电磁干扰保护和静电放电保护。

9.1.2 要求

轮椅车车架、电机外壳、减速箱外壳、电池外壳及控制器外壳均不应与电池组或电器系统的其他任何部件连接(它们之间的直流电流应不大于 5 mA)。

当按 9.1.3 的规定测试时，测试电路中电流表的读数应不大于 5 mA。

9.1.3 测试方法

9.1.3.1 准备

用合适的设施(见 4.17)将轮椅车支撑起来，使其驱动轮离开地面并能自由转动。

9.1.3.2 正极连接测试

用 11#测试探针(见 4.12)确定车架所有探针顶端可能触及的导电部分。

刮去车架表面的油漆或其他保护涂层，按图 2 所示，将测试电路(见 4.15)与轮椅车电池组的正极连接。

操作控制装置驱动轮椅车的每一个电机，分别以最大速度作正、反向转动。

用测试探针轮流测试车架上人体可能触及的导电部分并观察测试电路的电流表，其读数应不大于 5 mA。

9.1.3.3 负极连接测试

按图 3 所示，将测试电路与轮椅车电池组的负极连接，进行 9.1.3.2 的测试。

9.2 非绝缘部件的保护

9.2.1 概述

使用者和护理者在使用轮椅车时应不可能因接触到非绝缘部件受电击或被灼伤，轮椅车也应不会因此而发生故障。

9.2.2 要求

当按 9.2.3 的规定测试时，测试探针应不能触及非绝缘电器部件，或将这些电器部件绝缘使其不能通过大于 5 mA 的电流(见 9.1.2)。

电池接线完毕后,其接线端子应有良好的绝缘。

9.2.3 测试方法

用 11# 探针(见 4.9)和小型直杆式探针(见 4.10)以不大于 30 N 的力,从各个可能的位置对所有内有电器部件的开口处插入。

对只要一种探针能进入的开口,用 B 型测试探针(见 4.7)和 18# 测试探针(见 4.8)从各个可能的位置插入(先将关节弯曲,然后将关节伸直),确定是否可能触及任何非绝缘部件。

9.3 电路保护

9.3.1 概述

轮椅车电池储存了大量电能,在故障状态下能快速的提供足够的电能,有可能将无保护的或不适当的导线烧毁。这对轮椅车乘坐者来说相当危险。

所有导线采用足够的截面积是一种十分重要的保护措施,将保护装置放在尽可能靠近电源的位置以减少不受保护的导线也很重要。

传递驱动动力的导线和用来改变身体支撑机构的导线要承受瞬间和间歇的峰值电流,但在正常条件下不长时间承受大电流。这一状况与控制装置导线相比,后者要传递充电电流,因此要长时期传递相当大的电流。这一因素使得控制装置导线的保护要求不同于传递驱动动力的导线的保护要求。

用短路测试来测试传递驱动动力的导线。

短路测试和负载电流测试的结合测试被用来测试传递充电电流的控制装置导线。

附录 A 给出了轮椅车各种用途的导线的截面积尺寸,这些资料与 9.3 和 9.4 的要求一致。当然,还有许多种规格的导线和保护装置,附录 A 仅提供了一种电路设计的资料性指导。由于各种系统的技术发展各不相同,一旦得到风险评估的支持和与 9.3、9.4 一致的元器件测试支持,可能会出现与附录 A 不同规格的导线和保护装置。

注:进一步的相关要求和测试方法见 9.4。

9.3.2 要求

轮椅车的所有导线和连接应被妥善保护不受轮椅车电源或外界连接上电源的过电流的影响。

当按 9.3.3 的规定测试时,所有导电体、绝缘体和接插件不应有肉眼可见的损坏,导线绝缘层和接插件不应超过正常干燥温度。

注:肉眼可见的损坏包括熔化、变色、冒烟、铜移动和氧化。

当故障还存在时,可自动设置的线路保护装置不应自动设置。

当不用工具即可更换熔丝时,裸露的引线或接线端子不应碰到电路的其他部分。

9.3.3 测试方法

注意:本项测试有危险性,应做好适当的安全措施以保护测试人员。

9.3.3.1 概述

安装制造商规定的最大容量的电池。确保电池组的理论充电状态不小于其 C_5 额定容量的 75%。

准备用热电偶(见 4.19)监察导线绝缘体和接插件的温度。

注:通常捆成束的导线的内侧导线的温度高于外侧导线的温度。

9.3.3.2 传递从电池到驱动电机的主导线的短路测试

确定传递驱动电流的导线并完成下列测试:

对轮椅车每一个电机进行下列测试(图 8、图 9 和图 10 为推荐的测试点):

a) 确定导线上从电池引出最靠近电池正、负极接线端子的导线或导线绝缘层的位置[在此位置用小于 10 N 的拉力可使导线互相碰到或碰到其他导线(图 8,图 9 和图 10 的 A)]。如果在包括此接触点和电池在内的回路中无电路保护装置,则被视为测试失败;

b) 如果在包括 a)所述的接触点和电池在内的回路中有电路保护装置,将接触点导线的绝缘层剥去并在正负极导线之间连接一个断路器(见 4.16),使两根导线在断路器接通时处于连接状态。确保此断路器的位置既易于测试操作员操作,又无危险;

注意:如果电路保护装置不激活,测试操作员应迅速地切断断路器。

c) 接通断路器的连接;

d) 观察并记录电路保护装置是否被激活、导线绝缘层是否因过热而产生肉眼可见的损坏、是否有导线或接插件超过其额定温度;

e) 保持断路器的连接 2 min 以上,观察并记录电路保护装置是否自动重新设置,若有必要,使用测量仪器;

f) 切断断路器的连接。

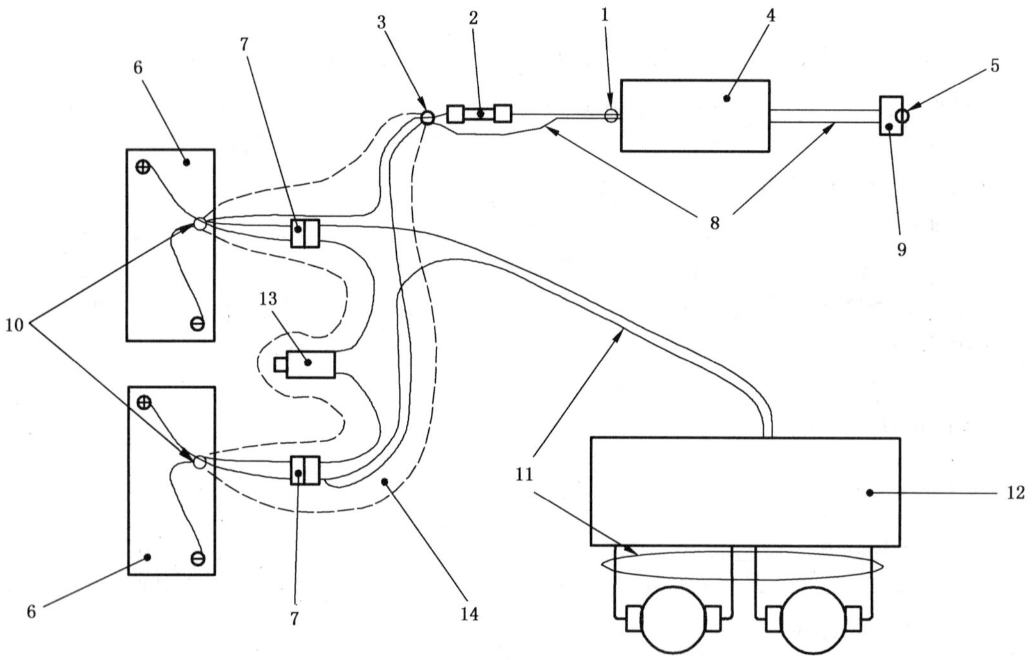

说明:
1 ——测试点 D;
2 ——控制装置导线熔丝;
3 ——测试点 B;
4 ——控制装置;
5 ——测试点 C;
6 ——电池;
7 ——接插件;
8 ——充电器或控制装置导线;
9 ——充电器插座;
10——测试点 A;
11——驱动导线;
12——轮椅车驱动控制器;
13——电路保护装置;
14——未受保护的导线。

图 8 保护较差的例子

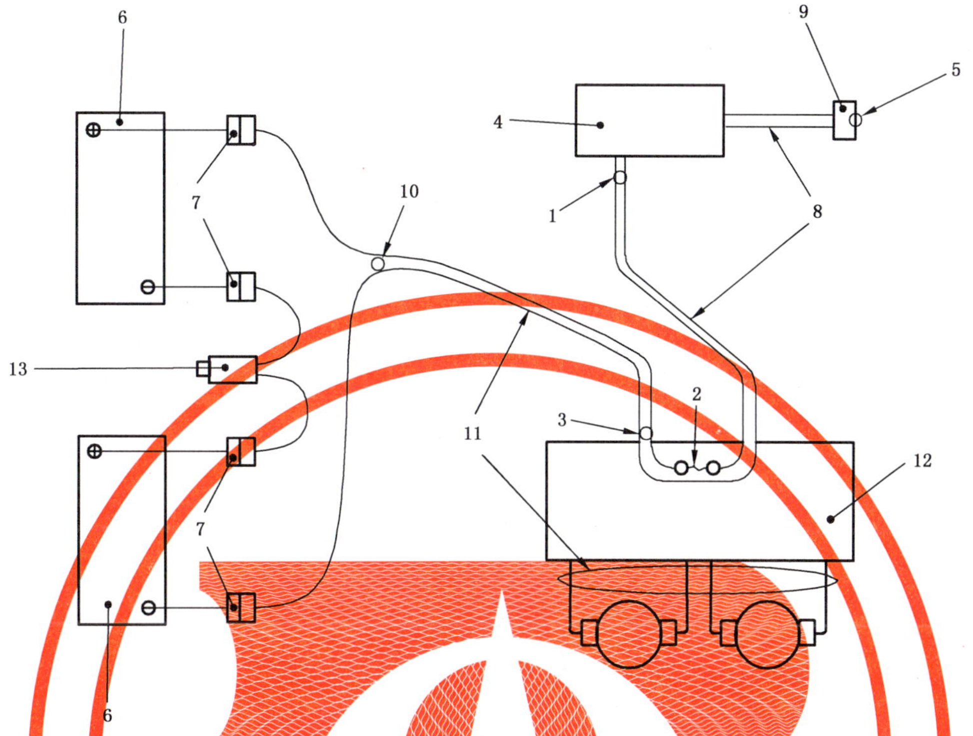

说明：
1 ——测试点 D；
2 ——控制装置导线熔丝；
3 ——测试点 B；
4 ——控制装置；
5 ——测试点 C；
6 ——电池；
7 ——接插件；
8 ——充电器或控制装置导线；
9 ——充电器插座；
10——测试点 A；
11——驱动导线；
12——轮椅车驱动控制器；
13——电路保护装置。

图 9　电池之间有电路保护装置保护良好的范例

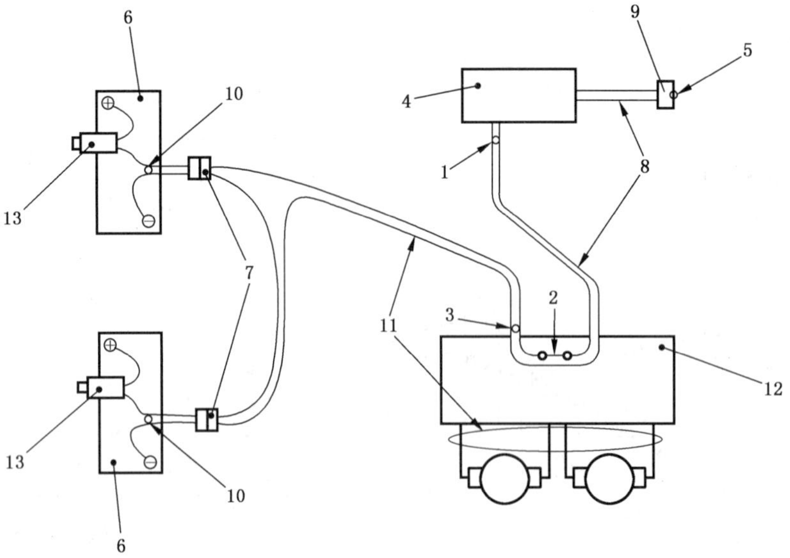

说明：

1 ——测试点 D；

2 ——控制装置导线熔丝；

3 ——测试点 B；

4 ——控制装置；

5 ——测试点 C；

6 ——电池；

7 ——接插件；

8 ——充电器或控制装置导线；

9 ——充电器插座；

10——测试点 A；

11——驱动导线；

12——轮椅车驱动控制器；

13——电路保护装置。

图 10 每一个电池均有电路保护装置保护良好的范例

9.3.3.3 除了传递从电池到驱动电机的主导线外的导线的短路测试

对下列点(见图 8、图 9 和图 10)进行 9.3.3.2 规定的测试：

a) 所有电路保护装置紧邻电池一侧(测试点 B)；

b) 每一个充电接插件(测试点 C)，使用匹配的接插件与断路器连接；

c) 控制导线的最远端或所有分支的端点(测试点 D)。

9.3.3.4 传递电池充电电流导线的负载电流测试

确定用来保护轮椅车充电导线的电路保护装置的传递电流容量。如果未安装保护传递充电电流导线的电路保护装置，则被视为测试失败。

确保轮椅车电池组的充电理论状态不小于 C_5 时额定容量的 75%。

选择一个可调阻抗的负载或与电路保护装置额定容量相等的恒流负载。将此负载与一个推荐的轮椅车充电接插件相匹配的接插件、一个测试测开关和一个测试范围不小于电路保护装置容量且误差不大于电路保护装置容量±2%的电流表结合使用。

确保测试开关处于断开状态，然后将此联合的测试设施连接在轮椅车的充电接插件上。在电池接线端子上连接一个电压表。

接通测试开关，调节电流（若有必要）并使其在测试周期内稳定在预期的值（误差小于5%）。保持电流流动直到电压降到电池额定电压的85%以下或发现任何导线或接插件有肉眼可见的损坏。如果未发生肉眼可见的损坏和无导线绝缘层或接插件超过其额定的温度，则被视为轮椅车通过测试。

9.4 堵转状态保护

9.4.1 概述

一旦轮椅车在行驶中抵在障碍物上（如人行道较高的缘石），其驱动电机会发生堵转现象。如果使用者在堵转的状态下继续驱动轮椅车，流经电机的电流就会增大，从而导致电机过热和永久性的损坏。因此轮椅车应有保护措施（如提供足够的动力使轮椅车能爬上正常的台阶或承受较重的负载）防止发生这类现象。

9.4.2 要求

轮椅车电机发生堵转后发出连续最大速度命令信号15s内，使电机停止工作的电路保护装置不应被激活。

轮椅车在连续最大速度命令信号状态下维持堵转状态3 min后，在30 min内应通过ISO 7176-9规定的功能检查。

当按9.4.3.1的规定测试时：

a) 在电流切断前，电流流经电机绕组的时间不应少于15 s；

注1：电流流经次级绕组的时间可能少于15 s。

注2：在3 min内电流可能有变化。

b) 不应有不可重新设置的电路保护装置被激活。

结束9.4.3.1和9.4.3.2规定的测试时：

a) 轮椅车应能按制造商的规定操作；

b) 无驱动系统部件损坏。

9.4.3 测试方法

9.4.3.1 初级堵转测试

测试前应将轮椅车在温度为20 ℃±2 ℃的环境中存放24 h。

用机械方式将轮椅车的驱动轮锁定，使其在控制装置施加全速向前动力时不能运动。

安装设施（见4.20），检测电流是否流经电机绕组并测量流经绕组的时间。

使控制装置处至最大向前速度位置并保持3 min或保持到流经电机的电流停止。若电流停止，记录电流流经的时间。

如果轮椅车装有人工设置的电路保护装置，立即按制造商的说明将其重新设置，并尽可能多次地重复进行上述测试，直到从电流开始流经电机的3 min内完成5次。

如果轮椅车装有自行设置的电路保护装置，采取必要的措施使其重新设置（例如：将控制装置返回起始位置；查看制造商的说明）。尽可能多次地重复进行上述测试，直到从电流开始流经电机的3 min内完成5次。

在3 min内完成测试。

拆除轮椅车驱动轮上的锁定装置。将被激活的人工设置障碍的电路保护装置重新设置。

在拆除锁定装置后的1 min内，开始按ISO 7176-9的规定进行功能检查。如果由于自行设置的电路保护装置还未自动设置而导致轮椅车不能驱动，等候但不超过 1 min，再进行功能检查。在测试结束后 15 min 内重复此过程，直到保护装置重新设置。

进行功能检查以后，检查驱动系统和导线。

记录是否有不可重新设置的电路保护装置被激活使轮椅车不能动、功能检查是否成功地完成、是否有控制器和导线损坏。

9.4.3.2 延伸堵转测试

完成 9.4.3.1 的测试后 10 min 内，再用机械方式将轮椅车的驱动轮锁定。

使控制装置处于最大向前速度位置并保持 30 min $^{+10\ \mathrm{min}}_{0}$。

拆除轮椅车驱动轮上的锁定装置。将被激活的人工设置障碍的电路保护装置重新设置。

在拆除锁定装置的 3 h 内，开始按 ISO 7176-9 的规定进行功能检查。如果由于自行设置的电路保护装置还未自动设置而导致轮椅车不能驱动，等候但不超过 15 min，再进行功能检查。在测试结束后 4 h 内重复此过程，直到保护装置重新设置。

进行功能检查以后，检查驱动系统和导线。

记录功能检查是否成功地完成、是否有控制器和导线损坏。

9.5 表面温度

乘坐者皮肤能接触到的区域的表面温度（见图 11）在按 EN 563 的规定测量时不应超过 41 ℃。

单位为毫米

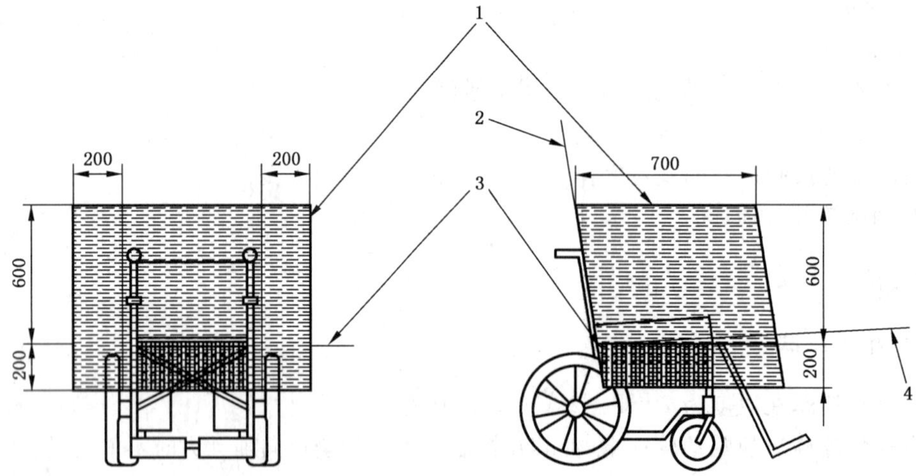

说明：

1——乘坐者能达到的空间；

2——靠背参考板；

3——靠背参考板与座位参考板的交线；

4——座位参考板。

注：座位下面较深的阴影部分不作为乘坐者能达到空间。

图 11　乘坐者能触及空间

9.6 断开电池系统

9.6.1 概述

出于运输、储存和安全性的要求，不拆开轮椅车即能将电池与轮椅车断开或从轮椅车上拆下十分重要。许多航空公司在运输中都要求将电池断开。

9.6.2 要求

轮椅车应具有不用工具即可将电池组断开或从轮椅车上拆下的方法。此方法应直观地标志出。

注：比较合理的方法是从轮椅车上拆下电池盒，而不是从电池盒中取出电池。

9.6.3 测试方法

检查是否有不用工具即可将电池组断开或从轮椅车上拆下的方法。通过检查确定不用工具即可将电池组断开。

9.7 阻燃

9.7.1 概述

将轮椅车材料的可燃性降到最低十分重要。

9.7.2 要求

用高分子聚合材料制作的下列零件在按 UL 94 的规定进行 20 mm 垂直燃烧测试时应分类为 V-0 级：

——连接在电池接线端子上 25 mm 内的所有零件；

——不包括与电池接线端子接触的材料在内的连接在电池接线端子上 50 mm 内的所有零件(用非绝缘材料隔开或按 UL 94 的分类为 V-0 级且在零件与电池接线端子之间的材料不包括在内)；

——电器外壳(包括控制器盒)；

——照明灯箱；

——传递电池充电电流、电机电流或照明灯电流的导线接插件外壳和控制器盒外侧面。

注：此要求不适用于铅酸电池的外壳和手柄。

10 人类工程学

10.1 用户界面

轮椅车的标志、指示器和显示器应容易让使用者能理解。

上述信息应以符号的形式表示。用于标志、指示器和显示器的符号及其颜色应与 IEC 60601-1 和 ISO 3287 可适用的部分相一致，红色用于需要操作者立即反应的警示性指示标志。用于标志、指示器和显示器及声音提示符号应在用户手册中说明。

10.2 操作力

10.2.1 概述

一些使用者在购买轮椅车时要求知道操作控制器所需要的力。

10.2.2 要求

制造商应公布操作轮椅车上所有控制装置所需要的力或压力。如果操作开关的力或压力是可调的,则应公布最大和最小力或压力。

用一只手指操作开关的力应不大于 5 N。

操作控制装置所需力的测试方法应符合 10.2.3 的规定。

10.2.3 测试方法

10.2.3.1 控制速度和方向的操纵杆

按下列要求确定在操纵杆(见图 7)上施加力的部位:

a) 如果操纵杆上装有球形手柄,则力施加在手柄球的中心;

b) 如果操纵杆的端部为锥形,则力施加在操纵杆中心线上最大横截面处;

c) 如果操纵杆为直杆状或其他 a)和 b)未列出的形状,则力施加在操纵杆中心线顶端往下15 mm处。

用控制装置力测量仪器(4.12)以此点在受力时移动的方向±15°向各个方向移动操纵杆,保持施力点偏移操纵杆的中心线不超过±2 mm。

测量并记录操作操纵杆所需最大的力,误差 0.1 N。

测量 3 次并记录 3 次结果的算术平均值。

10.2.3.2 按钮、摇杆和键盘开关

如果控制装置为按钮状,则在控制装置力测量仪器(见 4.12)上装一球形端头。用此装置在操作轴线上向开关的中心施加力,直到开关起动。

测量并记录操作开关所需最大的力,误差 0.1 N。

测量 3 次并记录 3 次结果的算术平均值。

10.2.3.3 肘节开关(拨动开关)

将控制装置力测量仪器(见 4.12)装在肘节开关的顶端,使所施加力能沿着开关操作方向并与开关安装平面平行,公差±15°。

注:用绳、带或类似的材料即可达到这一目的。

向开关施加力,直到开关起动。

测量并记录操作开关所需最大的力,误差 0.1 N。

测量 3 次并记录 3 次结果的算术平均值。

10.2.3.4 气动开关(吸式和吹式)

10.2.3.4.1 正压式开关(吹式)

如果空气正压式开关的操作力是可调的,则选择最小操作压力。

将空气正压力测量装置(见 4.13)连接在气动开关的入口上,并使其不影响开关的正常操作。

接通控制器电源。增加入口处的空气压力,直到开关起动。

测量并记录起动操作开关相对于大气的压力,单位为帕(Pa),误差为 200 Pa。

使开关入口与大气相通。

测量 3 次并记录 3 次结果的算术平均值。

如果操作压力是可调的,选择最大操作压力重复上述测试。

对每一个空气正压式开关的入口进行上述测试。

10.2.3.4.2 负压式开关(吸式)

如果空气负压式开关的操作力是可调的,则选择最小操作压力。

将空气负压力测量装置(见 4.14)连接在气动开关的入口上,并使其不影响开关的正常操作。

接通控制器电源。减少入口处的空气压力,直到开关起动。

测量并记录起动操作开关相对于大气的负压力,单位为帕(Pa),误差为 200 Pa。

使开关入口与大气相通。

测量 3 次并记录 3 次结果的算术平均值。

如果操作压力是可调的,选择电大操作压力重复上述测试。

对每一个空气负压式开关的入口进行上述测试。

10.3 显示装置位置

向使用者提供可视信息装置的位置应让使用者坐在轮椅车上即能清楚地看到。显示装置的设计应符合人类工程学原理,并考虑轮椅车的预期用途。

10.4 开/关指示器

轮椅车应配备指示是否电源已接通并能操作的装置。

10.5 接插件

供使用者和护理者使用的接插件应不借助于工具即能插上和拔下。

10.6 噪声

10.6.1 概述

轮椅车可能在环境噪声较低的场合使用。在使用中不打扰这样的环境十分重要。

10.6.2 要求

当轮椅车及其辅助设备(不包括声音警报装置)按 10.6.3 和 10.6.4 的规定测试时,声级应不超过:

——室内使用型:65 dB(A 加权);

——室外使用型:75 dB(A 加权)。

10.6.3 测试方法

用下列方法测试噪声:

a) 将声级计(见 4.18)放在距离噪声测试区域(见 4.3)中心线 1 m±0.05 m 的上方 1 m±0.05 m 处(见图 12);

b) 驱动轮椅车以最大向前速度(按 ISO 7176-6 的规定测量)沿着噪声测试区域的中心线 ±100 mm 行驶,使其在进入图 12 所示的测试区域前就达到最大速度并在此区域内保持最大速度;

c) 用频率加权(A)和时间加权(F)测量并记录最大时间加权声级,误差为±3 dB(A 加权);

d) 进行 3 次上述测试;

e) 计算 3 次测量的算术平均值。如果超过 10.6.2 的要求,则轮椅车被视为测试不合格;

f) 以轮椅车倒车行驶的方向,重复 b)~e)。

单位为毫米

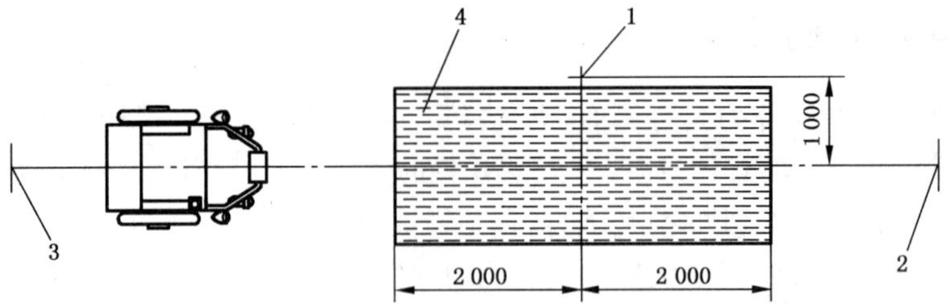

说明：
1——测量装置；
2——停车位置；
3——起始位置；
4——测量距离。

图 12 行驶噪声测试

10.6.4 辅助设备测试

按下列方法对每一套由使用者或护理者操作的电动可调身体支撑装置(如座位、靠背或腿托机构)进行测试。

a) 将轮椅车放在噪声测试区域内；
b) 将声级计(见 4.18)放在图 13 所示的测量点之一,高度在测试平台上方 1 m±0.05 m,距离轮椅车 1 m±0.05 m；
c) 在行程范围内操作可调身体支撑装置；
d) 用频率加权(A)和时间加权(F)测量并记录最大时间加权声级,误差为±3 dB(A 加权)；
e) 进行 3 次上述测试；
f) 计算 3 次测量的算术平均值。如果超过 10.6.2 的要求,则轮椅车被视为测试不合格；
g) 对图 13 所示的每一个测试点重复上述测试。

单位为毫米

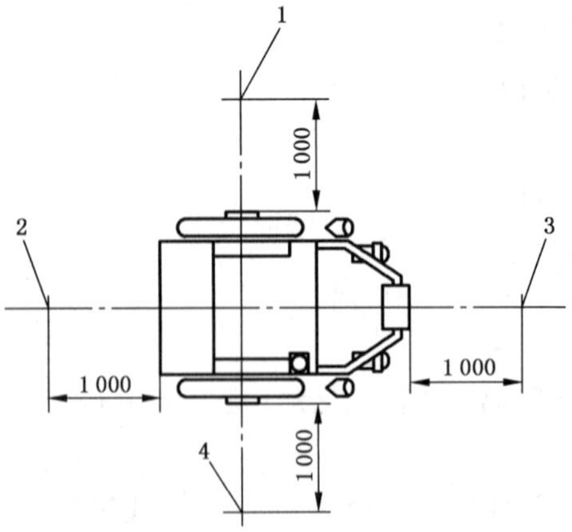

说明：
1——测量点 1；
2——测量点 2；
3——测量点 3；
4——测量点 4。

图 13 辅助设备噪声测试

10.7 声音报警装置

10.7.1 概述

轮椅车应配备声音报警装置,供使用者提醒他人。

10.7.2 要求

轮椅车应配备供使用者操作的声音报警装置(如喇叭)。

报警装置的声音应为单一连续音,其频率应在 500 Hz～3 kHz 范围内。

当按 10.7.3 的规定测试时至少在一个测试点测得的声级不应小于:

——室内使用型:65 dB(A 加权);

——室外使用型:75 dB(A 加权)。

10.7.3 测试方法

按下列方法对每一个声音报警装置进行测试:

a) 将轮椅车放在噪声测试区域内;

b) 将声级计(见 4.18)放在图 13 所示的测量点之一,高度为测试平台上方 1 m±0.05 m,距离轮椅车 1m±0.05 m;

c) 操作声音报警装置;

d) 用频率加权(A)和时间加权(F)测量并记录最大时间加权声级,误差为±3 dB(A 加权);

e) 如果最大时间加权声级小于 10.7.2 的要求,则轮椅车被视为测试不合格;

f) 对图 13 所示的每一个测试点重复上述测试。

11 耐用性

11.1 控制装置

11.1.1 概述

控制装置的设计应做到结实耐用。

11.1.2 要求

11.1.2.1 概述

当按 11.1.2.2 的规定测试时,控制装置的性能不应改变。

注:本要求适用于用作控制装置的开关。

11.1.2.2 控制装置疲劳强度测试

a) 测试样本应为 3 件。

b) 检查控制装置按制造商的规定操作轮椅车进行 ISO 7176-9 规定的功能检查;

c) 用 10.2.3 规定的方法测量操作力 F 的大小,或操作压力的大小 P,以及施力点;

d) 如果控制装置是由力操作,则测量在力 F 作用下此点移动的距离 d;

e) 如果控制装置是由力操作,在力 F 作用下此移动点的移动距离 d 大于 5 mm,则按 h) 的方法测试;

f) 如果控制装置是由力操作,在力 F 作用下此移动点的移动距离 d 小于或等于 5 mm,则按 i)

的方法测试；

g) 如果控制装置是由压力操作，则按 j)的方法测试；

h) 从起始位置移动控制装置，位移量为 x，然后归回起始位置。这一来回形成一个循环，则

$$0.9\times d < x < 0.99d$$

确保在此位移行程的终端的负载不大于施加在控制装置上的操作力 F；

注：可用偏心驱动电机、顶升磁钢或类似装置移动控制装置。

i) 向控制装置的中心线施加力。从零开始逐渐增加直到 $F\pm5\%$，然后逐渐减小到零。这一来回形成一个循环；

注：可用偏心电机和弹簧或类似装置提供此力。

j) 向控制装置施加压力。从大气压力开始逐渐增加直到 $P\pm5\%$，然后逐渐减小到大气压力。这一来回形成一个循环。

以 1 Hz ～2 Hz 的频率重复此循环 1 500 000 次±1%。

检查控制装置是否能按制造商的规定操作轮椅车完成 ISO 7176-9 规定的功能检查。

11.2 开关

11.2.1 概述

供使用者或护理者使用的开关应做得结实耐用十分重要。

11.2.2 要求

供使用者或护理者使用的开关(除了用作控制装置的开关)应承受不少于 100 000 次的电器测试和不少于 100 000 次的机械测试。

11.3 接插件

11.3.1 概述

接插件的设计应做到结实耐用。

11.3.2 要求

轮椅车制造商供用户日常使用的接插件(包括充电接插件和为便于运输而拔下的接插件)如果在用户手册中未提及检查和更换要求，则应承受不少于 4 000 次拔下/插上测试。在用户手册中有检查和更换要求的接插件，则应承受不少于规定检查或更换周期每天一次的拔下/插上测试。

12 电器连接

12.1 互换性

轮椅车上供使用者和护理者操作的接插件应不可能造成与制造商规定的接法不同的方式连接。

注：正确的方法包括：

——插头和插座的形状仅允许正确的连接；

——插头和插座间导线的长度仅允许采取正确的连接。

接插件不应简单地以颜色或编号作为唯一正确的连接方法。

对于以电池组电压或低于额定电压工作的接插件应不能连接到家用或工业电源的插座上。

12.2 导线的敷设

12.2.1 概述

轮椅车上突出的导线会被移动部件损坏或钩住轮椅车经过的物体。一旦发生这种情况会引起轮椅车功能失常或损坏物体。

12.2.2 要求

导线的敷设和固定应使其在轮椅车的使用环境中不会被钩在遇到的物体上，也不会被轮椅车的移动部件损坏或干涉移动部件。

当轮椅车按12.2.3的规定测试时，所有导线应不：

a) 被移动部件损坏；

b) 在挤压点被夹住。

12.2.3 测试方法

检查所有导线，是否会被轮椅车的移动部件损坏或干扰移动部件。

以10±1 N的力将所有导线拉向各移动部件和挤压点。

如果轮椅车装有可调节部件(如可调节靠背)，对每一根导线在调节的各位置进行上述操作。

检查所有导线确定其是否会被钩在遇到的物体上。

12.3 导线颜色

电池组输出端正极的导线应为红色并做上永久性的"+"记号。

电池组输出端负极的导线不应为红色并地做上永久性的"—"记号。

电池的其他导线不应为红色。

注：不会连接错的内置式接插件的电池不受此要求限制。

12.4 电池中间连接的能量耗损

12.4.1 概述

从电池连接中间接线取电将会缩短电池组的使用寿命。

12.4.2 要求

不应从电池连接中间接线取电，而应将负载连接在电池组的正负接线端子上(用于监视或维持电池状态的电路不包括在内)。

12.4.3 测试方法

仔细检查。

13 环境

13.1 物质(液体)进入

当按IEC 60529的规定(IPX4)使用喷嘴测试时，轮椅车应满足ISO 7176-9有关雨淋条件的要求。

13.2 物质泄漏

可能从电池中泄漏出的物质应：

a) EN 30993-1 给出的导则一致，在评估中应充分考虑实际使用及这些物质与使用者接触、轮椅车运输和储存等因素；

b) 提供保护使泄漏物质造成的危险减少至最小。

注 1：可能泄漏的物质包括电池电解液、润滑油和液压油。

注 2：保护这些物质不造成危险的方法之一是将铅酸电池放在防酸材料的容器内。

13.3 电磁兼容性

轮椅车应符合 ISO 7176-21 的要求。

如果轮椅车的电器部件不符合 GB 18029.21 的要求，一旦造成功能失常，则可能产生危险。因此，轮椅车按 ISO 7176-21 的要求测试时应符合 IEC 60601-1-2。

14 错误使用与滥用

14.1 电池组极性颠倒

14.1.1 概述

在保养和安装新电池时，有可能将电池的极性接错。这样的错误会损坏控制器并有可能引发火灾。

14.1.2 要求

当按 14.1.3 的规定测试时：

a) 当电池极性接错时，不应发生损坏控制器或除了熔丝外的其他任何驱动零件；

b) 轮椅车应能按制造商的规定操作，不发生失控或意外的移动；

c) 将电池组恢复正确连接后，轮椅车应能按制造商的规定操作；

注：将电池极性接错再将连接纠正后，若要操作轮椅车，可能需将电路保护装置重新设置或更换。

本要求不适用于电池接插件不允许接错的轮椅车。

14.1.3 测试方法

注意：本项测试有危险性，应做好适当的安全措施以保护测试人员。

将电池组接插件拔下，在导线上连接一个断路器(4.16)，使此断路器的位置既能断开电池组又不会伤及测试操作员。

确保轮椅车动力电源处于断开状态。将导线作必要的改变，将电池组的极性颠倒。

将电池组接插件插上，操作控制装置。记录轮椅车所有失控现象或意外的移动。

将电池组接插件拔下，检查并记录除了熔丝外是否有任何电器零件损坏。

将电池组恢复正确连接。重新设置或更换被激活的电路保护装置。

按 ISO 7176-9 的规定进行功能检查。

14.2 外壳的完好性

14.2.1 概述

电器线路外壳在轮椅车预期的使用环境中能承受物体的冲击而不产生会导致危险的机械故障十分重要。

14.2.2 要求

当按14.2.3的规定测试后，在正常操作时有可能受到冲击的电器线路外壳结构：

——不应有破裂或肉用可见的裂纹；

注：外壳上不延伸到材料结构内部的表面涂层裂纹（如油漆）不被视作测试失败。

——不应有螺母、螺栓、螺钉、锁定销、调节装置或类似零件脱落；

——不应有电器接插件移位或脱开；

——所有预期可移动的、可折叠的或可调节的零部件均能按制造商的要求操作；

——不应有手柄移位；

——不应有部件或装配件产生变形、不受控动作或失去调节作用而导致影响轮椅车功能。

按14.2.3的规定测试后，外壳应满足9.2.2的要求。

按14.2.3的规定测试后，轮椅车应通过ISO 7176-9规定的功能检查。

14.2.3 测试方法

按下列条件，用GB 20138规定的方法(IK10)对每一个外壳进行测试：

a) 测试样本为1件；

b) 使用气锤进行测试；

c) 水平测试面上测试每一个安装在轮椅车上的外壳；

d) 测试时应将轮椅车电源接通。

按ISO 7176-9的规定进行功能检查。

15 随轮椅车提供有关控制系统的资料

15.1 概述

每一辆轮椅车应随车提供安全使用的相关资料，并充分考虑预期使用者的培训和知识水平。这些资料应标明在轮椅车上或用户手册中。

15.2 电池连接和电路保护图

电器线路图应标在电池盒上，当打开电池盒的盖子时即应直观地看到。线路图应永久性地附着在离电池尽可能近的外壳表面上。

电器线路图应包含下列信息：

a) 电池的导线和接线端子的连接关系(不可能接错的电池不包括在内)；

b) 所有供使用者或护理者使用的断路器和熔丝的位置并以示图的形式说明使用方法；

c) 所有由使用者或护理者更换的熔丝的型号和额定电流。

线路图应能防止电池中气体和酸性物质的腐蚀。

15.3 轮椅车操作

与轮椅车随车提供的使用说明应包括下列资料：

a) 15.4规定的安全信息；

b) 规定可与轮椅车一起使用的产品的描述；

c) 说明谁能进行规定的设置；

d) 验证轮椅车是否设置妥当并能正确安全地操作的信息(包括影响稳定性的调节、为确保轮椅车正确安全使用所必须进行的保养的项目和频率的详细资料)；

e) 正确使用制动器。

15.4 向使用者提供的安全信息

应该向轮椅车使用者提供下列安全信息：

a) 说明在阅读用户手册前不应进行安装、保养和操作轮椅车；

b) 提醒使用者在上、下轮椅车前应切断轮椅车电源的警示语。

c) 提醒使用者在操作时轮椅车随时会突然停车(对部分轮椅车适用)的警示语；

d) 提醒使用者如果轮椅车出现不规则动作或反常动作时不应操作的警示语。

e) 存放轮椅车特定的环境条件；

f) 电池电量指标的说明；

g) 提醒使用者在电池用完时不要操作轮椅车，以免使自己陷于困境的警示语。

h) 轮椅车应按规定的间隔保养和一旦出现故障显示时应维修的说明；

i) 有关电动机构挤压点的安全警示；

j) 电磁干扰的形成原因和对轮椅车可能产生的影响。

15.5 可拆卸部件

应提供描述如何安装可拆卸部件的说明。

15.6 其余危险

对于由保护措施的缺陷造成其他危险的信息应清楚牢固地标在轮椅车上或包含在用户手册中。

16 检验报告

检验报告应包括下列资料：

a) 检验机构的名称和地址；

b) 测试日期；

c) 按 ISO 7176-14 规定的方法测试的陈述；

d) 被测轮椅车制造商的名称和地址；

e) 轮椅车名称、型号或代号(若有可能，还应包括控制器和电机的名称、型号或代号)；

f) 有关满足哪些轮椅车要求和充电器要求的陈述；

g) 有关未满足哪些轮椅车要求和充电器要求的陈述；

h) 操作控制装置所需要的力或压力；

i) 按 5.3 的规定测得的速度 V 和停车距离 L_1。

17 公布结果

制造商应在说明书中按 ISO 7176-15 的规定公布下列信息：

a) 产品满足本标准所有要求；

b) 操作控制装置所需要的力；

c) 操作气动开关所需要的压力。

附 录 A
（资料性附录）
轮椅车导线规格

A.1 概述

本资料性附录提供了在环境温度不超过 30 ℃的通风条件下使用的绝缘等级为 105 ℃的 PVC 绝缘铜芯导线选择方法的指导。

在下列每一个表中，用第一列中的值确定适用的行。

如果使用较低温度的绝缘材料，则应减小电流或增加导线截面积。如果使用 2 根～5 根的多股导线，则应将电流降低 80%或将每根导线截面积增加 25%。

A.2 驱动用导线

表 A.1 列出了驱动用导线的最小截面积。

表 A.1 驱动用导线规格推荐值

控制器电流限制/A		电池截止电流/A		电池导线规格/mm²			电机导线截面积/mm²	
电机最大负载电流	电机连续电流			长度<1 000 mm	长度 1 000 mm～1 500 mm		长度<1 000 mm	长度 1 000 mm～1 500 mm
		供双路（总线）	供单路	所有	供双路（总线）	供单路	所有	
30	8	30	20	2.5	3.0	2.5	2.5	2.5
40	10	40	30	3.0	4.0	3.0	2.5	3.0
50	15	50	30	4.0	5.0	4.0	3.0	4.0
60	20	60	40	6.0	8.0	6.0	3.0	4.0
80	30	70	50	6.0	—	8.0	4.0	5.0
100	40	—	60	6.0	—	—	6.0	6.0
150	50	—	70	8.0	—	—	8.0	8.0
注：最大负载电流是指电机最大交直流值。								

A.3 充电器导线

表 A.2 列出了电池充电器的最小截面积和相关熔丝的规格。

表 A.2 充电导线和保护设施规格推荐值

充电器额定电流/A	熔丝规格/A	导线长度/m	最小导线截面积/mm^2
3	7.5	1	0.5
3	7.5	2	0.75[a]
5	10	1	0.75
5	10	2	1.0[a]
8	15	1	1.0
8	15	2	1.5[a]
12	20	1	1.5
12	20	2	2.5[a]
[a] 受电压降限制(见 8.10)。			

A.4 辅助电机和照明导线

表 A.3 列出了驱动辅助电机和用作照明的导线的最小截面积。

表 A.3 照明和辅助电机导线和保护设施规格推荐值

照明/辅助电机额定电流/A	熔丝规格/A	最小导线截面积/mm^2
3	7.5	0.5
5	10	0.75
10	15	1.0
15	20	1.5

参考文献

[1] IEC 60050-151 国际电工技术词汇—第151部分 电和磁装置
[2] IEC 60050-482 国际电工技术词汇—第482部分 初级和次级极板和电池
[3] IEC 60050-702 国际电工技术词汇—第702章 振荡、信号和相关装置

ICS 11.180
Y 14

中华人民共和国国家标准

GB/T 18029.21—2012/ISO 7176-21:2009

轮椅车 第21部分：电动轮椅车、电动代步车和电池充电器的电磁兼容性要求和测试方法

Wheelchairs—Part 21:Requirements and test methods for electromagnetic compatibility of electrically powered wheelchairs and scooters, and battery chargers

(ISO 7176-21:2009,IDT)

2012-10-12 发布 2013-02-01 实施

中华人民共和国国家质量监督检验检疫总局
中国国家标准化管理委员会 发布

前　言

GB/T 18029《轮椅车》已经或计划发布以下部分：

——第1部分：静态稳定性的测定

——第2部分：电动轮椅车动态稳定性的测定

——第3部分：制动器的测定

——第4部分：电动轮椅车和电动代步车理论能耗的测定

——第5部分：外形尺寸、质量和转向空间的测定

——第6部分：电动轮椅车最大速度、加速度和减速度的测定

——第7部分：座位和车轮尺寸的测量

——第8部分：静态强度、冲击强度及疲劳强度的要求和测试方法

——第9部分：电动轮椅车气候试验方法

——第10部分：电动轮椅车越障能力的测定

——第11部分：测试用假人

——第13部分：测试表面摩擦系数的测定

——第14部分：电动轮椅车和电动代步车动力和控制系统　要求和测试方法

——第15部分：信息发布、文件出具和标识的要求

——第16部分：座(靠)垫阻燃性的要求和测试方法

——第19部分：可作机动车座位的轮式移动装置

——第21部分：电动轮椅车、电动代步车和电池充电器的电磁兼容性要求与测试方法

——第22部分：调节程序

——第23部分：护理者操作的爬楼梯装置的要求和测试方法

——第24部分：乘坐者操纵的爬楼梯装置的要求和测试方法

——第26部分：术语

本部分为GB/T 18029的第21部分。

本部分按照GB/T 1.1—2009给出的规则起草。

本部分使用翻译法等同采用ISO 7176-21:2009《轮椅车　第21部分：电动轮椅车、电动代步车和电池充电器的电磁兼容性要求与试验方法》(英文版)。

与本标准中规范性引用的国际文件有一致性对应关系的我国文件如下：

——GB 4824　工业、科学和医疗(ISM)射频设备　电磁骚扰特性　限值和测量方法(GB 4824—2004,CISPR 11:2003,IDT)

——GB 17625.1　电磁兼容　限值　谐波电流发射限值(设备每相输入电流≤16 A)(GB 17625.1—2003,IEC 61000-3-2:2001,IDT)

——GB 17625.2　电磁兼容　限值　对每相额定电流≤16 A且无条件接入的设备在公用低压供电系统中产生的电压变化、电压波动和闪烁的限制(GB 17625.2—2007,IEC 61000-3-3:2005,IDT)

——GB/T 17626.2　电磁兼容　试验和测量技术　静电放电抗扰度试验(GB/T 17626.2—2006,IEC 61000-4-2:2001,IDT)

——GB/T 17626.3　电磁兼容　试验和测量技术　射频电磁场辐射抗扰度试验(GB/T 17626.3—2006,IEC 61000-4-3:2002,IDT)

——GB/T 17626.4 电磁兼容 试验和测量技术 电快速瞬变脉冲群抗扰度试验(GB/T 17626.4—2008,IEC 61000-4-4:2004,IDT)

——GB/T 17626.5 电磁兼容 试验和测量技术 浪涌(冲击)抗扰度试验(GB/T 17626.5—2008,IEC 61000-4-5:2005,IDT)

——GB/T 17626.6 电磁兼容 试验和测量技术 射频场感应的传导骚扰抗扰度(GB/T 17626.6—2008,IEC 61000-4-6:2006,IDT)

——GB/T 17626.8 电磁兼容 试验和测量技术 工频磁场抗扰度试验(GB/T 17626.8—2006,IEC 61000-4-8:2001,IDT)

——GB/T 17626.11 电磁兼容 试验和测量技术 电压暂降、短时中断和电压变化的抗扰度试验(GB/T 17626.11—2008,IEC 61000-4-11:2004,IDT)

——GB/T 18029.5 轮椅车 第5部分:外形尺寸、质量和转向空间的测定(GB/T 18029.5—2008,ISO 7176-5:2008,IDT)

——GB/T 18029.9 轮椅车 第9部分:电动轮椅车气候试验方法(GB/T 18029.9—2008,ISO 7176-9:2001,IDT)

——GB/T 18029.15 轮椅车 第15部分:信息发布、文件出具和标识的要求(GB/T 18029.15—2008,ISO 7176-15:1996,IDT)

——GB/T 18029.22 轮椅车 第22部分:调节程序(GB/T 18029.22—2009,ISO 7176-22:2000,IDT)

本部分由中华人民共和国民政部提出。

本部分由全国残疾人康复和专用设备标准化技术委员会(SAC/TC 148)归口。

本部分起草单位:国家康复辅具研究中心、北京市假肢矫形技术中心。

本部分主要起草人:马凤领、刘俊玲、吴国士。

引　言

电动轮椅车的行驶及其电池充电器的运行不能给环境带来明显的电磁骚扰，反之，正常使用中出现的电磁骚扰也不能明显降低其性能。由于轮椅车经常在道路行驶，因此需对固定的或移动的通信设备及其他电磁骚扰源发出的射频场具有抗扰性。轮椅车意外运动或变向，可引发伤害事故。

GB/T 18029的本部分规定了轮椅车及其电池充电器的要求和测试方法。在通常使用环境中，轮椅车及其电池充电器可将暴露于合理可预见的电磁干扰和静电放电有关的风险，产生损坏其他设备或仪器运行的电磁场有关的风险降到最小。

根据轮椅车使用环境和相关风险，确定射频辐射抗扰度要求的频率上限和试验等级。为此，轮椅车行驶要求与其用作医疗设备的要求一致，但是，充电要求与用作家用电器设备的要求一致。

轮椅车　第21部分:电动轮椅车、电动代步车和电池充电器的电磁兼容性要求和测试方法

警告:如果未采取足够的安全防范措施,GB/T 18029的本部分要求采用的测试程序,会引发伤害事故。本部分仅提及技术适用性,不免除生产商或检测试验室健康和安全相关的法律责任。

1　范围

GB/T 18029的本部分规定了最大速度不超过15 km/h残疾人用室内和(或)室外型电动轮椅车和电动代步车电磁辐射和电磁抗扰度的要求和测试方法。GB/T 18029的本部分也适用于外接电驱动助力套件的手动轮椅车,不适用于能乘载1人以上的交通工具。

GB/T 18029的本部分也规定了与电动轮椅车和电动代步车一起使用的电池充电器的电磁兼容性要求和测试方法。

为便于通过试验结果进行性能比较,对于可调轮椅车和代步车,给出了参考配置。

注:GB/T 18029的本部分中术语"轮椅车"包括电动轮椅车、电动代步车和外接电驱动助力套件的手动轮椅车。

2　规范性引用文件

下列文件对于本文件的应用是必不可少的。凡是注日期的引用文件,仅注日期的版本适用于本文件。凡是不注日期的引用文件,其最新版本(包括所有的修改单)适用于本文件。

ISO 7176-5　轮椅车　第5部分:外形尺寸、质量和转向空间的测定(Wheelchairs—Part 5:Determination of dimensions,mass and manoeuvring space)

ISO 7176-9　轮椅车　第9部分:电动轮椅车气候试验方法(Wheelchairs—Part 9:Climatic tests for electric wheelchairs)

ISO 7176-15　轮椅车　第15部分:信息发布、文件出具和标识的要求(Wheelchairs—Part 15:Requirements for information disclosure,documentation and labeling)

ISO 7176-22　轮椅车　第22部分:调节程序(Wheelchairs—Part 22:Set-up procedures)

IEC 61000-3-2　电磁兼容　限值　谐波电流发射限值(设备每相输入电流≤16 A)(Electromagnetic compatibility (EMC)—Part 3-2:Limits—Limits for harmonic current emissions (equipment input current u 16 A per phase))

IEC 61000-3-3　电磁兼容　限值　对每相额定电流≤16 A且无条件接入的设备在公用低压供电系统中产生的电压变化、电压波动和闪烁的限制(Electromagnetic compatibility (EMC)—Part 3-3:Limits—Limitation of voltage changes,voltage fluctuations and flicker in public low-voltage supply systems,for equipment with rated current u 16 A per phase and not subject to conditional connection)

IEC 61000-4-2　电磁兼容　试验和测量技术　静电放电抗扰度试验(Electromagnetic compatibility (EMC)—Part 4-2:Testing and measurement techniques—Electrostatic discharge immunity test)

IEC 61000-4-3 电磁兼容 试验和测量技术 射频电磁场辐射抗扰度试验(Electromagnetic compatibility (EMC)—Part 4-3:Testing and measurement techniques—Radiated, radio-frequency, electromagnetic field immunity test)

IEC 61000-4-4 电磁兼容 试验和测量技术 电快速瞬变脉冲群抗扰度试验(Electromagnetic compatibility (EMC)—Part 4-4:Testing and measurement techniques—Electrical fast transient/burst immunity test)

IEC 61000-4-5 电磁兼容 试验和测量技术 浪涌(冲击)抗扰度试验(Electromagnetic compatibility (EMC)—Part 4-5:Testing and measurement techniques—Surge immunity test)

IEC 61000-4-6 电磁兼容 试验和测量技术 射频场感应的传导骚扰抗扰度(Electromagnetic compatibility (EMC)—Part 4-6: Testing and measurement techniques—Immunity to conducted disturbances,induced by radio-frequency fields)

IEC 61000-4-8 电磁兼容 试验和测量技术 工频磁场抗扰度试验(Electromagnetic compatibility (EMC)—Part 4-8: Testing and measurement techniques—Power frequency magnetic field immunity test)

IEC 61000-4-11 电磁兼容 试验和测量技术 电压暂降、短时中断和电压变化的抗扰度试验(Electromagnetic compatibility (EMC)—Part 4-11: Testing and measurement techniques—Voltage dips,short interruptions and voltage variations immunity tests)

CISPR 11 工业、科学和医疗(ISM)射频设备 电磁骚扰特性 限值和测量方法(Industrial, scientific and medical (ISM) radio-frequency equipment—Electromagnetic disturbance characteristics—Limits and methods of measurement)

3 术语和定义

下列术语和定义适用于本文件。

3.1

驱动轮 drive wheel

推进轮椅车的1个轮或1组轮。

3.2

前垂直面 front vertical plane

与向前行驶方向垂直并与最靠前车轮的前缘相切的平面(见图1)。

3.3

后垂直面 rear vertical plane

与向前行驶方向垂直并与最靠后车轮的后缘相切的平面(见图1)。

3.4

侧垂直面 side vertical plane

与向前行驶方向平行并与轮椅车侧面最靠外车轮的外缘相切的平面(见图1)。

3.5

非车载电池充电器 off-board battery charger

独立于轮椅车的自立式自备电池充电器。

3.6

随车携带的电池充电器 carry-on battery charger

轮椅车上便于运输的非车载电池充电器。

3.7

车载电池充电器　on-board battery charger

内置于轮椅车且需用工具拆卸的电池充电器。

说明：

1——后垂直面；

2——前垂直面；

3——侧垂直面。

图1　参照平面

4　电动轮椅车分类

电动轮椅车分类如下：

——A类：带电子差速转向和电子制动控制的轮椅车；

——B类：带电子调速器、电动助力转向和电子制动控制的轮椅车；

——C类：带电子调速器、手动转向和电子制动控制的轮椅车；

——D类:带电子差速转向和手动制动控制的轮椅车;

——E类:带电子调速器、电动助力转向和手动制动控制的轮椅车;

——F类:带电子调速器、手动转向和手动制动控制的轮椅车;

——G类:带开关式电机、手动转向和手动制动控制的轮椅车。

注:一辆轮椅车可属于多类。

5 要求

5.1 总则

所有轮椅车应满足5.2的要求。

带车载电池充电器的轮椅车应同时满足5.3的要求。

非车载和随车携带的电池充电器应满足5.4的要求。

注:5.2、5.3和5.4要求中多次规定了2 s的观察期,并不是指轮椅车或电池充电器在试验中过了观察期发生破坏可判定为通过试验。实际试验中,不限定观察期不可行,因此假设如果轮椅车在试验中破坏,则在试验2 s内将发生破坏。

5.2 轮椅车驱动系统

5.2.1 辐射发射

进行9.2.1试验时,轮椅车应满足CISPR 11规定的1组B类设备的辐射发射限值的要求。

5.2.2 静电放电(ESD)抗扰度

进行10.1.1.1和10.1.1.2试验前、后,轮椅车应满足ISO 7176-9规定的功能要求(也见GB/T 18029本部分第8章)。

使用±2 kV、±4 kV和±6 kV试验电压接触放电和使用±2 kV、±4 kV和±8 kV试验电压空气放电,进行10.1.1.1轮椅车试验时,及使用±8 kV试验电压对轮椅车进行10.1.1.2试验时:

a) 如果使用可编程的ESD发生器,每次放电过程中和每次或每组放电后2 s,轮椅车驱动系统应满足5.2.5的要求。

b) 如果使用可编程的ESD发生器,不用于驱动的电动装置(如伺服辅助腿托架和具有站立功能的椅座)在放电过程中和每次放电或每组放电后2 s应不运动。

5.2.3 射频磁场辐射抗扰度

进行10.2.1试验前、后,轮椅车应满足ISO 7176-9规定的功能要求(也见GB/T 18029本部分第8章)。

当使用频率为26 MHz~2.5 GHz的20 V/m试验场强对轮椅车进行10.2.1试验时:

a) 在外加射频场中,轮椅车驱动系统应满足5.2.5的要求;

b) 在外加射频场中,不用于驱动的电动装置(如伺服辅助腿托架和具有站立功能的椅座)应不运动。

5.2.4 工频磁场抗扰度

进行10.6试验前、后,轮椅车应满足ISO 7176-9规定的功能要求(也见GB/T 18029本部分第8章)。

在 50 Hz、60 Hz 频率下，使用 IEC 61000-4-8 规定的试验等级 4 对轮椅车进行 10.6 试验时：

a) 在外加场中，轮椅车驱动系统应满足 5.2.5 的要求；

b) 在外加场中，不用于驱动的电动装置（如伺服辅助腿托架和具有站立功能的椅座）应不运动。

注：其他磁场抗扰度要求还在制定中。

5.2.5 速度和方向的稳定性

5.2.5.1 速度

对于 A、B、C、D、E 和 F 类轮椅车（带电子调速器的轮椅车），按第 11 章的方法计算的平均轮速变化 ΔS_{avg} 值应不超过±20%。

注：正数表示速度加快，负数表示速度减慢。

对于 G 类轮椅车（无电子调速器的轮椅车），不适用速度要求。

5.2.5.2 转向

对于 A、D 类轮椅车（带电子差速转向的轮椅车），按第 11 章的方法计算的差动轮速度变化 ΔS_{diff} 应不超过±25%。

注：正数表示右转，负数表示左转。

对于 B、E 类轮椅车（带电动助力转向的轮椅车），转向伺服位置或转向轮角度的最大允许变化值对应于回转半径 4 m，见 ISO 7176-5。

对于 C、F 和 G 类轮椅车（带手动转向的轮椅车），不适用转向要求。

5.3 带车载电池充电器的轮椅车

5.3.1 电源端子骚扰

9.1.1 试验时，轮椅车应满足 CISPR 11 规定的 1 组 B 类设备的电源端子骚扰限值的要求。

5.3.2 辐射发射

9.2.2 试验时，轮椅车应满足 CISPR 11 规定的 1 组 B 类辐射发射限值的要求。

5.3.3 谐波电流发射

9.3.1 试验时，轮椅车应满足 IEC 61000-3-2 的要求。

5.3.4 电压波动和闪烁

9.4.1 试验时，轮椅车应满足 IEC 61000-3-3 的要求。

5.3.5 静电放电抗扰度

进行 10.1.2 试验前、后，轮椅车应满足 ISO 7176-9 规定的功能要求（也见 GB/T 18029 本部分第 8 章）。

如果使用可编程的 ESD 发生器，用±2 kV、±4 kV 和±6 kV 的试验电压接触放电，±2 kV，±4 kV 和±8 kV 的试验电压空气放电，对轮椅车进行 10.1.2 试验时，放电过程中和每次放电或每组放电后 2 s：

——驱动轮应不运动；

——自动刹车应不松开；

——不用于驱动的电动装置（如伺服辅助腿托架和具有站立功能的椅座）应不运动。

10.1.2 试验结束时，电池充电器应继续正常工作，不需要操作人员干预。

5.3.6 射频场辐射抗扰度

10.2.2 试验前、后，轮椅车应满足 ISO 7176-9 规定的功能要求(也见 GB/T 18029 本部分第 8 章)。

使用频率为 80 MHz～1.0 GHz 的 3 V/m 试验场强对轮椅车进行 10.2.2 试验时：

——驱动轮应不运动；

——自动刹车应不松开；

——不用于驱动的电动装置(如伺服辅助腿托架和具有站立功能的椅座)应不运动。

10.2.2 试验结束时，电池充电器应继续正常工作，不需要操作人员干预。

5.3.7 快速瞬变脉冲群抗扰度

10.3.1 试验前、后，轮椅车应满足 ISO 7176-9 规定的功能要求(也见 GB/T 18029 本部分第 8 章)。

使用 IEC 61000-4-4 规定的试验等级 2，对轮椅车进行 10.3.1 试验时：

——驱动轮应不运动；

——自动刹车应不松开；

——不用于驱动的电动装置(如伺服辅助腿托架和具有站立功能的椅座)应不运动。

10.3.1 试验结束时，电池充电器应继续正常工作，不需要操作人员干预。

5.3.8 浪涌(冲击)抗扰度

10.4.1 试验前、后，轮椅车应满足 ISO 7176-9 规定的功能要求(也见 GB/T 18029 本部分第 8 章)。

使用 IEC 61000-4-5 规定的试验等级 3，对轮椅车进行 10.4.1 试验时，每次浪涌(冲击)中和每次浪涌(冲击)后 2 s：

——驱动轮应不运动；

——自动刹车应不松开；

——不用于驱动的电动装置(如伺服辅助腿托架和具有站立功能的椅座)应不运动。

10.4.1 试验结束时，电池充电器应继续正常工作，不需要操作人员干预。

5.3.9 传导骚扰抗扰度

10.5.1 试验前、后，轮椅车应满足 ISO 7176-9 规定的功能要求(也见 GB/T 18029 本部分第 8 章)。

使用 IEC 61000-4-6 规定的频率为 150 kHz～80 MHz 的试验等级 2，对轮椅车进行 10.5.1 试验时：

——驱动轮应不运动；

——自动刹车应不松开；

——不用于驱动的电动装置(如伺服辅助腿托架和具有站立功能的椅座)应不运动。

10.5.1 试验结束时，电池充电器应继续正常工作，不需要操作人员干预。

5.3.10 电压暂降和短时中断抗扰度

10.7.1 试验前、后，轮椅车应满足 ISO 7176-9 规定的功能要求(也见 GB/T 18029 本部分第 8 章)。

使用 IEC 61000-4-11 规定的 2 类试验等级，对轮椅车进行 10.7.1 试验时，每次暂降(中断)中和暂降(中断)后 2 s：

——驱动轮应不运动；

——自动刹车应不松开；

——不用于驱动的电动装置(如伺服辅助腿托架和具有站立功能的椅座)应不运动。

10.7.1 试验中及试验结束时，电池充电器可能暂时表现为功能丧失或性能降低，但是，在骚扰停止后这种现象也应停止，电池充电器应能自行恢复，不需要操作人员干预。

5.4 非车载和随车携带的电池充电器

5.4.1 电源端子骚扰

进行 9.1.2 试验时，电池充电器应满足 CISPR 11 规定的 1 组 B 类设备的电源端子骚扰限值的要求。

5.4.2 辐射发射

进行 9.2.3 试验时，电池充电器应满足 CISPR 11 规定的 1 组 B 类辐射发射限值的要求。

5.4.3 谐波电流发射

进行 9.3.2 试验时，电池充电器应满足 IEC 61000-3-2 的要求。

5.4.4 电压波动和闪烁

进行 9.4.2 试验时，电池充电器应满足 IEC 61000-3-3 的要求。

5.4.5 静电放电抗扰度

如果使用可编程的 ESD 发生器，使用±2 kV、±4 kV 和±6 kV 试验电压接触放电，±2 kV，±4 kV 和±8 kV 试验电压空气放电，对电池充电器进行 10.1.3 试验，试验结束时，放电过程中和每次放电或每组放电后 2 s，电池充电器应继续正常工作，不需要操作人员干预。

5.4.6 射频场辐射抗扰度

使用频率为 80 MHz～1.0 GHz 的 3 V/m 试验场强，对电池充电器进行 10.2.3 试验，试验结束后，电池充电器应继续正常工作，不需要操作人员干预。

5.4.7 快速瞬变脉冲群抗扰度

使用 IEC 61000-4-4 规定的试验等级 2，对电池充电器进行 10.3.2 试验，试验结束后，电池充电器应继续正常工作，不需要操作人员干预。

5.4.8 浪涌(冲击)抗扰度

使用 IEC 61000-4-5 规定的试验等级 2，对电池充电器进行 10.4.2 试验，试验结束后，电池充电器应继续正常工作，不需要操作人员干预。

5.4.9 传导骚扰抗扰度

使用 IEC 61000-4-6 规定的频率为 150 kHz～80 MHz 的试验等级 2，对电池充电器进行 10.5.2 试验，试验结束后，电池充电器应继续正常工作，不需要操作人员干预。

5.4.10 电压暂降和短时中断抗扰度

使用 IEC 61000-4-11 规定的 2 类试验等级，对电池充电器进行 10.7.2 试验，试验中及试验结束后，电池充电器可能暂时表现为功能丧失或性能降低，但是，在骚扰停止后这种现象应停止，电池充电器应能自行恢复，无需操作人员干预。

6 试验仪器

6.1 支撑系统,由砌块、轮胎、绳子、带子和(或)保证轮椅车牢固固定、驱动轮可自由旋转的支撑轮椅车的类似装置组成。

支撑系统材质应为电绝缘材料,在轮椅车和周围环境之间不构成导电通路。

注:使用大量非导电材料防止支撑系统干扰试验中产生的电磁场和轮椅车意外接地。有绝缘涂层(如漆)的金属结构不适用。对于带静电车架的 ESD 试验(10.1.1.2),有些木质材料不适合用于支撑系统。

支撑系统抬高轮椅车应不高于 0.1 m,不同轮子抬高的高度可能不同(在上述规定限值内),因此,轮椅车放置在支撑系统上后,不要求保持水平。

6.2 放电接地线,由线缆或编织线组成,长度不超过 2 m,能在轮椅车和金属接地平面之间构成低电阻通路。

如果接地线是线缆,截面积应不小于 15 mm^2。

如果接地线是编制线,编织线编织方法应与用于优质射频同轴电缆的外导体相同。编织线宽度,铺平应不小于 20 mm。

6.3 轮速监测仪,能监测每个驱动轮的转速,精度为 5%,通过测量每个驱动轮转速,计算平均轮速变化和差动轮轮速变化,计算公式见第 11 章。

轮速监测仪的时间常数应不超过 0.1 s。轮速监测仪应在轮椅车和接地平面之间不构成导电通路。轮速监测仪应不干扰试验中测量的或产生的电磁场,也不受其影响。

6.4 转向监测仪,能监测转向伺服位置或转向轮角度,精度为 10%。

注:转向监测仪只用于测试 B 类和 E 类轮椅车。

转向监测仪时间常数应不超过 0.1 s。转向监测仪应在轮椅车和接地平面之间不构成导电通路。转向监测仪应不干扰试验中测量或产生的电磁场,也不受其影响。

6.5 充电器试验负载,按电池充电器生产商规定的如下器件以便于使用的方式与充电器连接:

1) 电池充电器规定的额定电压、型号、最小额定容量的电池组;

2) 合适长度、截面积的绝缘导体;

3) 与电池组和电池充电器输出接口兼容的接头。

如果电池充电器生产商未规定用于连接电池充电器到电池组的导体长度,除使用电池充电器输出电缆外,用长度为 2 m±0.1 m 的电缆。如果电池充电器生产商未规定导体截面积,用截面积不小于电池充电器输出电缆中相应导体截面积的导体。

如果分开连接电池充电器到电池组的导体用于连接电池终端,走线以形成最小回路面积。

如果规定电池充电器用于特定轮椅车,装有规定最小容量电池的轮椅车可用作充电器试验负载。

7 试验准备

7.1 轮椅车—行驶状态

7.1.1 设置

按照 ISO 7176-22 设置轮椅车,但不安装假人。如果轮椅车安装非防溢电池且试验中需要倾斜轮椅车,应用相同额定电压和型号的防溢电池代替该电池。

注:对于许多试验,在准备轮椅车时,对轮椅车电池放电(见 7.3 和 7.4)。

用 6.1 支撑系统支撑轮椅车。将支撑系统置于接地平面或台面,准备好轮速监测仪(6.3)和转向监测仪(6.4),适用于每个试验。

按照轮椅车生产商使用说明书运行要求准备轮椅车。将所有影响轮椅车响应性能且使用者可调的参数设置到生产商说明书规定范围的最大值，并记录。

示例：最大前进速度，最大倒车速度，最大灵敏度，最大加速度，最大减速度，最大制动距离和最小时间延迟。

7.1.2 运行轮椅车

开启轮椅车电源。设定控制器，使驱动轮前进方向轮速为最大速度的 50%±10%，而且，对于 B、E 类轮椅车(带电动伺服转向的轮椅车)，设定控制器，使转向伺服在径直向前位置(转向轮角度在 0°±1°)。

7.2 轮椅车—非行驶状态

按照 7.1.1 准备轮椅车。开启轮椅车电源。设定控制器，使驱动轮不转动且启用所有自动刹车。

7.3 带车载电池充电器的轮椅车

按照 7.2 规定准备轮椅车。除非特定试验有特殊说明，对轮椅车电池组放电至电池生产商规定的截止电压，允差为(0～+5)%。根据轮椅车生产商使用说明书运行电池充电器。

注：可通过运行轮椅车或使用辅助载荷对电池组放电，放电速率不超过其 5 h 放电率。

7.4 非车载和随车携带的电池充电器

除非特定试验有特殊说明，对充电器试验负载(6.5)的电池组放电至电池生产商规定的截止电压，允差为(0～+5)%。根据充电器生产商使用说明书运行电池充电器，但用充电器试验负载代替生产商规定的载荷。

注：可通过运行轮椅车或使用辅助载荷对电池组放电，放电速率不超过其 5 h 放电率。

8 试验顺序

对同一轮椅车和(或)电池充电器应进行所有试验。如果轮椅车和(或)充电器在试验中发生与试验条件无关的故障，可对其维修或更换。

试验可按任意顺序进行。

完成所有的抗扰度试验后，验证 ISO 7176-9 的功能要求，各抗扰度试验之间不必验证功能要求。

9 发射试验方法

9.1 电源端子骚扰

9.1.1 带车载电池充电器的轮椅车

根据 7.3 规定准备轮椅车。

将轮椅车作为落地设备进行 CISPR 11 规定的电源端子骚扰试验。

9.1.2 非车载和随车携带的电池充电器

根据 7.4 规定准备电池充电器。

按照 CISPR 11 落地设备的规定，支撑充电器试验负载(6.5)。

将电池充电器作为台式设备，进行 CISPR 11 规定的电源端子骚扰试验。

9.2 辐射发射试验

9.2.1 轮椅车驱动系统

根据 7.1 准备轮椅车。

将支撑系统置于接地平面。

每个试验开始前,调整控制器使轮椅车方位和天线高度各单个组合的骚扰等级到最大。

将轮椅车作为落地设备,进行 CISPR 11 规定的辐射发射试验。

整个试验过程中,保持控制器的设置。

9.2.2 带车载电池充电器的轮椅车

根据 7.3 规定准备轮椅车。

将轮椅车作为落地设备,进行 CISPR 11 规定的辐射发射试验。

9.2.3 非车载和随车携带的电池充电器

根据 7.4 规定准备电池充电器。

按照 CISPR 11 落地设备的规定,支撑充电器试验负载(6.5)。

将电池充电器作为台式设备,进行 CISPR 11 规定的辐射发射试验。

9.3 谐波电流发射

9.3.1 带车载电池充电器的轮椅车

根据 7.3 规定准备轮椅车。

给轮椅车电池组充足电,然后在其 5 h 放电率,I_5 ±5%下对电池组放电(60±5)min。

对轮椅车进行 IEC 61000-3-2 规定的谐波电流发射试验。

9.3.2 非车载和随车携带的电池充电器

根据 7.4 规定准备电池充电器。

给充电器试验负载(6.5)的电池组充足电,然后在其 5 h 放电率,I_5 ±5%下对电池组放电(60±5)min。

对电池充电器进行 IEC 61000-3-2 规定的谐波电流发射试验。

9.4 电压波动和闪烁

9.4.1 带车载电池充电器的轮椅车

根据 7.3 规定准备轮椅车。

对轮椅车进行 IEC 61000-3-3 规定的电压波动和闪烁试验。

9.4.2 非车载和随车携带的电池充电器

根据 7.4 规定准备电池充电器。

对电池充电器进行 IEC 61000-3-3 规定的电压波动和闪烁试验。

10 抗扰度试验方法

10.1 静电放电抗扰度试验

10.1.1 轮椅车驱动系统

10.1.1.1 人体放电模式

根据7.1规定准备轮椅车。

根据IEC 61000-4-2落地设备的规定,对轮椅车进行试验,下列除外:

——仅用垂直耦合板(VCP)进行间接放电试验;

——不用水平耦合板(HCP)。

将支撑系统(6.1)置于接地平面上。

准备好轮椅车后,在ESD发生器放电枪头可触及的如下位置建立试验点:

a) 在每个电动机壳、变速箱体、电缆、连接器罩、开关杆或开关按钮、控制钮、指示器上建立1个试验点;

b) 对于每个立方体封装外壳电路,在每个面上建立1个试验点;

c) 对于每个非立方体封装外壳电路,在与类似尺寸立方体外壳最接近的每个表面上建立1个试验点,最多6个点;

d) 如果轮椅车车架近似为立方体,在每个面上建立1个试验点;

e) 如果轮椅车车架为非立方体,在与类似尺寸立方体外壳最接近的每个表面上建立1个试验点,最多6个点。

在每个适用试验电压下,对每个试验点的每个电极(正极和负极)放电10次。

根据IEC 61000-4-2指南,进行接触放电和(或)空气放电。

10.1.1.2 带静电的车架

模拟轮椅车在驶过地毯时,车架电荷聚集,然后通过接近接地金属物体放电,测试轮椅车。

IEC 61000-4-2落地设备测试用的接地参照平面用于试验。

根据7.1规定准备轮椅车,将支撑系统置于接地平面上。

将放电接地线(6.2)一端和ESD发生器接地线的放电回路电缆用低阻抗联结器与接地平面连接。

沿轮椅车在正常行驶中可能与接地金属构件接触的周边每个位置建立1个试验点。

设定试验发生器用于空气放电。

注:空中放电模式下使用试验发生器确保车架持续充电。

在每个试验点进行如下试验。

将ESD发生器放电枪头与距试验点最近的轮椅车车架部分直接电接触。用ESD发生器对车架充电到试验电压。保持ESD发生器枪头不动,通过尽可能快速移动放电接地线到试验点放电。

对每个试验点每个电极(正极和负极)放电10次。

10.1.2 带车载电池充电器的轮椅车

试验方法与10.1.1.1相同,并作如下修改:

1) 根据7.3准备轮椅车;

2) 完全展开电源线;

3) 在尽可能靠近轮椅车车身或车架电源线引出的位置,在电源线上增建1个试验点。

10.1.3 非车载和随车携带的电池充电器

根据7.4规定准备电池充电器。按照IEC 61000-4-2落地设备的规定，支撑充电器试验负载(6.5)。根据IEC 61000-4-2台式设备的规定，对电池充电器进行试验。

在如下位置建立试验点：

a) 在每个电缆、连接器罩、开关杆或开关按钮、控制钮、指示器上建立1个试验点。

b) 如果电池充电器外壳近似立方体，在每个面上建立1个试验点。

c) 如果电池充电器外壳为非立方体，在与类似尺寸立方体外壳最接近的每个表面上建立1个试验点，最多6个点；

在各适用试验电压下，对每个试验点的每个电极(正极和负极)放电10次。

根据IEC 61000-4-2指南，进行接触放电和(或)空气放电。

10.2 射频场辐射抗扰度试验

10.2.1 轮椅车驱动系统

10.2.1.1 总则

根据7.1规定准备轮椅车。

将轮椅车作为台式设备，根据IEC 61000-4-3的规定，进行射频场辐射抗扰度试验。确保每个频率步阶不超过当前频率的1%。

注：将轮椅车作为易于达到所需场均匀性的台式设备进行试验。

通过正确调整天线正向(传输)功率，在磁场强度大于规定等级时进行试验。

在每个频率步阶，调整正向功率到校准取得的等级，或者如果适当，调整到较高场强所需等级。监测功率放大器输出，保证其不饱和。在所需等级保持该输出至少2 s。继续施加射频场，测量轮速和伺服转向角，如果可以，停留2 s后再测量。

可选用10.2.1.2和10.2.1.3两个试验程序的其中一个。其中一个程序用于频率范围指定部分，另一个程序用于频率范围其他部分。

10.2.1.2 全电波暗室或半电波暗室试验方法

使用IEC 61000-4-3规定的全电波暗室或半电波暗室。定位轮椅车：

1) 向前行驶方向对着天线；

2) 倒车方向对着天线；

3) 向前行驶方向与天线轴垂直，天线面向控制装置所在的轮椅车侧面，或者在控制装置位于中心位置的情况下，天线面向大多数电子控制单元或电缆走线所在的轮椅车侧面。

定位轮椅车，使距天线最近的适当垂直面(图1)与均匀磁场区一致。对轮椅车的每个方位，用水平极化和垂直极化进行试验。

10.2.1.3 吉赫横电磁室(GTEM)试验方法

选用生产商标明适用受试设备最大尺寸不小于轮椅车尺寸的GTEM测试室。

定位轮椅车：

1) 轮椅车竖直，前部尽可能靠近GTEM尖点(垂直极化)；

2) 轮椅车靠背着地，上部尽可能靠近GTEM尖点(水平极化)。

对于垂直极化，定位轮椅车，使均匀磁场区位于从前垂直面到后垂直面测量的轮椅车几何中心。对于水平极化，定位轮椅车，使均匀磁场区位于轮椅车最上部和轮底部之间的中间位置(见图2和图3)。

10.2.2 带车载电池充电器的轮椅车

除按 7.3 规定准备轮椅车外，试验方法与 10.2.1 相同。

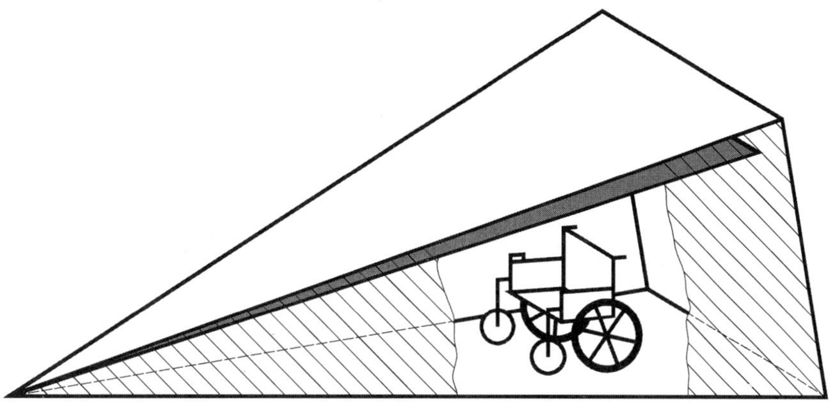

图 2 GTEM 室中垂直极化的轮椅车方位

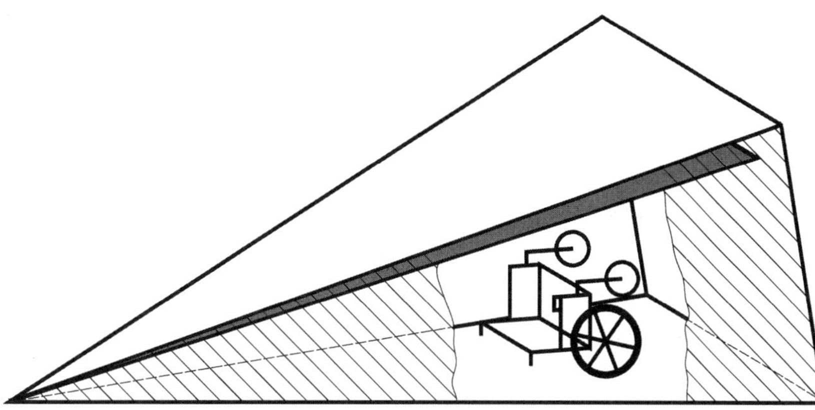

图 3 GTEM 室中水平极化的轮椅车方位

10.2.3 非车载和随车携带的电池充电器

根据 7.4 规定准备电池充电器。按照 IEC 61000-4-3 落地设备的规定，支撑充电器试验负载(6.5)。

将电池充电器作为台式设备，进行 IEC 61000-4-3 规定的射频场辐射抗扰度试验。

如果频率的增加方式为连续扫描，则增加速率应为每 500 ms 不超过 1%。

如果频率的增加方式为步进，则每个频率步阶不超过当前频率的 1%，在每个频率步阶停留时间不小于 500 ms。

使用水平极化和垂直极化时，天线面向电池充电器各侧进行试验。

10.3 快速瞬变脉冲群抗扰度试验

10.3.1 带车载电池充电器的轮椅车

根据7.3规定准备轮椅车。

根据IEC 61000-4-4落地设备的规定及如下条款，对车载电池充电器的交流电源接口进行实验室型式试验：

——重复频率为100 kHz；

——用两个极性的测试电压；

——对于每个极性的测试电压，试验时间不少于1 min且不超过2 min。

10.3.2 非车载和随车携带的电池充电器

根据7.4规定准备电池充电器。

根据GB/T 17626.4台式设备的规定及如下条款，对电池充电器的交流电源端口进行实验室型式试验：

——按照IEC 61000-4-4落地设备的规定，支撑充电器试验负载(6.5)；

——重复频率为100 kHz；

——用两个极性的测试电压；

——对于每个极性的测试电压，试验时间不少于1 min且不超过2 min。

10.4 浪涌(冲击)抗扰度试验

10.4.1 带车载电池充电器的轮椅车

根据7.3规定准备轮椅车。

根据GB/T 17626.5的规定及如下条款，对车载电池充电器的交流电源端口进行浪涌(冲击)抗扰度试验：

——在0°、90°、180°和270°施加5个正脉冲和5个负脉冲；

——在≤60 s的周期内施加连续脉冲。

10.4.2 非车载和随车携带的电池充电器

根据7.4规定准备电池充电器。

根据GB/T 17626.5的规定及如下条款，对电池充电器的交流电源端口进行浪涌(冲击)抗扰度试验：

——在0°、90°、180°和270°施加5个正脉冲和5个负脉冲；

——在≤60 s的周期内施加连续脉冲。

10.5 传导骚扰抗扰度试验

10.5.1 带车载电池充电器的轮椅车

根据7.3规定准备轮椅车。

根据GB/T 17626.6落地设备的规定，对车载电池充电器的交流电源端口进行传导骚扰抗扰度试验。确保在每个频率停留时间不小于2 s。

10.5.2 非车载和随车携带的电池充电器

根据 7.4 规定准备轮椅车。

根据 GB/T 17626.6 台式设备的规定，对电池充电器的交流电源端口进行传导骚扰抗扰度试验。确保在每个频率停留时间不小于 2 s。

10.6 工频磁场抗扰度试验

根据 7.1 规定准备轮椅车。

根据 GB/T 17626.8 台式设备的规定，对轮椅车连续进行磁场抗扰度试验。在外加场每个方位，轮椅车试验时间不少于 1 min。

注：GB/T 17626.8 规定了缠绕受试设备足够尺寸的感应线圈。但是，为测试轮椅车，非电气部件可位于感应线圈外。

10.7 电压暂降和短时中断抗扰度试验

10.7.1 带车载电池充电器的轮椅车

根据 7.3 规定准备轮椅车。

根据 GB/T 17626.11 的规定，对车载电池充电器的交流电源端口进行电压暂降和短时中断抗扰度试验。

10.7.2 非车载和随车携带的电池充电器

根据 7.4 规定准备轮椅车。

根据 GB/T 17626.11 的规定，对电池充电器的交流电源端口进行电压暂降和短时中断抗扰度试验。

11 轮速变化计算

对于所有双轮驱动的轮椅车，计算平均轮速变化 ΔS_{avg}，以百分比表示，见式(1)：

$$\Delta S_{avg} = 0.5 \times \left(\frac{S_{l,on} - S_{l,off}}{S_{l,off}} + \frac{S_{r,on} - S_{r,off}}{S_{r,off}}\right) \times 100 \qquad (1)$$

式中：

$S_{l,off}$——表示根据 7.1.2 设定轮椅车后和试验前左轮轮速；

$S_{l,on}$——表示试验中左轮轮速；

$S_{r,off}$——表示根据 7.1.2 设定轮椅车后和试验前右轮轮速；

$S_{r,on}$——表示试验中右轮轮速。

或者，对于带两个驱动轮和机械差动装置的 B、C、E、F 类轮椅车（无电子差速转向的轮椅车）也可通过锁定 1 个轮子、仅监测自由转动的驱动轮进行测试，用适用于单轮驱动轮椅车的下列公式计算平均轮速变化：

对于单轮驱动轮椅车，试验仅监测单轮轮速，计算 ΔS_{avg}，以百分比表示，见式(2)：

$$\Delta S_{avg} = \left(\frac{S_{on} - S_{off}}{S_{off}}\right) \times 100 \qquad (2)$$

式中：

S_{off}——表示根据 7.1.2 设定后和试验前的轮速；

S_{on}——表示试验中轮速。

计算差动轮速度变化ΔS_{diff}，以百分比表示，见式(3)：

$$\Delta S_{diff}=\left(\frac{S_{l,on}-S_{l,off}}{S_{l,off}}-\frac{S_{r,on}-S_{r,off}}{S_{r,off}}\right)\times 100 \quad \cdots\cdots(3)$$

式中：

$S_{l,off}$——表示根据7.1.2设定后和试验前的左轮轮速；

$S_{l,on}$——表示试验中左轮轮速；

$S_{r,off}$——表示根据7.1.2设定后和试验前的右轮轮速；

$S_{r,on}$——表示试验中右轮轮速。

12 检测报告

检测报告应包括如下信息：

a) 检测依据是GB/T 18029.21；

b) 检测机构名称和地址；

c) 轮椅车和(或)电池充电器生产商名称和地址；

d) 检测报告发布日期；

e) 轮椅车和(或)电池充电器型号和序列号和(或)批号；

f) 轮椅车和(或)电池充电器配置，包括设定程序(7.1.1)规定的记录；

g) 轮椅车和(或)电池充电器是否符合GB/T 18029.21的说明。

注：委托试验可能还要求出具进一步信息，如试验过程中发生故障失效的点标识。

13 信息发布

应发布ISO 7176-15规定的如下信息：

a) 唯一标识轮椅车和(或)电池充电器的型号或其他信息；

b) 轮椅车和(或)电池充电器是否符合GB/T 18029.21。

14 使用说明书

除ISO 7176-15规定的内容外，使用说明书应包含由轮椅车使用环境中电磁辐射源干扰引发的相关风险警示，包括但不限于：

——移动电话；

——电子商品防盗系统。

ICS 11.180.10
C 45

中华人民共和国国家标准

GB/T 18029.24—2012/ISO 7176-24:2004

轮椅车 第24部分:乘坐者操纵的爬楼梯装置的要求和测试方法

Wheelchairs—Part 24: Requirements and test methods for user-operated stair climbing devices

(ISO 7176-24:2004,IDT)

2012-12-31 发布 2013-05-01 实施

中华人民共和国国家质量监督检验检疫总局
中国国家标准化管理委员会 发布

前　　言

GB/T 18029《轮椅车》由以下部分组成：

——第1部分：静态稳定性的测定；

——第2部分：电动轮椅车动态稳定性的测定；

——第3部分：制动器的测定；

——第4部分：电动轮椅车和电动代步车理论能耗的测定；

——第5部分：外形尺寸、质量和转向空间的测定；

——第6部分：电动轮椅车最大速度、加速度和减速度的测定；

——第7部分：座位和车轮尺寸的测量方法；

——第8部分：静态强度、冲击强度及疲劳强度的要求和测试方法；

——第9部分：电动轮椅车的气候试验方法；

——第10部分：电动轮椅车越障能力的测定；

——第11部分：测试用假人；

——第13部分：测试表面摩擦系数的测定；

——第14部分：电动轮椅车动力和控制系统　要求和测试方法；

——第15部分：信息发布、文件出具和标识的要求；

——第16部分：座(靠)垫阻燃性的要求和测试方法；

——第19部分：用于机动车的轮式移动装置；

——第21部分：电磁兼容性的要求和测试方法；

——第22部分：调节程序；

——第23部分：护理者操作的爬楼梯装置的要求和测试方法；

——第24部分：乘坐者操纵的爬楼梯装置的要求和测试方法；

——第26部分：词汇表。

本部分为GB/T 18029的第24部分。

本部分按照GB/T 1.1—2009给出的规则起草。

本部分使用翻译法等同采用ISO 7176-24:2004《轮椅车　第24部分：乘坐者操纵的爬楼梯装置的要求和测试方法》。

与本部分中规范性引用的国际文件有一致性对应关系的我国文件如下：

——GB/T 18029.2—2009　轮椅车　第2部分：电动轮椅车动态稳定性的测定(ISO 7176-2:2001,IDT)

——GB/T 18029.6—2009　轮椅车　第6部分：电动轮椅车最大速度、加速度和减速度的测定(ISO 7176-6:2001,IDT)

——GB/T 18029.7—2009　轮椅车　第7部分：座位和车轮尺寸的测量方法(ISO 7176-7:1998,IDT)

——GB/T 18029.8—2008　轮椅车　第8部分：静态强度、冲击强度及疲劳强度的要求和测试方法(ISO 7176-8:1998,IDT)

——GB/T 18029—2000　轮椅车　第16部分：座(靠)垫阻燃性的要求和测试方法(ISO 7176-16:1997,IDT)

请注意本文件的某些内容可能涉及专利。本文件的发布机构不承担识别这些专利的责任。

本部分由中华人民共和国民政部提出。

本部分由全国残疾人康复和专用设备标准化技术委员会(SAC/TC 148)归口。

本部分负责起草单位:国家康复器械质量监督检验中心、上海互邦医疗器械有限公司、佛山市东方医疗设备厂有限公司、中国康复研究中心、山西澳瑞特健康产业股份有限公司。

本部分主要起草人:张红涛、赵一鸣、赵键荣、张健、于娟娟、李金峰、王保华、贾亚玲、丁伯坦、赵次舜、秦有年、何川。

轮椅车 第24部分:乘坐者操纵的爬楼梯装置的要求和测试方法

1 范围

GB/T 18029的本部分适用于乘坐者自身操纵的椅座式爬楼梯装置和运载轮椅车的爬楼梯装置，乘坐者面向下楼方向倒退爬上楼梯和面向下楼方向前进爬下楼梯。

GB/T 18029的本部分规定了乘坐者自身操纵的电动爬楼梯装置的要求和测试方法。其中包括环境改造、标识和发布的要求。

GB/T 18029的本部分规定了爬楼梯装置的可靠性测试和演示，以证明在35°或更大倾角的台阶上的安全性。

注：护理者驱动的爬楼梯装置的要求涉及GB/T 18029.23。

2 规范性引用文件

下列文件对于本文件的应用是必不可少的。凡是注日期的引用文件，仅注日期的版本适用于本文件。凡是不注日期的引用文件，其最新版本(包括所有的修改单)适用于本文件。

GB/T 18029.2—2009 轮椅车 第2部分:电动轮椅车动态稳定性的测定(ISO 7176-2:2001,IDT)

GB/T 18029.6—2009 轮椅车 第6部分:电动轮椅车最大速度、加速度和减速度的测定(ISO 7176-6:2001,IDT)

GB/T 18029.7—2009 轮椅车 第7部分:座位和车轮尺寸的测量方法(ISO 7176-7:1998,IDT)

GB/T 18029.8—2008 轮椅车 第8部分:静态强度、冲击强度及疲劳强度的要求和测试方法(ISO 7176-8:1998,IDT)

GB/T 18029—2000 轮椅车 座(靠)垫阻燃性的要求和测试方法(ISO 7176-16:1997,IDT)

ISO 3880-1 房屋建筑 楼梯 词汇(Building Construction—Stairs—Vocabulary)

ISO 7176-1 轮椅车 第1部分:静态稳定性的测定(Wheelchairs—Part 1:Determination of static stability)

ISO 7176-3 轮椅车 第3部分:制动器的测定(Wheelchairs—Part 3:Determination of effectiveness of brakes)

ISO 7176-4 轮椅车 第4部分:电动轮椅车和电动代步车理论能耗的测定(Wheelchairs—Part 4:Energy consumption of electric wheelchairs and scooters for determination of theoretical distance range)

ISO 7176-5 轮椅车 第5部分:外形尺寸、质量和转向空间的测定(Wheelchairs—Part 5:Determination of overall dimensions,mass and turning space)

ISO 7176-9 轮椅车 第9部分:电动轮椅车的气候试验方法(Wheelchairs—Part 9:Climatic tests for electric wheelchairs)

ISO 7176-11 轮椅车 第11部分:测试用假人(Wheelchairs—Part 11:Test dummies)

ISO 7176-13 轮椅车 第13部分:测试表面摩擦系数的测定(Wheelchairs—Part 13:Determination of coefficient of friction of test surfaces)

ISO 7176-14:1997 轮椅车 第14部分:电动轮椅车动力和控制系统—要求和测试方法(Wheelchairs—Part 14:Power and control systems for electric wheelchairs—Requirements and test methods)

ISO 7176-15 轮椅车 第15部分:信息发布、文件出具和标识的要求(Wheelchairs—Part 15:Requirements for information disclosure,documentation and labelling)

ISO 7176-21:2003 轮椅车 第21部分:电磁兼容性的要求和测试方法(Wheelchairs—Part 21:Requirements and test methods for electromagnetic compatibility of electrically powered wheelchairs and motorized scooters)

ISO 7176-22 轮椅车 第22部分:调节程序(Wheelchairs—Part 22:Set-up procedures)

3 术语和定义

GB/T 18029.7—2009、ISO 7176-15 和 ISO 3880-1 确立的以及下列术语和定义适用于本文件。

3.1

爬楼梯装置 stair-climbing device

运载人员的非固定式装置及/或供乘坐轮椅车上下楼梯的装置。

注:附录A给出了不同类型爬楼梯装置的分类方法。

3.2

乘坐者操纵的爬楼梯装置 user-operated stair-climbing device

使用者乘坐并自行操纵的爬楼梯装置。

3.3

自立式 self-standing (adjective)

仅在重力作用下能稳定停在平面(测试平面、楼梯或楼梯平台)上。

3.4

平衡式 balancing (adjective)

除重力外,借助其他外力维持稳定的平衡位置。

3.5

椅座式爬楼梯装置 stair-climbing chair

带有座椅的爬楼梯装置。

3.6

爬楼梯轮椅车搬运器 stair-climbing wheelchair carrier

运载有人员乘坐的轮椅车的爬楼梯装置。

3.7

连接系统 docking system

将轮椅车与运载轮椅车的爬楼梯装置对接的系统。

3.8

攀爬 climbing

在楼梯上上下移动。

3.9

驱动 driving

通过电力驱动实现轮椅车功能。

注1:典型的轮椅车功能是,车轮在平地、平缓斜坡和超越小障碍时能平稳运行。

注2:一些爬楼梯装置和爬楼梯轮椅车搬运器包含轮椅车功能。

3.10

爬行　crawling

在楼梯平台上移动。

注：任何形式的为爬楼梯装置提供的在楼梯平台上的移动被认为是爬行，包括手动推动、动力辅助手动推动和电动。用攀爬机构在楼梯平台上移动也认为是爬行。

3.11

螺旋楼梯　winding stairs

以螺旋形状建造的楼梯。

3.12

乘坐者　user

乘坐并操纵爬楼梯装置的人。

3.13

U 形楼梯　U-shaped stairs

两段楼梯由中间的平台联结，并互相成 180°角。

3.14

斜交角　skew angle

在俯视图上，楼梯的坡度线与爬楼梯装置纵向轴线之间的夹角。

3.15

最小储备电量　minimum reserve battery charge

在最大载荷下，能爬上和爬下至少 20 个台阶的充裕电量。

3.16

外力　external force

包括爬楼梯装置、测试轮椅车（如有）和乘坐者作用于系统上的力。

示例：扶栏杆时作用于手的力。

3.17

攀爬模式的退出限制　climbing mode exit restriction

爬楼梯装置在楼梯上攀爬时，对模式转换进行限制，防止通过攀爬模式之外的另一种操纵模式使爬楼梯装置移动。

3.18

楼梯安全指示器　safe stairs indicator

用以显示楼梯是否可以安全攀爬的指示装置。

3.19

轮系　cluster

一些凸轮要绕轮系的中心轴旋转的攀爬机构的类型。

注：在一个轮系上，通常有 2 个～5 个凸轮。图 1 所示为几种轮系的示例。

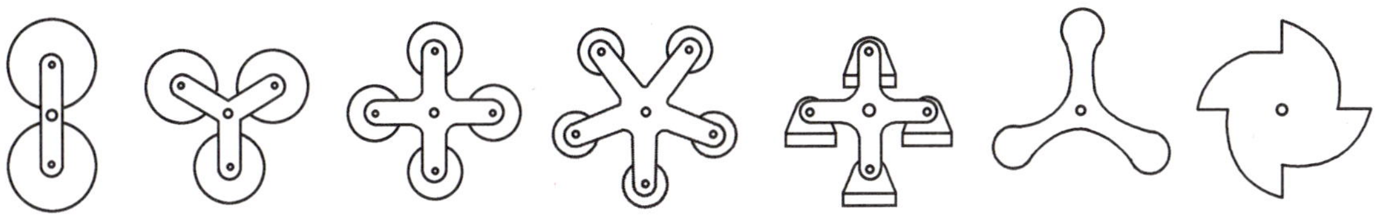

图 1　轮系示例

3.20

凸轮　cam

与楼梯或地面接触的轮系的一部分。

注：凸轮视为轮子，则可以自由转动或具有单向轮的功能，或可临时制动或可驱动。如果凸轮的轮廓为异形或凹形，具有变直径的轮廓，近似圆弧或螺旋线形状。一些凸轮可能由铰节托架或“外胎”组成。

3.21

有害情况　adverse situation

任何可能对乘坐者、护理者或附近的人员造成伤害的情况。

注：包括翻倒、滑倒、前翻、挤压、陷入或其他任何可以认为危险的情况。

3.22

前垂直平面　front vertical plane

当爬楼梯装置位于楼梯上30°±5°的倾斜位置时，与前进方向的水平面垂直，并与攀爬机构前端的外扩最远点相切的垂直平面(见图2)。

3.23

后垂直平面　rear vertical plane

当爬楼梯装置位于楼梯上30°±5°的倾斜位置时，与前进方向的水平面垂直，并与攀爬机构后端的外扩最远点相切的垂直平面(见图2)。

3.24

侧垂直平面　side vertical plane

当爬楼梯装置的座椅是躺着的，并位于楼梯上30°±5°的倾斜位置时，与前进方向的水平面平行，并与爬楼梯装置侧面的最远点相切的垂直平面(见图2)。

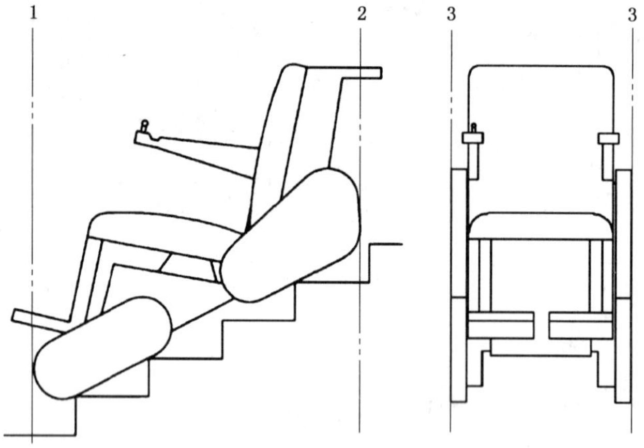

说明：

1——前垂直平面；

2——后垂直平面；

3——侧垂直平面。

图2　参考平面

3.25

速度　speed

爬楼梯装置沿楼梯移动的平均速度。

3.26

最不利条件的设置　exaggerated test set-up

为模拟可预见的、对乘坐者最不利的工况，根据每项测试的测试方向，当爬楼梯装置处于最不稳定的状态时对被测试的爬楼梯装置的设置。

注：对乘坐者可预见的不利工况可包括：当爬楼梯装置处于向前向下方向最不稳定位置时向前探身，或当爬楼梯装置处于向后向上方向最不稳定状态时，在靠背上加装背包。

3.27

台阶踏面　tread

台阶的水平面或上表面。

3.28

台阶深度　going

两连续台阶之间的水平距离，从上一台阶前缘的垂线测量到下一台阶前缘垂线间的水平距离。

3.29

台阶高度　rise

两连续台阶之间的垂直距离。

3.30

向上过渡　upper transition

在楼梯与上层休息平台之间的移动。

3.31

向下过渡　lower transition

在楼梯与下层休息平台之间的移动。

3.32

最不稳定状态　least stable configuration

根据测试方向构建对爬楼梯装置最不稳定的工况。

3.33

最不稳定位置　least stable position

根据测试方向，在楼梯上将爬楼梯装置置于最不稳定的位置。

3.34

回转宽度(类型 1)　reversing width (type 1)

爬楼梯装置处于驱动模式时，其操纵者能利用转向器经一次平稳的操纵使装置回转 180°，两个平行竖墙之间的最小距离。

3.35

回转宽度(类型 2)　reversing width (type 2)

爬楼梯装置处于驱动模式时，其操纵者能利用转向器经一次向前、一次向后和再一次向前驱动，能使装置回转 180°，两个平行竖墙之间的最小距离。

3.36

楼梯最小外部半径　minimum outer stair radius

螺旋测试楼梯的中心到爬楼梯装置的外廓偏移点的最小距离，即爬螺旋楼梯时，爬楼梯装置离楼梯中心最远的距离。

3.37

楼梯最小内部半径　minimum inner stair radius

螺旋测试楼梯的中心到爬楼梯装置的内廓偏移点的最小距离，即爬螺旋楼梯时，爬楼梯装置离楼梯中心最近的距离。

4　性能要求

4.1　斜交角

所有的爬楼梯装置应能适应有斜交角的操作，自动校正斜交角或按原斜交角继续安全爬楼。当按

第 8 章测试时,所有爬楼梯装置的分值应满足 2 分或更高(见表 1)。

4.2 制动效果

当按第 9 章测试时,不应发生制动故障、明显的摩擦力降低或失稳及其他不利情况。

4.3 静态稳定性

当按 10.2.2.2(攀爬模式)和 10.2.2.3(爬行模式)测试时,向前、向后和侧向倾翻角应不小于 7°。如果生产商明示爬楼梯装置能倾斜过渡到楼梯平台,则向前、向后、侧向倾翻角应大于 7°。

注:这项指标可按 10.2.2.4 确定。

当按 10.2.3 测试时,爬楼梯装置应在楼梯上保持一个稳定位置,且没有任何不利情况发生。如果在测试时,爬楼梯装置运转到另一稳定位置,应判定为符合要求。

4.4 动态稳定性

当按 11.2.2 测试时,按 GB/T 18029.2—2009 中表 A.1 评估,应满足 2 分或更高。

当按 11.2.3 测试时,按表 1(见 8.3)评估,应满足 2 分或更高。

4.5 阶梯过渡的安全性

当按第 12 章测试时,爬楼梯装置应保持稳定,并不应对乘坐者导致潜在的伤害或者对楼梯或爬楼梯装置造成损坏。

4.6 静态强度,冲击强度及疲劳强度

按第 13 章的规定测试后,爬楼梯装置及其与测试轮椅车之间的连接件和测试轮椅车(允许采用)应满足下列所有要求:

a) 爬楼梯装置应能按生产商的说明正常使用。
b) 所有零部件应无断裂或可见裂纹。
c) 所有螺母、螺栓和螺钉在拧紧后,锁紧销在装妥后,可调部件在调节后应无松动或脱落现象。按 GB/T 18029.8 的规定测试后,脚托在冲击测试后可重新调节。
d) 所有电器接插件间应无位移或松动。
e) 所有可拆卸、折叠或调节的部件应能正常操作。
f) 所有动力驱动系统应能正常操作。所有可连接部件应能按生产商的说明连接、分开。
g) 把手套应无位移。
h) 除了 4.6 c)中允许外,任何有多点位置的部件或可调部件不应从调定的位置处移动。
i) 无任何零部件变形、失效或不能调节以至影响该爬楼梯装置的功能。

4.7 气候的安全性

按第 14 章的规定测试后,爬楼梯装置应能正常操作。

4.8 电源和控制系统

除下列修改和补充外,所有爬楼梯装置应遵守 ISO 7176-14。

a) 除了不需要安放轮椅车、加载测试用假人或使用测试操作员的测试外,按第 6 章的规定准备测试用爬楼梯装置。
b) 所有的测试应在最大推荐速度下进行(见 6.5.2)。
c) 爬楼梯装置应进行以下测试:
——在水平测试平台上的攀爬模式、驱动模式(如果采用)和爬行模式(如果采用)。

——在直测试楼梯上的攀爬模式。

注意:ISO 7176-14 给出的这项测试可能伤及人身,应做好适当的安全措施以保护测试人员。

d) 检验报告除 ISO 7176-14:1997 第 11 章中的列项 a)、b)、c)、d)、e)和 h)外,还应包括下列信息:

——关于爬楼梯装置、电池及充电器符合哪些要求的陈述。

——关于爬楼梯装置、电池及充电器不符合哪些要求的陈述。

——任何结束测试的原因。

——测试中观察到的任何现象。

4.9 可燃性

除下列修改和补充外,所有爬楼梯装置应遵守 GB/T 18029—2000。

a) 除了不需要安放轮椅车、加载测试用假人或使用测试操作员的测试外,按第 6 章的规定准备测试用爬楼梯装置。

注意:GB/T 18029—2000 给出的这项测试可能伤及人身,应做好适当的安全措施以保护测试人员。

b) 检验报告除 GB/T 18029—2000 第 5 章的要求,还应包括下列信息:

——关于爬楼梯装置是否符合 GB/T 18029—2000 要求的陈述;

——测试中观察到的任何现象。

4.10 电磁兼容性

当按第 15 章测试时,爬楼梯装置应符合 ISO 7176-21 的要求。

4.11 安全装置

4.11.1 概要

爬楼梯装置所安装的安全装置应符合 4.11.2～4.11.6 的规定。

注:推荐的其他附加安全装置(胸部支撑、楼梯安全指示器和头靠)在附录 B 中给出。

4.11.2 开关

至少应有一种操作可启动、关闭爬楼梯装置。

注:这些操作可以集成在一个装置上。

当开关处于关闭状态时,控制装置不应导致任何驱动轮或驱动攀爬机构移动。

4.11.3 “切断”电源

当爬楼梯装置关闭时,内部电路或线路漏电不应过度消耗电池电量。

开关关闭时,爬楼梯装置不应从电池组消耗超过额定容量为 20h 电池的任何电流,这个电池是为爬楼梯装置规定的最小容量的电池,有四个月的放电周期。

4.11.4 应急系统

爬楼梯装置应安装应急系统,该系统应能使操纵者无障阻地接触到并将其启动。

当爬楼梯装置在爬楼时,启动应急系统,爬楼梯装置应完全停止,并保持在原位。

应急系统启动时,即使关闭电源也不应使应急系统失效。

关闭应急系统应需要一系列由生产商规定的至少两个相继的乘坐者操作。

注:开关和应急系统的启动不需要各自的开关,虽然建议包括防止应急系统被偶然启动的措施。当紧急情况已经解决,乘坐者可关闭应急系统,使爬楼梯装置驶离楼梯。

4.11.5 电池电量指示器

爬楼梯装置应安装一个电池充电指示器,当达到最小储备电池电量时,它能够通知乘坐者。

爬楼梯装置应在电池电量指示器显示已达到最小电量时，应具备至少爬上和爬下 20 个台阶的电量。

4.11.6 攀爬模式的退出限制

爬楼梯装置除攀爬模式外还有其他操作模式的，在楼梯上不应改变爬楼模式，除生产商以书面形式说明是特别设置或允许的。

4.12 人体工程学

如果爬楼梯装置可拆卸，要便于搬运：

——任何重于 10 kg 的部件都需要提供合适的手提装置(例如把手)；或

——用户手册应标明组装时哪些部件可安全提升及/或手提。

5 测试设施

5.1 直测试楼梯

由 8 个台阶组成，每阶高度为 180 mm±5 mm。最小楼梯坡度为 $35^{\circ}{}^{+1^{\circ}}_{0^{\circ}}$(见图 3)。台阶的编号应从最下一个台阶向上编排。所有台阶的台阶前缘都在由两个相距 10 mm、倾斜角度与楼梯坡度相同的平行平面所形成的区域内。

台阶前缘应用硬质材料制作、光滑且有 8 mm±1 mm 的圆角，每一阶面应水平且摩擦系数符合 ISO 7176-13 的要求。

直测试楼梯应能与上层休息平台相连接。当直测试楼梯放在水平面上时，则该平面就代表它的低一级楼梯的平台。

利用提升装置，可使整体测试楼梯应能向上或向下倾斜(见 5.10)。

如安装扶手，应安装在测试楼梯两侧并形成一整体。

注：为便于测试，建议直测试楼梯的宽度至少比爬楼梯装置宽 500 mm。

单位为毫米

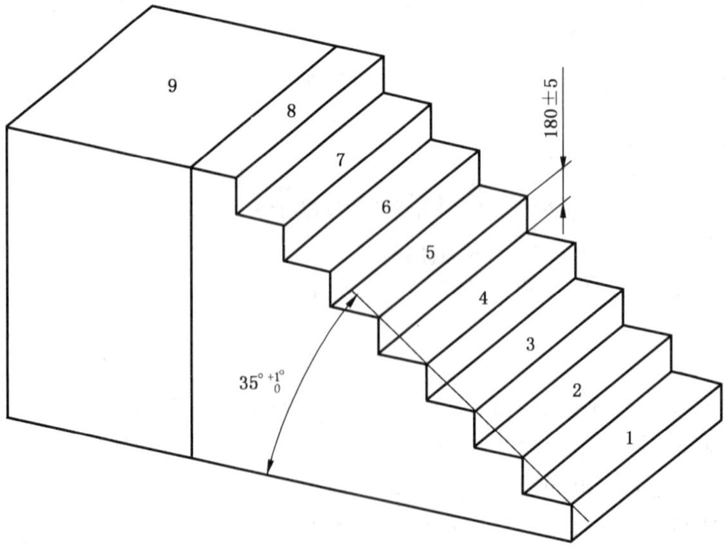

说明：

1～8——台阶编号；

9 ——上层休息平台。

图 3 直测试楼梯

5.2 螺旋测试楼梯

由8个台阶组成,每阶高度为180 mm±5 mm。每个台阶的旋转角度应为19°±0.5°。台阶前缘延长线应与围绕楼梯中轴线的虚拟圆柱相切,半径应为75 mm±2 mm。在台阶前缘上确定一点,当从平行于台阶前缘的方向测量,这一点距离楼梯中心轴线760 mm±10 mm;当从垂直于台阶前缘的这一点测量时,每个台阶的深度应为257 mm±10 mm。楼梯内径应为310 mm±10 mm。台阶的编号应从最下一个台阶向上编排。每个台阶的垂直面和水平面应紧密联结(见图4)。

单位为毫米

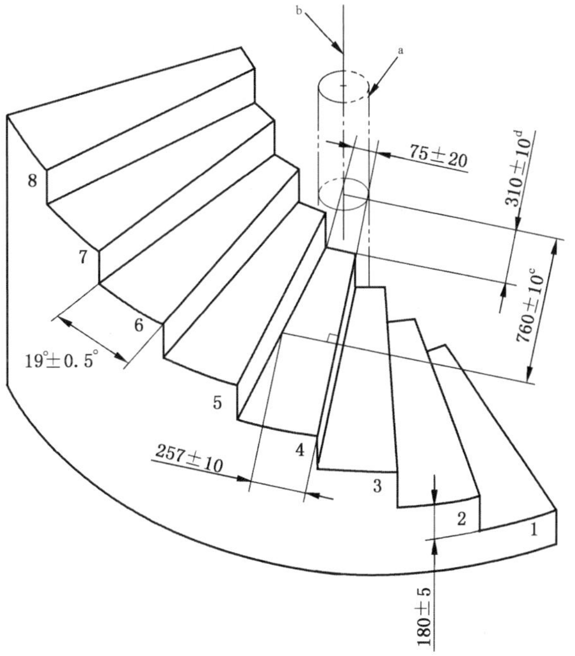

说明:

1~8——台阶编号。

[a] 围绕楼梯中心轴的虚拟圆柱,半径为75 mm±2 mm;

[b] 楼梯中心轴;

[c] 楼梯中心轴与台阶前缘上深度测量点之间的距离;

[d] 楼梯内径。

图4 螺旋测试楼梯

台阶前缘应用硬质材料制作、光滑且有8 mm±1 mm的圆角,每一阶面应水平且摩擦系数符合ISO 7176-13的要求。楼梯宽度至少比测试的爬楼梯装置宽500 mm。

螺旋测试楼梯应能与上层休息平台相连接。当螺旋测试楼梯放在水平面上时,则该平面就代表下层休息平台。如安装扶手,应安装在测试楼梯两侧并形成一整体。

5.3 上层休息平台

由平台构成,高度等于在5.1和5.2中说明的最上一个台阶的高度,公差为±5 mm(见图3)。平台表面的摩擦系数应符合ISO 7176-13的要求。平台应牢固地与直测试楼梯或螺旋测试楼梯连接。

注1:建议上层休息平台的最小面积为2 000 mm×2 000 mm。

注2:在5.1、5.2和5.3提出的部分或全部测试设备可集成于一体。

5.4 水平测试平面

坚硬并有足够大的面积容纳爬楼梯装置、直测试楼梯、螺旋测试楼梯和上层休息平台。平面应平坦，整个表面的平整度为 5 mm。平面的表面摩擦系数应符合 ISO 7176-13 要求。

5.5 可调节的屏障设施

此设施应能检测到爬楼梯装置在 5.1 和 5.2 所述的测试楼梯的每一个台阶上及 5.3 和 5.4 所述的平面上的最大偏移及/或操作区域。当放置在阶梯上时，屏障设施的检测表面应平坦，竖直并垂直于台阶前缘。

注：可调节的屏障设施可能是物理平面，光线或其他适当的方式以检测爬楼梯装置的最大行程。

5.6 测试轮椅车

测试轮椅车的类型或样式是由爬楼梯装置的生产商推荐的。如果生产商推荐若干种轮椅车，应使用最重的轮椅车。如果没有推荐轮椅车，应使用符合附录 C 的代用轮椅车。

5.7 测试用假人

符合 ISO 7176-11 的要求。

5.8 功耗测试仪

符合 ISO 7176-4。

5.9 计时器

精确度为 0.1s(如秒表)。

5.10 提升机构

能提升直测试楼梯，使其能向上和向下倾斜(见图 5)，并能提升直测试楼梯和加上负载的爬楼梯装置。

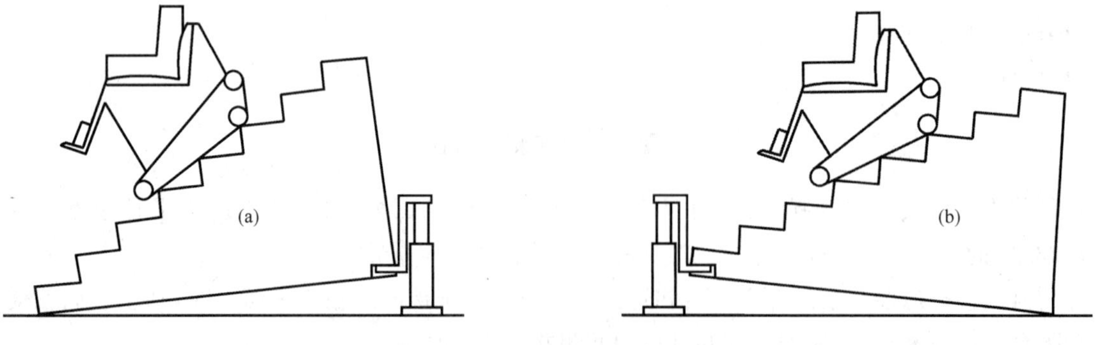

图 5 提升机构和使向下(a)和向上(b)倾斜的测试楼梯的示例

5.11 长度测量工具

测量范围在 500 mm 以内，精确度为±1 mm；测量范围为 500 mm～5 000 mm，精确度为±10 mm(如皮尺)。

5.12 扶手阻碍装置

宽度为 400 mm±10 mm，高度至少为 1 000 mm，以模拟在一个 U 形楼梯中间平台上的虚拟扶手和到墙两边距离的空间。

5.13 加速构件

最小长度为 1 m 的牵拉/推动构件，能沿上层休息平台以固定的力牵拉或推动爬楼梯装置。

注 1：加速构件的示例如图 6 所示。

注 2：为了降低直线作用段的偏差，构件的最小长度为 1 m。

5.14 轮胎压力计

能测量轮胎压力到 0.6 MPa，精确度为±0.02 MPa。

5.15 测试用假人的牢固性

符合 GB/T 18029.8—2008 中 5.14 的要求。

5.16 代用包

附在靠背后部，模拟乘坐者通常所携带的物品的负载(如背包)。代用包的质量为 7 kg±0.25 kg，安装在 35 cm×20 cm×42 cm 的空间内，其质心应位于固定点下方 30 cm±2 cm。

5.17 电流表

精度不小于 $I_{2\,900}$ 的 5%，公式表示为：

$$I_{2\,900}=\frac{C_{20}}{2\,900}$$

式中：

$I_{2\,900}$——电池装置提供的电流值，单位安培(A)，相当于 4 个月充电周期(2 900 h)的放电量；

C_{20} ——额定值为 20 h 的容量，用安培小时(Ah)表示，是生产商为爬楼梯装置指定的最小容量电池。

6 爬楼梯装置的准备

6.1 总则

在执行本部分提出的任何测试方法之前，应按 6.2～6.9 所描述的要求对爬楼梯装置进行准备，除非对某个别测试方法另有说明。

6.2 装备和参考配置

应按照生产商的建议装备和配置爬楼梯装置。

对于可调节零件，如果生产商没有推荐，可按照 ISO 7176-22 处理，将其中的术语“轮椅车”用“爬楼梯装置”代替，并做如下修改和增补。

a) 如果爬楼梯装置的生产商说明其产品能用各种直径的轮子传送，选择生产商推荐的一种直径的轮子。如果生产商没有推荐，可选择中间直径，如果没有中间直径，选择下一个尺寸大于中间直径的轮子，或如果没有大于中间直径的，则选择与中间直径最接近的尺寸。

b) 根据 ISO 7176-22 对驱动轮的规定，对驱动轮、操纵轮和导轮进行调整。

c) 如果座位高度能够采用 ISO 7176-22 以外的方法调整，应调整到生产商推荐的高度。如果生产商没有推荐，在水平平台上，成人爬楼梯装置的座位高度应调整到尽可能接近 530 mm，儿童的则尽可能接近 420 mm。

d) 根据 ISO 7176-22 对脚轮的规定、对脚轮、枢轴轮和枢轴驱动轮进行调整。

e) 可能地话，将小脚轮立轴角度调整为垂直位置，公差为 $^{+1°}_{0°}$，否则，调整到最接近垂直的位置（可能地话，正向位置）。

f) 根据生产商的推荐对防翻装置进行调节。如果生产商没有推荐，应调节到尽可能接近下列位置：
   1) 防翻装置的支点应与爬楼梯装置在水平面时的最后点的位置相同；
   2) 有负载的爬楼梯装置在防翻装置触地前，可以倾斜 10°±2°；
   3) 如果两项设置不能同时实现，可优先设置倾斜 10°。

6.3 电池充电

电池至少应充到其额定容量的 75%。

6.4 轮胎充气

如果爬楼梯装置有充气轮胎，应给轮胎充气到爬楼梯装置生产商推荐的压力。如果给出的是压力范围，充到给出范围内的最高压力。如果爬楼梯装置制造商没有推荐充气压力，应按轮胎制造商推荐的最大压力充气。

6.5 速度设定

6.5.1 概述

速度应根据测试类型设定，并应符合 6.5.2 或 6.5.3 的要求。

6.5.2 最大推荐速度

如果测试方法是按最大推荐速度进行（按照附录 D），应按爬楼梯装置生产商推荐的、按规定的操作模式正常使用时的最高速度设定。

6.5.3 最大测试速度

如果测试方法是按最大测试速度进行：

——当速度取决于电动机转速时，将爬楼梯装置的速度设置到所要求操作模式下的最大可能的速度。

——当速度由乘坐者手动控制时，使爬楼梯装置以高于该操作模式要求的[见 18.3 l)和 18.4 m)]最大推荐速度的 20%进行攀爬。

注： 增加 20%是最大测试速度的上限，并不是对更高速度的限制。

6.6 爬楼梯装置的加载

6.6.1 爬楼梯座椅的加载

如果椅座式爬楼梯装置有高度可调的脚托，按生产商的推荐将脚托调节到便于攀爬的最大位置。如果生产商没有推荐，在水平平台上，将脚托设置为最长，但离地面至少有 50 mm 的间隙。

按 5.7 的描述，将测试用假人装载到爬楼梯座椅上。假人的质量应符合生产商指定的最大额定负载[见 18.2a)，18.3c)和 18.4l)]。

注： 如果确定了一种测试模式，可能应用测试用假人、人类测试员或重物，例如可以利用沙包附在背心或外衣上，由测试人员穿着以补充其身体质量，要保持测试人的质心位置尽可能的贴近等效质量的测试用假人。

注意：采取适当的预警措施来保证测试人员和测试人的安全。

如有必要，可将测试用假人的脚按GB/T 18029.7的要求固定在脚托板上。如果无法固定或与爬楼梯座椅乘坐者的实际情况不符，应纠正测试用假人脚的位置来模拟真实的坐下位置，然后记录该位置和改变的理由（必要的话）。

如果测试要求将假人牢固的放在座椅或靠背上，按5.15描述固定假人。

6.6.2 爬楼梯轮椅车搬运器的装载

如果爬楼梯装置生产商指定搬运一种或多种类型或样式的轮椅车，选择其中最重者。按6.7的描述，用测试用假人对测试轮椅车加载。假人的质量应为生产商说明的最大额定载荷[见18.2a)和18.3c)]减去测试轮椅车的质量。

注1：如果所指定的测试轮椅车不适用，可以使用符合附录C并具有相同质量的轮椅车代替。

如果爬楼梯装置生产商没有指定要运输的轮椅车类型或样式，测试轮椅车的质量应从生产商说明的最大额定载荷[见18.2a)、18.3c)和见18.4l)]减去100 kg，并使用具有该计算质量的测试轮椅车与5.7描述的100 kg的测试假人一起作为测试载荷。如果做不到，（例如，最大额定载荷小于100 kg）可用一个75 kg或更轻的测试假人与测试轮椅车一起作为测试载荷，轮椅车的质量为计算最大额定载荷减去测试假人的质量。记录加载方式和测试结果。

如果测试轮椅车脚托可调，将其调整到最大长度，但离地面的最小距离应为50 mm。

如果可能和必要，可将测试用假人的脚按GB/T 18029.7所示固定在脚踏板上。如果测试用假人脚的位置不可能或与椅座式爬楼梯装置乘坐者的实际情况不符，应调整测试假人脚的位置来模拟真实的坐下位置，然后记录该位置和调整的理由（必要的话）。

如果测试要求将测试用假人牢固的放在座椅或靠背上，按5.15描述固定测试用假人。

将测试轮椅车装载到爬楼梯轮椅车搬运器上，按照生产商的说明将爬楼梯装置置于攀爬状态。

注2：为便于测试或根据生产商推荐，在测试用假人装载到轮椅车上之前，将测试轮椅车装载到爬楼梯轮椅车搬运器上。

注3：如果确定了一种测试模式，可能应用测试用假人、人类测试员或重物，例如可以利用沙包附在背心或外衣上，由测试人员穿着以补充其身体质量，要保持测试人的质心位置尽可能的贴近等效质量的测试用假人。

注意：采取适当的预警措施来保证测试人员和测试人的安全。

6.7 最不利条件的设置

当要求进行最不利条件的设置时，根据要求的测试方向，按如下方法配置爬楼梯装置。

对“向前”或“向下”方向的最不利条件的设置，将爬楼梯装置设置到最不稳定的状态，在向前方向上应符合附录E的要求。将假人的躯干向前倾斜一个角度，使其尽可能地接近与垂线成30°角的位置。如果有乘坐者约束系统，将自动地保持在约束装置允许的最大向前倾斜角度上，不需要乘坐者介入。

对“向后”或“向上”方向的最不利条件的设置，将爬楼梯装置设置到最不稳定的状态，在向后方向上应符合附录E的要求。除非用户手册中有关于爬楼梯装置或运送轮椅车后面附加物品的危险警告，则将代用包挂在手柄或靠背顶部的方便位置处。

对于侧向最不利条件的设置，应按照附录E，将爬楼梯装置设置到侧向最不稳定的状态。

6.8 开关

如果一个特定的测试要求启动相应的爬楼梯装置的操作模式，应按照生产商的说明启动开关。

6.9 操作模式的设置

如果一个特定的测试要求启动指定的操作模式，则按照生产商的说明将爬楼梯装置调整在该操作模式下。

注：改变操作模式可能需要重新配置爬楼梯装置，例如，使座椅或测试轮椅车倾斜以便于攀爬或将其改为竖直位置以便于在水平地面上移动。

7 测试条件

5.1～5.4 给出的测试仪器在测试过程中应使保持位置不变。

环境温度应为 20 ℃±5 ℃，相对湿度应为 30%～75%。

8 斜交角

8.1 原理

确定爬楼梯装置在有斜交角存在情况下的作业能力，测试方法包括爬楼梯装置处于攀爬模式时，在直测试楼梯上有斜交角存在的一系列功能测试及其性能评价。

8.2 步骤

注意：这项测试可能有危险。采取适当的防范措施（例如设置约束装置，以便跌落时能抓住爬楼梯装置）以保证测试人员和测试人的安全。

本测试适用于所有爬楼梯装置。

使用直测试楼梯和上层休息平台执行测试过程。

按第 6 章的规定准备好爬楼梯装置。

按 6.6 的要求，将测试轮椅车（适合的）和适当的测试用假人或真人测试员装到爬楼梯装置上。

将爬楼梯装置置于攀爬模式进行所有测试[8.2a)，b)，c)]。

如果攀爬机构与爬楼梯座椅的座位或靠背之间的角度，或攀爬机构与爬楼梯轮椅车搬运器上的轮椅车之间的角度不能自动形成确定的角度（如偏向于垂直楼梯的方向，以及向楼梯平台和水平地面依靠），应对爬楼梯装置在这两个极端角度上进行两次测试。

按 6.7 的要求，在“向前”方向上，将爬楼梯装置设置为最不利条件。

以最大测试速度（见 6.5.3）贯穿所有测试过程，即使在爬上和退下楼梯平台的过渡过程中。

实施测试不使用扶手，除非用户手册中有放下扶手是危险的警示。

a) 将爬楼梯装置放置在下层休息平台上，斜交角为 9°，除非生产商说明爬楼梯装置的斜交角可超过最小要求的 9°，在这种情况下，可将爬楼梯装置放置在下层休息平台上，斜交角为生产商说明的角度，公差为 $^{+1°}_{0°}$。

b) 按照生产商的推荐使爬楼梯装置爬上楼梯，从下层休息平台到上层休息平台，并按表 1 对其性能进行评分。

c) 以相同的斜交角重复步骤 a)，将爬楼梯装置置于上层休息平台，按照生产商的推荐，使爬楼梯装置爬下楼梯到下层休息平台。

d) 确定和记录测试结果的最低分。

8.3 测试结果的表述

测试结果应按照表 1 进行评价。

表 1 斜交角测试及动态稳定性测试的定量评分系统

观测到的反应		分数
正常运行	所有接触点[a]与测试表面[b]保持接触。 楼梯攀爬与生产商的使用说明一致。 需要的力与生产商的使用说明一致	5
较小的倾覆 正常运行	一个接触点离地(升起)然后返回到测试平面,没有导致整个爬楼梯装置明显倾覆。 楼梯攀爬与生产商的使用说明一致。 需要的力与生产商的使用说明一致	4
瞬时倾覆 需要较大的力	爬楼梯装置的一末端[c]的所有接触点离地(升起)然后返回测试表面。爬楼梯装置的其他部分没有与测试表面接触。 抑或楼梯攀爬与生产商的使用说明一致。 要求的力适度大于正常使用,楼梯攀爬过程未被终止	3
瞬时倾覆并有与其他部分的接触 有适度较大的接触力	爬楼梯装置一末端的所有接触点离地(升起)然后返回测试表面。 接触点以外的爬楼梯装置部分与测试表面有接触。 抑或楼梯攀爬与生产商的使用说明一致。 要求的力适度大于正常使用,接触点以外的爬楼梯装置部分与测试表面有接触,楼梯攀爬过程未被终止	2
局部倾覆 需要显著的力	爬楼梯装置一末端的所有接触点离地(升起),除接触点外的一部分依靠在爬楼梯装置上,但偏离原始位置不超过 10°。 抑或需要的力显著大于正常使用,楼梯攀爬过程被终止	1
完全倾翻 不能完成测试	爬楼梯装置完全倾翻,从其原始位置至少偏离 10°。(除非被约束装置或被测试人员有目的的抓住)。 抑或不能完成测试	0

[a] 接触点是攀爬机构的任意点,测试时接触测试平面。
[b] 测试表面可能分别是水平测试平面,直测试楼梯或上层休息平台。
[c] 爬楼梯装置的末端可能是前端、后端、左侧或右侧。

8.4 检验报告

除第 17 章指定的信息外,检验报告应包括以下内容:

a) 测得的斜交角;
b) 按照 8.3 评价要求的测试结果;
c) 测试中遇到的任何困难;
d) 观察到的与测试有关的任何情况;
e) 测试中途停止及原因。

9 制动性能

9.1 原理

测定制动效果的测试方法包括对爬楼梯装置进行各种制动测试并测量和比较制动距离及观察此装

置在测试中的表现。

注：本测试是 ISO 7176-3 的扩充和改写。

9.2 测试方法

9.2.1 概述

注意：这些测试可能有危险。采取适当的防范措施（例如设置约束装置，以便跌落时能抓住爬楼梯装置）以保证测试人员和测试人的安全。

这些测试适用于所有爬楼梯装置。

按第 6 章的规定准备好爬楼梯装置。

按 6.6 的要求，将测试轮椅车（适合的）和适当的测试用假人或真人测试员装到爬楼梯装置上。

以最大测试速度（见 6.5.3）进行所有测试。

注：9.2 中的一些测试方法要求将爬楼梯装置放置在确认阶次的台阶上，当其长度的一半越过该台阶前缘±50 mm 时，则认为爬楼梯装置已放在确认的台阶上。

9.2.2 在水平地面上的测试

按照 ISO 7176-3 测试爬楼梯装置。

将爬楼梯装置调整为驱动模式（如有），或爬行模式，或攀爬模式（如爬行模式也没有）进行测试。

9.2.3 在楼梯上的测试

9.2.3.1 总则

用直测试楼梯进行测试，将爬楼梯装置调整为攀爬模式。

9.2.3.2 下楼梯制动测试

a) 按照附录 E 将爬楼梯装置放置在台阶 7 上，并将其调整到后退方向最不稳定状态。

注 1：当将爬楼梯装置在后退方向为最不稳定状态时，前进方向测试时则为较稳定状态。

b) 使爬楼梯装置以最大测试速度爬下楼梯。

c) 当攀爬机构的最下侧点接触到台阶 2 时，按照生产商推荐的正常方法开始制动。

d) 启动制动器使其达到最大效力并保持，直到爬楼梯装置完全停止。测量制动距离。

e) 重复测试两次。

f) 计算并记录平均下楼制动距离，以及观察到的与实验有关的情况，例如运动轨迹、失稳、打滑、刹车失效和其他不利情况。

注 2：根据 11.2.3.6 的描述，对于动态稳定性测试，同样需要测试下楼制动距离。

9.2.3.3 上楼梯制动测试

a) 按照附录 E 将爬楼梯装置放置在台阶 2 上，并将其调整到前进方向最不稳定状态。

注 1：当爬楼梯装置在前进方向为最不稳定状态时，后退方向测试时则为较稳定的状态。

b) 使爬楼梯装置以最大测试速度爬上楼梯。

c) 当攀爬机构的最上面点接触到台阶 7 时，按照生产商推荐的正常方法开始制动。

d) 启动制动器使其达到最大效力并保持，直到爬楼梯装置完全停止。测量制动距离。

e) 重复测试两次。

f) 计算并记录平均上楼制动距离，以及观察到的与实验有关的情况，例如运动轨迹、失稳、打滑、制动失效和其他不利情况。

注 2：根据 11.2.3.7 的描述，对于动态稳定性测试，同样需要测试上楼制动距离。

9.2.3.4 重复制动性能

使爬楼梯装置在直测试楼梯上尽可能快地爬上、爬下,并按下述方式操控制动器进行测试。

a) 以爬楼梯装置最大的加速度从台阶 2 上全速上爬,然后使其尽快完全停止在台阶 7 上。

b) 以爬楼梯装置最大的加速度从台阶 7 上全速下爬,然后使它尽快完全停止在台阶 2 上。

c) 连续不停地重复进行五次。

随后,立即执行 9.2.3.2 中描述的制动测试。

计算并记录与下楼梯的制动测试(9.2.3.2)的结果有何不同。

9.3 检验报告

除第 17 章指定的信息外,检验报告应包括以下内容:

a) 按照 9.2.2 的测试结果;

b) 按照 9.2.3 的测试结果;

c) 按照 9.2.3.2 和 9.2.3.3 测量的平均制动距离;

d) 按照 9.2.3.2 和 9.2.3.4 测量的制动距离之间的差异(如果有),以及同时观察到的情况,例如刹车失效、打滑、不稳定(倾翻),或发生的任何其他不利情况;

e) 观察到的与测试有关的任何情况;

f) 测试中途停止及原因。

10 静态稳定性

10.1 总则

确定爬楼梯装置静态稳定性的测试,包括在平地上和阶梯上的一系列的稳定性测试及其观察结果。

注:本项测试是 ISO 7176-1 的扩充和改写。

10.2 测试方法

10.2.1 概述

注意:这些测试可能有危险。采取适当的防范措施(例如设置约束装置,以便跌落时能抓住爬楼梯装置)以保证测试人员和测试人的安全。

这些测试适用于所有爬楼梯装置。

按第 6 章的规定准备好爬楼梯装置。

按 6.6 的要求,将测试轮椅车(适合的)和适当的测试用假人装载到爬楼梯装置上,但不应使用真人测试员。

注:测试要求将爬楼梯装置放置在确认阶次的台阶上,当其长度的一半越过该台阶前缘±50 mm 时,则认为爬楼梯装置已放在确认的台阶上。

进行 10.2.2 和 10.2.3 描述的测试,并使开关处于关闭状态,除非生产商的说明要求当爬楼梯装置在静态的位置时应保持电源接通,这种情况应在测试报告中予以记录。

如果攀爬机构与椅座式爬楼梯装置的座椅及/或靠背之间的角度,抑或攀爬机构与爬楼梯轮椅车搬运器上运载的轮椅车之间的角度没有自动附和(例如,竖立在楼梯上,放置在楼梯平台上和水平地面上)时,将爬楼梯装置调整到两个极端角度重复两次测试。

10.2.2 在水平地面上的静态稳定性测试

10.2.2.1 概述

按照ISO 7176-1的要求实施在水平地面上的静态稳定性测试，并考虑10.2.2.2到10.2.2.4中给出的调整和附加要求。

10.2.2.2 攀爬模式

按ISO 7176-1的要求进行前倾、后倾和侧倾静态稳定性测试，按6.7要求将爬楼梯装置设为攀爬模式，并将其按附录E要求置于测试平面上，使其对每个方向均处于最不稳定状态上的最不利试验设置。

10.2.2.3 爬行模式

如果爬楼梯装置有爬行模式，按ISO 7176-1，进行前倾、后倾和侧倾静态稳定性测试，按6.7要求将爬楼梯装置设为爬行模式，并将其按附录E要求置于测试平面上，使其对每个方向均处于最不稳定状态上的最不利试验设置。

10.2.2.4 驱动模式

如果爬楼梯装置有驱动模式，按ISO 7176-1，进行前倾、后倾和侧倾静态稳定性测试，将其设置为驱动模式，并按附录E要求，使其对每个方向均处于最不稳定状态和最不稳定位置。

10.2.3 在阶梯上的静态稳定性测试

10.2.3.1 概述

在直测试楼梯上进行静态稳定性的测试，采用提升机构使其倾斜。

按10.2.3.2到10.2.3.3的静态稳定性测试，将爬楼梯装置设为攀爬模式。

10.2.3.2 在楼梯上向下倾翻

将已加载的爬楼梯装置放在直测式楼梯上，使其处于正常上行状态，如6.7所述按向下方向最不利条件设置并符合附录E中的向下方向最不稳定位置。

将直测试楼梯翘起使其向下倾斜7°。抑或如果生产商说明爬楼梯装置能够攀爬大于35°的楼梯，则直测试楼梯翘起的角度应比其说明的角度高7°。

记录爬楼梯装置是否保持在稳定位置，并且没有任何不利情况发生。

如果爬楼梯装置在上升和下降时有不同的状态，应对下降模式进行重复测试。

10.2.3.3 在楼梯上向上倾翻

将已加载的爬楼梯装置放在直测试楼梯上。使其处于正常向上攀登状态，如6.7所述按向下方向最不利条件设置并符合附录E中的向下方向最不稳定位置。

将直测试楼梯向上翘起7°。

记录爬楼梯装置是否保持在稳定位置，并且没有任何不利情况发生。

如果爬楼梯装置在上升和下降时有不同的状态，应对爬楼梯装置重复进行下降测试。

10.3 检验报告

除第17章指定的信息外，检验报告应包含下列内容：

a) 按照10.2测试的结果；

b) 按照10.2.2.2、10.2.2.3、10.2.3.2、10.2.3.3角度测量结果；

c) 根据10.2.2.4确定的角度；

d) ISO 7176-1要求的任何信息；

e) 观察到的与测试有关的任何情况。

11 动态稳定性

11.1 总则

确定爬楼梯装置动态稳定性的测试，包括对爬楼梯装置在其各个运动方向进行一系列的稳定性测试，并评价测试的结果。

注1：本测试是GB/T 18029.2的扩充和改写。

注2：动态稳定性测试是在可能会降低稳定性的条件下进行的，这种情况在正常使用爬楼梯装置时会经常碰到的。

11.2 测试方法

11.2.1 概述

注意：这项测试可能有危险。采取适当的防范措施（例如设置约束装置，以便跌落时能抓住爬楼梯装置）以保证测试人员和测试人的安全。

按第6章的规定准备好爬楼梯装置。

按6.6的要求，将测试轮椅车（适合的）和适当的测试用假人或真人测试员装到爬楼梯装置上。

如果攀爬机构与椅座式爬楼梯装置的座椅及/或靠背之间的角度，抑或攀爬机构与爬楼梯轮椅车搬运器上运载的轮椅车之间的角度没有自动附和（例如，竖立在楼梯上，放置在楼梯平台上和水平地面上）时，需将爬楼梯装置调整到两个极端角度重复两次测试。

按6.7的要求，将爬楼梯装置调整为最不利试验设置进行所有方向上的各项测试。

以最大测试速度按顺序进行所有测试（见6.5.3），包括从楼梯平台上爬上爬下。

实施测试不使用扶手，除非用户手册中有放下扶手是危险的警示。

注1：对于一些测试，下楼和上楼刹车距离（分别根据9.2.3.2和9.2.3.3确定）是需要的。

注2：11.2中的一些测试方法要求将爬楼梯装置放置在确认阶次的台阶上，当其长度的一半越过该台阶前缘±50 mm时，则认为爬楼梯装置已放在确认的台阶上。

11.2.2 在水平地面上的动态稳定性

这些测试适用于带驱动模式的爬楼梯装置。

按照GB/T 18029.2对驱动模式的爬楼梯装置进行动态稳定性测试，将爬楼梯装置设为最不稳定的状态和最不稳定的位置，按照附录E进行关于每个方向的测试。

在驱动模式下进行测试。

11.2.3 在楼梯上的动态稳定性

11.2.3.1 概述

这些测试适用于所有爬楼梯装置。

在直测试楼梯上进行这些测试，将爬楼梯装置设为攀爬模式。

在测试的每一个阶段，确认并记录下发生不利情况之处。

注1：可以用录像带分析测试结果。

在每项测试后,立即按照表1评估每项测试的分数。

注2:11.2.3的各项测试可以按任意顺序执行。

11.2.3.2 在上过渡处的上行测试

测试按以下步骤进行:

a) 按6.7所描述,将爬楼梯装置设为最不利测试设置,方向朝下。

b) 将爬楼梯装置放置在台阶3上。

c) 使爬楼梯装置以最大测试速度爬上楼梯,越过楼梯的上过渡处,直到所有要接触到楼梯平台的部分在上层休息平台;在攀爬模式下继续移动,直到离开台阶8至少200 mm,并停止。这个过程要连续进行,不可间断。

d) 再重复测试过程两次,按照表1评估测试结果,在检验报告中记录最低的评分。

e) 按6.7的描述,将爬楼梯装置设置为向上方向最不利测试设置,并重复步骤b)~d)。

11.2.3.3 在上过渡处的下行测试

测试按以下步骤进行:

a) 按6.7所描述,将爬楼梯装置设为最不利测试设置,方向朝下。

b) 将爬楼梯装置放置在直测试楼梯的上层休息平台上,距离台阶8至少200 mm。

c) 使爬楼梯装置以最大测试速度向楼梯运动,越过上面的过渡处向下攀爬,直到完全停留在台阶3上,并停止。这个测试过程要连续进行,不可间断。

d) 再重复测试过程两次,按照表1评估测试结果。在检验报告中记录最低的评分。

e) 按6.7的描述,将爬楼梯装置设置为向下方向最不利测试设置,并重复步骤b)~d)。

11.2.3.4 在下过渡处的上行测试

测试按以下步骤进行:

a) 按6.7所描述,将爬楼梯装置设为最不利测试设置,方向朝下。

b) 将爬楼梯装置放置在下层休息平台上,距离台阶1至少200 mm。

c) 使爬楼梯装置以最大测试速度向楼梯运动,越过下面的过渡处向上攀爬,直到完全停留在台阶5上,并停止。这个过程要连续进行,不可间断。

d) 再重复测试过程两次,按照表1评估测试结果。在检验报告中记录最低的评分。

e) 按6.7的描述,将爬楼梯装置设置为向上方向最不利测试设置,并重复步骤b)~d)。

11.2.3.5 在下过渡处的下行测试

测试按以下步骤进行:

a) 按6.7所描述,将爬楼梯装置设为最不利测试设置,方向朝下。

b) 将爬楼梯装置放置在台阶5上。

c) 使爬楼梯装置以最大测试速度爬下楼梯,越过楼梯的下过渡处,直到所有要接触到楼梯平台的部分在下层休息平台;在攀爬模式下继续移动,直到离开台阶1至少200 mm,并停止。这个过程要连续进行,不可间断。

d) 再重复测试过程两次,按照表1评估测试结果。在检验报告中记录最低的评分。

e) 按6.7的描述,将爬楼梯装置设置为向下方向最不利测试设置,并重复步骤b)~d)。

11.2.3.6 在楼梯上下行制动的动态稳定性

测试按以下步骤进行:

a) 将爬楼梯装置放置在台阶 3 上,将其设为最不利测试设置,如 6.7 所述,并按附录 E 将其置于向下方向的最不稳定位置。
b) 使爬楼梯装置慢慢地爬上楼梯,直到在台阶 3 上的边缘停下,即测下楼制动距离的同一个边缘(见 9.2.3.2)。对着台阶 3 将爬楼梯装置做一标记。
c) 不做任何变动或移位,使爬楼梯装置攀爬到台阶 7。
d) 以最大测试速度让爬楼梯装置爬下楼梯,当标记触及台阶 3 时,按生产商推荐的正常方法,使爬楼梯装置完全停止。
e) 再重复测试过程两次,按照表 1 评估测试结果。在检验报告中记录最低的评分。
f) 重复步骤 a)~e),但当标记触及台阶 3 时,通过向反方向攀爬的指令使爬楼梯装置完全停止。
g) 重复步骤 a)~e),但当标记触及台阶 3 时,通过操作应急开关使爬楼梯装置完全停止。
h) 如果乘坐者坐在爬楼梯装置上时可操作开关,重复步骤 a)~e),但是当标记触及台阶 3 时,通过操作开关使爬楼梯装置完全停止。
i) 如 6.7 所述,将爬楼梯装置放置在台阶 3 上,将其设为最不利测试设置,并按附录 E 将其置于向上方向的最不稳定的姿态。
j) 使爬楼梯装置慢慢地爬上楼梯,直到在台阶 3 上的边缘停下,即测下楼制动距离的同一个边缘(见 9.2.3.2)。对着台阶 3 将爬楼梯装置做一标记。
k) 不做任何改变或移位,使爬楼梯装置攀爬到台阶 7。
l) 以最大测试速度让爬楼梯装置爬下楼梯。当标记触及台阶 3 时,按生产商推荐的正规方法,使爬楼梯装置完全停止。
m) 再重复测试过程两次,按照表 1 评估测试结果。在检验报告中记录最低的评分。
n) 重复步骤 i)~m),但是当标记触及台阶 3 时,通过向反方向的攀爬指令使爬楼梯装置完全停止。
o) 重复步骤 i)~m),但是当标记触及台阶 3 时,通过操作应急开关使爬楼梯装置完全停止。
p) 如果乘坐者坐在爬楼梯装置上时可操作开关,重复步骤 i)~m),但是当标记触及台阶 3 时,通过操作开关使爬楼梯装置完全停止。
q) 确认并记录对应最小动态稳定性的制动过程。

11.2.3.7 在楼梯上上行制动的动态稳定性

测试按以下步骤进行。

a) 将爬楼梯装置放置在台阶 6 上,将其设为最不利测试设置,如 6.7 所述,并按附录 E 将其置于向下方向的最不稳定位置。
b) 使爬楼梯装置慢慢地爬下楼梯,直到在台阶 6 下的边缘停下,即测上楼制动距离的同一个边缘(见 9.2.3.3)。对着台阶 6 将爬楼梯装置做一标记。
c) 不做任何改变或移位,使爬楼梯装置攀爬到台阶 2。
d) 以最大测试速度让爬楼梯装置爬上楼梯,当标记触及台阶 6 时,按生产商推荐的正常方法,使爬楼梯装置完全停止。
e) 再重复测试过程两次,按照表 1 评估测试结果。在检验报告中记录最低的评分。
f) 重复步骤 a)~e),但是当标记触及台阶 6 时,通过向反方向的攀爬指令使爬楼梯装置完全停止。
g) 重复步骤 a)~e),但是当标记触及台阶 6 时,通过操作应急开关使爬楼梯装置完全停止。
h) 如果乘坐者坐在爬楼梯装置上时可操作开关,重复步骤 a)~e),但是当标记触及台阶 6 时,通过操作开关使爬楼梯装置完全停止。
i) 如 6.7 所述,将爬楼梯装置放置在台阶 6 上,将其设为最不利测试设置,并按附录 E 将其置于向上方向的最不稳定的位置。

j) 使爬楼梯装置慢慢地爬下楼梯，直到在台阶6下的边缘停下，即测上楼制动距离的同一个边缘(见9.2.3.3)。对着台阶6将爬楼梯装置做一标记。

k) 不做任何改变或移位，使爬楼梯装置攀爬到台阶2。

l) 以最大测试速度让爬楼梯装置爬上楼梯，当标记触及台阶6时，按生产商推荐的正规方法，使爬楼梯装置完全停止。

m) 再重复测试过程两次，按照表1评估测试结果。在检验报告中记录最低的评分。

n) 重复步骤i)～m)，但是当标记触及台阶6时，通过向反方向的攀爬指令使爬楼梯装置完全停止。

o) 重复步骤i)～m)，但是当标记触及台阶6时，通过操作应急开关使爬楼梯装置完全停止。

p) 如果乘坐者坐在爬楼梯装置上时可操作开关，重复步骤i)～m)，但是当标记触及台阶6时，通过操作开关使爬楼梯装置完全停止。

q) 确认并记录对应最小动态稳定性的制动过程。

11.3 检验报告

除第17章指定的信息外，检验报告应包含以下内容：

a) 按照11.2的测试结果；

b) 根据评估表1对每项测试的最低分数；

c) 测试过程中发生的任何不利情况；

d) 在测试中，任何未采纳生产商推荐的意见的情况，包括未采纳的原因；

e) 观察到的与测试有关的任何情况；

f) 测试中途停止及原因。

12 阶梯过渡的安全性

12.1 原理

确定阶梯过渡的安全性的测试方法，包括模拟在一段楼梯的最高处下行，观察其反应。

12.2 概述

注意：这项测试可能有危险。采取适当的防范措施(例如设置约束装置，以便跌落时能抓住爬楼梯装置)以保证测试人员的安全。

本项测试适用于所有爬楼梯装置。

使用上层休息平台、直测试楼梯和加速构件执行测试。

注：为便于测试和保障安全，可利用两个台阶上面的楼梯平台代替直测试楼梯八个台阶顶部的上层休息平台。

按第6章的规定准备好爬楼梯装置。

按6.6的要求，将测试轮椅车(适合的)和适当的测试用假人装载到爬楼梯装置上，但不应使用真人测试员。

如果攀爬机构与椅座式爬楼梯装置的座椅及/或靠背之间的角度，抑或攀爬机构与爬楼梯轮椅车搬运器上运载的轮椅车之间的角度没有自动附和(例如，竖立在楼梯上，放置在楼梯平台上和水平地面上)时，将爬楼梯装置调整到两个极端角度重复两次测试。

实施测试不使用扶手，除非用户手册中有放下扶手是危险的警示。

12.3 测试步骤

a) 打开开关，但不开动控制装置。

b) 将爬楼梯装置设为前进方向的最不利测试设置。

c) 将爬楼梯装置设为攀爬模式。

按生产商的说明将已装载的爬楼梯装置置于工作位置。将爬楼梯装置放到上层休息平台上，面向前并垂直于台阶前缘，并留有一段向上的试车距离 100 mm±10 mm，(从爬楼梯装置与测试平台接触的最远点到台阶前缘的距离)，使爬楼梯装置保持在这个位置上，但不应制动。

将加速构件的一端固定在爬楼梯装置的框架上，固定点尽可能靠近测试平台表面，如图 6 所示。调整加速构件，用 100±10 N 的力可以使爬楼梯装置沿水行方向向前移动。在测试过程中，注意不要产生任何附加的冲击。

从初始位置释放爬楼梯装置，使其加速向前运动，观察其运动状态。

注意：调节好防止爬楼梯装置跌落的约束装置。

d) 重复 c)，但将爬楼梯装置设为向后方向的最不利测试设置。

e) 重复 c)和 d)，使爬楼梯装置处于惯性运动或被推动模式下运动(如果可用)。

f) 重复 c)和 d)，使爬楼梯装置处于爬行模式(如果可用)。

g) 重复 c)和 d)，使爬楼梯装置处于驱动模式(如果可用)。

h) 重复 c)～g)，但当爬楼梯装置停在上层休息平台时，启用应急系统。

i) 重复 c)～g)，但当静止在上层休息平台时，将开关关闭。

单位为毫米

说明：

1——加速构件；

ª 试车距离。

图 6 带加速装置的台阶过渡安全测试示例

12.4 检验报告

除第 17 章指定的信息外，检验报告应包括以下内容：

a) 爬楼梯装置在测试力作用下是被拉或是被推向前运动的；

b) 在越过台阶前缘之前，爬楼梯装置是否静止在测试平台上；

c) 爬楼梯装置是否被拉或被推过台阶前缘，并停止在第一个台阶上没有再继续运动，且没有不利情形发生；

d) 爬楼梯装置是否被拉或被推过台阶前缘没有停止而继续运动，且没有不利情况发生；

e) 是否爬楼梯装置移动了至少一级并出现失控现象；

f) 爬楼梯装置是否向任何方向倾翻；

g) 在测试中，任何未采纳生产商推荐的意见的情况，包括未采纳的原因；

h) 观察到的与测试有关的任何情况；

i) 测试中途停止及原因。

13 静态强度、冲击强度和疲劳强度

13.1 原理

确定爬楼梯装置的静态强度、冲击强度和疲劳强度的测试方法，包括对同一爬楼梯装置进行一系列的静态强度、冲击强度和疲劳强度测试，并对其表现进行评价。

13.2 概述

注意：这些测试可能有危险。采取适当的防范措施（例如分离时抓住部件的约束装置）以保证测试人员和测试人的安全。

按第6章的要求准备好爬楼梯装置。

根据爬楼梯装置的结构，可能不能进行a)～d)中列出的所有项目的检测，应在检验报告中记录这些不能进行的项目以及排除的理由。

静态强度、冲击强度和疲劳强度的测试按下列顺序进行：

a) 按照GB/T 18029.8的规定进行静态强度测试；

b) 按照13.3.1和13.3.2的规定进行静态强度测试；

c) 按13.4的规定进行冲击强度测试；

d) 按13.5的规定进行疲劳强度测试。

注1：a)和b)中的静强度测试可按任何顺序进行。

注2：c)中的冲击强度测试可按任何顺序进行。

13.3 静态强度测试

13.3.1 装载系统的静强度测试

本项测试适用于所有爬楼梯装置。

只在爬楼梯轮椅车搬运器上进行这项测试，使用水平测试平面并将爬楼梯装置设为攀爬模式。

装载爬楼梯装置与测试轮椅车，按生产商的推荐进行配置，使测试轮椅车由连接设备承载。

注：测试轮椅车可被连接到爬楼梯装置上或逆向进行。

如果需要调整测试轮椅车与爬楼梯装置之间的角度以适应从水平地面驱动变为爬楼梯状态，应按生产商的推荐方式调整爬楼梯角度。

如果测试轮椅车的生产商说明，测试轮椅车的座椅或靠背可以后倾，或者测试轮椅车能放置为多种位置（如后躺和竖立），则选择一个座椅平面角最小的角度。

按6.6的要求，选择合适的测试用假人置于测试轮椅车的座椅上，但不应使用真人测试员。

按生产商的规定，将已装载的爬楼梯装置放置在水平测试平面上的一个位置，即在攀爬前或攀爬后在一个楼梯平台上站立时的位置。

设置约束措施以防止爬楼梯装置由于测试施加的力而产生的运动。

开始测试之前，采取预防爬楼梯装置倾翻的措施。

约束装置应尽可能靠近爬楼梯轮椅车搬运器的装载点，但不能正好在装载点处。

对于装有两个独立扶手的爬楼梯装置，要同时约束两个扶手。注意防止约束装置增加及/或释放载荷而影响测试载荷。

按下列方法施加测试载荷：

a) 测试力应垂直作用(测试开始时)；

b) 当平行于假人膝部测量时，测试力应施加在假人膝部的上表面，在假人膝表面的宽度一半和假人铰链前 280 mm±10 mm 处。

缓慢加载，直到力 F(N)达到下式的值

$$F = 0.5 \times g \times (m_D + m_{TW})$$

式中：

g ——重力常量等于 9.81 m/s^2；

m_D ——测试用假人的质量，单位为千克(kg)；

m_{TW}——测试轮椅车的质量，单位为千克(kg)。

如果生产商说明爬楼梯装置能承受超过要求的最小力 F，则应按生产商说明的力测试。

保持负载 5 s～10 s，然后卸载。

记录产生的裂纹、破裂或明显的变形和需要紧固、调整或更换的零件。

13.3.2 扶手静强度测试

本项测试仅适用于带有向后及/或向上翘起的扶手的爬楼梯装置。不适用于带有横杆的扶手。

注：进行此项测试对承载无要求。

将爬楼梯装置调整为驱动模式(如有)，或爬行模式，或攀爬模式(如爬行模式也没有)进行测试。

将爬楼梯装置放在水平测试平面上，并按 GB/T 18029.8 规定的方法对扶手进行测试。

在扶手的结构上标记基准点的位置，作为以后任何有关扶手位移的测试数据。

按照 GB/T 18029.8—2008 中的 8.7 进行测试，拉力为 750 N。

如果生产商说明爬楼梯装置可以超过这个力，应采用生产商说明的力。

记录扶手上标记的基准点的任何移动，以及产生的裂纹、破裂或明显变形以及需要紧固、调整或更换的零件，作为测试的结果。

13.4 冲击强度测试

本项测试适用于有驱动模式的爬楼梯装置。

按 6.6 的要求，将测试轮椅车(适合的)和适当的测试用假人装载到爬楼梯装置上，但不应使用真人测试员。

将爬楼梯装置置于水平测试平台上，在驱动模式下进行冲击强度测试。

本项爬楼梯装置的冲击强度测试按照 GB/T 18029.8—2008 的第 9 章的规定进行。

不应测试不属于爬楼梯装置的部件，例如测试轮椅车的脚托、靠背或手圈等。

记录产生的裂纹、破裂或明显变形和需要紧固、调整或更换的零件，作为测试的结果。

13.5 疲劳强度测试

13.5.1 概述

按 6.6 的要求，将测试轮椅车(适合的)和适当的测试用假人或真人测试员装到爬楼梯装置上。

本项测试适用于所有爬楼梯装置。

13.5.2 测试循环数

13.5.2.1 无驱动模式的爬楼梯装置

按照13.5.3的规定，无驱动模式的爬楼梯装置应进行最少攀爬150 000个台阶的测试。如果该装置的生产商说明，爬楼梯装置能超过最小要求的攀爬150 000个台阶，则应延长测试次数直到达到生产商说明的台阶数。

注：最小150 000个台阶的要求是基于5年生活每天大约攀爬82个台阶确定的。

13.5.2.2 有驱动模式的爬楼梯装置

有驱动模式的爬楼梯装置应在GB/T 18029.8—2008的10.4中指定的双辊测试机上进行133 333转循环测试，如果带有驱动模式的爬楼梯装置生产商说明爬楼梯装置能超越最小的133 333转的要求，则应在双辊测试机器上，延长测试直到完成生产商说明的转数。

注1：这个值是200 000转的2/3，是按照GB/T 18029.8在双辊测试机上测试一个轮椅车的最小要求转数。

此外，爬楼梯装置应按照13.5.3的要求测试攀爬50 000个台阶，如果有驱动模式的爬楼梯装置的生产商说明爬楼梯装置能超越最小要求的攀爬50 000个台阶，则应延长测试直到说明的台阶数完成。

注2：该值是没有驱动模式的爬楼梯装置的最小要求。

13.5.3 测试的安排

13.5.3.1 概述

按照13.5.3.2和13.5.3.3中给出的两个可选的测试方法中的一种进行疲劳测试。

注：攀爬可在上楼及/或下楼时执行。

13.5.3.2 使用直测试楼梯的测试安排

将爬楼梯装置设为攀爬模式。

测试的速度尽可能接近台阶/s。

按生产商的推荐，使爬楼梯装置在楼梯上爬上及/或爬下整个直测试楼梯，使用真人测试员进行。

注：本项测试可能需要为爬楼梯装置准备备用能源，或制定测试过程中充电或替换电池的措施。

应定期性地检查测试轮椅车(如果使用)和测试用假人或真人测试员的位置，如果必要则应纠正。

执行测试直到爬楼梯装置失效或完成13.5.2中要求的台阶数，然后停止。

记录产生的任何裂纹、破裂或明显变形和需要紧固、调整或更换的零件。

13.5.3.3 使用自动扶梯测试机的测试安排

使用附录F中指定的自动扶梯测试机。

将爬楼梯装置放在自动扶梯测试机上，使攀爬机构的所有部分处于直测试楼梯的直段内(见图7和图8)。

将爬楼梯装置设为攀爬模式。

在爬楼梯装置的框架上设置纵向限制装置，使其尽可能靠近台阶的坡度线。

设置爬楼梯装置的限制装置，使其平行于坡度线，公差为±10°，以便爬楼梯装置能沿着坡度线自由移动30 mm±5 mm。

注意避免限制装置产生任何的力，使爬楼梯装置偏移或扭曲。

设置限制装置以保证不让爬楼梯装置横向移动超过中点±50 mm。

调节自动扶梯测试机的缓行器，使爬楼梯装置平稳运动，当它爬上楼梯时，使其在自动扶梯测试机器上尽可能保持静止。调节缓行器，使纵向限制装置的牵拉力不超过负载的爬楼梯装置总重的5%。

注1：由于复杂的运动学问题产生的自动扶梯测试机速度的微小变化可以忽略。

测试的速度尽可能接近台阶/s。

注2：本项测试可能需要为爬楼梯装置准备外接能源，或制定测试过程中充电或替换电池的措施。

根据生产商的用法说明进行攀爬。

应定期性地检查测试轮椅车（如果使用）和测试用假人或真人测试员的位置，如果必要则应纠正。

执行测试直到爬楼梯装置失效或完成13.5.2中要求的台阶数，然后停止。

记录发生的任何裂纹、破裂或明显变形和需要紧固、调整或更换的零件。

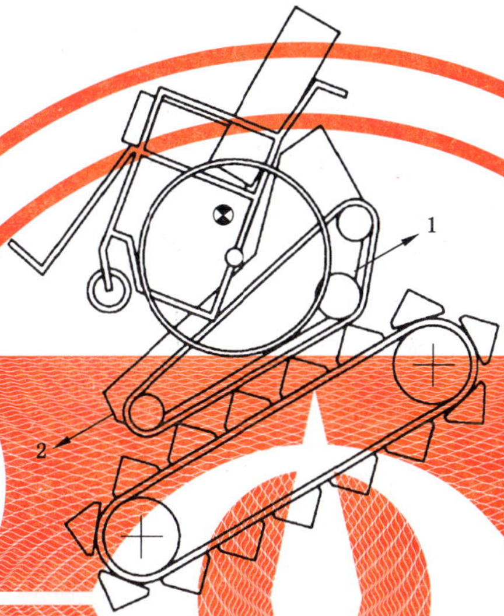

说明：

1——上端纵向限制装置；

2——下端纵向限制装置。

图7　带有履带的爬楼梯装置在自动扶梯测试机上

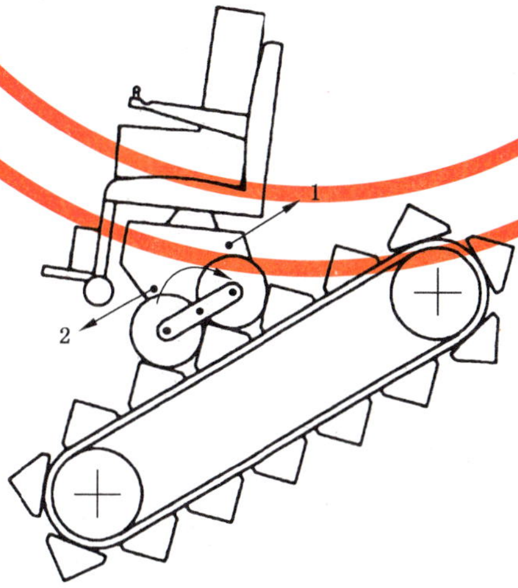

说明：

1——上端纵向限制装置；

2——下端纵向限制装置。

图8　带轮系的爬楼梯装置在自动扶梯测试机上

13.6 结果表述

在完成13.2a)～d)中规定的所有测试之后，检查爬楼梯装置，确定它是否满足4.6的要求。

检查测试记录，确定某些部分是否被调整、紧固或更换多于一次。

测试爬楼梯装置的所有动力操作系统，以证实是否如生产商所描述的运行。

检验所有附件，确定是否如生产商所期望的附着/分离。

如果不满足4.6中的任何一项要求，则对爬楼梯装置的此项测试应判定为失败。

13.7 检验报告

除第17章指定的信息外，检验报告应包含以下内容：

a) 陈述爬楼梯装置是否满足4.6中的要求；

b) 说明根据13.6评估确定的任何失败和在测试过程中爬楼梯装置的状态；

c) 陈述爬楼梯装置是否满足生产商说明的高于最低要求的指标；

d) 在测试中，任何未采纳生产商推荐的意见的情况，包括未采纳的原因；

e) 观察到的与测试有关的任何情况；

f) 测试中途停止及原因。

14 气候安全性

14.1 原理

确定爬楼梯装置气候安全性的测试方法，包括按照ISO 7176-9给出的气候试验方法，对爬楼梯装置进行测试，然后通过功能检查的方法评估它的功能。

14.2 测试方法

14.2.1 概述

注意：该项测试可能有危险。采取适当的防范措施（例如设置隔热和隔冷装置）以保证测试人员和测试人的安全。

按第6章的要求准备好爬楼梯装置。

当将爬楼梯装置置于环境测试条件时，爬楼梯装置不应装上测试轮椅车、测试用假人或真人测试员。

按6.6的要求进行功能检查时，使爬楼梯装置装上测试轮椅车（适合的）和适当的测试用假人或真人测试员。

14.2.2 在水平地面上的测试

本项测试适用于有驱动模式及/或爬行模式的爬楼梯装置。

按ISO 7176-9的要求对爬楼梯装置进行测试，爬楼梯装置应设为驱动模式（如果可用）和爬行模式（如果可用）。

14.2.3 在楼梯上的测试

本项测试适用于所有爬楼梯装置。

按照ISO 7176-9的要求测试爬楼梯装置，并做下列修改和补充。

a) 将爬楼梯装置设为攀爬模式。

b) 在与上层休息平台相衔接的直测试楼梯上以最大的推荐速度(见 6.5.2)进行功能检查,在设置环境条件之前和每项特定测试后,执行以下步骤:将加载的爬楼梯装置放在下层休息平台前 200 mm,使其向楼梯爬行,并至少攀爬四个台阶,进行制动直到完全停止,然后向上层休息平台爬行 200 mm 并停止,然后再爬行回到楼梯,并向下攀爬至少四个台阶,进行制动直到完全停止,最后向下攀爬到下层休息平台,爬行 200 mm 并停止。

14.3 检验报告

除第 17 章指定的信息外,检验报告应包含以下内容:

a) 陈述爬楼梯装置是否符合 4.7 的要求;

b) 测试后,爬楼梯装置的任何功能变化;

c) 测试后,装置破损的证据;

d) 观察到的与测试有关的任何情况。

15 电磁兼容性(EMC)

15.1 原理

确定爬楼梯装置电磁兼容性的测试方法,包括按照 ISO 7176-21 进行电磁兼容性测试,并做修改和补充,观察执行 ISO 7176-21 的情况。

15.2 测试方法

15.2.1 概述

注意:这些测试可能有危险。采取适当的防范措施(例如设置进入限制)以保证测试人员安全。

这些测试适用于所有爬楼梯装置。

按第 6 章的规定准备好爬楼梯装置,但不要装上测试轮椅车、测试用假人或真人测试员。

15.2.2 在水平地面上测试

按照 ISO 7176-21 检测爬楼梯装置,将爬楼梯装置调整为驱动模式(如有),或爬行模式,或攀爬模式(如爬行模式也没有)进行测试。

15.2.3 在楼梯上测试

按照 ISO 7176-21 的要求测试爬楼梯装置,并作如下修改:

a) 将爬楼梯装置设为攀爬模式。

b) 以 3.22 到 3.24 给出的定义替换 ISO 7176-21 中给出的参考平面的定义。

c) 按照 14.2.3b)核实功能要求。

d) 构造支撑系统支撑住爬楼梯装置,使其处于有 30°±5°坡度的楼梯状态。

e) 替换轮速监视器为速度监视器,则

  1) 能监视到每个攀爬机构的速度,精确度为 5%。

  2) 能计算平均速度的变化,和差动速度变化(如果攀爬机构能差动驱动)。平均轮速度变化和差动轮速度变化是由测得的攀爬机构的速度按照 ISO 7176-21 的中的公式求得。

  3) 有一个不超过 0.1s 的时间常量。

  4) 在爬楼梯装置和地面之间不能有任何导电的线路。

  5) 不要对测试过程中所测的或产生的电磁场过于敏感或感到不安。

f) 替换 ISO 7176-21:2003,7.1 中的轮椅车装配,按照 6.2～6.5,6.8 和 6.9 设置爬楼梯装置,但不要安装测试轮椅车和测试用假人,并且不使用最不利测试设置。只有功能检查时,可以使用真人测试员。如果爬楼梯装置在测试中要发生倾斜,采用非溢出式或密封式电池。

15.3 测试报告

除第 17 章中指定的信息外,检验报告应包含以下内容:

a) 陈述爬楼梯装置是否符合 4.10 中提出的要求;

b) 在测试中,任何未采纳生产商推荐的意见的情况,包括未采纳的原因;

c) 观察到的与测试有关的任何情况;

d) 测试中途停止及原因。

16 安全装置

16.1 原理

确定爬楼梯装置装有的安全装置的功能的测试方法,包括对爬楼梯装置的安全装置的一系列功能测试,并按 4.11 中的有关规定评价其性能。

除了攀爬模式的退出限制测试(见 16.2.5),这些测试适用于所有爬楼梯装置。

16.2 测试方法

16.2.1 开关

将爬楼梯装置置于水平测试平台上。关闭开关,在任何操作模式下移动爬楼梯装置。记录爬楼梯装置的任何移动情况。

将爬楼梯装置放在直测试楼梯上并重复测试。

注 1:有操纵模式爬楼梯装置,其开动取决于爬楼梯装置是放置在水平地面还是在楼梯上。

注 2:对于这项测试,爬楼梯装置是否装上测试轮椅车(适合的)和测试用假人或真人测试员不重要。

16.2.2 “切断”动力

断开爬楼梯装置的电池组,连接上 ISO 7176-14 中指定的直流电源或电压电源,代替同样在 ISO 7176-14 中指定的断路器和电流表。

关闭爬楼梯装置,调节电压电源,使爬楼梯装置的电压等于电池组标准电压 ${}^{+10\%}_{0}$。记录稳态的电流值。

注 1:当他们接通时,一些爬楼梯装置会引起瞬时电流,其值会比稳态的电流值大很多。在测试中,这样的瞬时电流能超过电流表的负载。电流表可能会被分路,直到电流达到稳态值。

注 2:对这项测试,爬楼梯装置是否装上测试轮椅车(适合的)和测试假人或真人测试员不重要。

16.2.3 应急系统

将直测试楼梯连接到上层休息平台,并将它们置于水平测试平面上。

按第 6 章的要求准备好爬楼梯装置。

按 6.6 的要求,将测试轮椅车(适合的)和适当的测试用假人或真人测试员装到爬楼梯装置上。

将爬楼梯装置设为攀爬模式。

将爬楼梯装置放在上层休息平台上,并按附录 E 的要求调整到后退方向的最不稳定状态。

注 1:将爬楼梯装置设为后退方向的最不稳定状态,是为了爬楼梯装置在前进方向更为稳定的状态下测试。

以最大的推荐速度使爬楼梯装置爬下楼梯，如 6.5.2 所述。

当攀爬机构接触到直测试楼梯的第 4 个台阶时，开动生产商指定的应急系统，观察爬楼梯装置是否停止。

如果爬楼梯装置不停止，终止测试并记录结果和从测试中观察到的现象。

如果爬楼梯装置停止，除生产商为应急系统的失灵设置的使用操纵，在任何单个使用操纵或多个使用操纵的组合之后，尝试借助其自有的动力在楼梯上上下攀爬。观察爬楼梯装置是否保持在它的位置上。

如果爬楼梯装置移动，终止测试并记录结果和从测试中观察到的现象。

注 2：除生产商为应急系统的失灵设置的使用操纵，重复不同的单个使用操纵，然后重复不同的多个使用操纵的组合，直到作完所有选项。

将爬楼梯装置置于楼梯上，关闭开关，等待至少 10 s。再次打开开关，在任何单个使用操纵和多个使用操纵的组合之后，排除生产商为应急系统的失灵设置的使用操纵，尝试借助其自有的动力在楼梯上上下攀爬。观察爬楼梯装置是否保持在它的位置上。

注 3：除生产商为应急系统的失灵设置的使用操纵，重复不同的单个使用操纵，然后重复不同的多个使用操纵的组合，直到作完所有选项。

如果爬楼梯装置移动，终止测试并记录结果和从测试中观察到的现象。

将爬楼梯装置放在楼梯上，应急系统处于激活状态，然后按生产商的指定关闭应急系统。在爬楼梯装置接到任何运动指令之前，确定这个过程是否需要多个使用操纵。然后让爬楼梯装置爬上和爬下至少 3 个台阶。观察爬楼梯装置的任何不正常状况。

按附录 E 的要求将爬楼梯装置设为前进方向的最不稳定状态之后，重复这些测试，并在开始从下层休息平台向上时以 6.5.2 要求的最大推荐速度向上爬楼。

注 4：将爬楼梯装置设为前进方向的最不稳定状态，是为了爬楼梯装置在后退方向更为稳定的状态下测试。

16.2.4 电池电量指示器

按第 6 章的要求准备好爬楼梯装置，不必将电池充电到按 6.3 描述的额定容量的 75%，因为测试仅仅要求电池电量大于残留电量的状态下启动。

将直测试楼梯连接到上层休息平台，并将它们置于水平测试平面上。

按 6.6 的要求，将测试轮椅车（适合的）和适当的测试用假人或真人测试员装到爬楼梯装置上。

将爬楼梯装置设为攀爬模式。

按 6.5.2 的描述，以最大的推荐速度执行测试。

驱动爬楼梯装置从下层休息平台到上层休息平台，再回到下层休息平台，直到电池电量指示器显示电池只剩最小残留电量。继续让爬楼梯装置爬上和爬下，同时计数爬上爬下的台阶数，直到爬楼梯装置因电池缺电而停止。

记录在第一次指示最小残留电量到测试截止之间爬上的台阶数和爬下的台阶数。

16.2.5 攀爬模式的退出限制

注意：这项测试可能有危险。采取适当的防范措施（例如设置约束装置，以便跌落时能抓住爬楼梯装置）以保证测试人员和测试人的安全。

本项测试适用于有攀爬模式和其他操作模式的爬楼梯装置，除非生产商书面说明，退出或不顾攀爬模式，或在楼梯上改变到攀爬模式以外的操作模式是需要的/允许的。

按第 6 章的要求准备好爬楼梯装置。

注：测试要求将爬楼梯装置放置在确认阶次的台阶上，当其长度的一半越过该台阶前缘±50 mm 时，则认为爬楼梯装置已放在确认的台阶上。

将直测试楼梯连接到上层休息平台，并将它们置于水平测试平面上。

按6.6的要求，将测试轮椅车（适合的）和适当的测试用假人或真人测试员装到爬楼梯装置上。

将爬楼梯装置设为攀爬模式。

如6.5.2所描述，以最大的推荐速度进行如下测试。

a) 将爬楼梯装置放在上层休息平台上，沿直测试楼梯向下攀爬到台阶4并停止。当停留在楼梯上时，尝试退出攀爬模式。如果退出攀爬模式是可能的，尝试以攀爬模式以外的任何操作模式在楼梯上上下移动爬楼梯装置。
b) 重复a)但不退出攀爬模式，当爬楼梯装置在楼梯上时，尝试进入另一种与攀爬模式不同的模式。如果进入任何与攀爬模式不同的模式是可能的，尝试按这种模式在楼梯上上下移动。
c) 重复a)，但当爬楼梯装置处于楼梯上时启动应急系统。尝试在任何操模式下在楼梯上上下移动爬楼梯装置。然后关闭应急系统，尝试进入除攀爬模式以外的任何操作模式，使爬楼梯装置在楼梯上上下移动。
d) 重复a)但当爬楼梯装置处在楼梯上时关闭开关。等待至少10 s，再次打开开关。尝试以攀爬模式以外的任何操作模式在楼梯上上下移动爬楼梯装置。
e) 重复a)但不在台阶4上停止继续向下攀爬。当越过台阶4时，不中断输入设备的最高速度指令，尝试退出攀爬模式。如果退出攀爬模式是可能的，尝试除攀爬模式以外的任何操作模式在楼梯上上下移动。
f) 重复a)但不在台阶4上停止继续向下攀爬。当越过台阶4时，不要退出攀爬模式，并且不中断输入设备的最高速度指令，尝试进入除攀爬模式以外的任何操作模式。如果进入任何除攀爬模式以外的操作模式是可能的，尝试以攀爬模式以外的任何操作模式在楼梯上上下移动爬楼梯装置。
g) 重复a)但不在台阶4上停止继续向下攀爬。当越过台阶4时，不要退出攀爬模式，并且不中断输入设备的最高速度指令，启动应急系统。尝试在任何操作模式下在楼梯上上下移动爬楼梯装置。然后切断应急系统，尝试进入除攀爬模式以外的任何操作模式。尝试以攀爬模式以外的任何操作模式在楼梯上上下移动爬楼梯装置。
h) 重复a)但不在台阶4上停止继续向下攀爬。当越过台阶4时，不要退出攀爬模式，并且不中断输入设备的最高速度指令，关闭开关。等待至少10 s，再次打开开关。尝试以攀爬模式以外的任何操作模式在楼梯上上下移动爬楼梯装置。
i) 重复a)～h)，但让爬楼梯装置从下层休息平台开始沿直测试楼梯向上攀爬。

16.3 检验报告

除第17章中指定的信息外，检验报告应包含以下内容：

a) 陈述爬楼梯装置是否符合4.11中所有的要求；
b) 每项测试的结果；
c) 在测试中，任何未采纳生产商推荐的意见的情况，包括未采纳的原因；
d) 观察到的与测试有关的任何情况。

17 检验报告

除每项测试记录的数据，检验报告应包含以下信息：

a) 按照GB/T 18029.24要求执行测试的陈述；
b) 检验机构的名称和地址；
c) 爬楼梯装置生产商的名称和地址；

d) 检验报告的结果数据；
e) 爬楼梯装置的类型和任何系列和批数(如可能,包括按照附录 A 的分类)；
f) 按 6.2 测试时爬楼梯装置的装备和参考配置,包括任何可调节部件的位置；
g) 测试轮椅车(如果使用)的名称、款式和质量；
h) 测试用假人(或真人测试员及配重)的质量；
i) 任何与第 6 章的要求的偏离,包括原因；
j) 测试状态下爬楼梯装置的照片；
k) 实际测试条件(如第 7 章指定的)；
l) 关于爬楼梯装置是否符合本部分的所有要求的陈述；
m) 按照本部分所进行的各种测试的结果和细节。

18 标识和文件

18.1 概述

生产商提供的文件和标识应符合 ISO 7176-15 的要求,此外还应符合爬楼梯装置销售国市场的官方语言。

18.2 标签

每台爬楼梯装置应有永久性的和容易看到的标识。标识应包含以下内容：
a) 最大额定载荷,单位为千克(kg)：
——椅座式爬楼梯装置的最大乘坐者质量；
——爬楼梯轮椅车搬运器的总质量(运输轮椅车的质量加乘坐者的质量)。
b) 说明“使用之前,乘坐者应经过有资质训练师的训练”。

18.3 用户手册

用户手册应提供以下信息：
a) 基于用户手册和生产商提供的其他文件中公开的产品预期用途,说明其符合本部分要求的陈述；
b) 推荐的要运载的轮椅车类型和模式(只对爬楼梯轮椅车搬运器而言)；
c) 最大额定载荷,单位为千克(kg)：
——椅座式爬楼梯装置的最大乘坐者质量；
——爬楼梯轮椅车搬运器的总质量(运输轮椅车的质量加乘坐者的质量)。
d) 对“使用前,乘坐者应经过有资质的训练者的训练”的训练效果的说明；
e) 如果爬楼梯装置装有体前支撑,应说明“当使用爬楼梯装置时,应使用体前支撑”(见附录 B)的执行效果；
f) 关于“与使用一般轮椅车相比,使用爬楼梯装置可能要承担高度风险和需要有较强的操作能力”的效果的陈述；
g) 可以安全爬越的楼梯的最大坡度；
h) 该爬楼梯装置是否用于螺旋楼梯；
i) 爬楼梯装置的类型包括其分类(按照附录 A)及其系列和批号；
j) 可允许的楼梯台阶高度及/或台阶深度尺寸的限制和对楼梯表面的限制,例如堆积的地毯；
k) 可允许的上层休息平台和下层休息平台斜度的限制；
l) 根据附录 D 定义的推荐的最大攀爬速度,以台阶/分为单位,和最大驱动速度(如果采用),以

m/s 为单位；

m） 关于如果乘坐者没注意到及/或没按照生产商说明操作，使用爬楼梯装置是危险的警告；

n） 关于“使用测试用假人（合适的）和标准测试轮椅车进行的稳定性测试的结果与真实情况可能不同”的说明；

o） 如果为便于搬运，爬楼梯装置可以拆解，其中质量大于 10 kg 的零部件如没有提供适当的操作提手，用户手册应指出零部件可以安全提起的点及/或给出装配的操作方法；

p） 如果爬楼梯装置带有靠枕，并且使用爬楼梯装置要求座椅或靠背放置在与垂直面之间大于

q） 25°角的位置，应说明“当使用爬楼梯装置时，应当使用靠枕”。

18.4 生产商的说明书

生产商的说明书应提供以下信息：

a） 占用长度（见附录 G）；

b） 占用宽度（见附录 G）；

c） 回转宽度（类型 1），如果采用（见附录 G）；

d） 回转宽度（类型 2），如果采用（见附录 G）；

e） 直楼梯的最小楼梯宽度（见附录 G）；

f） U 型楼梯最小楼梯平台面积（见附录 G）；

g） 螺旋楼梯的最小外廓楼梯半径，如果采用（见附录 G）；

h） 螺旋楼梯的最小内廓楼梯半径，如果采用（见附录 G）；

i） 空载爬楼梯装置的总质量，单位为千克（kg）；

j） 当为运输或装载的目的而不用工具拆解时，爬楼梯装置中最重的零部件质量，单位为千克（kg）；

k） 推荐要搬运的轮椅车类型和模式（只对爬楼梯轮椅车搬运器）；

l） 最大额定载荷，单位为千克（kg）：

——椅座式爬楼梯装置的最大乘坐者质量；

——爬楼梯轮椅车搬运器的总质量（运输轮椅车的质量加乘坐者的质量）。

m） 推荐的最大攀爬速度，以台阶/分为单位，和最大推荐的驱动速度（如有），以 m/s 为单位；

n） 可以安全爬越的楼梯最大坡度，以度为单位；

o） 可允许的楼梯台阶高度及/或台阶深度尺寸的限制和对楼梯表面的限制，例如堆积的地毯；

p） 可允许的上层休息平台和下层休息平台斜度的限制；

q） 该爬楼梯装置是否用于螺旋楼梯；

r） 根据附录 H 要求，在电池放完电前，爬楼梯装置能攀爬的理论的台阶数。

附　录　A
（规范性附录）
爬楼梯装置类型的典型表示法

表 A.1 表示爬楼梯装置分类的最普通方法。

该附录概述了不同类型的爬楼梯装置，包括护理者操作的爬楼梯装置。对护理者操作的爬楼梯装置的要求和测试方法在 GB/T 18029.23 中给出。

表 A.1　爬楼梯装置的分类

护理者操作的爬楼梯装置				乘坐者操纵的爬楼梯装置			
自立式		平衡式		自立式		平衡式	
椅座式爬楼梯装置	爬楼梯轮椅车搬运器	椅座式爬楼梯装置	爬楼梯轮椅车搬运器	椅座式爬楼梯装置	爬楼梯轮椅车搬运器	椅座式爬楼梯装置	爬楼梯轮椅车搬运器
类型 A	类型 B	类型 C	类型 D	类型 E	类型 F	类型 G	类型 H
见图 A.1	见图 A.2	见图 A.3	见图 A.4	见图 A.5	见图 A.6	见图 A.7	目前没有范例

爬楼梯装置也可根据其能力进行分类，分为只能攀爬直楼梯、直楼梯和螺旋楼梯两者皆能爬两种。

爬楼梯装置的另一种分类方法是，是否与驱动模式相组合（目前类型 A、类型 C、类型 D、类型 E 和类型 G 中的一些爬楼梯装置具有驱动模式）。

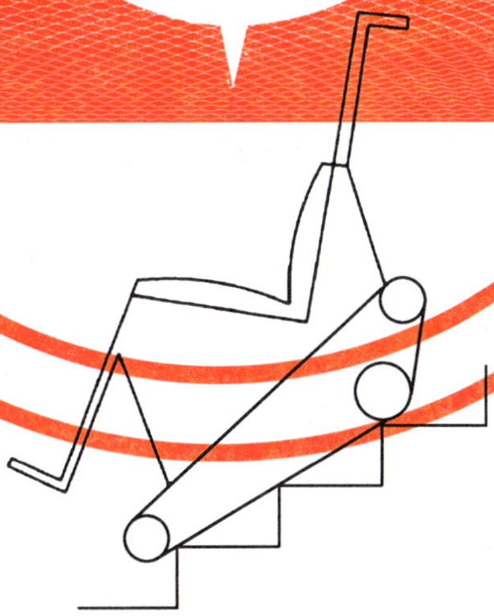

图 A.1　护理者操作的自立式椅座式爬楼梯装置的典型代表（类型 A）

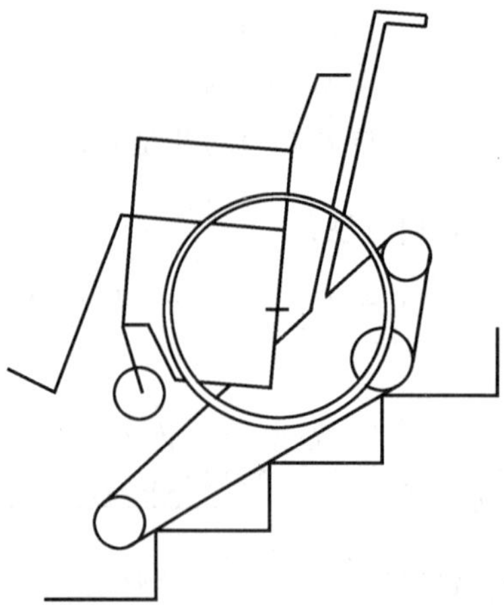

图 A.2 护理者操作的自立式轮椅车搬运器的典型代表(类型 B)

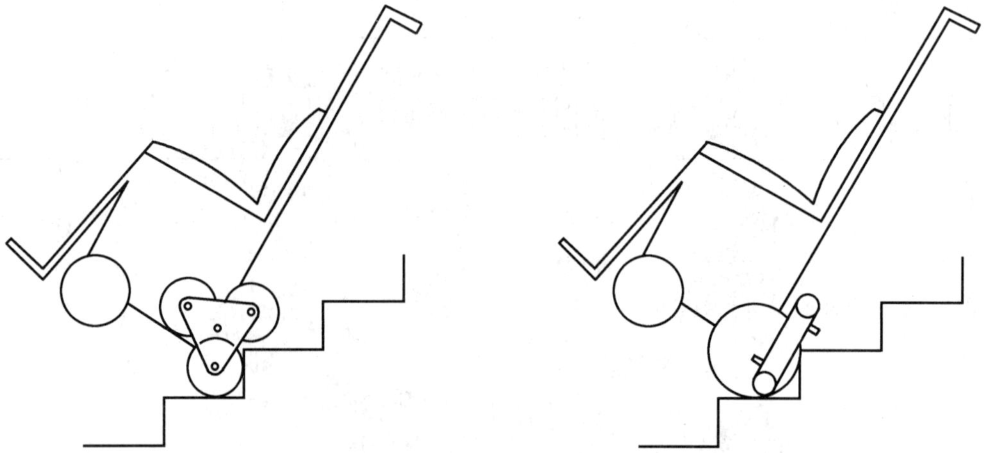

图 A.3 护理者操作的平衡式椅座式爬楼梯装置的典型代表(类型 C)

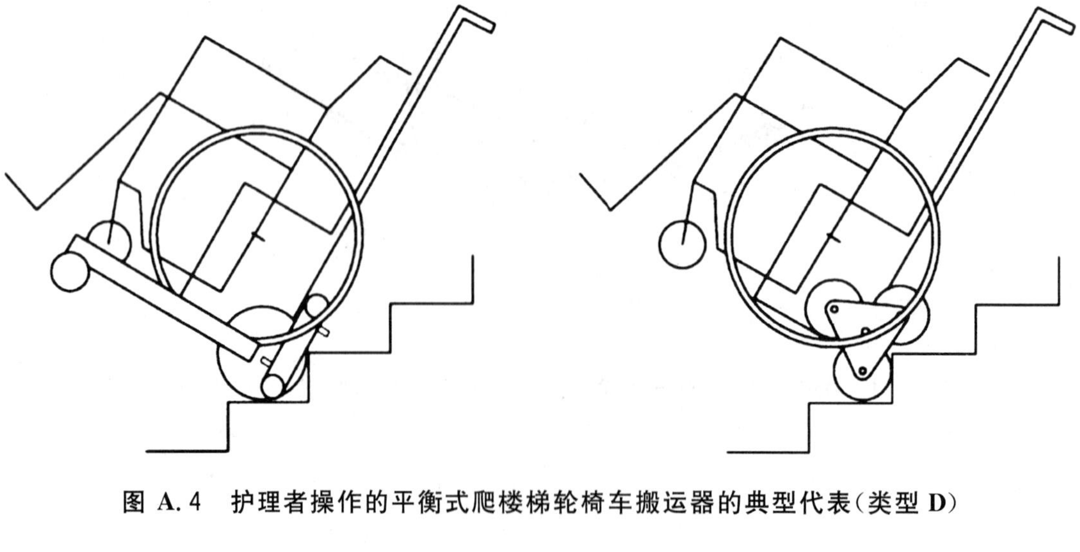

图 A.4 护理者操作的平衡式爬楼梯轮椅车搬运器的典型代表(类型 D)

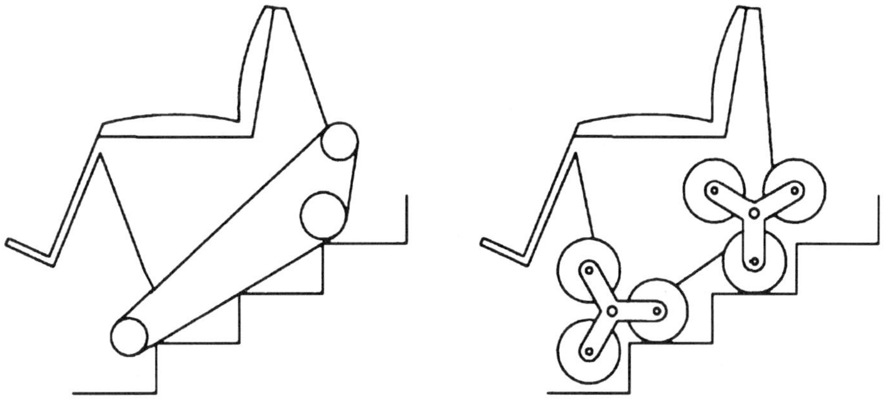

图 A.5 乘坐者操纵的自立式椅座式爬楼梯装置的典型代表(类型 E)

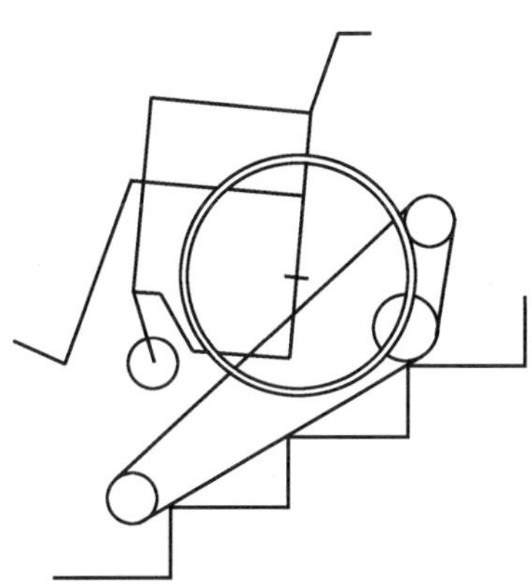

图 A.6 乘坐者操纵的自立式轮椅车搬运器的典型代表(类型 F)

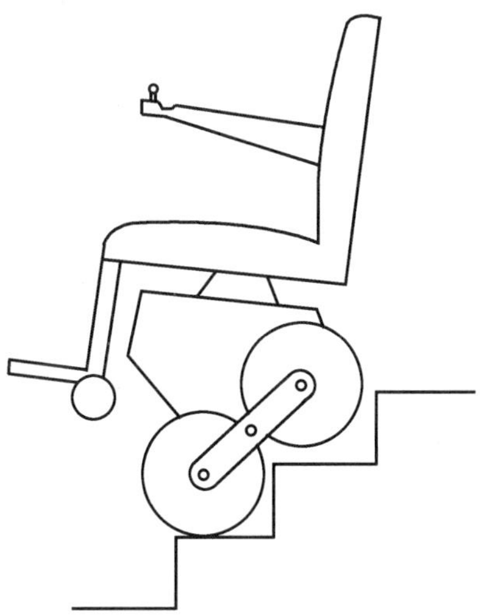

图 A.7 乘坐者操纵的平衡式椅座式爬楼梯装置的典型代表(类型 G)

附　录　B
（资料性附录）
推荐的安全装置

B.1　概述

爬楼梯装置的生产商应提供与爬楼梯装置相适应的安全装置。本附录推荐的是爬楼梯装置最普通的安全装备的类型以及它们的功能和特点。

B.2　体前支撑

爬楼梯装置应安装有体前支撑，爬楼梯时能限制乘坐者的过度移动。

注 1：为确保设备的安全使用，生产商应提供适合的体前支撑，包括安全腰带、对角带、胸带或踝部支撑。

注 2：体前支撑不需要做如汽车的碰撞试验。

装有体前支撑的爬楼梯装置应在用户手册中说明使用体前支撑的作用。

B.3　靠枕

在使用过程中，如果椅座或靠背与垂直方向成大于25°的角度，爬楼梯装置应装有靠枕。

带靠枕的爬楼梯装置的生产商，应提供适合各种乘坐者身体尺寸的靠枕。对于成人，靠枕的高度在座椅上方的尺寸（见GB/T 18029.7—2009中尺寸10）应在椅座上方680 mm～844 mm的范围内。

如果爬楼梯装置带有靠枕，用户手册应说明使用靠枕的作用。

B.4　安全指示器

爬楼梯装置应安装有安全指示器。

注 1：安全提示器可以是安装在爬楼梯装置上的固定装置，或为乘坐者手持的附件，当出现未知的坡度或非常规台阶尺寸时，由乘坐者操控。

注 2：爬楼梯装置可以安装一个楼梯倾斜计，这不是评估楼梯安全性的唯一重要因素。其他影响楼梯安全的因素，包括上爬及/或移动的限制、上爬及/或移动在不平坦表面、不完整的结构、台阶表面向纵向或横向倾斜、台阶表面材料、在楼梯上存在有其他乘坐者等。

附 录 C
（规范性附录）
代用轮椅车

仅当爬楼梯装置生产商未推荐特定类型或样式的在爬楼梯装置上使用的轮椅车时，应使用代用轮椅车。

代用轮椅车的总体尺寸应符合 ISO 7176-5 的规定；椅座和轮子的尺寸应按 GB/T 18029.7 的规定测量。

代用轮椅车应符合下列要求：

a) 四轮坚固耐用，可以手圈推动，后轮驱动；

b) 总质量等于轮椅车的最大质量±3 kg(按 6.6.2 的说明计算)；

c) 重心应距离地面 450 mm±50 mm，并在后轮轴线前 150 mm±50 mm；

d) 应有一个可提供爬楼梯装置的连接点的框架；

e) 最大宽度 540 mm±40 mm；

f) 最大长度 120 mm±60 mm；

g) 座椅的宽度 420 mm±40 mm，深度 430 mm±40 mm，椅座平面角度 4°±2°；

h) 座椅表面前沿的高度 550 mm±40 mm；

i) 靠背宽度 400 mm±40 mm，高度 420 mm±40 mm，靠背角度 10°±2°；

j) 脚托距离座椅尺寸 480 mm±40 mm；

k) 脚托长度 180 mm±40 mm；

l) 脚托与腿角度为 90°±5°；

m) 腿与座椅表面角度为 110°±5°；

n) 应有扶手；

o) 手圈直径 530 mm±40 mm；

p) 驱动轮直径 600 mm±20 mm；

q) 轮轴水平位置 30 mm±20 mm；

注：轮轴水平和垂直位置在 GB/T 18029.7—2009 中定义为尺寸 25 和尺寸 26。这些尺寸指操纵轮相对椅座的位置。

r) 轮轴垂直位置 150 mm±20 mm；

s) 前轮直径 150 mm±80 mm。

附 录 D
（规范性附录）
最大推荐速度的确定

D.1 原理

操作爬楼梯装置以最大速度在水平地面和在楼梯上运行，测量运行特定距离的时间。

注：这个测试是用来证实生产商给出的在直测试楼梯上的最大推荐速度，是 GB/T 18029.6 的一个扩充和改写。

D.2 测试步骤

D.2.1 概述

按第 6 章的规定准备好爬楼梯装置。

将测试轮椅车（适合的）和适当的测试用假人或真人测试员装到爬楼梯装置上（见 6.6）。

按照 6.5.2 的要求，以最大的推荐速度（适用的）进行测试。

注：本附录中给出的测试方法要求将爬楼梯装置放置在确认阶次的台阶上，当其长度的一半越过台阶前缘±50 mm 时，则认为爬楼梯装置已放在确认的台阶上。

D.2.2 在水平地面上的最大推荐速度

本项测试应用于有驱动模式的爬楼梯装置。

按照 GB/T 18029.6—2009 中 6.1 进行测试以确定在水平表面上的最大速度，使用在 5.4 中描述的水平测试平面，并将爬楼梯装置调整为驱动模式。

D.2.3 在楼梯上的最大推荐速度

本项测试适用于所有的爬楼梯装置。

使用上层休息平台和直测试楼梯执行本项测试，并将爬楼梯装置调整为攀爬模式。

使加载的爬楼梯装置爬上整个直测试楼梯，将速度输入设备调至最大推荐速度的位置。

测量从台阶 3 爬上台阶 7 的时间，精确到 0.1 s。进行三次测试并计算爬上四个台阶的平均时间。

令加载的爬楼梯装置爬下整个直测试楼梯，将速度输入设备调至最大推荐速度的位置。

测量从台阶 7 爬下台阶 3 的时间，精确到 0.1 s。进行三次测试并计算爬下四个台阶的平均时间。

从获得的测量值计算上升和下降的平均速度，以台阶/分为单位，精确到小数点后一位。

D.3 检验报告

除第 17 章中指定的信息外，检验报告应包含以下内容：

a） 在水平地面上的最大速度，以 m/s 为单位；

b） 按照 D.2.3 测定，在楼梯上的上升和下降的最大推荐速度，以台阶/分为单位。

附 录 E
（资料性附录）
在稳定性测试中爬楼梯装置的状态和位置

E.1 最不稳定状态

E.1.1 概述

移除松动的垫子。

用相同质量和重心位置的物体替换测试中可能有漏液危险的电池。

如果座椅能绕垂直轴旋转到多个位置，应将其调整到面向前的位置。

E.1.2 前进

按照表 E.1 将可调节部分、轮子和攀爬机构设置为前进方向的最不稳定的状态。

表 E.1 前进方向最不稳定状态的调节

可调节部件	最不稳定
轮椅车（如果使用）对接位置，前—后	向前
轮椅车（如果使用）对接位置，倾斜	竖立
座椅位置，前—后	向前
座椅位置，垂直	高
座椅位置，倾斜	竖立
靠背位置，前后切换	向前
靠背位置，倾斜	竖立
提升腿托	升起

E.1.3 后退

按照表 E.2 将可调节部分、轮子和攀爬机构设置为后退方向最不稳定的状态。

表 E.2 后退方向最不稳定状态的调节

可调节部件	最不稳定
轮椅车（如果使用）对接位置，前—后	向后
轮椅车（如果使用）对接位置，倾斜	斜倚
座椅位置，前—后	向后
座椅位置，垂直	高
座椅位置，倾斜	斜倚
靠背位置，前后切换	向后
靠背位置，倾斜	斜倚
提升推腿托	放下

E.1.4 侧向

按照表 E.3 将可调节部分、轮子和攀爬机构设置为侧向最不稳定的状态。

表 E.3 侧向最不稳定状态的调节

可调节部件	最不稳定
轮椅车(如果使用)对接位置,前一后	向前
轮椅车(如果使用)对接位置,倾斜	竖立
座椅位置,垂直	高
座椅位置,倾斜	竖立
靠背位置,倾斜	竖立
提升推腿托	升起

E.2 最不稳定位置

E.2.1 在水平地面上的最不稳定位置

E.2.1.1 概述

将爬楼梯装置设为攀爬模式和关于测试方向(前向、后向、侧向)的最不稳定状态,并放在适当的测试表面上。

注 1:适当的测试表面取决于所进行的测试项目,可以是根据 ISO 7176-1 为静态稳定性测试所指定的倾斜平台,或根据 GB/T 18029.2 为水平地面上的动态稳定性测试所指定的坚硬的、平坦的水平测试平面或倾斜测试斜面。

按 E.2.1.2、E.2.1.3 或 E.2.1.4 中的说明,将爬楼梯装置放置在水平测试平面上的最不稳定位置(前向或后向)。

如果不能同时设置最不稳定状态和最不稳定位置,优先设置最不稳定位置。

注 2:采用测试用假人还是真人测试员,取决于所执行的测试。

E.2.1.2 履带式爬楼梯装置

E.2.1.2.1 前进

如有可能,将履带式爬楼梯装置通过设置前进方向的最不稳定状态的方法,设置为前进方向的最不稳定位置,将其置于倾斜平台上,并使其:

a) 攀爬机构最前边的地面接触点与重心之间的水平前后距离尽可能的短;
b) 攀爬机构最前边的地面接触点与重心之间的垂直距离尽可能的长;
c) 攀爬机构最前边的地面接触点与攀爬机构最后边的地面接触点之间的水平前后距离尽可能的短。

如果上述设置不能同时实现(例如,前后末端的位置因传动要求而相互关联),则优先按列出的顺序设置。

如果 a)~c)的设置给出在前进方向上小于 3°±0.5°的倾斜自由度,则最小限度地校正攀爬机构的配置,使其达到该值。

图 E.1 所示为履带式爬楼梯装置在水平地面上前进方向最不稳定位置的示例。

注：除履带传动的爬楼梯装置，该测试方法也适用于带有其他类型攀爬机构的爬楼梯装置，在侧视图中，攀爬机构显示有一条近似直线的基线，例如步进铁轨等。

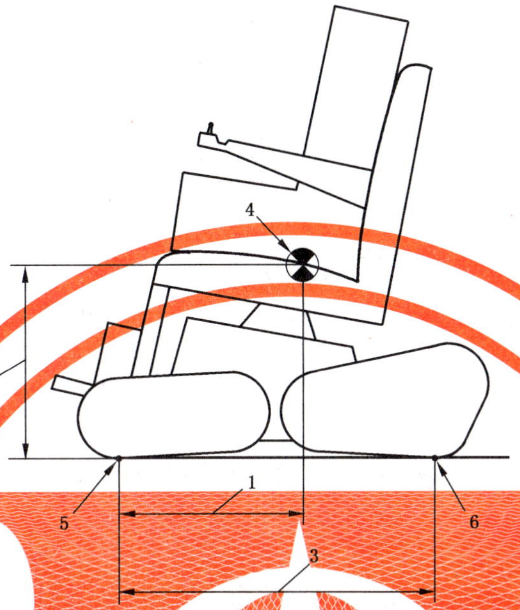

说明：

1——短(距离)[见 E.2.1.2.1 a)]；

2——长(距离)[见 E.2.1.2.1 b)]；

3——短(距离)[见 E.2.1.2.1 c)]；

4——重心；

5——最前边的地面接触点；

6——最后边的地面接触点。

图 E.1 履带驱动爬楼梯装置在水平地面、前进方向的最不稳定位置(示例)

E.2.1.2.2 后退

如有可能，将履带式爬楼梯装置通过设置后退方向的最不稳定状态的方法，设置为后退方向的最不稳定位置，将其置于倾斜平台上，并使其：

a) 攀爬机构最后边的地面接触点与重心之间的水平前后距离尽可能的短；

b) 攀爬机构最后边的地面接触点与重心之间的垂直距离尽可能的长；

c) 攀爬机构最后边的地面接触点与攀爬机构最前边的地面接触点之间的水平前后距离尽可能的短。

如果上述设置不能同时实现(例如，前后末端的位置因传动要求而相互关联)，则优先按列出的顺序设置。

如果 a)～c)的设置给出在前进方向上小于 3°±0.5°的倾斜自由度，则最小限度地校正攀爬机构的配置，使其达到该值。

图 E.2 所示为履带式爬楼梯装置在水平地面上后退方向最不稳定位置的示例。

注：除履带传动的爬楼梯装置，该测试方法也适用于带有其他类型攀爬机构的爬楼梯装置，在侧视图中，攀爬机构显示有一条近似直线的基线，例如步进铁轨等。

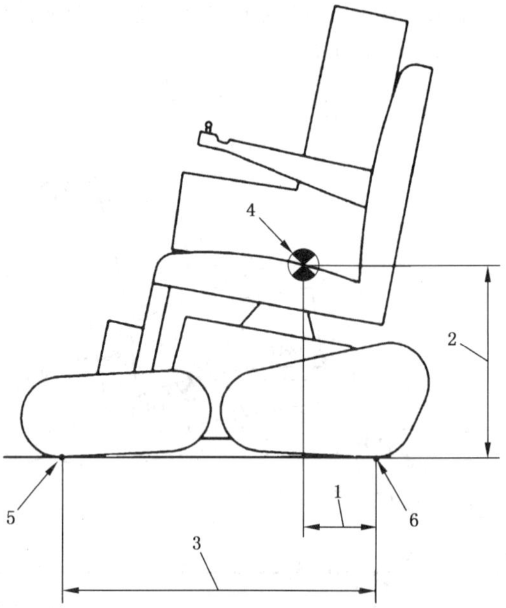

说明：

1——短(距离)[见 E.2.1.2.2 a)]；

2——长(距离)[见 E.2.1.2.2 b)]；

3——短(距离)[见 E.2.1.2.2 c)]；

4——重心；

5——最前边的地面接触点；

6——最后边的地面接触点。

图 E.2 履带驱动爬楼梯装置在水平地面、后退方向的最不稳定位置(示例)

E.2.1.3 带双轴轮系的爬楼梯装置

E.2.1.3.1 前进

如有可能，将带双轴轮系的爬楼梯装置通过设置前进方向的最不稳定状态的方法，设置为前进方向的最不稳定位置，将其置于倾斜平台上，并使其：

a) 前面轮系的中心轴与接触地面的凸轮之间的距离尽可能的远，在下一个前进凸轮接触地面之前，不妨碍爬楼梯装置向前倾斜 3°±0.5°的自由度。

b) 后面轮系的中心轴位于与地面接触凸轮的垂直上方。如果不能同时完成这些设置(例如，前后轮系之间是通过传动链接的)，则优先设置前面的轮系。

c) 最前面的轮系与重心之间的水平前后距离尽可能的短。

d) 最前面的轮系与重心之间的垂直距离尽可能的长。

e) 最前面轮系和最后面轮系之间的水平前后距离尽可能的短。

如果不能同时完成上述设置(例如，前面轮系和后面轮系的位置是通过传动互相依存的)，则优先按列出的顺序设置。

图 E.3 所示为带双轴轮系的爬楼梯装置在水平地面上前进方向最不稳定位置的示例。

注 1：重复设置可能是必要的，因为一个轮系的设置可能会影响另一个轮系的位置，反之亦然。

注 2：除双轴轮系的爬楼梯装置，该测试方法也适用于带有类似类型的攀爬机构的爬楼梯装置，在侧视图中，攀爬机构显示有一跨步机构，例如步行腿等。

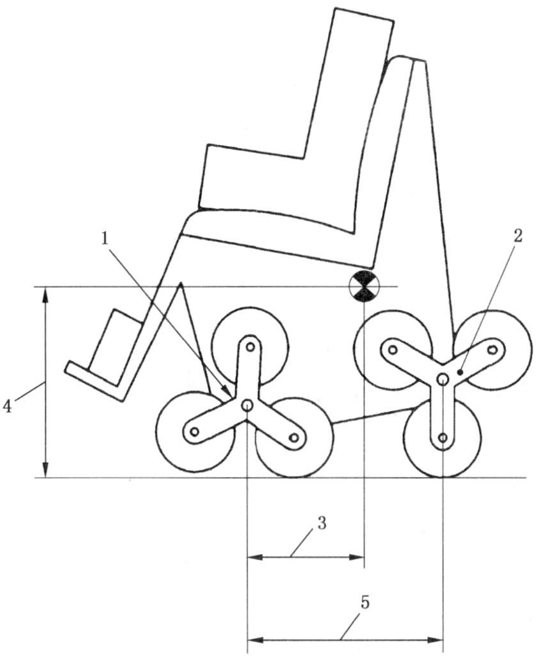

说明：

1——前轮系的位置[见 E.2.1.3.1 a)]；

2——后轮系的位置[见 E.2.1.3.1 b)]；

3——短(距离)[见 E.2.1.3.1 c)]；

4——长(距离)[见 E.2.1.3.1 d)]；

5——短(距离)[见 E.2.1.3.1 e)]。

图 E.3　带双轴轮系的爬楼梯装置在水平地面、前进方向的最不稳定位置(示例)

E.2.1.3.2　后退

如有可能，将带双轴轮系的爬楼梯装置通过设置后退方向的最不稳定状态的方法，设置为后退方向的最不稳定位置，将其置于倾斜平台上，并使其：

a)　后面轮系的中心轴与接触地面的凸轮之间的距离尽可能的远，在下一个后退凸轮接触地面之前，不妨碍爬楼梯装置向后倾斜 3°±0.5°的自由度；

b)　前面轮系的中心轴位于与地面接触凸轮的垂直上方。如果不能同时完成这些设置(例如，前后轮系之间是通过传动链接的)，则优先设置后面的轮系；

c)　最后面的轮系与重心之间的前后水平距离尽可能的短；

d)　最后面的轮系与重心之间的垂直距离尽可能的长；

e)　最后面轮系和最前面轮系之间的水平前后距离尽可能的短。

如果不能同时完成上述设置(例如，前面轮系和后面轮系的位置是通过传动互相依存的)，则优先按列出的顺序设置。

图 E.4 所示为带双轴轮系的爬楼梯装置在水平地面上后退方向最不稳定位置的示例。

注 1：重复设置可能是必要的，因为一个轮系的设置可能会影响另一个轮系的位置，反之亦然。

注 2：除双轴轮系的爬楼梯装置，该测试方法也适用于带有类似类型的攀爬机构的爬楼梯装置，在侧视图中，攀爬机构显示有一跨步机构，例如步行腿等。

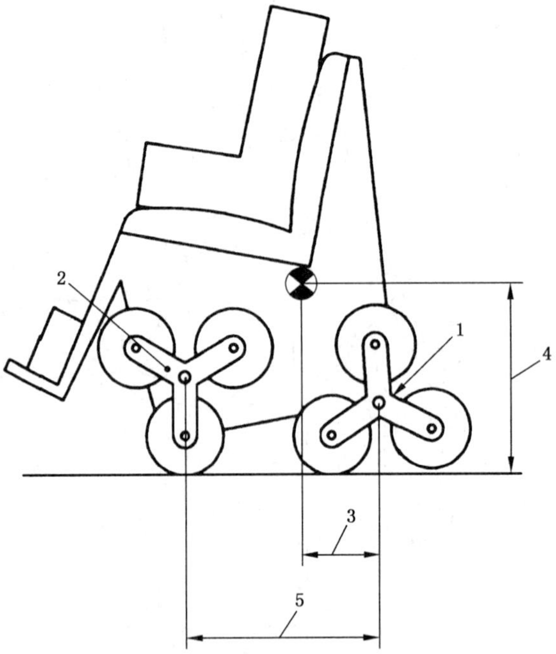

说明：

1——后轮系的位置[见 E.2.1.3.2 a)]；

2——前轮系的位置[见 E.2.1.3.2 b)]；

3——短(距离)[见 E.2.1.3.2 c)]；

4——长(距离)[见 E.2.1.3.2 d)]；

5——短(距离)[见 E.2.1.3.2 e)]。

图 E.4 带双轴轮系的爬楼梯装置在水平地面、后退方向的最不稳定位置(示例)

E.2.1.4 带单轴轮系的爬楼梯装置

E.2.1.4.1 前进

如有可能，将带单轴轮系的爬楼梯装置通过设置前进方向的最不稳定状态的方法，设置为后退方向的最不稳定位置，将其置于倾斜平台上，并使其：

a) 最前面的凸轮与重心之间的水平前后距离尽可能的短；

b) 最前面的凸轮与重心之间的垂直距离尽可能的长；

c) 最前面凸轮和最后面凸轮之间的水平前后距离尽可能的短。

如果不能同时完成上述设置(例如，前面轮系和后面轮系的位置是通过传动互相依存的)，则优先按列出的顺序设置。

如果 a)～c)的设置给出在前进方向上小于 3°±0.5°的倾斜自由度，则最小限度地校正攀爬机构的配置，使其达到该值。

图 E.5 所示为带单轴轮系的爬楼梯装置在水平地面上前进方向最不稳定位置的示例。

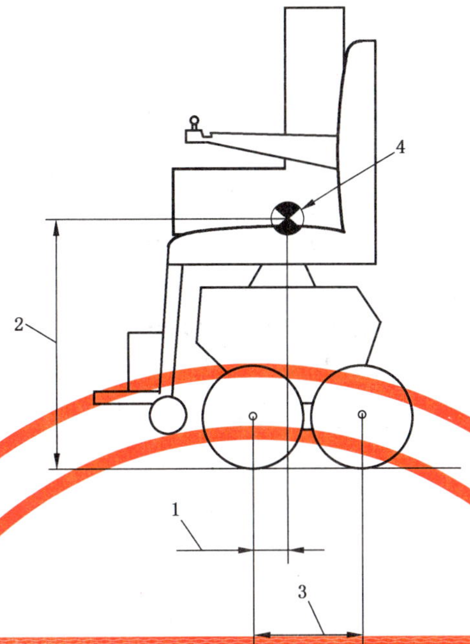

说明：

1——短(距离)[见 E.2.1.4.1 a)]；

2——长(距离)[见 E.2.1.4.1 b)]；

3——短(距离)[见 E.2.1.4.1 c)]；

4——重心。

图 E.5 带单轴轮系的爬楼梯装置在水平地面、前进方向的最不稳定位置(示例)

E.2.1.4.2 后退

如有可能，将带单轴轮系的爬楼梯装置通过设置后退方向的最不稳定状态的方法，设置为后退方向的最不稳定位置，将其置于倾斜平台上，并使其：

a) 最后面的凸轮与重心之间的水平前后距离尽可能的短；

b) 最后面的凸轮与重心之间的垂直距离尽可能的长；

c) 最后面凸轮和最前面凸轮之间的水平前后距离尽可能的短。

如果不能同时完成上述设置(例如，后面轮系和前面轮系的位置是通过传动互相依存的)，则优先按列出的顺序设置。

如果 a)～c)的设置给出在后退方向上小于 3°±0.5°的倾斜自由度，则最小限度地校正攀爬机构的配置，使其达到该值。

图 E.6 所示为带单轴轮系的爬楼梯装置在水平地面上后退方向最不稳定位置的示例。

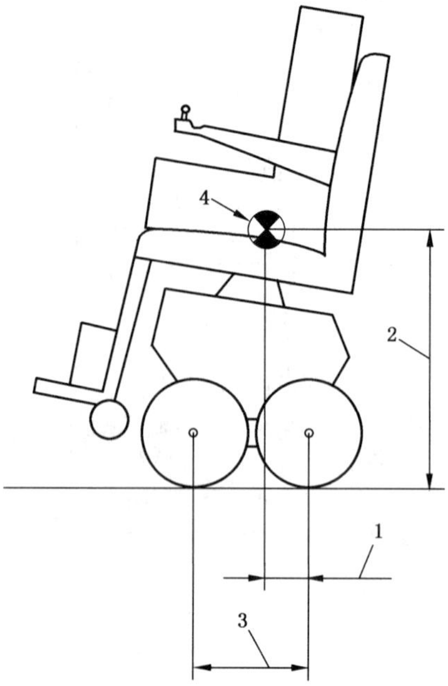

说明：

1——短(距离)[见 E.2.1.4.2 a)]；

2——长(距离)[见 E.2.1.4.2 b)]；

3——短(距离)[见 E.2.1.4.2 c)]；

4——重心。

图 E.6　带单轴轮系的爬楼梯装置在水平地面、后退方向的最不稳定位置(示例)

E.2.2　在楼梯上的最不稳定位置

E.2.2.1　概述

如有可能，将爬楼梯装置设为攀爬模式放在直测试楼梯上，并在相关测试方向(向下或向上)的最不稳定状态和最不稳定位置。

按 E.2.2.2、E.2.2.3 或 E.2.2.4 中的说明，将爬楼梯装置放置在直测试楼梯上，置于最不稳定位置(向上或向下)。

如果不能同时设置最不稳定状态和最不稳定位置，优先设置最不稳定位置。

注：采用测试用假人还是真人测试员，取决于所执行的测试。

E.2.2.2　履带式爬楼梯装置

E.2.2.2.1　向下

如有可能，将履带式爬楼梯装置通过设置前进方向的最不稳定状态的方法，设置为向下方向的最不稳定位置，将其置于直测试楼梯上，并使其：

a)　在向下方向，爬楼梯装置离最低接触台阶尽可能的远，在与下一个较低台阶接触之前，不妨碍爬楼梯装置向下倾斜 3°±0.5°的自由度；

b)　攀爬机构最下面的地面接触点与重心之间的水平前后距离尽可能的短；

c)　攀爬机构最下面的地面接触点与重心之间的垂直距离尽可能的长；

d)　攀爬机构最下面的地面接触点与攀爬机构最上面的地面接触点之间的水平前后距离尽可能的短。

如果上述设置不能同时实现(例如,前后末端的位置相互关联),则优先按列出的顺序设置。

图 E.7 所示为履带式爬楼梯装置在楼梯上向下方向的最不稳定位置的示例。

注:除履带传动的爬楼梯装置,该测试方法也适用于带有其他类型攀爬机构的爬楼梯装置,在侧视图中,攀爬机构显示有一条近似直线的基线,例如步进铁轨等。

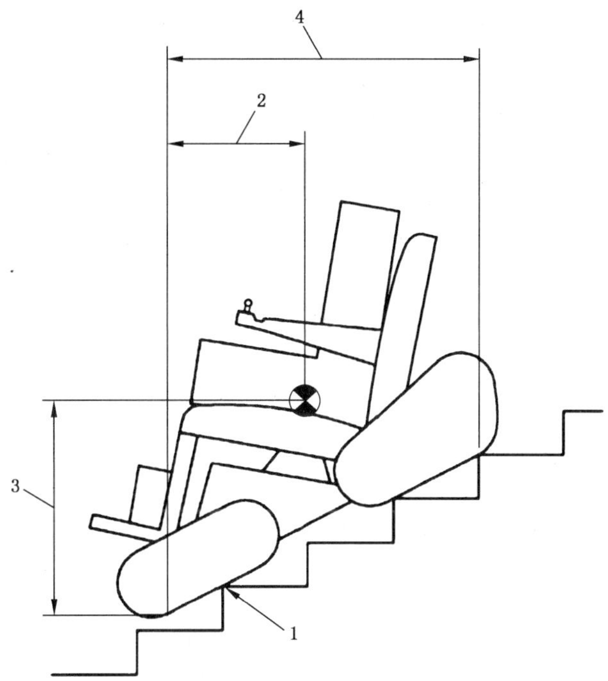

说明:

1——爬楼梯装置在楼梯上的位置[见 E.2.2.2.1 a)];

2——短(距离)[见 E.2.2.2.1 b)];

3——长(距离)[见 E.2.2.2.1 c)];

4——短(距离)[见 E.2.2.2.1 d)]。

图 E.7 履带式爬楼梯装置在楼梯上向下方向的最不稳定位置(示例)

E.2.2.2.2 向上

如有可能,将履带式爬楼梯装置通过设置后退方向的最不稳定状态的方法,设置为向上方向的最不稳定位置,将其置于直测试楼梯上,并使其:

a) 在向上方向,爬楼梯装置离最高接触台阶尽可能的远,在与下一个较高台阶接触之前,不妨碍爬楼梯装置向上倾斜 3°±0.5°的自由度;

b) 攀爬机构最上面的地面接触点与重心之间的水平前后距离尽可能的短;

c) 攀爬机构最上面的地面接触点与重心之间的垂直距离尽可能的长;

d) 攀爬机构最上面的地面接触点与攀爬机构最下面的地面接触点之间的水平前后距离尽可能的短。

如果上述设置不能同时实现(例如,前后末端的位置相互关联),则优先按列出的顺序设置。

图 E.8 所示为履带式爬楼梯装置在楼梯上向上方向的最不稳定位置的示例。

注:除履带传动的爬楼梯装置,该测试方法也适用于带有其他类型攀爬机构的爬楼梯装置,在侧视图中,攀爬机构显示有一条近似直线的基线,例如步进铁轨等。

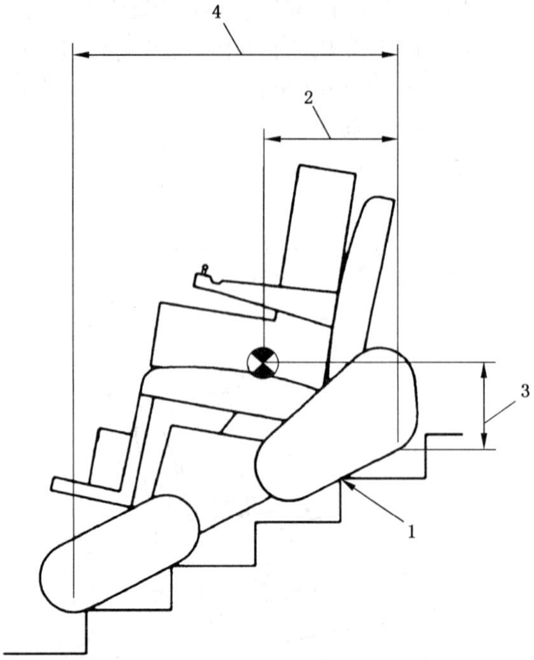

说明：

1——爬楼梯装置在楼梯上的位置[见 E.2.2.2.2 a)]；

2——短(距离)[见 E.2.2.2.2 b)]；

3——长(距离)[见 E.2.2.2.2 c)]；

4——短(距离)[见 E.2.2.2.2 d)]。

图 E.8 履带式爬楼梯装置在楼梯上向上方向的最不稳定位置(示例)

E.2.2.3 带双轴轮系的爬楼梯装置

E.2.2.3.1 向下

E.2.2.3.1.1 小型轮系

小型轮系和较大型轮系的定义见附录 I 的说明。

如有可能，将带双轴小型轮系的爬楼梯装置通过设置前进方向的最不稳定状态的方法，设置为向下方向的最不稳定位置，将其置于直测试楼梯上，并使其：

a) 前面轮系的中心轴位于与台阶接触的凸轮的前方并在一条水平线上。

b) 后面轮系的中心轴位于与地面接触凸轮的垂直上方。如果不能同时完成这些设置(例如，前后轮系之间是通过传动链接的)，则优先设置前面的轮系；

c) 最下面的轮系与重心之间的水平前后距离尽可能的短；

d) 最下面的轮系与重心之间的垂直距离尽可能的长；

e) 最下面轮系和最上面轮系之间的水平前后距离尽可能的短。

如果不能同时完成所有设置(例如，前面轮系和后面轮系的位置是互相依存的)，则优先按列出的顺序设置。

如果 a)～e)的设置给出在向下方向上小于 3°±0.5°的倾斜自由度，则最小限度地校正攀爬机构的配置，使其达到该值。

图 E.9 所示为带小型轮系的爬楼梯装置在楼梯上向下方向的最不稳定位置的示例。

注：重复设置可能是必要的，因为一个轮系的设置可能会影响另一个轮系的位置，反之亦然。

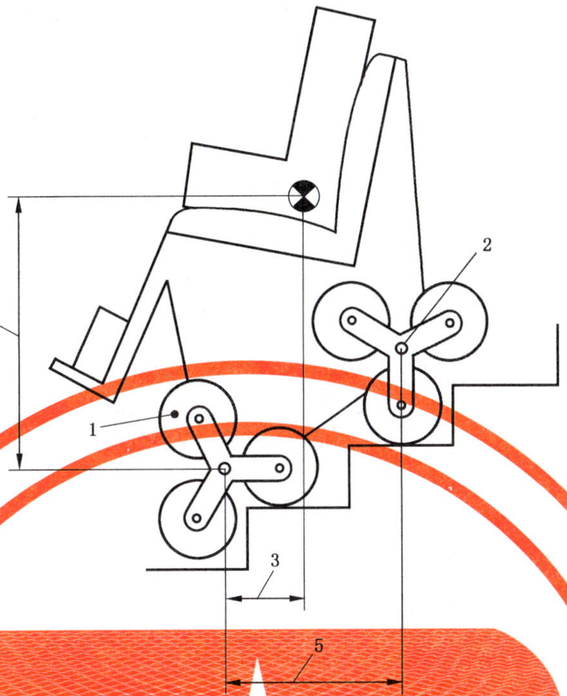

说明：

1——前轮系的位置[见 E.2.2.3.1.1 a)]；

2——后轮系的位置[见 E.2.2.3.1.1 b)]；

3——短(距离)[见 E.2.2.3.1.1 c)]；

4——长(距离)[见 E.2.2.3.1.1 d)]；

5——短(距离)[见 E.2.2.3.1.1 e)]。

图 E.9 带双轴小型轮系的爬楼梯装置在楼梯上向下方向的最不稳定位置(示例)

E.2.2.3.1.2 较大型轮系

小型轮系和较大型轮系的定义见附录 I 的说明。

如有可能，将带双轴较大型轮系的爬楼梯装置通过设置前进方向的最不稳定状态的方法，设置为向下方向的最不稳定位置，将其置于直测试楼梯上，并使其：

a) 在下一个较低的凸轮与下一个较低的台阶接触之前，前边的轮系转动使得爬楼梯装置能够绕其接触的凸轮在向下方向上充分倾斜 3°±0.5°。

b) 后面轮系的中心轴位于与地面接触凸轮的垂直上方。如果不能同时完成这些设置(例如，前后轮系之间是通过传动链接的)，则优先设置前面的轮系；

c) 最下面的轮系与重心之间的水平前后距离尽可能的短；

d) 最下面的轮系与重心之间的垂直距离尽可能的长；

e) 最下面轮系和最上面轮系之间的水平前后距离尽可能的短。

如果不能同时完成所有设置(例如，前面轮系和后面轮系的位置是互相依存的)，则优先按列出的顺序设置。

图 E.10 所示为带较大型轮系的爬楼梯装置在楼梯上向下方向的最不稳定位置的示例。

注：重复设置可能是必要的，因为一个轮系的设置可能会影响另一个轮系的位置，反之亦然。

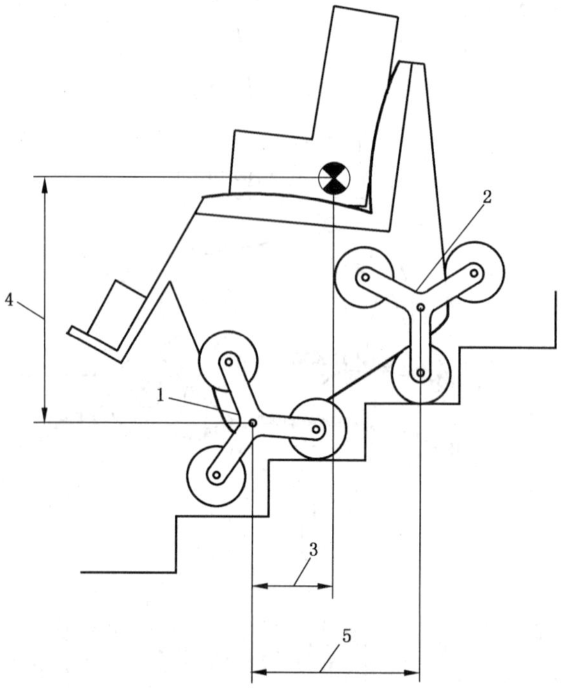

说明：

1——前轮系的位置[见 E.2.2.3.1.2 a)]；

2——后轮系的位置[见 E.2.2.3.1.2 b)]；

3——短(距离)[见 E.2.2.3.1.2 c)]；

4——长(距离)[见 E.2.2.3.1.2 d)]；

5——短(距离)[见 E.2 2.3.1.2 e)]。

图 E.10　带双轴较大型轮系的爬楼梯装置在楼梯上向下方向的最不稳定位置(示例)

E.2.2.3.2　向上

如有可能，将带双轴轮系的爬楼梯装置通过设置后退方向的最不稳定状态的方法，设置为向上方向的最不稳定位置，将其置于直测试楼梯上，并使其：

a)　在下一个较高的凸轮与下一个较高的台阶接触之前，后边的轮系转动使得爬楼梯装置能够绕其接触的凸轮在向上方向上充分倾斜 3°±0.5°。

b)　前面轮系的中心轴位于与地面接触凸轮的垂直上方。如果不能同时完成这些设置(例如，前后轮系之间是通过传动链接的)，则优先设置后面的轮系；

c)　最上面的轮系与重心之间的水平前后距离尽可能的短；

d)　最上面的轮系与重心之间的垂直距离尽可能的长；

e)　最上面轮系和最下面轮系之间的水平前后距离尽可能的短。

如果不能同时完成所有设置(例如，前面轮系和后面轮系的位置是互相依存的)，则优先按列出的顺序设置。

图 E.11 所示为带较大型轮系的爬楼梯装置在楼梯上向上方向的最不稳定位置的示例。

注：重复设置可能是必要的，因为一个轮系的设置可能会影响另一个轮系的位置，反之亦然。

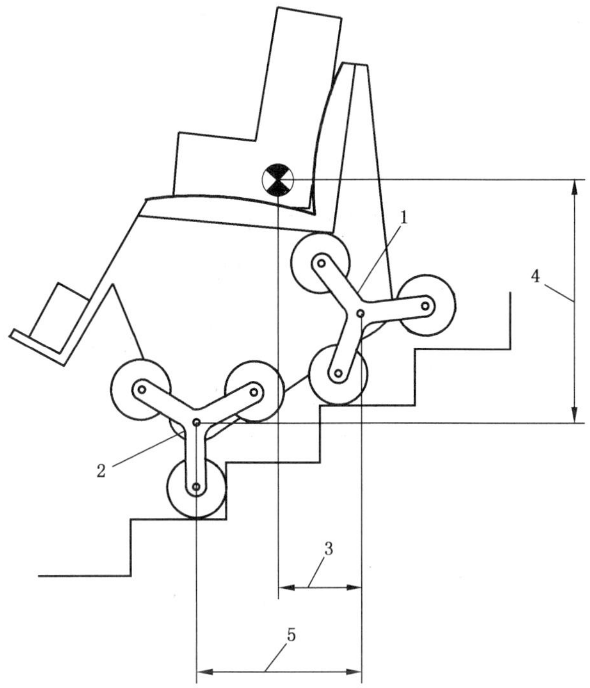

说明：

1——后轮系的位置[见 E.2.2.3.2 a)]；

2——前轮系的位置[见 E.2.2.3.2 b)]；

3——短(距离)[见 E.2.2.3.2 c)]；

4——长(距离)[见 E.2.2.3.2 d)]；

5——短(距离)[见 E.2 2.3.2 e)]。

图 E.11 带双轴轮系的爬楼梯装置在楼梯上向上方向的最不稳定位置(示例)

E.2.2.4 带单轴轮系的爬楼梯装置

E.2.2.4.1 向下

如有可能，将带单轴轮系的爬楼梯装置通过设置前进方向的最不稳定状态的方法，设置为向下方向的最不稳定位置，将其置于直测试楼梯上，并使其：

a) 最下面的凸轮与重心之间的水平前后距离尽可能的短；

b) 最下面的凸轮与重心之间的垂直距离尽可能的长；

c) 最下面凸轮与最上面凸轮之间的水平前后距离尽可能的短。

如果不能同时完成上述设置(例如，最下面的和最上面的凸轮是互相依存的)，则优先按列出的顺序设置。

如果 a)～c)的设置给出在向下方向上小于 3°±0.5°的倾斜自由度，则最小限度地校正攀爬机构的配置，使其达到该值。

图 E.12 所示为带单轴轮系爬楼梯装置在楼梯上向下方向的最不稳定位置的示例。

注：重复设置可能是必要的，因为一个轮系的设置可能会影响另一个轮系的位置，反之亦然。

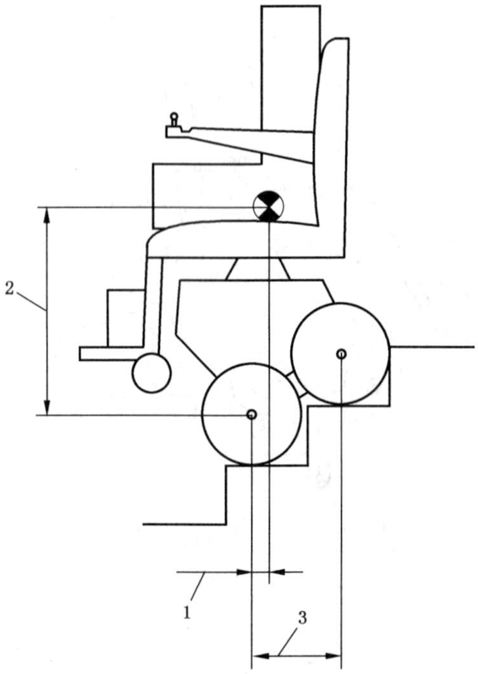

说明：

1——短(距离)[见 E.2.2.4.1 a)]；

2——长(距离)[见 E.2.2.4.1 b)]；

3——短(距离)[见 E.2.2.4.1 c)]。

图 E.12 带单轴轮系的爬楼梯装置在楼梯上向下方向的最不稳定位置(示例)

E.2.2.4.2 向上

如有可能，将带单轴轮系的爬楼梯装置通过设置后退方向的最不稳定状态的方法，设置为向上方向的最不稳定位置，将其置于直测试楼梯上，并使其：

a) 最上面的凸轮与重心之间的水平前后距离尽可能的短；

b) 最上面的凸轮与重心之间的垂直距离尽可能的长；

c) 最上面凸轮与最下面凸轮之间的水平前后距离尽可能的短。

如果不能同时完成上述设置(例如，最上面的和最下面的凸轮是互相依存的)，则优先按列出的顺序设置。

如果 a)～c)的设置给出在向上方向上小于 3°±0.5°的倾斜自由度，则最小限度地校正攀爬机构的配置，使其达到该值。

图 E.13 所示为带单轴轮系爬楼梯装置在楼梯上向上方向的最不稳定位置的示例。

注：重复设置可能是必要的，因为一个轮系的设置可能会影响另一个轮系的位置，反之亦然。

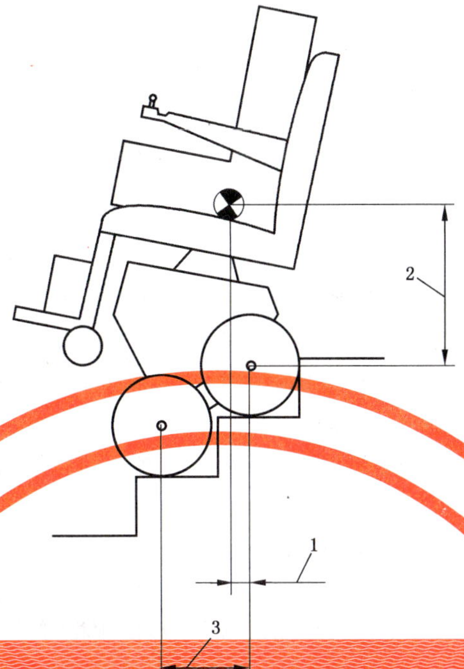

说明：

1——短(距离)[见 E.2.2.4.2a)]；

2——长(距离)[见 E.2.2.4.2b)]；

3——短(距离)[见 E.2.2.4.2c)]。

图 E.13 带单轴轮系的爬楼梯装置在楼梯上向上方向的最不稳定位置(示例)

附 录 F
（规范性附录）
自动扶梯测试机

自动扶梯测试机应包括以下内容：

a） 至少有五个移动台阶，沿着一个与水平呈 30°±2°倾斜的平坦平面移动；

b） 楼梯宽度至少大于被测试的爬楼梯装置的宽度 100 mm；

c） 台阶的深度和上升高度应与爬楼梯装置的攀爬机构的尺寸相适应；

注：对于大多数爬楼梯装置，台阶的深度和上升高度为 146 mm±20 mm 是合适的。

d） 台阶前缘圆角半径为 4 mm±2 mm；

e） 通过爬楼梯装置的攀爬系统和重力向自动扶梯测试机提供运行的动力；

f） 向自动扶梯测试机提供运行的阻力，使得被测产品在爬楼梯时既不向上移动，也不向下移动，而是在自动扶梯测试机上踏步，使其向下移动；

g） 将爬楼梯装置安放在能承受有负载的被测产品重量的移动楼梯上；

h） 在生产商指定的攀爬位置上进行测试的过程中，使爬楼梯装置停留在自动扶梯测试机上；

注：为实现这项要求，要在爬楼梯装置的框架上固定约束装置。

i） 测量纵向约束装置张力的工具，测量范围为 10 N～400 N，精确度为 5%；

j） 侧向约束装置，对向侧面的移动的限制为±50 mm，此约束装置并未限制爬楼梯装置的攀爬；

k） 应提供爬楼梯装置所爬楼梯的计数器。

附 录 G
（规范性附录）
外部尺寸和操作范围的测定

G.1 测试方法

G.1.1 概述

注意：附录 G 提出的一些测试可能是有危险的。采取防范措施以保护测试人员的安全。

按第 6 章的规定准备好爬楼梯装置。

如果爬楼梯装置的速度是可调的，按照 6.5.2 的描述在最大推荐速度下进行测试。

G.1.2 占用长度的确定

本项测试适用于所有爬楼梯装置。

按 6.6 的要求，将测试轮椅车（适合的）和适当的测试用假人或真人测试员装到爬楼梯装置上。

将加载的爬楼梯装置放置在水平测试平面上。将爬楼梯装置调整为驱动模式（如有），或爬行模式，或攀爬模式（如爬行模式也没有）进行测试。

使用可调的障碍装置检测爬楼梯装置在前后方向的最大活动量。

测量前后方向的最大活动量，精确度为±25 mm。

如果生产商说明座椅或靠背能倾斜，或测试轮椅车可以相对于爬楼梯装置被置于多个位置（例如倾斜和竖立），则在每个极端位置重复进行测试。

确认前后方向的最大活动量，并记录作为爬楼梯装置占用的长度。

G.1.3 占用宽度的确定

本项测试适用于所有爬楼梯装置。

按 6.6 的要求，将测试轮椅车（适合的）和适当的测试用假人或真人测试员装到爬楼梯装置上。

将加载的爬楼梯装置放置在水平测试平面上。将爬楼梯装置调整为驱动模式（如有），或爬行模式，或攀爬模式（如爬行模式也没有）进行测试。

使用可调节的障碍装置检测爬楼梯装置在两侧的最大活动量。

记录最大的两侧活动量作为爬楼梯装置占用的宽度，测量精确度为±25 mm。

G.1.4 回转宽度的确定（类型 1）

本项测试适用于使用全差动转向驱动模式的爬楼梯装置。

按 6.6 的要求，将测试轮椅车（适合的）和适当的测试用假人或真人测试员装到爬楼梯装置上。

将加载的爬楼梯装置放置在水平测试平面上。将爬楼梯装置调整为驱动模式（如有），或爬行模式，或攀爬模式（如爬行模式也没有）进行测试。

利用两个平行、距离可调的屏障，构造一个宽度可调的通道，用于测定回转宽度。

只采用单一的转向操纵，以爬楼梯装置最适宜的方式在通道内回转轮椅车。

逐渐缩小通道宽度，以爬楼梯装置能回转而不触碰屏障为准，测定最小通道宽度。

测量最小通道宽度，精确度为±25 mm。

如果生产商说明座椅或靠背能倾斜，或测试轮椅车可以相对于爬楼梯装置被置于多个位置（例如倾斜和竖立),则在每个极端位置重复进行测试。

确定对于不同座椅位置测得的通道最大宽度,并记录作为爬楼梯装置的回转宽度(类型1)。

G.1.5 回转宽度的确定(类型2)

本项测试适用于使用直接转向或有限差动转向的驱动模式的爬楼梯装置。

按6.6的要求,将测试轮椅车(适合的)和适当的测试用假人或真人测试员装到爬楼梯装置上。

将加载的爬楼梯装置放置在水平测试平面上。将爬楼梯装置调整为驱动模式(如有),或爬行模式,或攀爬模式(如爬行模式也没有)进行测试。

利用两个平行、距离可调的屏障,构建一个宽度可调的通道,用于测定回转宽度(类型2)。

只采用一次前进、一次后退、最后再一次前进的驱动模式,以爬楼梯装置最适宜的方式在通道内回转轮椅车。

逐渐缩小通道宽度,以爬楼梯装置能回转而不触碰屏障为准,测定最小通道宽度。

测量最小通道宽度,精确度为±25 mm。

如果生产商说明座椅或靠背能倾斜,或测试轮椅车可以相对于爬楼梯装置被置于多个位置(例如倾斜和竖立),则在每个极端位置重复进行测试。

确定对于不同座椅位置测得的通道最大宽度,并记录作为爬楼梯装置的回转宽度(类型2)。

G.1.6 直测试楼梯最小楼梯宽度的测定

本项测试适用于所有爬楼梯装置。

将直测试楼梯与上层休息平台相连接,在每个台阶两侧放置可调节的屏障。

按6.6的要求,将测试轮椅车(适合的)和适当的测试用假人或真人测试员装到爬楼梯装置上。

遵照生产商的说明,将爬楼梯装置置于下层休息平台上,将爬楼梯装置设为攀爬模式。

按生产商的推荐,令爬楼梯装置向上攀爬,使整个爬楼梯装置爬到上层休息平台上。

逐渐缩小通道宽度,测定可以顺利爬升而爬楼梯装置、测试轮椅车(如果使用)和测试用假人不会接触可调屏障的最小楼梯宽度。沿平行于台阶前缘的方向测量屏障间的距离,精确度为±25 mm。

记录在上升和下降的测试过程中得到的较大测试结果,作为直测试楼梯的最小宽度。

G.1.7 U形楼梯最小楼梯平台面积的确定

本项测试适用于所有爬楼梯装置。

连接直测试楼梯到上层休息平台,用以模拟中间平台,作为测试的第一部分。

按6.6的要求,将测试轮椅车(适合的)和适当的测试用假人或真人测试员装到爬楼梯装置上。

将爬楼梯装置设为攀爬模式。

按生产商的推荐,令爬楼梯装置直接向上攀爬到上层休息平台,直到它完全处于其上且爬楼梯装置的每一部分都不在顶部平面之下。然后改变(如有必要)为爬行模式以实现U形转弯,令爬楼梯装置在平台内爬行至少200 mm的水平距离。

对着第8阶台阶的台阶前缘在爬楼梯装置上建立一个标记(或采取其他合适的测量方法),便于稍后定位爬楼梯装置在水平测试平面上的台阶线上(见下一段)。令爬楼梯装置向下攀爬至水平测试平台。

将爬楼梯装置置于水平测试平面上,用以模拟中间平台,作为测试的第二部分。在水平测试平面上并作为直测试楼梯台阶1的一个延长,画一个台阶线,表示图G.1所示的下层休息平台的最上一个台阶前缘。在台阶线上和直测试楼梯后放置边长为400 mm的扶手屏障。在水平测试平面上放置三个可调屏障。其中两个作为横向屏障,垂直于直测试楼梯的台阶1,另一个作为前沿屏障,平行于直测试楼梯的台阶1。

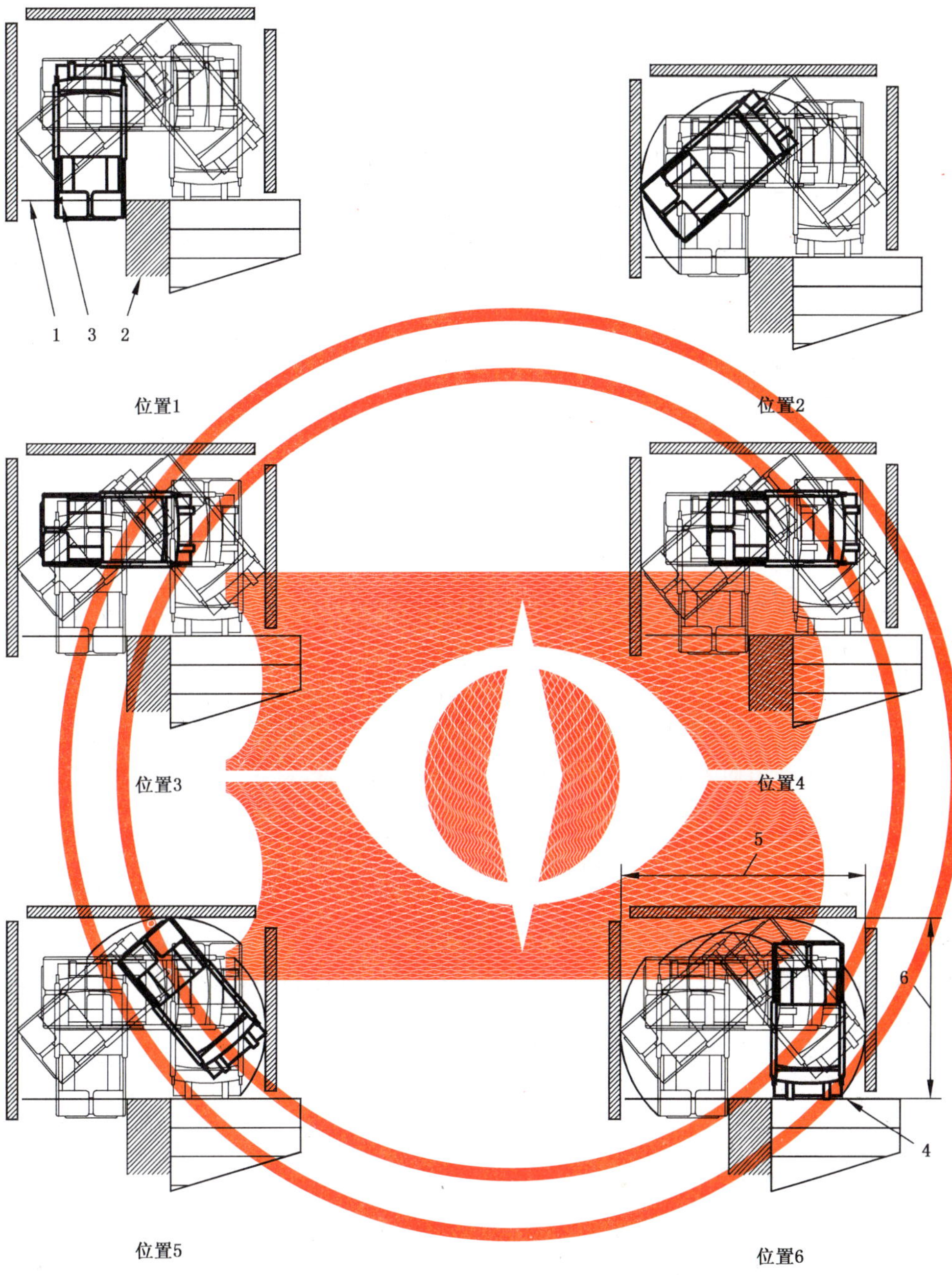

说明：

1——台阶线，表示下一级楼梯的最上一个台阶前缘；

2——扶手屏障；

3——对应下一级楼梯的最上一个台阶的标记；

4——直测试楼梯的第一个台阶，表示上一级楼梯的第一个台阶；

5——U 形楼梯最小平台面积的长度；

6——U 形楼梯最小平台面积的宽度。

图 G.1　U 形楼梯最小平台面积的长度和宽度的测定

将带有标记的爬楼梯装置放置在面对台阶线并接近扶手屏障处。

让爬楼梯装置绕着扶手屏障爬行，以准备攀爬代表上一级楼梯的直测试楼梯。

按照生产商的推荐执行180°转弯。如果没有这样的推荐，在这种情况下则以最适宜的方式，平稳地、可有瞬时停顿地执行转弯，但不能有反向和不利情形发生。

在爬楼梯装置开始攀爬代表上一级楼梯的直测试楼梯的最下一个台阶之前，完成180°转弯。

逐渐缩小楼梯平台的尺寸，以测定爬楼梯装置能操作的最小楼梯平台尺寸，且在爬楼梯装置、测试轮椅车(如果使用)或测试用假人不会接触可调屏障的情况下。

对于上升情况，平行于台阶前缘测量两个横向屏障之间的最小长度，精确度为±25 mm。

对于上升情况，水平地并垂直于台阶前缘测量台阶线与前沿屏障之间的最小宽离，精确度为±25 mm。

注 1：对于上升情况，为确定最小尺寸进行一些试验可能是必要的。

将爬楼梯装置放置在直测试楼梯上接近扶手屏障处。

令爬楼梯装置直接向下攀爬到下层休息平台，直到它完全处于水平测试平面上。然后改变(如有必要)为爬行模式以实现U形转弯。

按照生产商的推荐，令爬楼梯装置绕着扶手屏障爬行，以准备攀爬下一级楼梯(通过超越台阶线的面积模拟)。

按照生产商的推荐执行180°转弯。如果没有这样的推荐，在这种情况下则以最适宜的方式，平稳地、可有瞬时停顿地执行转弯，但不能有反向和不利情形发生。

在所作标记越过代表下一级楼梯的最上一级台阶前缘的台阶线之前，完成180°转弯。

逐渐缩小楼梯平台的尺寸，以测定爬楼梯装置能操作的最小楼梯平台尺寸，且在爬楼梯装置、测试轮椅车(如果使用)或测试用假人不会接触可调屏障的情况下。

对于下降情况，平行于台阶前缘测量两个横向屏障之间的最小长度，精确度为±25 mm。

对于下降情况，水平地并垂直于台阶前缘测量台阶线与前沿屏障之间的最小宽离，精确度为±25 mm。

注 2：对于下降情况，为确定最小尺寸进行一些试验可能是必要的。

如果生产商说明座椅或靠背能倾斜，或测试轮椅车可以相对于爬楼梯装置被置于多个位置(例如倾斜和竖立)，则在每个极端位置重复进行测试。

确认不同座椅位置的最大长度测量尺寸和最大宽度测量尺寸，记录作为U形楼梯最小楼梯平台面积的长度和宽度。

G.1.8 螺旋楼梯最小外廓楼梯半径的测定

本项测试适用于在螺旋楼梯上使用的爬楼梯装置。

将螺旋测试楼梯与上层休息平台相连接，并在每一个台阶上放置可调屏障。在与楼梯的中心轴有一定的距离处设置可调屏障以限制攀爬螺旋测试楼梯所需空间的外廓半径。

按6.6的要求，将测试轮椅车(适合的)和适当的测试用假人或真人测试员装到爬楼梯装置上。

将爬楼梯装置设为攀爬模式。

注：该测试可与G.1.9描述的测试一起进行。

对于上升情况，按照生产商的说明，将加载的爬楼梯装置放置在下层休息平台上，以最短的行程或最小的楼梯半径攀爬楼梯。如果没有说明，将爬楼梯装置放置在一个点上，其行程由下式表示：

$$G=\frac{D}{2}+M$$

式中：

G ——测试行程，单位为毫米(mm)；

D——攀爬机构最大轮的直径，单位为毫米(mm)；

M——安全差数，等于 50 mm。

按生产商的推荐，使爬楼梯装置向上攀爬直至位于上层休息平台上。

如果在测试过程中发生不利情况，应从一个起始位置重复进行测试，起始位置离先前外廓方向测试的起始位置向外移开 50 mm±2 mm。重复测试过程直到测试完成且没有不利情况发生为止。

当从第一个起始点开始攀爬楼梯且没有不利情况发生时，移动每个台阶的可调屏障，使其尽可能接近爬楼梯装置，但屏障不影响爬楼梯装置、测试轮椅车(如果使用)或测试用假人。

对于上升情况，测量楼梯的中心轴与屏障之间的最大距离，精确度为±25 mm。

对于下降情况，按照生产商的说明，将加载的爬楼梯装置放置在上层休息平台上，以最短的行程或最小的楼梯半径爬下楼梯。如果没有说明，将爬楼梯装置放置在一个点上，其行程由上面的公式确定。

按生产商的推荐，使爬楼梯装置爬下楼梯直至位于下层休息平台上。

如果在测试过程中发生不利情况，应从一个起始位置重复进行测试，起始位置离先前外廓方向测试的起始位置向外移开 50 mm±2 mm。重复测试过程直到测试完成且没有不利情况发生为止。

当从第一个起始点开始攀爬楼梯且没有不利情况发生时，移动每个台阶的可调屏障，使其尽可能接近爬楼梯装置，但屏障不影响爬楼梯装置、测试轮椅车(如果使用)或测试用假人。

对于下降情况，测量楼梯的中心轴与屏障之间的最大距离，精确度为±25 mm。

记录在上升和下降测试中获得的测试结果的较大者，作为在螺旋楼梯上的最小外廓楼梯半径。

G.1.9 螺旋楼梯最小内廓楼梯半径的测定

本项测试适用于在螺旋楼梯上使用的爬楼梯装置。

将螺旋测试楼梯与上层休息平台相连接，并在每一个台阶上放置可调屏障。准备可调屏障以便稍后测定攀爬螺旋测试楼梯所需空间的内廓半径。

按 6.6 的要求，将测试轮椅车(适合的)和适当的测试用假人或真人测试员装到爬楼梯装置上。

将爬楼梯装置设为攀爬模式。

注：该测试可与 G.1.8 描述的测试一起进行。

对于上升情况，按照生产商的说明，将加载的爬楼梯装置放置在下层休息平台上，以最短的行程或最小的楼梯半径攀爬楼梯。如果没有说明，将爬楼梯装置放置在一个点上，其行程按 G.1.8 给出的公式计算。

按生产商的推荐，使爬楼梯装置向上攀爬直至位于上层休息平台上。

如果在测试过程中发生不利情况，应从一个起始位置重复进行测试，起始位置离先前外廓方向测试的起始位置向外移开 50 mm±2 mm。重复测试过程直到测试完成且没有不利情况发生为止。

当从第一个起始点开始攀爬楼梯且没有不利情况发生时，移动每个台阶的可调屏障，使其尽可能接近爬楼梯装置，但屏障不影响爬楼梯装置、测试轮椅车(如果使用)或测试用假人。

对于上升情况，测量楼梯的中心轴与屏障之间的最大距离，精确度为±25 mm。

对于下降情况，按照生产商的说明，将加载的爬楼梯装置放置在上层休息平台上，以最短的行程或最小的楼梯半径爬下楼梯。如果没有说明，将爬楼梯装置放置在一个点上，其行程按 G.1.8 给出的公式计算。

按生产商的推荐，使爬楼梯装置爬下楼梯直至位于下层休息平台上。

如果在测试过程中发生不利情况，应从一个起始位置重复进行测试，起始位置离先前外廓方向测试的起始位置向外移开 50 mm±2 mm。重复测试过程直到测试完成且没有不利情况发生为止。

当从第一个起始点开始攀爬楼梯且没有不利情况发生时，移动每个台阶的可调屏障，使其尽可能接近爬楼梯装置,但屏障不影响爬楼梯装置、测试轮椅车(如果使用)或测试用假人。

对于下降情况,测量楼梯的中心轴与屏障之间的最大距离,精确度为±25 mm。

记录在上升和下降测试中获得的测试结果的较大者,作为在螺旋楼梯上的最小内廓楼梯半径。

G.1.10 检验报告

除第17章指定的信息外,检验报告应包含按照G.1.2~G.1.9测定的尺寸。

附 录 H
（规范性附录）
理论能耗的测定

H.1 原理

确定爬楼梯装置理论能耗的测试方法，包括：将电池完全充满，令爬楼梯装置反复爬上爬下测试楼梯一系列阶数，然后测量消耗的安培小时(Ah)数并计算在电池完全耗尽之前装置能够攀爬的理论台阶数。

注：本项测试是 ISO 7176-4 的扩充和改写。

H.2 测试方法

H.2.1 概述

按第 6 章的规定准备好爬楼梯装置。

如果爬楼梯装置的速度是可调的，按 6.5.2 的描述，以最大的推荐速度执行测试。

按 6.6 的要求，将测试轮椅车(适合的)和适当的测试用假人或真人测试员装到爬楼梯装置上。

注：本附录中给出的测试方法要求将爬楼梯装置放置在确认阶次的台阶上，当其长度的一半越过台阶前缘±50 mm 时，则认为爬楼梯装置已放在确认的台阶上。

H.2.2 在水平地面上的能耗

本项测试适用于带有驱动模式的爬楼梯装置。

按照 ISO 7176-4 的要求，在爬楼梯装置的驱动模式下进行测试。

H.2.3 在楼梯上的能耗

本项测试适用于所有爬楼梯装置。

利用直测试楼梯和上层休息平台进行本项测试。

按生产商的说明将电池完全充电。

注 1：电池不应按 6.3 的要求充电。

将爬楼梯装置设为攀爬模式。

将爬楼梯装置直接放置在下层休息平台和台阶 1 之前。令其直接爬向上层休息平台的第 8 阶台阶之后，然后爬下到开始位置，执行这个过程共十次。

测量爬楼梯装置在测试中消耗的安培小时(Ah)数。

注 2：本项测试在正常情况下不会使爬楼梯装置的电池完全放电，但是应注意不要使电池的电量释放到低于生产商推荐的水平。

按下列公式计算爬楼梯装置能够执行上爬、下爬的理论台阶数：

$$N = \frac{C \times S}{E}$$

式中：

N ——在电池完全耗尽之前，爬楼梯装置能够攀爬的理论台阶数(上和下)；

C ——电池生产商说明的 5 h 放电率电池容量，单位为安培小时(Ah)；

S ——攀爬的台阶数,等于 80;

E ——测试中消耗的安培小时(Ah)数。

H.3 检验报告

除第 17 章中指定的信息外,检验报告应包括:

a) 由 H.2.2 确定的爬楼梯装置在水平地面上的理论距离范围;

b) 由 H.2.3 确定的爬楼梯装置能够攀爬的理论台阶数(上和下);

c) 电池生产商说明的 5 h 放电率的电池容量,单位为安培小时(Ah)。

附 录 I
（规范性附录）
小型轮系和较大型轮系的区别

本附录说明并确定小型和较大型轮系的界线 b。

小型轮系是指那些轮系的中心轴与其凸轮中心的距离较表 I.1 中给出的 b 值小。当轮系的中心轴水平地处于接触地面凸轮的中心的前面时，这将使在直测试楼梯上有大于 3°的倾翻角。

较大型轮系是指那些轮系的中心轴与其凸轮中心的距离较表 I.1 中给出的 b 值大。当轮系的中心轴水平地处于接触地面凸轮的中心的前面时，这将使在直测试楼梯上有小于 3°的倾翻角。

表 I.1 小轮系和较大轮系之间的界线 b

每个轮系上的轮数	3	4	5
界线值 b/mm	190,8	171,3	182,6
注：这些值基于测试楼梯的台阶高度 r=180 mm。			

对于带有两轴轮系的爬楼梯装置，在楼梯上向下方向的最不稳定位置取决于轮系的尺寸（见 E.2.2.3.1）。当判断一个轮系是小型轮系还是较大型轮系时，轮系的中心轴与其凸轮中心之间的距离是重要的。其他重要因素是每个轮系上的轮数 n（常用的范围在 2 和 5 之间）和台阶的高度 r，直测试楼梯 r 为 180 mm。

如果一个轮系放置在楼梯上（见图 I.1），其中心轴位于与承载凸轮中心的同一水平线上，垂线与连接该凸轮的接触点和要接触下一个较低踏面的凸轮的接触点的连线之间的角度 α，按下列公式计算。

示例：n=3,4 和 5 时，公式如大扩号中所示：

$$\alpha = \frac{360}{2n} \qquad \left\{n = 3\cdots\cdots\alpha = \frac{360}{2\times 3} = 60\right\}$$

$$\left\{n = 4\cdots\cdots\alpha = \frac{360}{2\times 4} = 45\right\}$$

$$\left\{n = 5\cdots\cdots\alpha = \frac{360}{2\times 5} = 36\right\}$$

单位为毫米

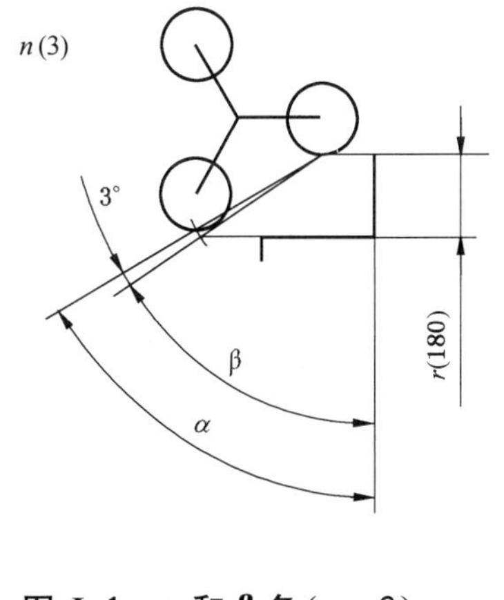

图 I.1 α 和 β 角（n=3）

轮系的临界尺寸为当倾翻 3°后,下一个凸轮将要与下一个低一级的踏面相接触,其连接线的长度。

β 角是两相邻凸轮的接触点的连线与垂线之间的夹角,由下式计算(见图 I.1):

$$\beta=\alpha-3 \qquad \begin{matrix}\{n=3\cdots\cdots\beta=\alpha-3=57\}\\ \{n=4\cdots\cdots\beta=\alpha-3=42\}\\ \{n=5\cdots\cdots\beta=\alpha-3=33\}\end{matrix}$$

在两凸轮轴之间接触点的连线长度 d,由下式计算:

$$d=\frac{r}{\cos\beta} \qquad \begin{matrix}\left\{n=3\cdots\cdots d=\dfrac{180}{\cos57^\circ}=330.5\right\}\\ \left\{n=4\cdots\cdots d=\dfrac{180}{\cos42^\circ}=242.2\right\}\\ \left\{n=5\cdots\cdots d=\dfrac{180}{\cos33^\circ}=214.6\right\}\end{matrix}$$

式中 r 是台阶的高度,对于测试楼梯等于 180 mm(见图 I.2)。

单位为毫米

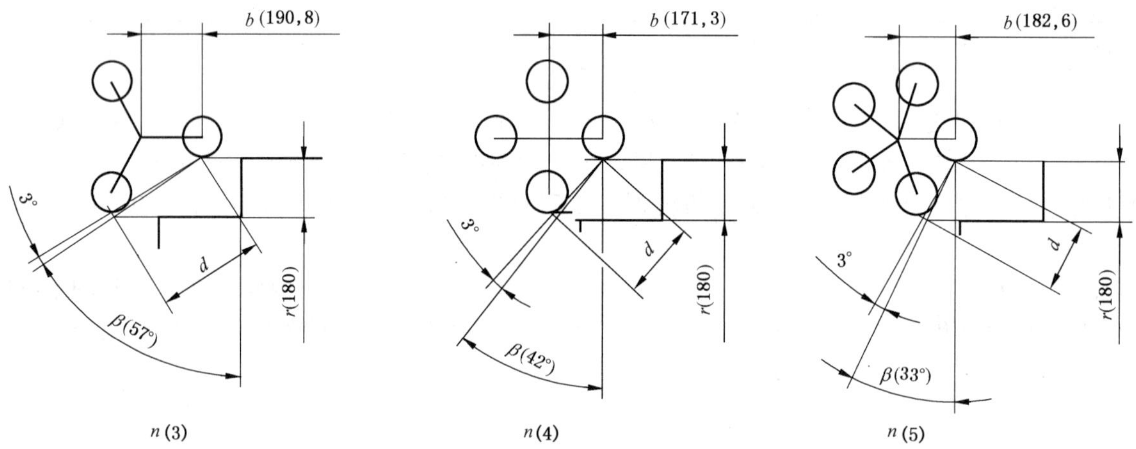

图 I.2　d 和 b 的长度(示例 n=3,4 和 5)

最后,界线 b,即轮系的中心轴与其凸轮的中心之间的距离,能从半径和多变形的边长之间的关系按照下面的公式计算(如图 I.2 中所示):

$$b=\frac{d}{2\times\cos\left(\dfrac{n-2}{n}\times90\right)} \qquad \begin{matrix}\left\{n=3\cdots\cdots b=\dfrac{330.5}{2\times\cos\left(\dfrac{3-2}{3}\times90\right)}=190.8\right\}\\ \left\{n=4\cdots\cdots b=\dfrac{242.2}{2\times\cos\left(\dfrac{4-2}{4}\times90\right)}=171.3\right\}\\ \left\{n=5\cdots\cdots b=\dfrac{214.6}{2\times\cos\left(\dfrac{5-2}{5}\times90\right)}=182.6\right\}\end{matrix}$$

上述计算过程可用以下通式表示:

$$b=\frac{\dfrac{r}{\cos\left(\dfrac{360}{2n}-3\right)}}{2\cos\left(\dfrac{n-2}{n}\times90\right)}$$

根据上式，结合给定值 n 和 r，即可计算得出表 I.1 所列的带有 3、4、5 个凸轮的轮系的距离 b，该式可用于计算带有任意数量凸轮的轮系。

采用该公式，当 $n=2$ 时，界线 $b=1\ 719.7$ mm。因为实际上很难遇到这种情况，所有 $n=2$ 的轮系均为小型轮系。

ICS 33.100.01
L 06

中华人民共和国国家标准

GB/T 18039.8—2012/IEC 61000-2-10：1998

电磁兼容　环境
高空核电磁脉冲(HEMP)环境描述
传导骚扰

**Electromagnetic compatibility—Environment—
Description of HEMP environment—
Conducted disturbance**

(IEC 61000-2-10：1998，IDT)

2012-11-05 发布　　　　2013-02-01 实施

中华人民共和国国家质量监督检验检疫总局
中国国家标准化管理委员会　发布

前　言

GB/T 18039《电磁兼容　环境》分为以下几个部分：

GB/Z 18039.1—2000　电磁兼容　环境　电磁环境的分类

GB/Z 18039.2—2000　电磁兼容　环境　工业设备电源低频传导骚扰发射水平的评估

GB/T 18039.3—2003　电磁兼容　环境　公用低压供电系统低频传导骚扰及信号传输的兼容水平

GB/T 18039.4—2003　电磁兼容　环境　工厂低频传导骚扰的兼容水平

GB/Z 18039.5—2003　电磁兼容　环境　公用供电系统低频传导骚扰及信号传输的电磁环境

GB/Z 18039.6—2005　电磁兼容　环境　各种环境中的低频磁场

GB/Z 18039.7—2011　电磁兼容　环境　公用供电系统中的电压暂降、短时中断及其测量统计结果

GB/T 18039.8—2012　电磁兼容　环境　高空核电磁脉冲(HEMP)环境描述　传导骚扰

本部分为 GB/T 18039 的第 8 部分。

本部分按照 GB/T 1.1—2009 给出的规则起草。

本部分等同采用国际标准 IEC 61000-2-10:1998《电磁兼容(EMC)　第 2-10 部分:环境　高空核电磁脉冲(HEMP)环境描述　传导骚扰》。

本部分由全国电磁兼容标准化技术委员会(SAC/TC 246)提出并归口。

本部分起草单位:解放军理工大学工程兵工程学院。

本部分主要起草人:高成、周璧华、苏丽媛、石立华、李炎新、陈彬。

电磁兼容　环境
高空核电磁脉冲(HEMP)环境描述
传导骚扰

1　范围和目的

GB/T 18039 的本部分规定了高空核电磁脉冲(HEMP)传导环境，HEMP 是高空核爆炸的系列效应之一。研究这类课题要考虑两种情况：

——高空核爆炸；

——低空核爆炸。

对民用系统来说，两种情况之中最重要的是高空核爆炸。高空核爆炸的特点是，冲击波、大地震动、热辐射和核辐射等核爆炸的其他效应在地面上都不存在，但是由核爆炸产生的电磁脉冲会造成通信、电子和电力系统工作中断和损坏，从而扰乱现代社会的稳定性。

本部分的目的是建立一个关于 HEMP 环境的共同标准，以便从中确定真实的电磁骚扰环境，用于评估受影响设备的性能。

2　规范性引用文件

下列文件对于本文件的应用是必不可少的。凡是注日期的引用文件，仅注日期的版本适用于本文件。凡是不注日期的引用文件，其最新版本(包括所有的修改单)适用于本文件。

GB/T 4365—2003　电工术语　电磁兼容(IEC 60050(161):1990,IDT)

IEC 61000-2-9:1996　电磁兼容(EMC)　第 2-9 部分:环境　高空核电磁脉冲(HEMP)环境描述　辐射骚扰(Electromagnetic compatibility (EMC)—Part 2-9:Description of HEMP enviroment—Radiated disturbance)

IEC 61000-4-24:1997　电磁兼容(EMC)　第 4-24 部分:试验和测量技术　HEMP 传导骚扰保护装置的试验方法(Electromagnetic compatibility (EMC)—Part 4-24:Testing and measurement techniques—Test methods for protective devices for HEMP conducted disturbance)

3　总论

距地面 30 km 以上高空核爆炸产生的电磁脉冲，在地球表面观察到的有三种类型：

——早期 HEMP　(快)；

——中期 HEMP　(中)；

——晚期 HEMP　(慢)。

过去，人们把注意力集中在早期 HEMP 上，将其简称为“HEMP”。但是本部分中所用“高空 EMP”或“HEMP”一词，则包括上述三种类型。核电磁脉冲(NEMP)一词则涵盖了各类核电磁脉冲，其中包括地面爆炸产生的源区电磁脉冲(SREMP—Source Region EMP)和空间产生的系统电磁脉冲(SGEMP—System Generated EMP)。

因为 HEMP 是由高空核爆炸产生的，所以在地面上观测不到诸如 γ 射线、热辐射、冲击波等其他核武器效应。关于 HEMP 的报道是由于 20 世纪 60 年代初美国在南太平洋进行的高空核爆试验对远离爆点的电子设备产生了效应。

本部分阐述了在金属导线（诸如电缆、输电线）上、设备内部和外部的线路以及外部天线上感应出的传导型 HEMP 环境。

4 术语和定义

下列术语和定义适用于本文件。

4.1

垂直面上的仰角　angle of elevation in the vertical plane

Ψ

Ψ 角是在垂直面上地平面和传播矢量方向之间的夹角（见图 1）。

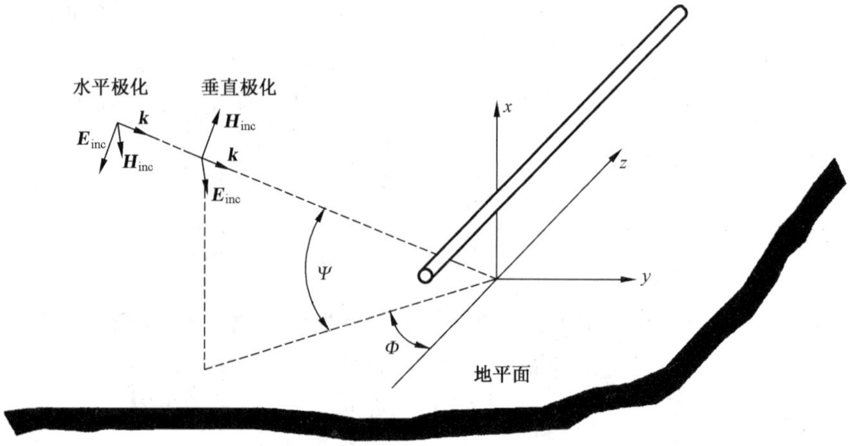

图 1　仰角 Ψ、方位角 Φ 和极化方向的几何关系

4.2

方位角　azimuth angle

Φ

传播矢量在地平面上的投影与受 HEMP 作用系统主轴的夹角（图 1 中传输线的 z 轴）。

4.3

合成波　composite waveform

从一批波形中将重要参数各取其最大值合成得到的波形。

4.4

耦合　coupling

HEMP 场作用于系统时在系统表面和电缆上产生电流和电压的过程。而由感应电荷产生电压仅在低频即波长大于系统表面或缝隙尺寸时才有定义。

4.5

电磁波的传播方向　direction of propagation of the electromagnetic wave

传播矢量 $\boldsymbol{k}$ 的方向，垂直于由电场矢量和磁场矢量构成的平面（见图 2）。

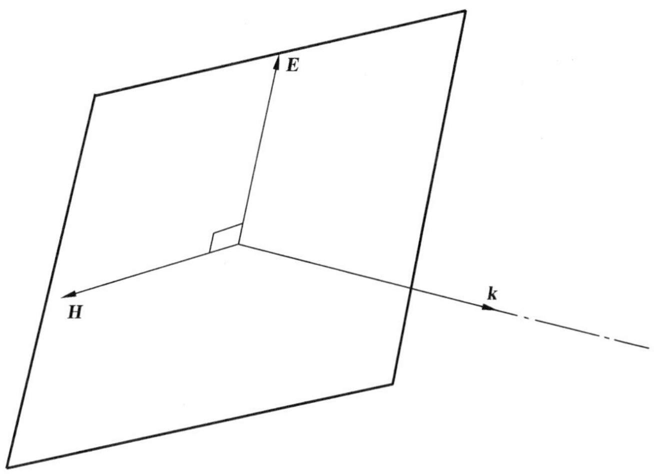

图 2　平面波定义中的几何关系

4.6

E_1、E_2、E_3

早期、中期、晚期 HEMP 电场的专用术语。

4.7

EMP

电磁脉冲的统称。

4.8

地磁倾角　geomagnetic dip angle

θ_{dip}

地磁场磁通量密度矢量 B_e 的倾角，是测得的地磁场磁通量密度方向与当地水平面之间的夹角。

在地磁北极，$\theta_{dip}=90°$；在地磁南极，$\theta_{dip}=-90°$（见图 3）。

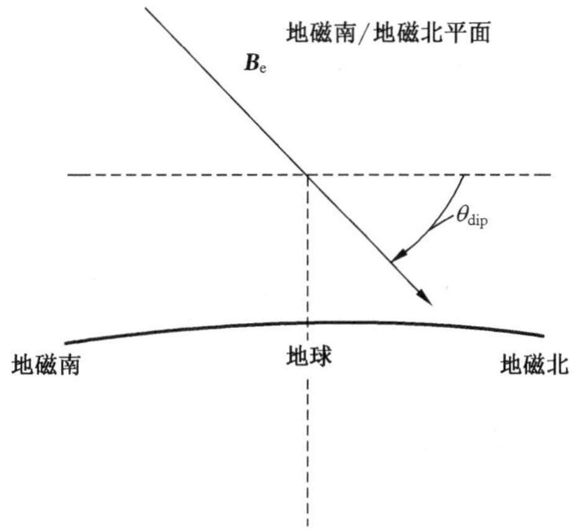

图 3　地磁倾角

4.9

HEMP

高空核爆炸产生的电磁脉冲。

4.10

高空核爆炸　high-altitude(nuclear explosion)

爆高超过 30 km 的核爆炸。

4.11

水平极化　horizontal polarization

当电磁波的磁场矢量位于入射面内，电场矢量垂直于入射面（因而平行于地面）时，称为水平极化（见图1）。这种极化也称正交极化或称这种电磁波为横电（TE）波。

4.12

入射面　incidence plane

传播矢量 $\boldsymbol{k}$ 和入射点的地面法向所组成的平面。

4.13

低空核爆炸　low-altitude(nuclear explosion)

爆高在1 km以下的核爆炸。

4.14

NEMP

核电磁脉冲；所有核爆炸产生的电磁脉冲。

4.15

进入点　point-of-entry(PoE)

在尚未提供足够防护装置的情况下，电磁阻挡层上电磁能量进出的实体位置。一个进入点并不限于一个几何点。按照进入的类型可分为孔缝进入点或传导进入点。也可按照它们的功能，分为建筑、机械、结构或电气进入点。

4.16

脉冲宽度　pulse width

除非另有规定，系指脉冲前沿和后沿上瞬时值为其峰值一半的两个点之间的时间间隔。

4.17

整流冲击量　rectified impulse(RI)

时域波形幅度的绝对值在指定时间间隔内的积分。

4.18

脉冲上升时间　rise time(pulse)

除非另有规定，系指脉冲瞬时幅度首次达到指定的低值和高值，即峰值的10%和90%的两个点之间的时间间隔。

4.19

短路电流　short-circuit current

当电路输出端被短路时的电流值。通常是在检验浪涌抑制器的性能时关注这种电流。

4.20

源阻抗　source impedance

能源对设备或网络的输入端呈现的阻抗。

4.21

垂直极化

当电磁波的电场矢量位于入射面内而磁场矢量与入射面垂直（因而平行于地面）时，称为垂直极化（见图1）。这种极化也称平行极化或称这种电磁波为横磁（TM）波。

5　HEMP环境描述、传导参数

5.1　引言

IEC 61000-2-9中的描述的由高空核爆炸产生的电磁场能够在所有的金属结构上感应出电流和电

压。这些在导体内传播的电流和电压，称为传导环境。这就是说，传导环境是二次现象，是伴随辐射场产生的后果。

所有的金属结构(即电线、导体、管道、导管等)都要受到HEMP的影响。传导环境应当引起重视，因为它能通过信号线、电源线和接地线将HEMP能量引至敏感电子器件上。对于建筑物或任何其他包壳，导体必须区分为性质各异的两类：外导体和内导体。这种分类看上去简单，但根据本部分中所提供的资料，具有关键意义。

这两类导体的不同之处在于其所在处的电磁环境大相径庭。一般来说，外导体是位于建筑物外，完全暴露在HEMP环境中。这类导体包括输电线、金属通信线、天线电缆以及输送水和气的金属管道。在本部分涉及的场合，它们或架设在地面上方或埋设于地下。内导体则是指位于部分或完全屏蔽的建筑物内的导体，建筑物内的HEMP场已被衰减。这是一种非常复杂的情况，虽然可从HEMP模拟试验中得到一些测量数据，但由于建筑物的屏蔽，HEMP场的波形将被显著改变，因此对于建筑物内导体和电缆的耦合问题很难计算。

本部分中，外部传导环境的通用模式是用简化的导体形状和早、中、晚期HEMP标准波形进行计算的。这些传导型外部环境一般被用来评估建筑物外面的防护装置的性能，由于电信和电源系统的多样性，这里对变压器和电话分线盒的作用不做考虑。这样处理得到的波形虽是近似的，但完全是确定的，是以标准化方法对外导体上的防护元件进行检测所需要的波形。对于内部导体，也确定了一种方法，用来评估适用于设备检测的传导环境。对于非屏蔽多芯电线，我们假定线到地的电流等于共模电流。

5.2 早期HEMP外部传导环境

对于早期的HEMP，其高幅值的电场能有效地耦合进天线以及诸如输电线、电话线一类暴露的任何导线。天线耦合机制极具多样性，它取决于天线设计的细节。在许多场合下，适合于采用连续波对天线进行测试，并用卷积方法将天线响应函数与入射HEMP环境结合起来。我们也提供了一些计算细天线响应的简单方程式(见5.5)。对于长线，有可能完成一组综合性通用模式的计算，其计算结果是可靠的，而且只依赖少量几个参数。这些参数包括导体的长度、暴露的状况(地上或埋于地下)和地表(深度在5 m以内)电导率。此外，因为HEMP耦合取决于仰角和极化方式(见图1)，所以有可能从统计的角度来分析产生特定大小电流的概率。

表1给出了导线上耦合的共模短路电流的计算值和戴维南等效源阻抗(用来确定开路电压)随严重程度、导体长度和大地电导率变化的函数关系。这些结果适用于裸导线、架空绝缘电线和屏蔽电缆或同轴传输线的外导体上的共模电流。对于屏蔽电缆，应当用实测的或规定的电缆传递阻抗来确定其内导体上的电流和电压。虽然由于暴露部分的形状大小不同会使波形产生不同的变化，但是仍然规定了一个时域波形用于对线缆的评估。该波形是用上升时间(10%～90%)和脉宽(半峰值宽度)来规定的，若把上升时间和脉宽放在一起表达，常写为$\Delta t_r/\Delta t_{pw}$。

在表1中，99%的严重程度是指，所产生的电流99%都将小于这个值。埋地导线电流计算值随入射角变化很小，这意味着一个很宽的概率分布，(严重程度从10%到90%，其差别都很小)，因而没采用严重程度而以不同的大地电导率来展现I_{pk}的变化。关于表1的适用范围，凡架空导线高于5 m者，埋地导线略高于地表($h<30$ cm)者和低于地面时，I_{pk}是准确的。对于高度低于5 m(0.3 m$<h<$5 m)的导线，可用表1中的值通过线性内插求得。对于从架空线以绝缘状态转入地下的情况，电流波形初始段与波形1相似，并随埋深而减小，直至埋深增加到约20 m，变为波形2。这些波形的推导详见附录A。

表1 早期HEMP传导共模短路电流(包括时间特性和峰值电流 I_{pk})随严重程度、导体长度 L、大地电导率 σ_g 的变化

表1a) 架空长导体

严重程度(%)*	I_{pk}/A		
	L>200 m	100 m≤L≤200 m	L<100 m
50	500	500	5.0×L
90	1 500	7.5×L	7.5×L
99	4 000	20×L	20×L

* 电流小于表中数值的百分比。

波形1:10/100 ns;源阻抗:Z_s=400 Ω。

表1b) 埋地长导体

σ_g/(S/m)	I_{pk}/A
	所有长度>10 m
10^{-2}	200
10^{-3}	300
10^{-4}	400

波形2:25/500 ns;源阻抗:Z_S=50 Ω。

5.3 中期HEMP外部传导环境

中期HEMP环境只能对长度超过1 km的长导体产生有效的耦合。因而这里主要关注输电线和通信线之类的外导体。因为这种环境的脉冲宽度远远大于早期的HEMP环境,所以仰角对耦合影响很小。这意味着统计变化规律没有在早期HEMP耦合中那么重要。另一方面,除对埋地线外大地电导率对架空线的影响也很重要。详见附录B。

表2给出了外部传导环境随线路长度和大地电导率(至1km深度)的变化关系。

表2 中期HEMP传导共模短路传导电流(包括时间特性和峰值电流 I_{pk})随导体长度 L、大地电导率 σ_g 的变化

表2a) 架空长导体

σ_g/(S/m)	I_{pk}/A			
	L>10 km	1 km≤L≤10 km	100 m≤L≤1 km	L<100 m
10^{-2}	150	75	0.05×L	0
10^{-3}	350	200	0.15×L	0
10^{-4}	800	600	0.45×L	0

波形3:25/1 500 μs;源阻抗:Z_S=400 Ω。

表 2b) 埋地长导体

σ_g/(S/m)	I_{pk}/A		
	$L>1\ 000$ m	100 m$\leqslant L \leqslant$1 000 m	$L<100$ m
10^{-2}	50	$0.05\times L$	0
10^{-3}	150	$0.15\times L$	0
10^{-4}	450	$0.45\times L$	0
波形 3:25/1 500 μs;源阻抗:$Z_S=50\ \Omega$。			

5.4 晚期 HEMP 外部传导环境

晚期 HEMP 只对长的外导体(如输电线和通信线)的耦合是重要的。但是在这种情况下,即使对于感兴趣的典型例子,计算其短路电流也是不易完成的。这是因为我们把晚期 HEMP 环境描述为在大地中产生的电压源,而这种电压源只在那些二点或多点接地的导体中产生电流。由于电流的流动强烈地取决于电路中的电阻,故这里推荐一个研究标准传导环境的分析方法。

为了说明如何使用这个方法,举一个例子。图 4a)是一个三相星形——三角形(Y—Δ)电力配线图,图 4b)是其等效电路(E_0 是晚期 HEMP 的峰值)。注意,这个问题可以描述为一个准直流问题,电压源可直接由晚期 HEMP 环境计算得到。因为晚期 HEMP 环境的最高频率在 1 Hz 数量级,所以这一处理是合理的。由此可假定电压源 V_S 与时间的函数关系和 E_0 相同。已知图 4b)中的电阻(并联的 Y 绕组电阻 R_y 与接地电阻 R_f)在频率小于 1 Hz 时与频率无关,因而感应电流 I_{pk}与 E_0 与时间有着相同的函数关系。

以此例,峰值电流可由式(1)算出:

$$I_{pk}=\frac{E_0 L}{2(R_f+R_y)+r_L L} \qquad \cdots\cdots(1)$$

式中:

r_L ——平行线单位长度电阻,单位为欧每米(Ω/m);

R_f ——接地电阻,单位为欧(Ω);

R_y ——一只变压器的并联绕组电阻,单位为欧(Ω);

L ——导线长度,单位为米(m)。

对于北美的长输电线,500 kV 输电线单位长度的电阻为 8.3×10^{-6} Ω/m,变压器绕组的电阻为 0.06 Ω,接地电阻为 0.75 Ω。对于长度在 10^5 m 的线路,产生的峰值电流约为 $40\ 000\times E_0$(按 IEC 61000-2-9,深度 d≫10 km 的大地电导率为 10^{-4} S/m,E_0 为 0.04 V/m),于是 I_{pk}约等于 1 600 A。得出这一峰值后,电流的时域波形可用一上升时间和脉宽为 1/50 s 的单极性脉冲来近似。要想模拟这个例子的波形,需用一个源阻抗为 2.45 Ω 的 4 kV 电压源。为了采用图 4 的电路,变压器应接地。一些 Δ—Δ 接法的变压器没有直接与地接通的路径。

通过计算整条线路的总电阻,并用线路上感应的总电压除以该电阻,就可很容易地将式(1)用于输电线以外其他长导体的电流计算。式(1)只适用于陆地上的长电缆,对于深海电缆,计算得出的电流应减小 100 倍。这种减小是因为电场 E_0 反比于大地(在 10 km～100 km 深度上)电导率的平方根。对于淡水湖和浅海,电流不会减小这么多。

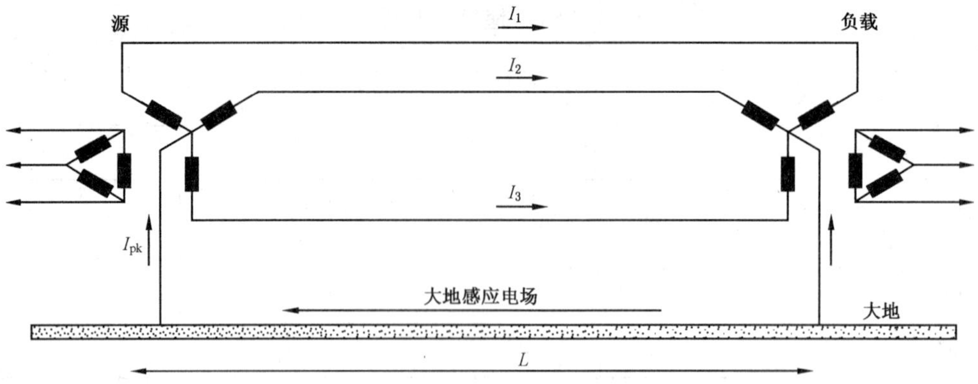

a） 三相电力线和变压器配置图

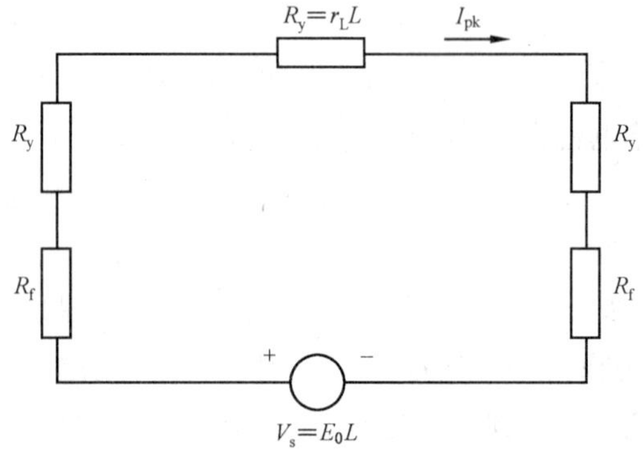

b） 简化等效电路

图 4 计算晚期 HEMP 传导电流用的三相线路及其等效电路图

5.5 天线电流

天线的尺寸和形状各异。在 VLF 和 LF 频段，即 3 kHz～300 kHz，天线一般为很长的导线，有时埋入地下。在 MF 频段，300 kHz～3 000 kHz，天线通常为与地面垂直的塔，通过埋在地下的平衡网络馈电。在 3 MHz～30 MHz 的 HF 频段和 30 MHz～300 MHz 的 VHF 频段，典型的天线是中心馈电的偶极子。在更高的频段(如 UHF、SHF 等)，天线更趋于一个分布系统，包括抛物面天线和孔径天线。

通常，天线工作在设计的基频附近一个窄的频段。为了提高天线的窄带性能，常采用各种方法进行调谐，如附加集总阻抗元件，在有源天线近旁附加无源元件，以及把天线排成阵列等。

天线构造有如此大的差异，使得我们很难为每一种类型的天线提供一个精确的响应标准(电流和电压波形)。然而，可以采用如图 5 所示的简单细线垂直偶极子作为近似模型，用它的响应来了解其他更为复杂的天线的响应。当然，这个模型仅适用于电偶极子类型的天线。环型(磁偶极子)天线和孔径天线不适合于用这种简单结构作为模型。对于更复杂的天线，推荐用连续波(CW)照射或强脉冲测试来评估天线的响应。

上述连续波与脉冲波的测试方法见 IEC 61000-4-23。

设图 5 所示的天线接有标称值为 50 Ω 的负载，这是实际天线工作频段内负载的典型值。天线长度为 l，半径为 a，由这两个参数可以计算出形状参数 $\Omega=2\ \ln(l/a)$。这种天线加载电流的谐振带宽因子 Q 可以近似为 $Q=\Omega/3.6$。对非理想天线，参数 Q 可从天线响应测量结果中推算出。

图 5 所示的天线架设位置附近通常会有其他导电物体，这些物体将改变入射场，使得天线响应与孤立天线不同。例如，天线可以固定在地面上或地面附近，在那里大地的反射场就是天线额外的激励源。同样地，偶极子也可能安装在一根长杆上，长杆及其支座和馈线等的散射场将会改变激励源。

由于天线的形状、大小多种多样，所以在推导标准响应波形时很难把所有这些的可能性都考虑进去。不过，这个问题可以简化，因为对于实际中的许多情形，反射场是在入射场已经激励了天线之后才到达天线。因此，依然可以将入射场的响应规定为天线的全部响应。作这样的简化处理，就将任何散射场的影响都忽略了。

为了计算天线的响应，先由式(2)确定谐振基频。

$$f_c = \frac{c}{2l} \qquad \cdots\cdots (2)$$

式中：

c ——光速；

l ——偶极子的总长，若是单极子，则是在地平面上高度的两倍。

于是，天线的响应由 50 Ω 负载上的电流表达为：

$$I_L(t) = kI_p e^{\frac{-\pi f_c t}{Q}} \sin(2\pi f_c t) \quad 当\ t \geqslant 0 \qquad \cdots\cdots (3)$$

式中，I_p 值列于表 3。归一化因子 k 按照使得 I_L 达到峰值 I_p 来确定，它依赖于 Q 和 f_c 的值。在表 3 中 I_p 定义为乘积 $l\hat{I}$，其中 $\hat{I}$ 为 HEMP 入射磁场的峰值。在 10 MHz 以下，天线的峰值电流被认为是常数。

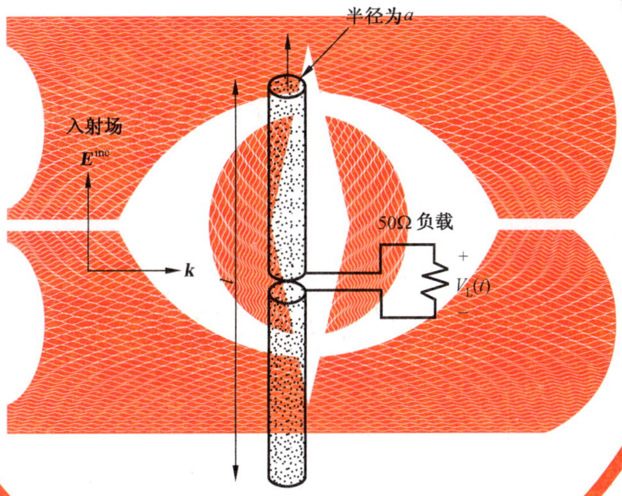

图 5　长度为 l，半径为 a 的中心接负载的偶极子天线，激励源为早期 HEMP 场

表 3　电偶极子天线负载电流的峰值与天线主频的关系

f_c/MHz	L/m	$\hat{I}$/A/m	$l\hat{I}$/A	I_p/A
<1	>150	—	—	2 000*
1～10	15～150	—	—	2 000*
10	15	130	1 950	1 950
100	1.5	130	195	195
200	0.75	130	97.5	97.5
>200	$150/f_c$	130	$19\,500/f_c$	$19\,500/f_c$
* 最大允许值。				

上述方法对细线垂直偶极子天线给出接近最坏情形的耦合结果(但不计大地反射)，采用曾用于表 1 的类似方法，还可给出耦合的统计数据。附录 C 采用计及仰角随覆盖面积变化的方法，给出了爆

高为 100 km 情况下两种细线天线详细的耦合结果。这两种天线分别是：长度为 l_m 的垂直单极子天线(包括地面对 HEMP 的反射)和长度为 l_h 的水平偶极子天线(不包括地面反射)，都接有 50 Ω 的负载。垂直单极子天线的耦合结果汇总在表 4～表 6 中，而水平偶极子天线的耦合结果汇总在表 7～表 9 中。

表 4　垂直单极子天线的 HEMP 响应电平 V_{oc}

单位：kV

长度 l_m		1 m			3 m			10 m			100 m		
严重程度		50%	90%	99%	50%	90%	99%	50%	90%	99%	50%	90%	99%
磁倾角	0°	13.6	28.4	33.6	46.5	91.7	104.6	125.7	232.0	249.0	383.2	470.7	477.1
	15°	13.1	27.0	32.4	45.1	88.5	101.1	125.3	226.2	240.5	365.5	454.0	461.0
	30°	11.8	24.3	29.0	40.5	80.3	90.4	107.2	200.2	215.5	326.9	406.9	413.1
	45°	9.5	19.5	23.7	32.7	64.9	73.8	89.0	164.3	175.9	273.6	332.3	337.3
	60°	6.6	14.1	16.5	23.3	45.6	52.1	63.9	116.4	124.4	190.1	234.8	238.4
	75°	3.5	7.2	8.6	12.0	23.9	26.9	33.2	60.1	64.3	98.8	121.6	123.3
	90°	0	0	0	0	0	0	0	0	0	0	0	0

表 5　垂直单极子天线的 HEMP 响应电平 I_{sc}

单位：kA

长度 l_m		1 m			3 m			10 m			100 m		
严重程度		50%	90%	99%	50%	90%	99%	50%	90%	99%	50%	90%	99%
磁倾角	0°	0.08	0.19	0.22	0.33	0.66	0.70	1.12	1.74	1.91	3.13	3.68	4.37
	15°	0.08	0.18	0.21	0.32	0.64	0.68	1.13	1.68	1.85	3.02	3.55	4.31
	30°	0.07	0.16	0.19	0.28	0.57	0.61	0.96	1.50	1.65	2.71	3.25	4.13
	45°	0.06	0.13	0.16	0.23	0.47	0.50	0.79	1.23	1.35	2.23	2.72	3.67
	60°	0.04	0.10	0.11	0.16	0.33	0.35	0.57	0.87	0.95	1.57	1.94	2.73
	75°	0.02	0.05	0.06	0.08	0.17	0.18	0.30	0.45	0.49	0.81	1.01	1.38
	90°	0	0	0	0	0	0	0	0	0	0	0	0

表 6　加载垂直单极子天线的 HEMP 响应电平 I_L[a]

单位：kA

长度 l_m		1 m			3 m			10 m			100 m		
严重程度		50%	90%	99%	50%	90%	99%	50%	90%	99%	50%	90%	99%
磁倾角	0°	0.06	0.15	0.17	0.23	0.49	0.55	0.76	1.31	1.33	2.37	2.71	3.53
	15°	0.06	0.14	0.16	0.23	0.48	0.53	0.76	1.26	1.29	2.28	2.59	3.34
	30°	0.05	0.13	0.15	0.20	0.43	0.47	0.65	1.13	1.15	2.03	2.32	3.00
	45°	0.04	0.10	0.12	0.16	0.35	0.39	0.54	0.92	0.94	1.69	1.91	2.51
	60°	0.03	0.07	0.08	0.12	0.25	0.27	0.39	0.65	0.67	1.17	1.35	1.79
	75°	0.02	0.04	0.04	0.06	0.13	0.14	0.20	0.34	0.34	0.61	0.70	0.91
	90°	0	0	0	0	0	0	0	0	0	0	0	0

[a] 乘 50 Ω 即为相应的负载电压值。

表 7　水平偶极子天线的 HEMP 响应电平 V_{oc}　　单位:kA

长度 l_h		1 m			3 m			10 m			100 m		
严重程度		50%	90%	99%	50%	90%	99%	50%	90%	99%	50%	90%	99%
	0°	0.8	4.0	11.5	2.8	13.5	44.0	7.9	37.9	110.4	19.0	99.8	289.1
	15°	4.9	7.0	13.1	17.1	25.1	45.8	43.3	68.2	113.3	115.3	162.2	309.1
	30°	8.9	12.5	15.4	31.0	45.6	53.9	81.3	128.1	154.6	211.9	291.0	367.3
磁倾角	45°	12.5	17.6	18.6	43.1	64.1	67.3	112.7	179.7	188.2	293.9	407.4	434.7
	60°	15.1	21.4	21.9	52.5	78.2	79.8	136.2	218.6	224.0	355.4	495.9	508.0
	75°	16.8	23.9	24.2	58.3	87.0	88.4	152.2	243.9	248.6	395.1	552.1	563.6
	90°	18.0	24.6	25.1	60.0	89.9	91.5	159.4	251.7	257.2	404.8	573.1	583.3

表 8　水平偶极子天线的 HEMP 响应电平 I_{oc}　　单位:kA

长度 l_h		1 m			3 m			10 m			100 m		
严重程度		50%	90%	99%	50%	90%	99%	50%	90%	99%	50%	90%	99%
	0°	0.003	0.01	0.04	0.01	0.05	0.15	0.03	0.16	0.47	0.10	0.53	1.66
	15°	0.02	0.02	0.04	0.06	0.09	0.17	0.19	0.27	0.48	0.55	0.81	1.71
	30°	0.03	0.04	0.05	0.11	0.17	0.20	0.35	0.49	0.62	1.04	1.36	1.99
磁倾角	45°	0.04	0.06	0.06	0.15	0.24	0.25	0.49	0.69	0.73	1.47	1.87	2.27
	60°	0.05	0.07	0.07	0.18	0.29	0.30	0.59	0.84	0.86	1.79	2.27	2.52
	75°	0.05	0.08	0.08	0.20	0.32	0.33	0.65	0.94	0.96	2.00	2.52	2.65
	90°	0.05	0.08	0.08	0.21	0.34	0.34	0.67	0.97	0.99	2.06	2.61	2.69

表 9　加载水平偶极子天线的 HEMP 响应电平 I_L *　　单位:kA

长度 l_h		1 m			3 m			10 m			100 m		
严重程度		50%	90%	99%	50%	90%	99%	50%	90%	99%	50%	90%	99%
	0°	0.002	0.012	0.032	0.008	0.040	0.13	0.028	0.14	0.39	0.078	0.042	1.26
	15°	0.014	0.020	0.036	0.050	0.078	0.14	0.16	0.23	0.40	0.45	0.65	1.33
	30°	0.024	0.036	0.044	0.092	0.15	0.17	0.29	0.44	0.54	0.84	1.10	1.58
磁倾角	45°	0.034	0.050	0.054	0.13	0.20	0.22	0.41	0.61	0.64	1.17	1.51	1.83
	60°	0.042	0.062	0.062	0.16	0.25	0.26	0.50	0.74	0.76	1.44	1.83	2.05
	75°	0.046	0.068	0.070	0.17	0.28	0.29	0.55	0.83	0.85	1.60	2.04	2.18
	90°	0.048	0.070	0.072	0.17	0.28	0.30	0.57	0.86	0.88	1.66	2.10	2.22

* 乘 50 Ω 即为相应的负载电压值。

5.6 HEMP 内部传导环境

如前所述,内部传导环境(在建筑物或设备内部)比外部传导环境更难确定。内部传导信号有两种来源:一由外部传导信号贯穿屏蔽层(无论有无进入点防护装置产生的衰减)而来,二由穿透建筑物且对暴露导线发生耦合的 HEMP 场产生。因为建筑物的电磁屏蔽材料种类繁多,从木质结构到焊接良好的钢板屏蔽室,各种各样,所以对于设备内部电缆和其他导体的耦合很难计算。然而,有可能确定一种简单的方法使我们能够估计内部的瞬变传导信号。

解决内导体问题的第一步是要认识到外部瞬变传导信号的漏入是要考虑的主要对象。我们要根据以上得出的传导环境来确定设备进入点防护措施的类型。利用计算数据或测量数据，可以估计透入设备的电流波形。应注意，如果存在非线性装置，很可能需要用 IEC 61000-4-24 规定的方法进行测试，除非确有很高的抑制量。

第二步是估计屏蔽层对早期 HEMP 辐射环境的衰减量(不必计及中期和晚期场，因为这些低频场对设备内部布线紧凑的电缆耦合不大)。定义 A_t 为平面波衰减因子($f>1$ MHz)，D 为所关心的内部电缆长度(m)，B 是幅度因子(基于表 1 中引用的严重程度因子)，于是，内部电缆通用模型电流峰值 I_{pk} 可以按式(4)估算

$$I_{pk}=BDA_t \quad 当\ D<100\ \text{m} \qquad \cdots\cdots(4)$$

幅度因子 B 的单位为 A/m，是根据乘积 DB 与表 1a)最右边一栏的单位相一致而推导出来的；当严重程度分别为 50%、90%、99%，得出的 B 相应为 5.0 A/m、7.5 A/m 和 20 A/m。因此，当严重程度为 50%，建筑物衰减因子为 0.01(−40 dB)和导体长度为 10 m 时，耦合电流的峰值为 0.5 A。如附录 D 所示，产生的电流波形将类似于阻尼正弦曲线。用式(2)和式(3)时，应取 $l=D$ 和 $Q\geqslant 60$。

这种处理方法是不精确的，因为入射电磁场的衰减并不是各频率都相等的，特别是有孔缝存在时。另外，一旦内部场建立起来，在经常有许多电缆存在的情况下，使得精确的耦合计算变得困难起来。最后，由设备产生的谐振(波模由谐振腔的尺寸和形状决定)，对耦合电流也有影响。尽管有这么多困难，但是用这种方法依然能够粗略估计内部传导电流。

作为第二种替代方法，估算 HEMP 产生的内部传导电流 I_{pk}，则是直接利用已往收集的三种等级建筑物结构的数据。附录 D 给出了严重程度分别为 50%、90%、99%时，对应于混凝土块、铆接金属，浇筑混凝土结构的电流。严重程度为 50%时，三种结构的电流峰-峰值分别是 10 A、10 A、3 A，而严重程度为 99%时的值分别为 25 A、25 A、7 A。这些内部电流仅仅是由外部 HEMP 场的耦合产生的，不包括随贯通导体流入电流的贡献。电流随时间变化的波形由式(2)和式(3)得出，其中 $f_c=7$ MHz，$Q\geqslant 60$。

第三种(也是最精确的)获得内导体电流的方法，是通过试验测量。这种方法包括使用(100 k～500 M)Hz 的连续波模拟器。在建筑物暴露在几种不同仰角和场极化情况下测量内部电缆电流。将传递函数与入射的早期 HEMP 波形作卷积即可计算出内部电缆的电流波形。通常需要测定多个电流波形峰值和脉冲形状的变化，以导出设备测试用的组合波形。

值得指出的是，这三种方法仅仅给出了 HEMP 场直接耦合产生的内部电流。有必要通过估算(或测量)外部电流贯穿设备屏蔽体(包括浪涌抑制器)的漏入量，来确定外部电流对内部总电流的贡献。

附 录 A
（资料性附录）
关于早期 HEMP 对长线耦合的讨论

A.1 架空线

表 1 中所列的数据来自 Ianoz 等人[A.1]1)关于耦合问题的一系列概率统计计算结果。在这些计算中，作者采用了在 IEC 61000-2-9 中定义的 IEC 早期 HEMP 电场脉冲，计算了大地电导率为 10^{-2} S/m 时地面上方 10 m 高处 1 km 长架空线的耦合（短路电流）。计算分别针对 100%水平极化和 100%垂直极化两种情况。对于每种极化，仰角 Ψ 和入射场的传播矢量和耦合导线之间的方位角 ϕ 均以 2.5° 网格变化。这些计算结果存储后重新组合可应用于感兴趣的任何高度和地球上的任何位置（以地磁纬度标记）的核爆炸。

图 A.1 是爆炸高度为 100 km，磁倾角 θ_{dip} 分别为 0°、45°、67°、75°、90°时的计算结果。其中，没有采用磁倾角为 0°时的结果，这是由于耦合计算中未考虑地磁赤道上由于弱地磁场而造成的 HEMP 电场的减小。这样的磁倾角造成入射场减少并使和耦合电流降低 30%到 40%。根据图 A.1（θ_{dip}>45°）所示结果，选择 4 000 A，对应的概率为 1%；1 500 A 对应于 10%；500 A 对应于 50%（精度在 10%以内）。这里所讨论的概率为 1%、10%、50%，相当于在正文第 5 章中讨论的概率为 99%、90%、50%的严重程度。

文献[A.1]还采用本部分给出的时域电流波形研究了波形上升时间（10%～90%）和冲击电量等波形特征参数。冲击电量 RI 为一单极性脉冲的面积。表 A.1 中列出了垂直极化时的 RI 值，同时还列出了用给定的峰值电流 I_p 计算出的有效脉冲宽度 Δt_{pw}r.m.s(RI/I_p)值。

用这种估算方法，有效脉宽的最大值选为 127 ns，将它换算为双指数衰减波形的脉冲半峰值宽度，即为 88 ns，在表 1a）中，近似为 100 ns。

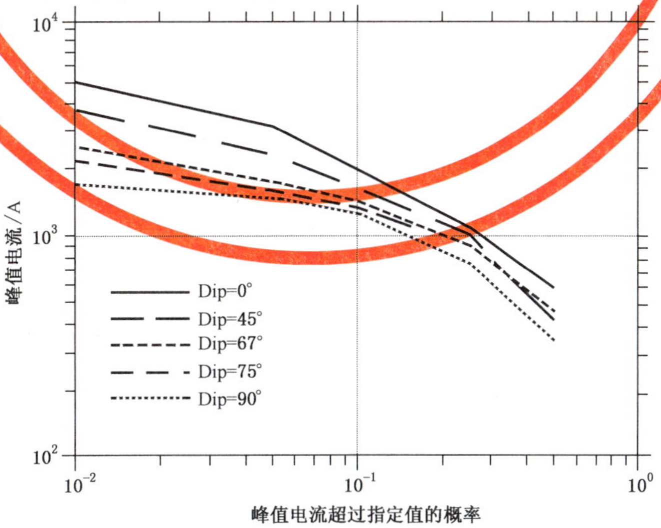

图 A.1 耦合到电缆上的电流峰值随当地磁倾角的变化

---

1) 方括号中的编号是本附录 A.3 所列参考文献号。

表 A.1 架空导体(h=10 m)在垂直极化早期 HEMP 作用下的冲击电量值和有效脉冲宽度

概率 (%)	冲击电量 RI/(A·s)	峰值电流 I_P/A	有效脉冲宽度 Δt_{pw} r. m. s. /ns
50	$>3.7\times10^{-5}$	>500	74
10	$>1.9\times10^{-4}$	>1 500	127
1	$>3.0\times10^{-4}$	>4 000	75

在对这种耦合问题的研究中,上升时间的估算更为困难。文献[A.1]中用列表方式给出了水平极化和垂直极化两种条件下的上升时间(10%~90%)。该计算结果表明,水平极化和垂直极化对应的最小上升时间分别为 2.3 ns 和 5.1 ns。仔细检查后发现,这些最小上升时间并不发生在峰电流最大的情况下。因为该文献中没有列出电流波形上升沿的斜率值,所以还需要进一步的计算。

对于 IEC 电场脉冲完全垂直极化的情况,电流导数的最大值 2.7×10^{11} A/s 是在仰角 5°时算得到的,其他有关耦合的形状尺寸皆与[A.1]相同。这个最大值是从一系列结果中得到的,耦合电流在这个角度达到最大值。当概率定为 1%,算出上升时间(10%~90%)的公式为:

$$(0.8)\times(4\ 000\ \text{A})/(2.7\times10^{11}\ \text{A/s})=1.2\times10^{-8}\text{s}$$

本部分将上升时间定为 10 ns。虽然对概率更大的情况,似乎较长的上升时间将更为适合,但计算结果表明,与 50%概率相对应的上升时间为 14.4 ns。因此为了使差异相对地小一些,表 1 中的所有情况都选取相同的上升时间。

A.2 埋地线的耦合

对于埋地的通信线或输电线,尽管近地面的大地电导率有一定的影响,但耦合进的 HEMP 信号受场的极化和角度影响不是十分显著。对于埋深 1 m 的导线对 HEMP(IEC 脉冲)响应的计算,大地电导率取 10^{-2} S/m、10^{-3} S/m、10^{-4} S/m 三种情况。对不同仰角、不同极化所得 42 组计算结果摘要列于表 A.2。

由表中数据可见,对于两种较低的电导率,表 A.2 中对两种较低的电导率情况,这些值都约在最接近表 1 采用的 100 A(10^{-3}—300 A,10^{-4}—400 A),这些值都已有 10%减弱。对导电率的情况,电流调整为 200 A,以适用于近地表(较浅埋深)处较高场强。

表 A.2 早期 HEMP 对埋地导体的耦合电流(h=−1 m)

大地电导率 σ_g/(S/m)	极化方式	最大短路电流 I_{sc}/A	仰角 Ψ
10^{-2}	垂直	152	60°
10^{-2}	水平	148	90°
10^{-3}	垂直	332	45°
10^{-3}	水平	267	90°
10^{-4}	垂直	437	30°
10^{-4}	水平	418	90°

关于所用波形的参数,(10%~90%)上升时间和半峰值宽度由表 A.3 给出。

将表 A.3 中的不同数值,去平均后,按每种电导率分类列于表 A.4 中。

表 A.3 早期 HEMP 对埋地导体耦合的波形参数($h = -1$ m)

大地电导率 σ_g/(S/m)	极化方式	上升时间(10%~90%) Δt_r/ns	脉冲宽度(50%~50%) Δt_{pw}/ns
10^{-2}	垂直	26.7~34.7	185~355
10^{-2}	水平	17.6~19.5	263~282
10^{-3}	垂直	25.0~29.2	198~398
10^{-3}	水平	19.3~26.5	236~267
10^{-4}	垂直	27.0~29.8	309~583
10^{-4}	水平	27.4~29.3	361~458

表 A.4 早期 HEMP 对埋地导体耦合的波形参数平均值

大地电导率 σ_g/(S/m)	上升时间(10%~90%) Δt_r/ns	脉冲宽度(50%~50%) Δt_{pw}/ns
10^{-2}	24.6	271
10^{-3}	25.0	275
10^{-4}	28.4	428

给出这些资料后,推荐上升时间选用 25 ns。关于脉宽,它随大地电导率的变化更强烈些,故推荐用 500 ns(而不是 400 ns),以便覆盖低电导率情况算得的较大的脉宽(见表 A.3)。表 1 正是采用了这些值。

A.3 参考文献

[A.1] Ianoz, M., Nicoara, B. and Radasky, W. A., *Modelling of an EMP Conducted Enviroment*, IEEE/EMC Transactions on EMC, Vol. 38, No. 3, p. 400-413, August 1996

附 录 B
（资料性附录）
关于中期 HEMP 对长线耦合的讨论

表 2 所列的短路电流数据来自一组（共 70 个）HEMP 对架空线（$h=10$ m）和埋地线（$h=-1$ m）的耦合计算结果。研究中考虑了导体的长度（1～100）km、仰角（0°～85°）及大地的电导率（10^{-2} S/m、10^{-3} S/m、10^{-4} S/m）的不同取值。计算采用与时间相关的传输线分析程序，并且 HEMP（IEC）入射中期波形取垂直极化情况。

B.1 架空线

表 B.1 列出了长度大于 10 km 情况的峰值短路电流和波形特征参数。

表 B.1 中期 HEMP 对架空线（$h=10$ m）耦合形成的短路电流

大地电导率 σ_g/(S/m)	峰值电流 I_{PK}/A	上升时间（10%～90%） Δt_r/μs	有效脉冲宽度 Δt_{pw} r. m. s/μs
10^{-2}	138	60～120	700～2 100
10^{-3}	342	25～65	850～2 100
10^{-4}	849	30～65	1 000～2 100

线长较短时，峰值电流降低，但脉冲特性相近。峰值电流推荐值接近表 2 中采用的 150 A、350 A、850 A。脉冲特性与提供的数据相近，即上升时间为 25 μs；有效脉冲宽度为 2 100 μs（转换为半峰值宽度则为 1 500 μs）。

B.2 埋地线

对于长于 1 km 的埋地线，算得的峰值电流几乎是不变的，仅随大地电导率变化。对短于 1 km 的埋地线，可按长度比例估算其结果。入射仰角从 0°变化到 85° 对结果影响小于 10%。计算结果列在表 B.2 中。

表 B.2 中期 HEMP 对埋地导体耦合时的短路电流（$h=-1$ m）

大地电导率 σ_g/(S/m)	峰值电流 I_{PK}/A	上升时间（10%～90%） Δt_r/μs	有效脉冲宽度 Δt_{pw} r. m. s/μs
10^{-2}	46	38～57	1 800～2 000
10^{-3}	147	40～61	1 900～2 100
10^{-4}	431	46～78	1 900～2 100

上述结果可近似为上升时间（10%～90%）40 μs；有效脉冲宽度 2 100 μs；峰值分别为 50 A、150 A、450 A。有效脉冲宽度转化为半峰值宽度（假定按双指数衰减）约为 1 455 μs 或 1 500 μs。由于架空线和埋地线的波形特性相似，所以表 2 只需用一种波形（上升时间为 25 μs，半峰值宽度为 1 500 μs）。

附 录 C
（资料性附录）
简单线性天线对 IEC 早期 HEMP 环境的响应

C.1 引言

用一种方法来表述各种天线的可能响应，对于理解民用设备对高空电磁脉冲(HEMP)的防护要求将是有益的。虽然天线分析是一成熟的学科，确定天线典型响应有许多不同的计算模型可用[C.1]2)，但是，天线分析常常都是在其工作频带内进行的，要想获得天线的瞬态响应需要在很宽的频带内进行计算，这些模型不是很有用。

此外，在分析天线对瞬态场的响应时，所得出的结果常以有限数目的不同入射角下的瞬时波形来表述。所以由此想要全面了解天线的性能和典型响应，也是勉为其难的。

改善这种状况的方法之一，便是对不同天线、在 HEMP 不同入射角条件下的天线瞬态响应作出大量计算，然后将计算结果(例如天线的开路电压峰值)以累积概率分布(CPD)的形式表述出来。CPD 所提供的是天线响应超过某一指定值的概率。在本部分中，分析了两种不同天线对 IEC 早期 HEMP 的响应。一种是垂直放置的单极子天线，从对地端馈电。另一种是地面上水平放置的偶极子天线。每种天线可观测的量：开路电压峰值(V_{oc})、短路电流峰值(I_{sc})、天线输入端 50 Ω 负载上的电压峰值(V_L)和相应的 50 Ω 负载上的电流峰值(I_L)。

C.2 IEC 早期 HEMP 环境

正如 IEC 61000-2-9 中所描述的，HEMP 被表达为一入射平面波，如图 C.1 所示。它以垂直仰角 ψ 和入射方位角 ϕ 照射到地面或近地系统上，ϕ 角从某一个方便的参考方向(这里为 x 轴)算起。

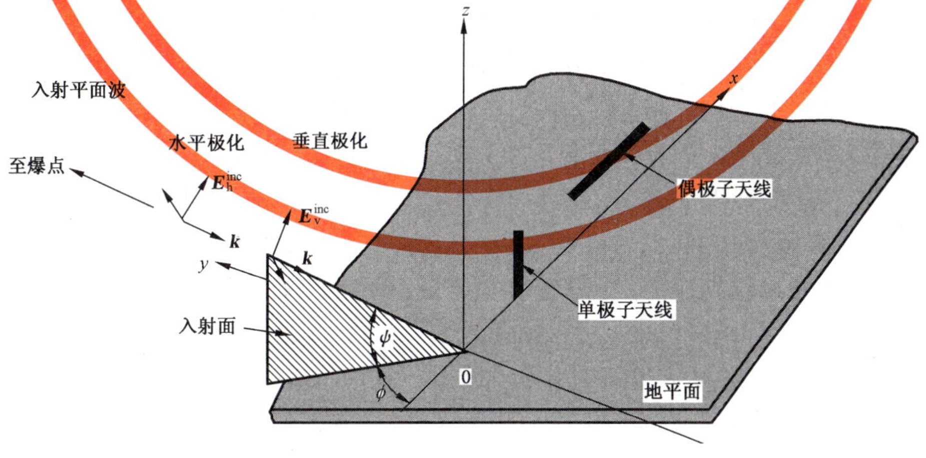

图 C.1 入射 HEMP 场示意图

因为地球是球形，所以地表上只有有限大小的区域能被 HEMP 直接照射到。如图 C.2 所示，照射区域的大小以切点半径 R_t 来表示，R_t 可按下式算得：

2) 方括号中的文献编号是 C.6 所列参考文献号。

$$R_t = R_e \arccos\left(\frac{R_e}{R_e + HOB}\right) \quad \cdots\cdots(C.1)$$

式中，HOB 为爆高；R_e为地球半径(6 371.2 km)。

若爆高 $HOB<500$ km，上式可近似为：

$$R_t \approx 110\sqrt{HOB}\,\text{km} \quad \cdots\cdots(C.2)$$

本研究假定爆高为 100 km，这意味着切点半径 $R_t \approx 1\ 100$ km。在 HEMP 照射区域以外，HEMP 场值为零。在照射区域内，入射场的时间特性以双指数波的形式给出：

$$E^{inc}(t) = 65\ 000 \times (e^{-4\times10^7 t} - e^{-6\times10^8 t}) \quad (V/m), \quad t > 0 \quad \cdots\cdots(C.3)$$

入射波可以分解为垂直极化分量和水平极化分量，见图 C.1。

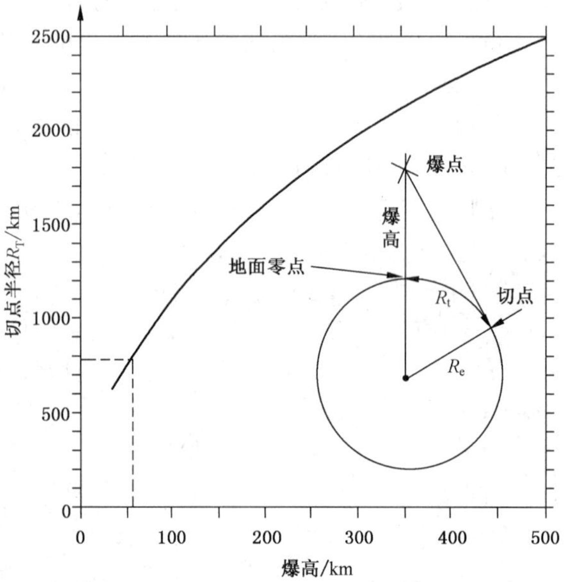

图 C.2 HEMP 切点半径随爆高的变化

如 IEC 61000-2-9 所述，入射 HEMP 场分解成的垂直分量和水平分量的大小依赖于地磁倾角 θ_{dip}。参数 θ_{dip}随爆点和观察者的位置而变，这里将其作为独立变量处理，计算了 θ_{dip}取不同值时的天线响应。入射场的垂直分量和水平分量分别用 E_v^{inc}和 E_h^{inc}表示，并采用术语极化系数 f_v 和 f_h，$E_v^{inc} = f_v E^{inc}$，$E_h^{inc} = f_h E^{inc}$，在本研究中用其最大值时的极化系数来近似，$f_v = \cos\theta_{dip}$，$f_h = \sin\theta_{dip}$。

在图 C.1 中，单极子天线垂直安置在地面上，另一偶极子天线水平放置与地面平行。为了计算出天线上感应的电流，必须求出沿天线的切向激励电场。该场的组成为 HEMP 入射场加上地面反射场。对于垂直放置的单极子天线，激励场为 E-场的 z-分量。距离地面任意高度 z 处，激励场由式(C.4)给出[C.2]：

$$E_z = E^{inc}\cos\theta_{dip}\cos\psi(1 - R_v e^{-jk2z\sin\psi}) \quad \cdots\cdots(C.4)$$

式中：R_v为垂直极化场的菲涅耳反射系数，由式(C.5)给出[C.3]：

$$R_v = \frac{\varepsilon_r\left(1+\frac{\sigma_g}{j\omega\varepsilon_r\varepsilon_0}\right)\sin\psi - \left[\varepsilon_r\left(1+\frac{\sigma_g}{j\omega\varepsilon_r\varepsilon_0}\right)-\cos^2\psi\right]^{1/2}}{\varepsilon_r\left(1+\frac{\sigma_g}{j\omega\varepsilon_r\varepsilon_0}\right)\sin\psi + \left[\varepsilon_r\left(1+\frac{\sigma_g}{j\omega\varepsilon_r\varepsilon_0}\right)-\cos^2\psi\right]^{1/2}} \quad \cdots\cdots(C.5)$$

式中：σ_g为大地电导率；ε_r为大地的相对介电常数；ε_0为自由空间的介电常数。注意，对于垂直放置的天线，只有入射 HEMP 的垂直极化分量才对天线响应有贡献。

对于水平放置的天线，设它平行于 x 轴，激励场在地面高度 h 处的电场 E_x 分量才对天线的响应有

贡献。激励场的垂直极化分量和水平极化分量,表示如下[C.2]:

$$E_x = E^{\mathrm{inc}} e^{-jkx\cos\psi\cos\phi}[\cos\theta_{\mathrm{dip}}\sin\psi\cos\phi(1-R_v e^{-jk2h\sin\psi}) + \sin\theta_{\mathrm{dip}}\sin\phi(1+R_h e^{-jk2h\sin\psi})] \quad \cdots\cdots(C.6)$$

式中,R_h为水平极化分量的菲涅耳反射系数[C.3],由式(C.7)给出:

$$R_h = \frac{\sin\psi - \left[\varepsilon_r\left(1+\frac{\sigma_g}{j\omega\varepsilon_r\varepsilon_0}\right) - \cos^2\psi\right]^{1/2}}{\sin\psi + \left[\varepsilon_r\left(1+\frac{\sigma_g}{j\omega\varepsilon_r\varepsilon_0}\right) - \cos^2\psi\right]^{1/2}} \quad \cdots\cdots(C.7)$$

C.3 天线响应的计算

给定式(C.4)和式(C.6)中的切向激励场以及天线的长度、半径和负载阻抗,天线和负载上的感应电流可以用矩量法求出[C.4]。矩量法是一种求解频域电流积分方程的数值计算方法。一旦计算出响应的频谱,其瞬态响应就可以通过快速傅里叶变换(FFT)得到。详细算法见参考文献[C.5]和[C.6]。

C.3.1 单极子天线的响应

图C.3示出本研究所用垂直单极子的几何关系。从式(C.4)中可以看出,激励场与方位角ϕ无关,故只有入射仰角ψ参与计算。设单极子天线长度为L,半径为a,通过一个50 Ω的负载接地。通常用参数Ω_0表达天线的长度和半径之比值,定义为

$$\Omega_0 = 2\ln\left(\frac{2L}{a}\right) \quad \cdots\cdots(C.8)$$

这里取$\Omega_0=8$,与此对应,$L/a=27.3$,代表一般的粗天线。计算中取大地电导率$\sigma_g=0.01$ S/m,相对介电常数$\varepsilon_r=10$,均为典型值,与文献[C.3]一致。单极子天线(C.3.2中的偶极子天线也是如此)有四个参数需要计算:开路电压V_{DC}、短路电流I_{sc}、负载电压V_L和负载电流I_L。Harrington在文献[C.4]中指出,所有这些量通过天线电流积分方程联系起来。因为负载阻抗已有简单的V-I关系,$V_L=Z_L I_L$。所以感兴趣的只是瞬时响应的峰值,数值计算提取的也就是这些量。

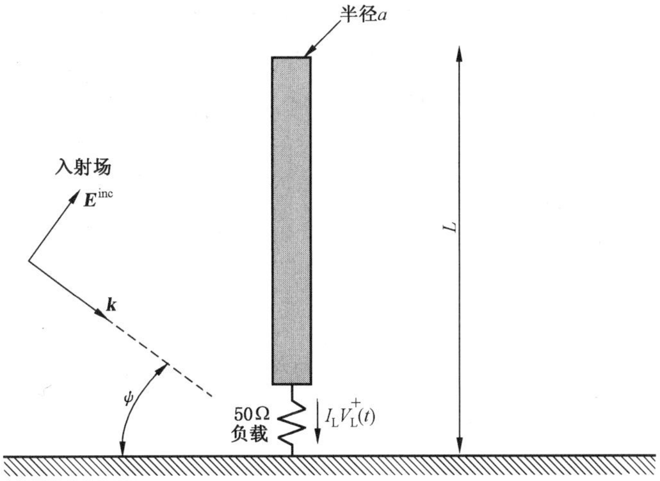

图C.3 单极子天线的几何关系

由于在HEMP照射区域内,观测点是任意选取的,所以要确定以上观测量的累积概率分布,就需完成大量的天线响应计算。一般选取3 000个不同的观测点,对每个观测点,积分方程的解就提供了一组可观测的值,从而得出天线响应的分布规律,最终形成累积概率分布。根据累积概率分布,天线特定响应超过指定值的概率即可得出。

C.3.2 偶极子天线的响应

水平偶极子天线的几何关系见图 C.4。对于这种天线，激励与入射角度 ϕ 和 ψ 以及入射场的水平极化分量和垂直极化分量均有关。设偶极子天线总长为 L，半径为 a，负载阻抗为 50 Ω。天线长度和半径的比值定义为

$$\Omega_0 = 2\ln\left(\frac{L}{a}\right)$$

同样选取 $\Omega_0 = 8$，相应的 (L/a) 值为 54.6。

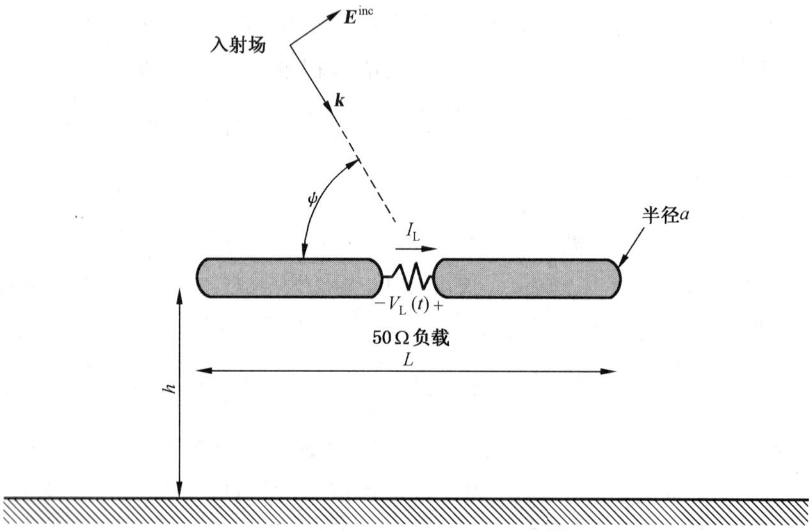

图 C.4 偶极子天线的几何关系

地面的存在使得描述天线的状况还需要增加一个参数，即天线距离地面的高度 h。根据式(C.6)，天线的激励由入射场加上地面反射场产生。一般地，地面反射场起着抵消入射场的作用。但是，这种反射场对激励的抵消作用通常是在入射场响应的峰值出现以后才到达天线。于是，对于 h 超过 $L/2$ 的天线，地面反射场对天线响应的峰值没有影响。所以，完全忽略地面的反射并认为天线放置在自由空间，所提供的最坏情况下的天线响应，是一种好的估计。无疑这是合理的，因为通常为了优化天线在工作频带内的特性，这类天线均远离地面放置。

除了还需要考虑 ϕ 角的影响外，偶极子天线响应的累积概率分布计算过程和单极子天线是相同的，其前提是已假定天线沿 x 轴放置，ϕ 角在 0°～360°内等概率选取。在 HEMP 照射区域共选 3 000 个不同的点放置天线，每一点上入射波的 ϕ 角共取 500 个值，这样，为了得出累积概率分布曲线，需要研究 150 万种天线耦合情况。

C.4 计算结果

运用以上讨论的分析方法和数值计算模型，无论是单极子天线还是偶极子天线，它们对 IEC 早期 HEMP 的四种天线响应累积概率分布都可以计算出来。计算中，单极子天线和偶极子天线都取四种长度：L=1 m、3 m、10 m 和 100 m。这些结果在本节中给出。

垂直放置的单极子天线分别取四种长度时，天线负载电流和电压的累积概率分布如图 C.5～图 C.8 所示。

水平放置的偶极子天线分别取四种长度时,天线负载电流和电压的累积概率分布如图 C.9～图 C.12 所示。

C.5 小结

图 C.5～图 C.12 的概率分布曲线,给出了天线受 HEMP 激励时的可能响应的重要细节。但是,通常我们只关心概率为 50%、10%和 1%的响应,在本部分中把它们分别称为 50%、90%和 99%"严重程度",用来表明实际的天线响应小于指定值的百分比。这些数值可在表 3～表 9 中查到。

以上所有的计算结果都是在取天线参数 $\Omega_0=8$(相应地,对于单极子天线 $L/a=27.3$,偶极子天线 $L/a=54.6$)时得到的。如果天线的长度和半径之比发生变化,天线的响应也随之改变。图 C.13 给出了倍增修正系数(相对于 $\Omega_0=8$ 进行了归一化)。利用修正系数、本附录中的数据和表 4～表 9,可以得出不同天线的响应。

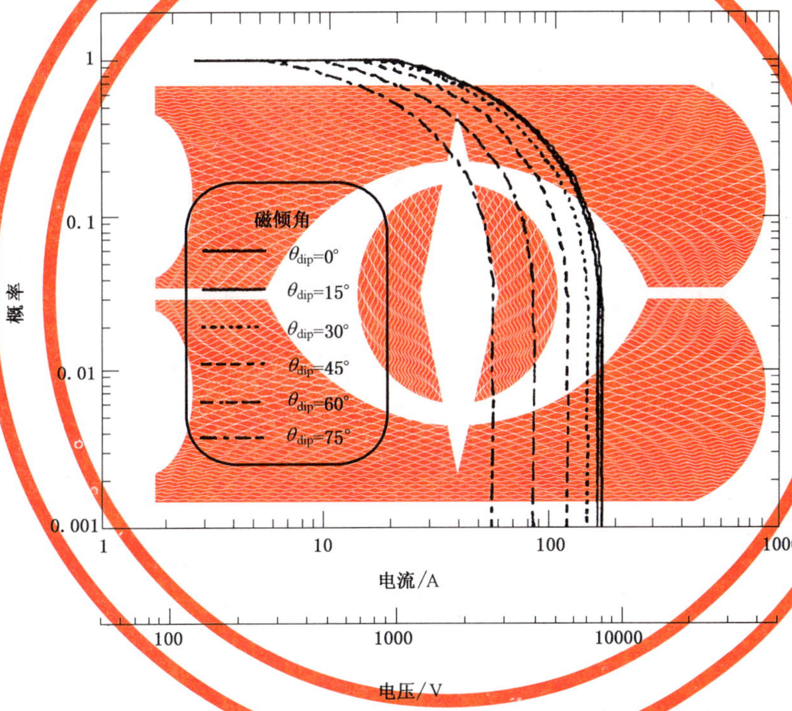

图 C.5 1 m 长垂直单极子天线负载电压峰值和电流峰值的累积概率分布

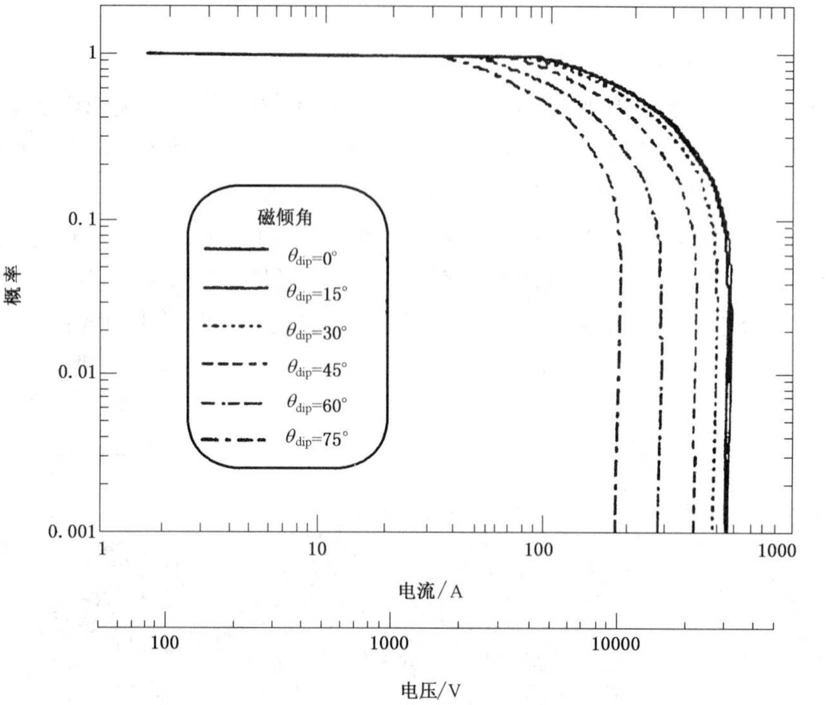

图 C.6　3 m 长垂直单极子天线负载电压峰值和电流峰值的累积概率分布

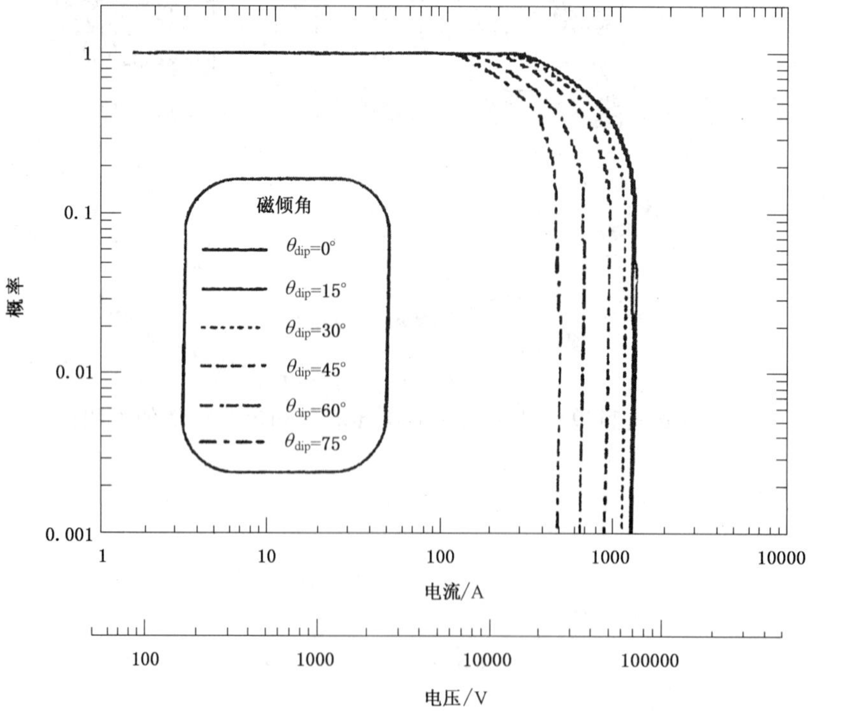

图 C.7　10 m 长垂直单极子天线负载电压峰值和电流峰值的累积概率分布

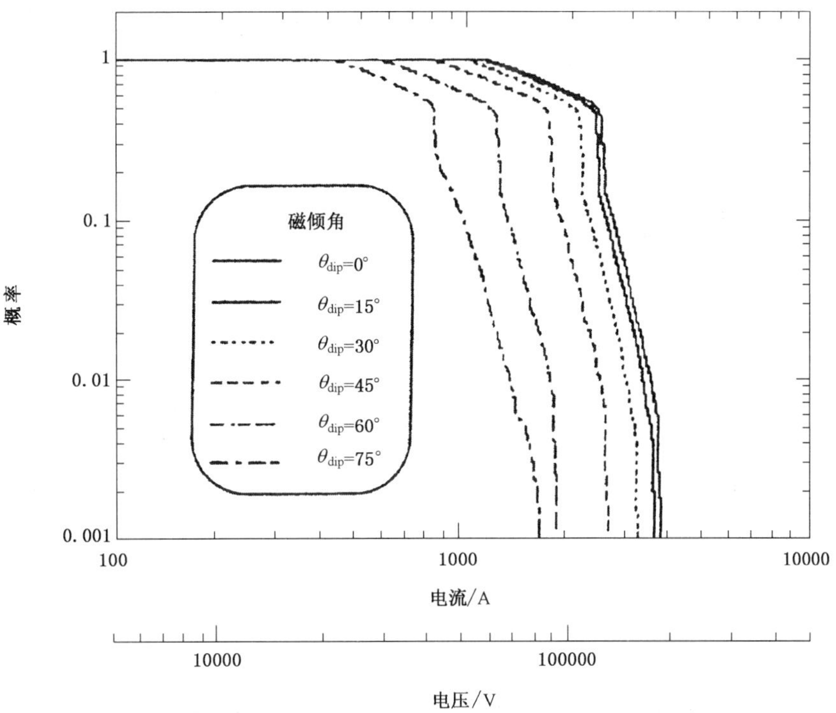

图 C.8　100 m 长垂直单极子天线负载电压峰值和电流峰值的累积概率分布

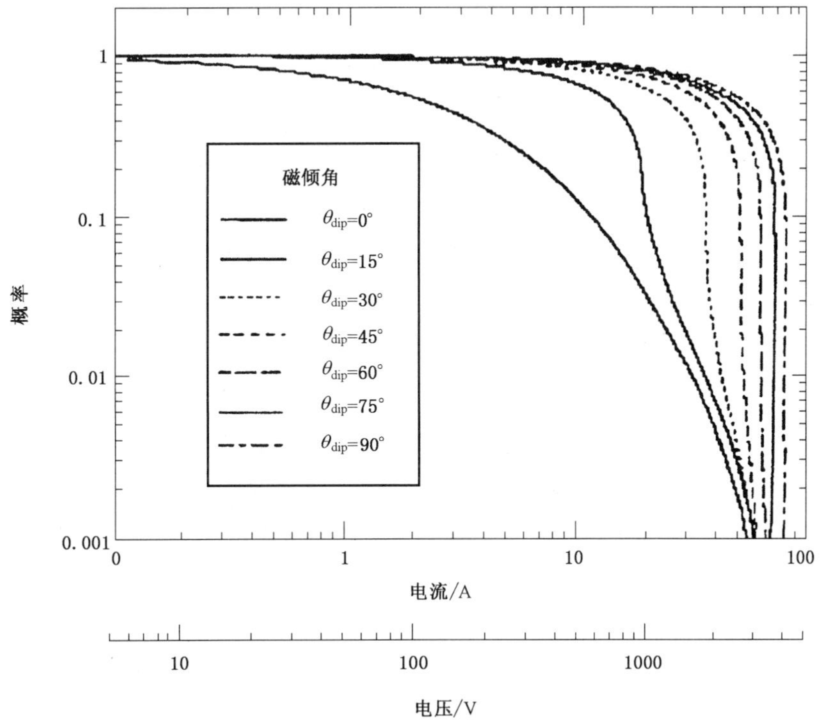

图 C.9　1 m 长水平偶极子天线负载电压峰值和电流峰值的累积概率分布

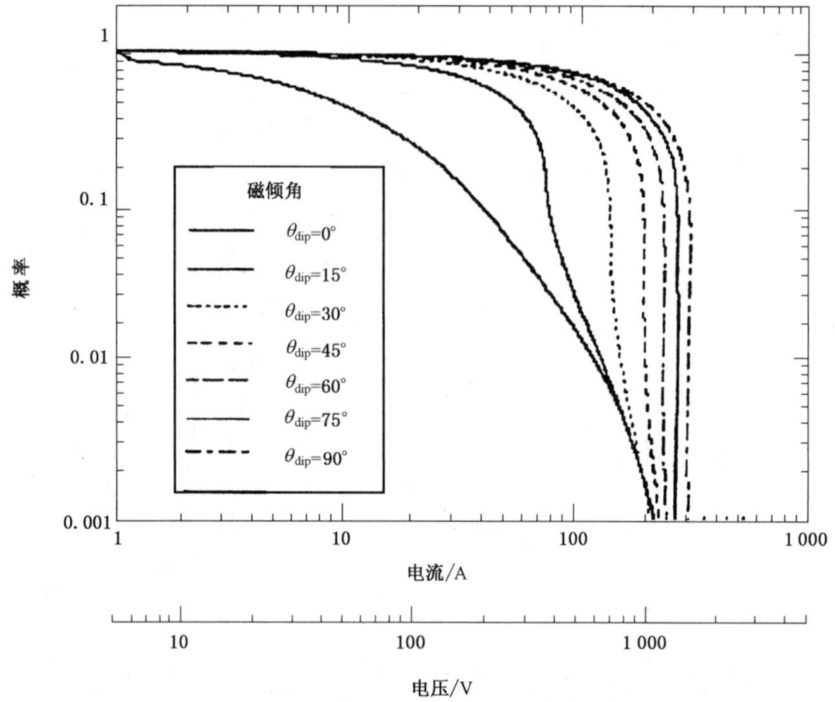

图 C.10　3 m 长水平偶极子天线负载电压峰值和电流峰值的累积概率分布

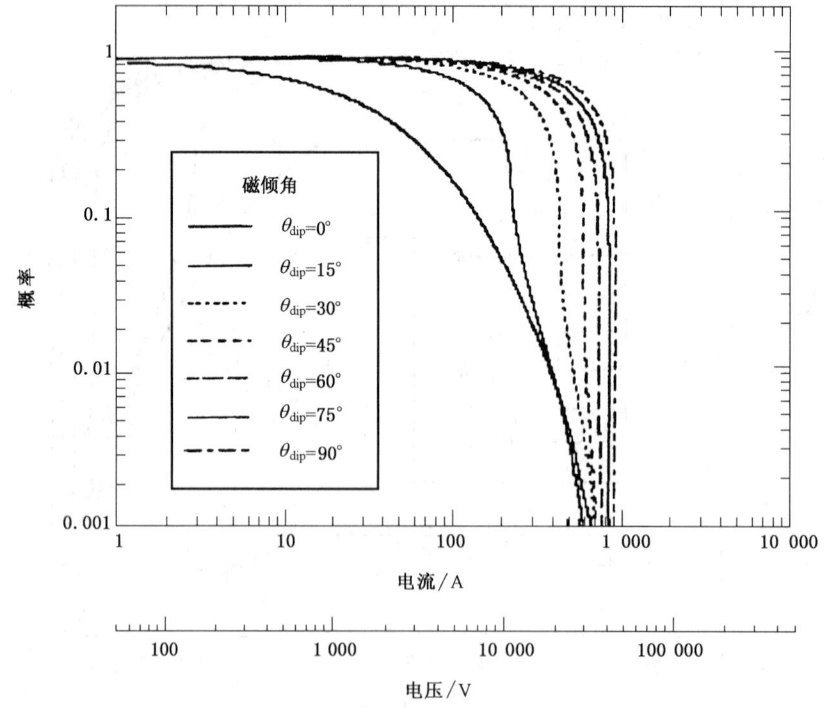

图 C.11　10 m 长水平偶极子天线负载电压峰值和电流峰值的累积概率分布

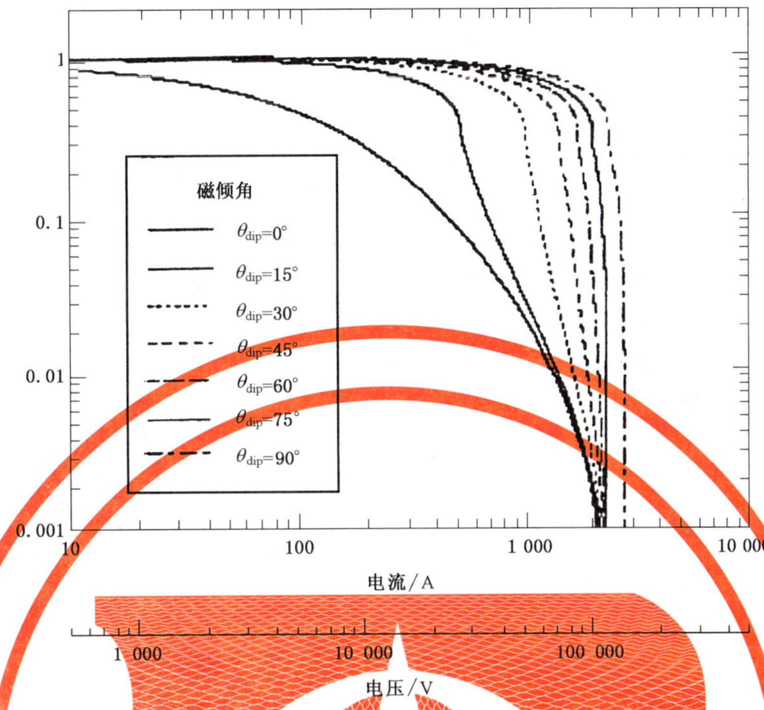

图 C.12　100 m 长水平偶极子天线负载电压峰值和电流峰值的累积概率分布

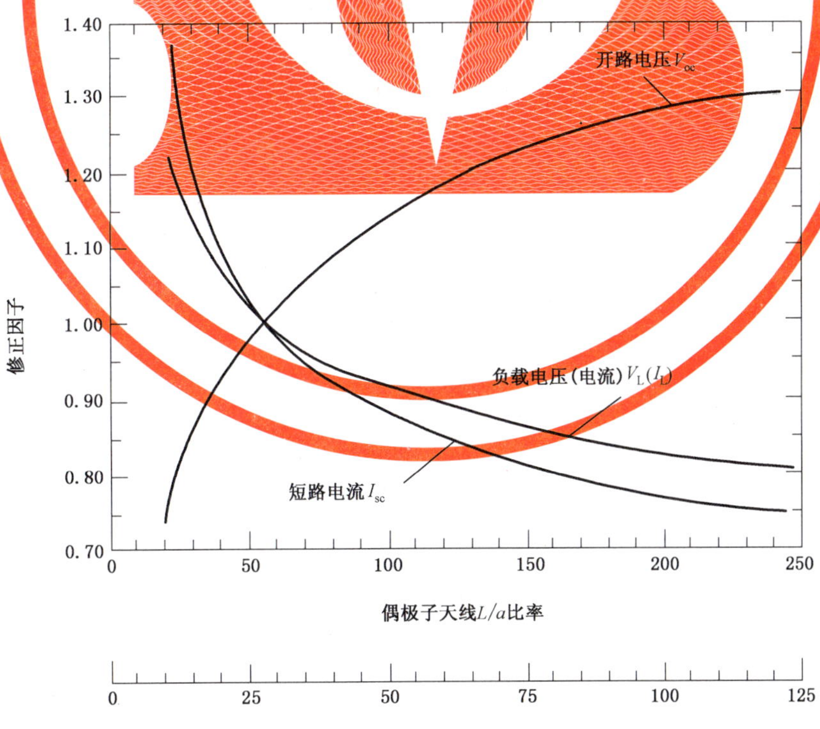

图 C.13　其他 L/a 比率天线 V_{oc}、I_{sc}、I_L、V_L 的倍增修正系数随 L/a 的变化

C.6 参考文献

［C.1］ EMP Interaction:Principles,Techniques and Reference Data,K. S. H. Lee,editor,Hemisphere Publishing Co. New York,1989.

［C.2］ Tesche,F. M. "Plane Wave Coupling to Cables" Chapter 4 in Handbook of Electromagnetic Compatibility,R. Perez,editor,Academic Press,1995.

［C.3］ Vance,E. F. Coupling to Shielded Cables,Krieger Publishing,1987.

［C.4］ Harrington,R. F. Field Computation by Moment Methods,Reprinted by the author Syracuse. University,Syracuse,NY,1968.

［C.5］ Balanis,C. A. Advanced Engineering Electromagnetics,John Wiley and Sons,New York,1989.

［C.6］ Tesche ,F. M. ,lanoz,M,Karisson,T. EMC Analysis Methods and Computational Models. John Wiley & Sons,New York,2004.

附　录　D
（资料性附录）
电话交换间内电缆的感应电流测量值

20 世纪 60 年代末 70 年代初，美国贝尔实验室就电话交换机房内导线对 HEMP 的耦合问题，采用低电平连续波进行了测试，交换机房大小为(22～700)m^3。他们公布了对于三种不同结构(混凝土砖、铆接金属、浇筑钢筋混凝土)的电流分布。尽管当时测量所采用的 HEMP 波形与现在 IEC 所采用的有所不同，但二者在(6～50)MHz 频带内的幅频特性差不多相同，因此其结果仍可直接应用于 IEC 标准中。表 D.1 为贝尔实验室测得的电流峰峰值摘要。

表 D.1　HEMP 直接照射下内部电缆电流峰峰值(I_{pp})的估计值

建筑结构类型	严重程度*	I_{pp}/A	严重程度*	I_{pp}/A	严重程度*	I_{pp}/A
混凝土砖	50%	10	95%	20	99%	25
铆接金属		10		20		25
浇筑混凝土		3		5		7
* 电流低于给定值的百分比。						

根据这些测量结果，可总结出内部 EMP 电流波形的特性。采用由式(D.1)表达的阻尼正弦波可较好地描述其波形。式中 I_{pp} 见表 D.1，f_c、Q 见表 D.2。

$$I_c(t)=k(I_{pp}/2)e^{\frac{-\pi f_c t}{Q}}\sin(2\pi f_c t) \qquad \cdots\cdots(D.1)$$

归一化常数 k 保证使 I_c 的最大值等于 $I_{pp}/2$。

表 D.2　按测量结果得出的内部电缆电流的阻尼正弦波形参数(式(D.1))

分类	振铃频率 f_c/MHz	阻尼参数 Q	
		平均值	取值范围
最小值	1	20	15～25
平均值	7	60	40～100
最大值	16	150	100～200

D.1　参考文献

[D.1]　EMP Engineering and Design Principles, Bell Laboratories, 1975.

ICS 13.020
C 51

中华人民共和国国家标准

GB 18055—2012
代替 GB 18055—2000

村镇规划卫生规范

Hygienic specification for township-village planning

2012-11-20 发布　　2013-05-01 实施

中华人民共和国卫生部
中国国家标准化管理委员会　发布

前　言

本标准的全部技术内容为强制性。

本标准按照 GB/T 1.1—2009 给出的规则起草。

本标准代替 GB 18055—2000《村镇规划卫生标准》。

本标准与 GB 18055—2000 相比主要修改如下：

——依据 GB/T 1.1—2009《标准化工作导则　第 1 部分：标准的结构和编写规则》调整了结构；

——增加了村镇规划功能分区、村镇用地、村镇居住区用地、村镇环境卫生基础设施的卫生要求；

——调整了“卫生防护距离”部分内容。

本标准由中华人民共和国卫生部提出并归口。

本标准负责起草单位：中国疾病预防控制中心环境与健康相关产品安全所。

本标准参加起草单位：黑龙江省卫生监督所、浙江省疾病预防控制中心、广东省疾病预防控制中心、甘肃省疾病预防控制中心、四川省疾病预防控制中心。

本标准主要起草人：王俊起、潘力军、汤铭潭、于艳玲、楼晓明、杨海霞、张建鹏、张承云、王友斌、郭亚菲、孙凤英、蔡诗文。

村镇规划卫生规范

1 范围

本标准规定了村镇规划和村镇环境卫生基础设施建设的基本卫生要求。

本标准适用于村镇的新建、改建、扩建的规划，也适用于现有的村镇规划的卫生学评价。

2 规范性引用文件

下列文件对于本文件的应用是必不可少的。凡是注日期的引用文件，仅注日期的版本适用于本文件。凡是不注日期的引用文件，其最新版本(包括所有的修改单)适用于本文件。

GB 5749 生活饮用水卫生标准

GB 7959 粪便无害化卫生要求

GB 19379 农村户厕卫生规范

3 术语和定义

下列术语和定义适用于本文件。

3.1

村镇规划卫生 village and town planning hygiene

村镇在新建、改建、扩建的建设规划时，对村镇及其住宅区的用地选择、功能分区布局、公用工程设施和环卫工程设施等硬件建设计划和实施提出卫生学要求，为村民创造有利于健康的生活环境。

3.2

村镇 village and town

村镇是村庄和乡镇的总称。其中村庄是乡镇辖区内农村居民生活和生产的聚居点，乡镇是乡镇政府所在地及其辖区内的政治、经济、文化和生活服务中心。

3.3

公共建筑 public buildings

行政管理、教育机构、文体科技、医疗保健、商业金融、集贸市场等公共建筑物及其附属设施。

3.4

自然疫源地 natural focus of infection

某种人与动物共患的传染病存在的地理空间，称为该传染病的疫源地。当其宿主主要是野生动物，不依赖人类而存在的疫源地，称为“自然疫源地”。它的范围由宿主和媒介的分布范围所决定。

3.5

无害化卫生厕所 innocuous sanitary toilet

按照规范要求使用时，具备有效降低粪便中生物性致病因子传染性设施的卫生厕所，包括三格化粪池厕所、双瓮漏斗式厕所、三联通式沼气池厕所、粪尿分集式厕所、双坑交替式厕所和具有完整上下水道系统及污水处理设施的水冲式厕所。

3.6

环境卫生基础设施 infrastructure for environmental sanitation

给水、排水的公用工程设施和垃圾、粪便处理的环卫工程设施的集成。

3.7

卫生防护距离　health protection zone

将可能受污染危害的人群隔离在固定污染源扩散范围之外的防护带。其距离以产生有害因素企业、场所的边界至住宅区边界之间的最短距离计算。

3.8

有害因素　harmful factors

生产和生活活动排放到环境的各种物理性、化学性和生物性污染因素，因其具有致病作用而危害人体健康。

4　卫生要求

4.1　村镇规划功能分区的卫生要求

4.1.1　村镇规划用地布局必须进行功能分区，住宅区应与农业生产区、养殖区和工业副业区、大型集贸市场、垃圾粪便和污水处理地点严格分开。

4.1.2　公共建筑应按各自的功能合理布置。乡镇医疗卫生机构应布置在相对独立的地段，学校、幼儿园、托儿所应布置在阳光充足、环境安静、远离污染和安全的地段。

4.2　村镇用地的卫生要求

4.2.1　应避开自然疫源地和地质灾害易发区。

4.2.2　应避开水源保护区。

4.2.3　应避免被高压输电线路、铁路、重要公路穿越。

4.3　村镇环境卫生基础设施的卫生要求

4.3.1　给水工程设施

4.3.1.1　宜选择具有水质良好、水量充足并便于保护的水源，水源地应配置在当地主导风向的上风侧和河流的上游。

4.3.1.2　当水源水质达不到现行国家标准要求的，应设置必要的处理工艺设施，以保证处理后的水质符合 GB 5749 的规定。

4.3.1.3　供水方式宜首选集中式给水工程。日供水在 1 000 m^3 以上的集中式给水水厂的建设，应事先进行卫生学预评价。

4.3.1.4　采用分散式给水方式时，必须对水源井、引泉池、集水场等水源地采取保护措施，以防止水质污染。同时应设置生活饮用水消毒设施。

4.3.2　排水工程设施

4.3.2.1　排水工程系统应设置生活污水和生产废水的排放和处理设施。

4.3.2.2　排水方式宜首选雨水、污水分流制，污水排放应设置管道或暗渠。当选择合流制时，在生活污水排入管网系统之前应选择化粪池或沼气池预处理设施。

4.3.2.3　生活污水采用集中处理时，污水处理设施的位置应选在镇区的下游，靠近受纳水体或农田灌溉区。

4.3.2.4　污水的处理，宜选择污水处理厂、人工湿地、生物滤池或稳定塘等生物处理设施，以保证污水处理出水的排放或再利用符合现行有关的国家标准。

4.3.2.5　乡镇内的工业企业生产废水的排放和处理，必须设置单独的排水管道和废水处理厂，以保证处理后的废水排放符合现行有关的国家标准。

4.3.2.6 乡镇医疗卫生机构应单独设置污水处理和消毒的设施，以保证其污染物排放符合现行的国家标准。

4.3.3 垃圾处理设施

4.3.3.1 生活垃圾处理设施应统一规划建设，宜推行村庄收集、乡镇集中运输、县域内定点集中处理的方式。

4.3.3.2 应配套设置垃圾收集点和转运站、专用收集容器和运输车辆。

4.3.3.3 暂时不能集中处理的垃圾，可采取就地处理的方式。可生物降解的有机垃圾处理，宜选择高温堆肥或生物发酵室处理设施；未能回收利用的无机垃圾处理，宜采用卫生填埋处理设施。

4.3.3.4 垃圾填埋场严禁设在水源保护区内，宜选择在村庄主导风向的下风向、地下水位低、有粘土层防渗、与住宅区有一定的卫生防护距离。

4.3.3.5 乡镇医疗卫生机构应单独设置医疗废弃物专用收集容器和及时送达指定处置地点的运输工具，以保证符合现行的医疗废弃物管理条例。

4.3.4 粪便处理设施

4.3.4.1 户厕建设应按实际需要选择适宜的厕所类型。

4.3.4.2 不具备上、下水的村庄，不宜建水冲式厕所。选择水冲式厕所时应设置粪便污水排出管道与污水处理设施连接。

4.3.4.3 粪便无害化处理，宜选择化粪池或沼气池设施。其建筑结构应符合 GB 19379 的要求，以保证处理后的排放符合 GB 7959 的规定。

4.3.4.4 农家饲养畜、禽粪便的处理，宜采用三联通沼气池式厕所处理设施。

4.3.4.5 各类设施清掏出来的粪渣、沼渣、污泥的处理，宜选择高温堆肥或生物发酵室处理设施。

4.3.5 公共厕所

4.3.5.1 村镇公共场所应根据服务人数设置足够数量、足够面积和分布合理的公共厕所。

4.3.5.2 公共厕所应是无害化卫生厕所，与水源地、食堂、餐饮店、食品加工厂之间应保持不小于 25 m 的距离。

4.4 村镇住宅区用地的卫生要求

4.4.1 位置

4.4.1.1 应布置在大气污染源的常年最小风向频率的下风侧以及水污染源的上游。

4.4.1.2 应与过境公路保持一定的距离，不应跨越公路布置住宅区。

4.4.2 地形

4.4.2.1 应选择地势较高并有不小于 0.5% 的坡度、向阳和通风良好的地段。

4.4.2.2 地下水位离室内地面应不少于 1.5 m，在地下水位较高地段的住宅应采取防潮工艺措施。

4.4.3 土质

4.4.3.1 应选择土壤未受污染，放射性本底不高的地点。仅有局部地面受污染的土壤，也应采取换土去污的措施。

4.4.3.2 不得利用旧坟场、死畜掩埋场、垃圾填埋场、工业有毒废渣堆置场等场地建设住宅区。

4.4.4 卫生防护距离

4.4.4.1 住宅区与产生有害因素场所之间,应设置符合表1规定的卫生防护距离,在其中可设置防护林隔离带。

表1 卫生防护距离要求

类别	产生有害因素的场所和规模		卫生防护距离 m
农副业	养鸡场/只	10 000～20 000	200～600
		2 000～10 000	100～200
	养猪场/头	10 000～25 000	800～1 000
		500～10 000	200～800
	小型肉类加工厂/t/a 1 500		100
公共建筑	镇(乡)医院、卫生院		100
	集贸市场(不包括大牲口市场)		50
废弃物处理设施	粪便垃圾处理场		500
	垃圾堆肥场		300
	垃圾卫生填埋场		300
	小三格化粪池集中设置场		30
	大三格、五格化粪池		30
交通线	铁路		100
	一～四级道路		100
	四级以下机动车道		50

4.4.4.2 住宅区与其他产生有害因素场所之间的卫生防护距离,包括乡镇工业企业、外来投资建设的工业企业、产生电磁辐射的设施等,应按照有关的工业企业防护距离卫生标准和环境电磁波卫生标准进行规划。

4.4.4.3 在复杂地形条件下的住宅区与产生有害因素场所之间的卫生防护距离,应根据环境影响评价报告,由建设单位主管部门与建设项目所在省、市、自治区的卫生、环境保护部门共同确定。

ICS 13.100
C 51

中华人民共和国国家标准

GB 18068.1—2012
代替 GB 18068—2000

非金属矿物制品业卫生防护距离 第1部分:水泥制造业

Health protection zone for non-metallic mineral products industry—
Part 1:Cement industry

2012-06-29 发布 2012-08-01 实施

中华人民共和国卫生部
中国国家标准化管理委员会 发布

前 言

本部分 4.2、4.3、4.4 为推荐性的，其余为强制性的。

GB 18068《非金属矿物制品业卫生防护距离》分为 8 个部分：

——第 1 部分：水泥制造业；

——第 2 部分：石灰制造业；

——第 3 部分：石棉制品业；

——第 4 部分：石墨碳素制品业；

——第 5 部分：云母制品业；

——第 6 部分：陶瓷制品业；

——第 7 部分：玻璃纤维及其制品业；

——第 8 部分：玻璃及玻璃制品业。

本部分为 GB 18068 的第 1 部分。

本部分按照 GB/T 1.1—2009 给出的规则起草。

本部分代替 GB 18068—2000《水泥厂卫生防护距离标准》。

本部分与 GB 18068—2000 相比主要变化如下：

——调整了标准名称，并依据 GB/T 1.1—2009《标准化工作导则　第 1 部分：标准的结构和编写》调整了标准结构；

——修订了卫生防护距离的定义，增加了敏感区、复杂地形两项术语和定义；

——修订了卫生防护距离标准限值，调整了生产规模分档；

——增加了有关绿化的要求。

本部分由中华人民共和国卫生部提出并归口。

本部分负责起草单位：中国疾病预防控制中心环境与健康相关产品安全所、四川省疾病预防控制中心。

本部分参加起草单位：乐山市疾病预防控制中心。

本部分主要起草人：金银龙、张文勇、洪燕峰、汝玲、张伟、党庆德、魏承斌、张炯、沈月华、程刚、蒋恩霏。

本部分所代替标准的历次版本发布情况为：

——GB 18068—2000。

非金属矿物制品业卫生防护距离 第1部分：水泥制造业

1 范围

GB 18068的本部分规定了水泥制造企业与敏感区之间所需卫生防护距离。

本部分适用于地处平原地区的水泥制造企业的新建、改建、扩建工程。现有水泥制造企业可参照执行。

2 规范性引用文件

下列文件对于本文件的应用是必不可少的。凡是注日期的引用文件，仅注日期的版本适用于本文件。凡是不注日期的引用文件，其最新版本(包括所有的修改单)适用于本文件。

GB/T 3840—1991 制定地方大气污染物排放标准的技术方法

3 术语和定义

下列术语和定义适用于本文件。

3.1

卫生防护距离 health protection zone

产生有害因素的部门(生产车间或作业场所)的边界至敏感区边界的最小距离。

3.2

敏感区 sensitive area

对大气污染比较敏感的区域，包括居民区、学校和医院。

3.3

复杂地形 complicated landform

山区、丘陵、沿海等。

4 指标要求

4.1 水泥制造企业卫生防护距离限值见表1。

表1 水泥制造企业卫生防护距离限值

熟料产能 t/d	所在地区近五年平均风速 m/s	卫生防护距离 m
<5 000	<2	400
	2～4	300
	>4	200

表 1（续）

熟料产能 t/d	所在地区近五年平均风速 m/s	卫生防护距离 m
≥5 000	<2	500
	2～4	400
	>4	300

4.2 地处复杂地形条件下的水泥制造企业卫生防护距离的确定方法，参照 GB/T 3840—1991 中的 7.6 规定执行。

4.3 水泥制造企业与敏感区的位置，应考虑风向频率及地形等因素的影响，尽量减少其对敏感区大气环境的污染。

4.4 在卫生防护距离范围内，种植浓密的乔木类植物绿化隔离带(宽度不少于 10 m)的企业，可按卫生防护距离标准限值的 90%执行。注意选择对特征污染物具有抗性或吸附特性的树种。

ICS 13.100
C 51

中华人民共和国国家标准

GB 18068.2—2012
代替 GB 18076—2000

非金属矿物制品业卫生防护距离 第2部分:石灰制造业

Health protection zone for non-metallic mineral products industry—
Part 2:Lime industry

2012-06-29 发布　　2012-08-01 实施

中华人民共和国卫生部
中国国家标准化管理委员会　发布

前　　言

本部分 4.2、4.3、4.4 为推荐性的，其余为强制性的。

GB 18068《非金属矿物制品业卫生防护距离》分为 8 个部分：

——第 1 部分：水泥制造业；

——第 2 部分：石灰制造业；

——第 3 部分：石棉制品业；

——第 4 部分：石墨碳素制品业；

——第 5 部分：云母制品业；

——第 6 部分：陶瓷制品业；

——第 7 部分：玻璃纤维及其制品业；

——第 8 部分：玻璃及玻璃制品业。

本部分为 GB 18068 的第 2 部分。

本部分按照 GB/T 1.1—2009 给出的规则起草。

本部分代替 GB 18076—2000《石灰厂卫生防护距离标准》。

本部分与 GB 18076—2000 相比主要变化如下：

——调整了标准名称，并依据 GB/T 1.1—2009《标准化工作导则　第 1 部分：标准的结构和编写》调整了标准结构；

——修订了卫生防护距离的定义，增加了敏感区、复杂地形 2 项术语和定义；

——修订了卫生防护距离标准限值，并增加了生产规模分档；

——增加了有关绿化的要求。

本部分由中华人民共和国卫生部提出并归口。

本部分负责起草单位：中国疾病预防控制中心环境与健康相关产品安全所、四川省疾病预防控制中心。

本部分参加起草单位：绵竹市疾病预防控制中心。

本部分主要起草人：金银龙、张文勇、洪燕峰、沈月华、张伟、刘冉、王晓平、杨继健、蒙庆春、李宏、储卫忠、刘波。

本部分所代替标准的历次版本发布情况为：

——GB 18076—2000。

非金属矿物制品业卫生防护距离
第2部分：石灰制造业

1 范围

GB 18068的本部分规定了石灰制造企业与敏感区之间所需卫生防护距离。

本部分适用于地处平原地区的石灰制造企业的新建、改建、扩建工程。现有石灰制造企业可参照执行。

2 规范性引用文件

下列文件对于本文件的应用是必不可少的。凡是注日期的引用文件，仅注日期的版本适用于本文件。凡是不注日期的引用文件，其最新版本(包括所有的修改单)适用于本文件。

GB/T 3840—1991 制定地方大气污染物排放标准的技术方法

3 术语和定义

下列术语和定义适用于本文件。

3.1

卫生防护距离 health protection zone

产生有害因素的部门(生产车间或作业场所)的边界至敏感区边界的最小距离。

3.2

敏感区 sensitive area

对大气污染比较敏感的区域，包括居民区、学校和医院。

3.3

复杂地形 complicated landform

山区、丘陵、沿海等。

4 指标要求

4.1 石灰制造企业卫生防护距离限值见表1。

表1 石灰制造企业卫生防护距离限值

生产规模 kt/a	所在地区近五年平均风速 m/s	卫生防护距离 m
＜200	＜2	400
	2～4	300
	＞4	200

表 1（续）

生产规模 kt/a	所在地区近五年平均风速 m/s	卫生防护距离 m
≥200	<2	500
	2～4	400
	>4	300

4.2 地处复杂地形条件下的石灰制造企业卫生防护距离的确定方法，参照 GB/T 3840—1991 中的 7.6 规定执行。

4.3 石灰制造企业与敏感区的位置，应考虑风向频率及地形等因素的影响，尽量减少其对敏感区大气环境的污染。

4.4 在卫生防护距离范围内，种植浓密的乔木类植物绿化隔离带（宽度不少于 10 m）的企业，可按卫生防护距离标准限值的 90% 执行。注意选择对特征污染物具有抗性或吸附特性的树种。

ICS 13.100
C 51

中华人民共和国国家标准

GB 18068.3—2012
代替 GB 18077—2000

非金属矿物制品业卫生防护距离 第3部分：石棉制品业

Health protection zone for non-metallic mineral products industry—Part 3: Asbestos products industry

2012-06-29 发布　　2012-08-01 实施

中华人民共和国卫生部
中国国家标准化管理委员会　发布

前　言

本部分 4.2、4.3、4.4 为推荐性的，其余为强制性的。

GB 18068《非金属矿物制品业卫生防护距离》分为 8 个部分：

——第 1 部分：水泥制造业；

——第 2 部分：石灰制造业；

——第 3 部分：石棉制品业；

——第 4 部分：石墨碳素制品业；

——第 5 部分：云母制品业；

——第 6 部分：陶瓷制品业；

——第 7 部分：玻璃纤维及其制品业；

——第 8 部分：玻璃及玻璃制品业。

本部分为 GB 18068 的第 3 部分。

本部分按照 GB/T 1.1—2009 给出的规则起草。

本部分代替 GB 18077—2000《石棉制品厂卫生防护距离标准》。

本部分与 GB 18077—2000 相比主要变化如下：

——调整了标准名称，并依据 GB/T 1.1—2009《标准化工作导则　第 1 部分：标准的结构和编写》调整了标准结构；

——修订了卫生防护距离的定义，增加了敏感区、复杂地形两项术语和定义；

——修订了卫生防护距离标准限值，并增加了生产规模分档；

——增加了有关绿化的要求。

本部分由中华人民共和国卫生部提出并归口。

本部分负责起草单位：中国疾病预防控制中心环境与健康相关产品安全所、四川省疾病预防控制中心。

本部分参加起草单位：四川大学华西第四医院。

本部分主要起草人：金银龙、杨跃林、洪燕峰、黄婵、张伟、张文勇、汝玲、陈俊华、程刚、蒋恩霏、杜秋霞。

本部分所代替标准的历次版本发布情况为：

——GB 18077—2000。

非金属矿物制品业卫生防护距离
第3部分:石棉制品业

1 范围

GB 18068 的本部分规定了石棉制品生产企业与敏感区之间所需卫生防护距离。

本部分适用于地处平原地区的石棉制品生产企业的新建、改建、扩建工程。现有石棉制品生产企业可参照执行。

2 规范性引用文件

下列文件对于本文件的应用是必不可少的。凡是注日期的引用文件,仅注日期的版本适用于本文件。凡是不注日期的引用文件,其最新版本(包括所有的修改单)适用于本文件。

GB/T 3840—1991 制定地方大气污染物排放标准的技术方法

3 术语和定义

下列术语和定义适用于本文件。

3.1

卫生防护距离 health protection zone

产生有害因素的部门(生产车间或作业场所)的边界至敏感区边界的最小距离。

3.2

敏感区 sensitive area

对大气污染比较敏感的区域,包括居民区、学校和医院。

3.3

复杂地形 complicated landform

山区、丘陵、沿海等。

4 指标要求

4.1 石棉制品生产企业卫生防护距离限值见表1。

表1 石棉制品生产企业卫生防护距离限值

生产规模 t/a	所在地区近五年平均风速 m/s	卫生防护距离 m
<1 000	<2	400
	2～4	300
	>4	200

表 1（续）

生产规模 t/a	所在地区近五年平均风速 m/s	卫生防护距离 m
≥1 000	<2	500
	2～4	400
	>4	300

4.2　地处复杂地形条件下的石棉制品生产企业卫生防护距离的确定方法，参照 GB/T 3840—1991 中的 7.6 规定执行。

4.3　石棉制品生产企业与敏感区的位置，应考虑风向频率及地形等因素的影响，尽量减少其对敏感区大气环境的污染。

4.4　在卫生防护距离范围内，种植浓密的乔木类植物绿化隔离带(宽度不少于 10 m)的企业，可按卫生防护距离标准限值的 90%执行。注意选择对特征污染物具有抗性或吸附特性的树种。

ICS 13.100
C 51

中华人民共和国国家标准

GB 18068.4—2012
代替 GB 18073—2000

非金属矿物制品业卫生防护距离 第4部分：石墨碳素制品业

Health protection zone for non-metallic mineral products industry—Part 4: Graphite and charcoal industry

2012-06-29 发布　　　　2012-08-01 实施

中华人民共和国卫生部
中国国家标准化管理委员会　发布

前　言

本部分 4.2、4.3、4.4 为推荐性的,其余为强制性的。

GB 18068《非金属矿物制品业卫生防护距离》分为 8 个部分:

——第 1 部分:水泥制造业;

——第 2 部分:石灰制造业;

——第 3 部分:石棉制品业;

——第 4 部分:石墨碳素制品业;

——第 5 部分:云母制品业;

——第 6 部分:陶瓷制品业;

——第 7 部分:玻璃纤维及其制品业;

——第 8 部分:玻璃及玻璃制品业。

本部分为 GB 18068 的第 4 部分。

本部分按照 GB/T 1.1—2009 给出的规则起草。

本部分代替 GB 18073—2000《炭素厂卫生防护距离标准》。

本部分与 GB 18073—2000 相比主要变化如下:

——调整了标准名称,并依据 GB/T 1.1—2009《标准化工作导则　第 1 部分:标准的结构和编写》调整了标准结构;

——修订了卫生防护距离的定义,增加了敏感区、复杂地形两项术语和定义;

——修订了卫生防护距离标准限值,并调整了生产规模分档;

——增加了有关绿化的要求。

本部分由中华人民共和国卫生部提出并归口。

本部分负责起草单位:中国疾病预防控制中心环境与健康相关产品安全所、四川省疾病预防控制中心。

本部分参加起草单位:成都铁路局疾病预防控制中心、中铁二局疾病预防控制中心、四川广汉士达炭素股份有限公司。

本部分主要起草人:金银龙、张文勇、洪燕峰、张炯、张伟、付素明、凌喜风、文安亮、黄四信、杨蓉、古勇、储卫忠。

本部分所代替标准的历次版本发布情况为:

——GB 18073—2000。

非金属矿物制品业卫生防护距离 第4部分：石墨碳素制品业

1 范围

GB 18068的本部分规定了石墨电极制造企业与敏感区之间所需卫生防护距离。

本部分适用于地处平原地区的石墨电极制造企业的新建、改建、扩建工程。其他石墨碳素制品生产企业和现有石墨电极制造企业可参照执行。

2 规范性引用文件

下列文件对于本文件的应用是必不可少的。凡是注日期的引用文件，仅注日期的版本适用于本文件。凡是不注日期的引用文件，其最新版本(包括所有的修改单)适用于本文件。

GB/T 3840—1991 制定地方大气污染物排放标准的技术方法

3 术语和定义

下列术语和定义适用于本文件。

3.1

卫生防护距离 health protection zone

产生有害因素的部门(生产车间或作业场所)的边界至敏感区边界的最小距离。

3.2

敏感区 sensitive area

对大气污染比较敏感的区域，包括居民区、学校和医院。

3.3

复杂地形 complicated landform

山区、丘陵、沿海等。

4 指标要求

4.1 石墨电极制造企业卫生防护距离限值见表1。

表1 石墨电极制造企业卫生防护距离限值

生产规模 kt/a	所在地区近五年平均风速 m/s	卫生防护距离 m
≤30	<2	800
	2～4	700
	>4	600

表 1（续）

生产规模 kt/a	所在地区近五年平均风速 m/s	卫生防护距离 m
＞30	＜2	1 000
	2～4	800
	＞4	700

4.2 地处复杂地形条件下的石墨电极制造企业卫生防护距离的确定方法，参照 GB/T 3840—1991 中的 7.6 规定执行。

4.3 石墨电极制造企业与敏感区的位置，应考虑风向频率及地形等因素的影响，尽量减少其对敏感区大气环境的污染。

4.4 在卫生防护距离范围内，种植浓密的乔木类植物绿化隔离带（宽度不少于 10 m）的企业，可按卫生防护距离标准限值的 90％执行。注意选择对特征污染物具有抗性或吸附特性的树种。

ICS 13.100
C 51

中华人民共和国国家标准

GB 18071.1—2012
代替 GB 18071—2000

基础化学原料制造业卫生防护距离 第1部分：烧碱制造业

Health protection zone for basic chemistry industry—Part 1: Caustic soda industry

2012-06-29 发布 2012-08-01 实施

中华人民共和国卫生部
中国国家标准化管理委员会 发布

前言

本部分4.2、4.3、4.4为推荐性的，其余为强制性的。

GB 18071《基础化学原料制造业卫生防护距离》分为8个部分：

——第1部分：烧碱制造业；

——第2部分：纯碱及碳酸氢钠制造业；

——第3部分：硫酸制造业；

——第4部分：硝酸制造业；

——第5部分：盐酸制造业；

——第6部分：硫化碱制造业；

——第7部分：黄磷制造业；

——第8部分：氢氟酸制造业。

本部分为GB 18071的第1部分。

本部分按照GB/T 1.1—2009给出的规则起草。

本部分代替GB 18071—2000《氯碱厂(电解法制碱)卫生防护距离标准》。

本部分与GB 18071—2000相比主要变化如下：

——调整了标准名称，并依据GB/T 1.1—2009《标准化工作导则 第1部分：标准的结构和编写》调整了标准结构；

——修订了卫生防护距离的定义，增加了敏感区、复杂地形两项术语和定义；

——修订了卫生防护距离标准限值，并调整了生产规模分档；

——增加了有关绿化的要求。

本部分由中华人民共和国卫生部提出并归口。

本部分负责起草单位：中国疾病预防控制中心环境与健康相关产品安全所、四川省疾病预防控制中心。

本部分参加起草单位：自贡市疾病预防控制中心。

本部分主要起草人：金银龙、张文勇、洪燕峰、王庆元、张伟、胡晓雷、阴旅宁、沈月华、朱子刚、张炯、游钒、程刚、黄婵。

本部分所代替标准的历次版本发布情况为：

——GB 18071—2000。

基础化学原料制造业卫生防护距离 第1部分：烧碱制造业

1 范围

GB 18071的本部分规定了烧碱生产企业与敏感区之间所需卫生防护距离。

本部分适用于地处平原地区的烧碱生产企业的新建、改建、扩建工程。现有烧碱生产企业可参照执行。

2 规范性引用文件

下列文件对于本文件的应用是必不可少的。凡是注日期的引用文件，仅注日期的版本适用于本文件。凡是不注日期的引用文件，其最新版本(包括所有的修改单)适用于本文件。

GB/T 3840—1991 制定地方大气污染物排放标准的技术方法

3 术语和定义

下列术语和定义适用于本文件。

3.1

卫生防护距离 health protection zone

产生有害因素的部门(生产车间或作业场所)的边界至敏感区边界的最小距离。

3.2

敏感区 sensitive area

对大气污染比较敏感的区域，包括居民区、学校和医院。

3.3

复杂地形 complicated landform

山区、丘陵、沿海等。

4 指标要求

4.1 烧碱制造企业卫生防护距离限值见表1。

表1 烧碱制造企业卫生防护距离限值

生产规模 kt/a	所在地区近五年平均风速 m/s	卫生防护距离 m
<300	<2	900
	2～4	700
	>4	600

表 1（续）

生产规模 kt/a	所在地区近五年平均风速 m/s	卫生防护距离 m
≥300	<2	1 200
	2～4	1 000
	>4	900

4.2 地处复杂地形条件下的烧碱生产企业卫生防护距离的确定方法，参照GB/T 3840—1991中的7.6规定执行。

4.3 烧碱生产企业与敏感区的位置，应考虑风向频率及地形等因素的影响，尽量减少其对敏感区大气环境的污染。

4.4 在卫生防护距离范围内，种植浓密的乔木类植物绿化隔离带（宽度不少于10 m）的企业，可按卫生防护距离标准限值的90%执行。注意选择对特征污染物具有抗性或吸附特性的树种。

ICS 13.100
C 51

中华人民共和国国家标准

GB 18071.3—2012
代替 GB 11663—1989

基础化学原料制造业卫生防护距离 第3部分：硫酸制造业

Health protection zone for basic chemistry industry—Part 3: Sulfuric acid industry

2012-06-29 发布　　2012-08-01 实施

中华人民共和国卫生部
中国国家标准化管理委员会　发布

前　言

本部分4.2、4.3、4.4为推荐性的，其余为强制性的。

GB 18071《基础化学原料制造业卫生防护距离》分为8个部分：

——第1部分：烧碱制造业；

——第2部分：纯碱及碳酸氢钠制造业；

——第3部分：硫酸制造业；

——第4部分：硝酸制造业；

——第5部分：盐酸制造业；

——第6部分：硫化碱制造业；

——第7部分：黄磷制造业；

——第8部分：氢氟酸制造业。

本部分为GB 18071的第3部分。

本部分按照GB/T 1.1—2009给出的规则起草。

本部分代替GB 11663—1989《硫酸厂卫生防护距离标准》。

本部分与GB 11663—1989相比主要变化如下：

——调整了标准名称，并依据GB/T 1.1—2009《标准化工作导则　第1部分：标准的结构和编写》调整了标准结构；

——修订了卫生防护距离的定义，增加了敏感区、复杂地形两项术语和定义；

——修订了卫生防护距离标准限值，建立了生产规模分档；

——增加了有关绿化的要求。

本部分由中华人民共和国卫生部提出并归口。

本部分负责起草单位：中国疾病预防控制中心环境与健康相关产品安全所、四川省疾病预防控制中心。

本部分参加起草单位：成都市疾病预防控制中心、广安市防疾病预控制中心。

本部分主要起草人：金银龙、张文勇、洪燕峰、速丽媛、张伟、吴建生、周毅、李志春、朱海林、涂程、高源、杜秋霞。

本部分所代替标准的历次版本发布情况为：

——GB 11663—1989。

基础化学原料制造业卫生防护距离
第3部分:硫酸制造业

1 范围

GB 18071 的本部分规定了硫酸制造企业与敏感区之间所需卫生防护距离。

本部分适用于地处平原地区的硫酸制造企业的新建、改建、扩建工程。现有硫酸制造企业可参照执行。

2 规范性引用文件

下列文件对于本文件的应用是必不可少的。凡是注日期的引用文件,仅注日期的版本适用于本文件。凡是不注日期的引用文件,其最新版本(包括所有的修改单)适用于本文件。

GB/T 3840—1991 制定地方大气污染物排放标准的技术方法

3 术语和定义

下列术语和定义适用于本文件。

3.1

卫生防护距离 health protection zone

产生有害因素的部门(生产车间或作业场所)的边界至敏感区边界的最小距离。

3.2

敏感区 sensitive area

对大气污染比较敏感的区域,包括居民区、学校和医院。

3.3

复杂地形 complicated landform

山区、丘陵、沿海等。

4 指标要求

4.1 硫酸制造企业卫生防护距离限值见表1。

表1 硫酸制造企业卫生防护距离限值

生产规模 kt/a	所在地区近五年平均风速 m/s	卫生防护距离 m
<500	<2	400
	2~4	300
	>4	200

表 1（续）

生产规模 kt/a	所在地区近五年平均风速 m/s	卫生防护距离 m
≥500	<2	500
	2～4	400
	>4	300

4.2 地处复杂地形条件下的硫酸制造企业卫生防护距离的确定方法，参照 GB/T 3840—1991 中的 7.6 规定执行。

4.3 硫酸制造企业与敏感区的位置，应考虑风向频率及地形等因素的影响，尽量减少其对敏感区大气环境的污染。

4.4 在卫生防护距离范围内，种植浓密的乔木类植物绿化隔离带（宽度不少于 10 m）的企业，可按卫生防护距离标准限值的 90%执行。注意选择对特征污染物具有抗性或吸附特性的树种。

ICS 13.100
C 51

中华人民共和国国家标准

GB 18071.6—2012
代替 GB 18069—2000

基础化学原料制造业卫生防护距离 第6部分:硫化碱制造业

Health protection zone for basic chemistry industry—
Part 6:Sodium sulphuret industry

2012-06-29 发布

2012-08-01 实施

中华人民共和国卫生部
中国国家标准化管理委员会 发布

前　言

本部分4.2、4.3、4.4为推荐性的，其余为强制性的。

GB 18071《基础化学原料制造业卫生防护距离》分为8个部分：

——第1部分：烧碱制造业；

——第2部分：纯碱及碳酸氢钠制造业；

——第3部分：硫酸制造业；

——第4部分：硝酸制造业；

——第5部分：盐酸制造业；

——第6部分：硫化碱制造业；

——第7部分：黄磷制造业；

——第8部分：氢氟酸制造业。

本部分为GB 18071的第6部分。

本部分按照GB/T 1.1—2009给出的规则起草。

本部分代替GB 18069—2000《硫化碱厂卫生防护距离标准》。

本部分与GB 18069—2000相比主要变化如下：

——调整了标准名称，并依据GB/T 1.1—2009《标准化工作导则　第1部分：标准的结构和编写》调整了标准结构；

——修订了卫生防护距离的定义，增加了敏感区、复杂地形两项术语和定义；

——修订了卫生防护距离标准限值，建立了生产规模分档；

——增加了有关绿化的要求。

本部分由中华人民共和国卫生部提出并归口。

本部分负责起草单位：中国疾病预防控制中心环境与健康相关产品安全所、四川省疾病预防控制中心。

本部分参加起草单位：雅安市疾病预防控制中心、名山县疾病预防控制中心。

本部分主要起草人：金银龙、张文勇、洪燕峰、谭利民、张伟、刘海礼、张世超、刘波、张学兵、李宏、朱海林、周毅。

本部分所代替标准的历次版本发布情况为：

——GB 18069—2000。

基础化学原料制造业卫生防护距离
第6部分:硫化碱制造业

1 范围

GB 18071的本部分规定了硫化碱制造企业与敏感区之间所需卫生防护距离。

本部分适用于地处平原地区的硫化碱制造企业的新建、改建、扩建工程。现有硫化碱制造企业可参照执行。

2 规范性引用文件

下列文件对于本文件的应用是必不可少的。凡是注日期的引用文件,仅注日期的版本适用于本文件。凡是不注日期的引用文件,其最新版本(包括所有的修改单)适用于本文件。

GB/T 3840—1991 制定地方大气污染物排放标准的技术方法

3 术语和定义

下列术语和定义适用于本文件。

3.1

卫生防护距离 health protection zone

产生有害因素的部门(生产车间或作业场所)的边界至敏感区边界的最小距离。

3.2

敏感区 sensitive area

对大气污染比较敏感的区域,包括居民区、学校和医院。

3.3

复杂地形 complicated landform

山区、丘陵、沿海等。

4 指标要求

4.1 硫化碱制造企业卫生防护距离限值见表1。

表1 硫化碱制造企业卫生防护距离限值

生产规模 kt/a	所在地区近五年平均风速 m/s	卫生防护距离 m
<50	<2	1 000
	2~4	900
	>4	800

表 1（续）

生产规模 kt/a	所在地区近五年平均风速 m/s	卫生防护距离 m
≥50	<2	1 200
	2～4	1 000
	>4	900

4.2 地处复杂地形条件下的硫化碱制造企业卫生防护距离的确定方法，参照 GB/T 3840—1991 中的 7.6 规定执行。

4.3 硫化碱制造企业与敏感区的位置，应考虑风向频率及地形等因素的影响，尽量减少其对敏感区大气环境的污染。

4.4 在卫生防护距离范围内，种植浓密的乔木类植物绿化隔离带（宽度不少于 10 m）的企业，可按卫生防护距离标准限值的 90％执行。注意选择对特征污染物具有抗性或吸附特性的树种。

ICS 13.100
C 51

中华人民共和国国家标准

GB 18071.7—2012
代替 GB 11656—1989

基础化学原料制造业卫生防护距离
第7部分：黄磷制造业

Health protection zone for basic chemistry industry—
Part 7: Yellow phosphorus industry

2012-06-29 发布　　2012-08-01 实施

中华人民共和国卫生部
中国国家标准化管理委员会　发布

前言

本部分 4.2、4.3、4.4 为推荐性的，其余为强制性的。

GB 18071《基础化学原料制造业卫生防护距离》分为 8 个部分：

——第 1 部分：烧碱制造业；

——第 2 部分：纯碱及碳酸氢钠制造业；

——第 3 部分：硫酸制造业；

——第 4 部分：硝酸制造业；

——第 5 部分：盐酸制造业；

——第 6 部分：硫化碱制造业；

——第 7 部分：黄磷制造业；

——第 8 部分：氢氟酸制造业。

本部分为 GB 18071 的第 7 部分。

本部分按照 GB/T 1.1—2009 给出的规则起草。

本部分代替 GB 11656—1989《黄磷厂卫生防护距离标准》。

本部分与 GB 11656—1989 相比主要变化如下：

——调整了标准名称，并依据 GB/T 1.1—2009《标准化工作导则　第 1 部分：标准的结构和编写》调整了标准结构；

——修订了卫生防护距离的定义，增加了敏感区、复杂地形两项术语和定义；

——修订了卫生防护距离标准限值，建立了生产规模分档；

——增加了有关绿化的要求。

本部分由中华人民共和国卫生部提出并归口。

本部分负责起草单位：中国疾病预防控制中心环境与健康相关产品安全所、四川省疾病预防控制中心。

本部分参加起草单位：攀钢劳动卫生防护研究所、绵竹市疾病预防控制中心。

本部分主要起草人：金银龙、张文勇、洪燕峰、曾秀诗、张伟、高恩革、高天华、刘江、刘冉、黄婵、蒋恩霏。

本部分所代替标准的历次版本发布情况为：

——GB 11656—1989。

基础化学原料制造业卫生防护距离 第7部分：黄磷制造业

1 范围

GB 18071的本部分规定了黄磷制造企业与敏感区之间所需卫生防护距离。

本部分适用于地处平原地区的黄磷制造企业的新建、改建、扩建工程。现有黄磷制造企业可参照执行。

2 规范性引用文件

下列文件对于本文件的应用是必不可少的。凡是注日期的引用文件，仅注日期的版本适用于本文件。凡是不注日期的引用文件，其最新版本(包括所有的修改单)适用于本文件。

GB/T 3840—1991 制定地方大气污染物排放标准的技术方法

3 术语和定义

下列术语和定义适用于本文件。

3.1

卫生防护距离 health protection zone

产生有害因素的部门(生产车间或作业场所)的边界至敏感区边界的最小距离。

3.2

敏感区 sensitive area

对大气污染比较敏感的区域，包括居民区、学校和医院。

3.3

复杂地形 complicated landform

山区、丘陵、沿海等。

4 指标要求

4.1 黄磷制造企业卫生防护距离限值见表1。

表1 黄磷制造企业卫生防护距离限值

生产规模 kt/a	所在地区近五年平均风速 m/s	卫生防护距离 m
<50	<2	900
	2～4	800
	>4	700

表 1（续）

生产规模 kt/a	所在地区近五年平均风速 m/s	卫生防护距离 m
≥50	<2	1 200
	2～4	1 000
	>4	900

4.2　地处复杂地形条件下的黄磷制造企业卫生防护距离的确定方法，参照 GB/T 3840—1991 中的 7.6 规定执行。

4.3　黄磷制造企业与敏感区的位置，应考虑风向频率及地形等因素的影响，尽量减少其对敏感区大气环境的污染。

4.4　在卫生防护距离范围内，种植浓密的乔木类植物绿化隔离带（宽度不少于 10 m）的企业，可按卫生防护距离标准限值的 90%执行。注意选择对特征污染物具有抗性或吸附特性的树种。

ICS 13.100
C 51

中华人民共和国国家标准

GB 18071.8—2012

基础化学原料制造业卫生防护距离 第8部分：氢氟酸制造业

Health protection zone for basic chemistry industry—Part 8：Hydrofluoric acid industry

2012-11-20 发布

2013-05-01 实施

中华人民共和国卫生部
中国国家标准化管理委员会 发布

前　言

本部分 4.2、4.3、4.4 为推荐性的，其余为强制性的。

GB 18071《基础化学原料制造业卫生防护距离》分为 8 个部分：

——第 1 部分：烧碱制造业；

——第 2 部分：纯碱及碳酸氢钠制造业：；

——第 3 部分：硫酸制造业；

——第 4 部分：硝酸制造业；

——第 5 部分：盐酸制造业；

——第 6 部分：硫化碱制造业；

——第 7 部分：黄磷制造业；

——第 8 部分：氢氟酸制造业。

本部分为 GB 18071 的第 8 部分。

本部分按照 GB/T 1.1—2009 给出的规则起草。

本部分由中华人民共和国卫生部提出并归口。

本部分负责起草单位：中国疾病预防控制中心环境与健康相关产品安全所、四川省疾病预防控制中心。

本部分参加起草单位：自贡市疾病预防控制中心、中昊晨光化工研究院。

本部分主要起草人：金银龙、张文勇、洪燕峰、杨跃林、张伟、黄婵、王庆元、胡晓雷、孙建忠、谭利民、曾秀诗、陈俊华、杜洪凤。

基础化学原料制造业卫生防护距离 第8部分：氢氟酸制造业

1 范围

GB 18071 的本部分规定了氢氟酸制造企业与敏感区之间所需卫生防护距离。

本部分适用于地处平原地区的氢氟酸制造企业的新建、改建、扩建工程。现有氢氟酸制造企业可参照执行。

2 规范性引用文件

下列文件对于本文件的应用是必不可少的。凡是注日期的引用文件，仅注日期的版本适用于本文件。凡是不注日期的引用文件，其最新版本(包括所有的修改单)适用于本文件。

GB/T 3840—1991 制定地方大气污染物排放标准的技术方法

3 术语和定义

下列术语和定义适用于本文件。

3.1

卫生防护距离 health protection zone

产生有害因素的部门(生产车间或作业场所)的边界至敏感区边界的最小距离。

3.2

敏感区 sensitive area

对大气污染比较敏感的区域，包括居民区、学校和医院。

3.3

复杂地形 complicated landform

山区、丘陵、沿海等。

4 指标要求

4.1 氢氟酸制造企业卫生防护距离限值见表1。

表1 氢氟酸制造企业卫生防护距离限值

生产规模 kt/a	所在地区近五年平均风速 m/s	卫生防护距离 m
<20	<2	200
	2～4	200
	>4	100

表 1（续）

生产规模 kt/a	所在地区近五年平均风速 m/s	卫生防护距离 m
≥20	<2	300
	2～4	200
	>4	200

4.2 地处复杂地形条件下的氢氟酸制造企业卫生防护距离的确定方法，参照 GB/T 3840—1991 中的 7.6 规定执行。

4.3 氢氟酸制造企业与敏感区的位置，应考虑风向频率及地形等因素的影响，尽量减少其对敏感区大气环境的污染。

4.4 在卫生防护距离范围内，种植浓密的乔木类植物绿化隔离带（宽度不少于 10 m）的企业，可按卫生防护距离标准限值的 90% 执行。注意选择对特征污染物具有抗性或吸附特性的树种。

ICS 13.100
C 51

中华人民共和国国家标准

GB 18075.1—2012
代替 GB 18075—2000

交通运输设备制造业卫生防护距离 第1部分:汽车制造业

Health protection zone for manufacturing industry of transportation facilities—Part 1:Automobile industry

2012-06-29 发布　　2012-08-01 实施

中华人民共和国卫生部
中国国家标准化管理委员会　发布

前　言

本部分4.2、4.3、4.4为推荐性的，其余为强制性的。

GB 18075《交通运输设备制造业卫生防护距离》分为4个部分：

——第1部分：汽车制造业；

——第2部分：摩托车制造业；

——第3部分：自行车制造业；

——第4部分：铁路运输设备制造业。

本部分为GB 18075的第1部分。

本部分按照GB/T 1.1—2009给出的规则起草。

本部分代替GB 18075—2000《汽车制造厂卫生防护距离标准》。

本部分与GB 18075—2000相比主要变化如下：

——调整了标准名称，并依据GB/T 1.1—2009《标准化工作导则　第1部分：标准的结构和编写》调整了标准结构；

——修订了卫生防护距离的定义，增加了敏感区、复杂地形两项术语和定义；

——修订了卫生防护距离标准限值，建立了生产规模分档；

——增加了有关绿化的要求。

本部分由中华人民共和国卫生部提出并归口。

本部分负责起草单位：中国疾病预防控制中心环境与健康相关产品安全所、武汉科技大学医学院、中国汽车工业协会。

本部分参加起草单位：十堰市卫生局东风分局、十堰市东风职业病防治所、东风汽车公司安环部。

本部分主要起草人：金银龙、梅勇、洪燕峰、吴磊、张伟、吴家兵、曾玉宇、姚道华、祁成。

本部分所代替标准的历次版本发布情况为：

——GB 18075—2000。

交通运输设备制造业卫生防护距离
第1部分：汽车制造业

1 范围

GB 18075 的本部分规定了汽车制造企业与敏感区之间所需卫生防护距离。

本部分适用于地处平原地区的汽车制造企业的新建、改建、扩建工程。现有汽车制造企业可参照执行。

2 规范性引用文件

下列文件对于本文件的应用是必不可少的。凡是注日期的引用文件，仅注日期的版本适用于本文件。凡是不注日期的引用文件，其最新版本（包括所有的修改单）适用于本文件。

GB/T 3840—1991 制定地方大气污染物排放标准的技术方法

3 术语和定义

下列术语和定义适用于本文件。

3.1

卫生防护距离 health protection zone

产生有害因素的部门（生产车间或作业场所）的边界至敏感区边界的最小距离。

3.2

敏感区 sensitive area

对大气污染比较敏感的区域，包括居民区、学校和医院。

3.3

复杂地形 complicated landform

山区、丘陵、沿海等。

4 指标要求

4.1 汽车制造企业卫生防护距离限值见表1。

表1 汽车制造企业卫生防护距离限值

生产规模 万辆/a	所在地区近五年平均风速 m/s	卫生防护距离 m
＜1	＜2	300
	2～4	200
	＞4	100

表 1（续）

生产规模 万辆/a	所在地区近五年平均风速 m/s	卫生防护距离 m
1～10	＜2	400
	2～4	300
	＞4	200
＞10	＜2	500
	2～4	400
	＞4	300

4.2　地处复杂地形条件下的汽车制造企业卫生防护距离的确定方法，参照 GB/T 3840—1991 中的 7.6 规定执行。

4.3　汽车制造企业与敏感区的位置，应考虑风向频率及地形等因素的影响，尽量减少其对敏感区大气环境的污染。

4.4　在卫生防护距离范围内，种植浓密的乔木类植物绿化隔离带（宽度不少于 10 m）的企业，可按卫生防护距离标准限值的 90％执行。注意选择对特征污染物具有抗性或吸附特性的树种。

ICS 13.100
C 51

中华人民共和国国家标准

GB 18078.1—2012
代替 GB 18078—2000

农副食品加工业卫生防护距离 第1部分:屠宰及肉类加工业

Health protection zone for agricultural and sideline food processing industry—Part 1:Slaughter,meat-processing industry

2012-06-29 发布 2012-08-01 实施

中华人民共和国卫生部
中国国家标准化管理委员会 发布

前　言

本部分4.2、4.3、4.4为推荐性的，其余为强制性的。

GB 18078《农副食品加工业卫生防护距离》分为2个部分：

——第1部分：屠宰及肉类加工业；

——第2部分：谷物磨制与饲料加工业。

本部分为GB 18078的第1部分。

本部分按照GB/T 1.1—2009给出的规则起草。

本部分代替GB 18078—2000《肉类联合加工厂卫生防护距离标准》。

本部分与GB 18078—2000相比主要变化如下：

——调整了标准名称，并依据GB/T 1.1—2009《标准化工作导则　第1部分：标准的结构和编写》调整了标准结构；

——修订了卫生防护距离的定义，增加了敏感区、复杂地形2项术语和定义；

——修订了卫生防护距离标准限值，调整了风速分档和生产规模分档；

——增加了有关绿化的要求。

本部分由中华人民共和国卫生部提出并归口。

本部分负责起草单位：中国疾病预防控制中心环境与健康相关产品安全所、武汉市疾病预防控制中心。

本部分参加起草单位：武汉市江夏区卫生监督所。

本部分主要起草人：金银龙、陈文革、洪燕峰、王怀记、张伟、刘正丹、刘俊玲、何振宇、曹美龄、胡迅、魏泽义、王杰、吴林、刘高、卢冰。

本部分所代替标准的历次版本发布情况为：

——GB 18078—2000。

农副食品加工业卫生防护距离
第1部分:屠宰及肉类加工业

1 范围

GB 18078的本部分规定了屠宰及肉类加工生产企业与敏感区之间所需卫生防护距离。

本部分适用于地处平原地区的屠宰及肉类加工生产企业的新建、改建、扩建工程。现有屠宰及肉类加工生产企业可参照执行。

2 规范性引用文件

下列文件对于本文件的应用是必不可少的。凡是注日期的引用文件,仅注日期的版本适用于本文件。凡是不注日期的引用文件,其最新版本(包括所有的修改单)适用于本文件。

GB/T 3840—1991 制定地方大气污染物排放标准的技术方法

3 术语和定义

下列术语和定义适用于本文件。

3.1

卫生防护距离 health protection zone

产生有害因素的部门(生产车间或作业场所)的边界至敏感区边界的最小距离。

3.2

敏感区 sensitive area

对大气污染比较敏感的区域,包括居民区、学校和医院。

3.3

复杂地形 complicated landform

山区、丘陵、沿海等。

4 指标要求

4.1 屠宰及肉类加工生产企业卫生防护距离限值见表1和表2。

表1 屠宰及肉类(畜类)加工生产企业卫生防护距离限值

生产规模 万头/年	所在地区近五年平均风速 m/s	卫生防护距离 m
≤50	<2	400
	2~4	300
	>4	200

表 1（续）

生产规模 万头/年	所在地区近五年平均风速 m/s	卫生防护距离 m
>50,≤100	<2	600
	2～4	400
	>4	300
>100	<2	700
	2～4	500
	>4	400

表 2 屠宰及肉类(禽类)加工生产企业卫生防护距离限值

生产规模 万只/年	所在地区近五年平均风速 m/s	卫生防护距离 m
≤2	<2	500
	≥2	300
>2,≤4	<2	600
	≥2	400
>4	<2	700
	≥2	500

4.2 地处复杂地形条件下的屠宰及肉类加工生产企业卫生防护距离的确定方法，参照 GB/T 3840—1991 中的 7.6 规定执行。

4.3 屠宰及肉类加工生产企业与敏感区的位置，应考虑风向频率及地形等因素的影响，尽量减少其对敏感区大气环境的污染。

4.4 在卫生防护距离范围内，种植浓密的乔木类植物绿化隔离带(宽度不少于 10 m)的企业，可按卫生防护距离标准限值的 90%执行。注意选择对特征污染物具有抗性或吸附特性的树种。

ICS 13.100
C 51

中华人民共和国国家标准

GB 18079—2012
代替 GB 18079—2000

动物胶制造业卫生防护距离

Health protection zone for gelatin industry

2012-11-20 发布　　2013-05-01 实施

中华人民共和国卫生部
中国国家标准化管理委员会　发布

前 言

本标准4.2～4.4为推荐性的，其余为强制性的。

本标准按照GB/T 1.1—2009给出的规则起草。

本标准代替GB 18079—2000《制胶厂卫生防护距离标准》，与GB 18079—2000相比主要技术变化如下：

——调整了标准名称，并依据GB/T 1.1—2009调整了标准结构；

——修订了卫生防护距离的定义，增加了敏感区、复杂地形、动物胶3项术语和定义；

——修订了卫生防护距离标准限值，调整了生产规模分档；

——增加了有关绿化的要求。

本标准由中华人民共和国卫生部提出并归口。

本标准由中国疾病预防控制中心环境与健康相关产品安全所、温州市疾病预防控制中心负责起草，平阳县卫生监督所参加起草。

本标准主要起草人：金银龙、曾士典、洪燕峰、徐礼源、张伟、陈瑞生、杨文静、佟冬青、陈松林、方黄虹、徐青青、王黎荔、许宁。

本标准所代替标准的历次版本发布情况为：

——GB 18079—2000。

动物胶制造业卫生防护距离

1 范围

本标准规定了动物胶生产企业与敏感区之间所需卫生防护距离。

本标准适用于地处平原地区的动物胶生产企业的新建、改建、扩建工程。现有动物胶生产企业可参照执行。

2 规范性引用文件

下列文件对于本文件的应用是必不可少的。凡是注日期的引用文件,仅注日期的版本适用于本文件。凡是不注日期的引用文件,其最新版本(包括所有的修改单)适用于本文件。

GB/T 3840—1991 制定地方大气污染物排放标准的技术方法

3 术语和定义

下列术语和定义适用于本文件。

3.1

卫生防护距离 health protection zone

产生有害因素的部门(生产车间或作业场所)的边界至敏感区边界的最小距离。

3.2

敏感区 sensitive area

居民区、学校、医院等对大气污染比较敏感的区域。

3.3

复杂地形 complicated landform

山区、丘陵、沿海等。

3.4

动物胶 gelatin

以动物的皮、骨或筋等为原料,将其中所含的胶原经过部分水解、萃取和干燥制成的蛋白固形物。

4 指标要求

4.1 动物胶制造业卫生防护距离标准限值见表1。

表1 动物胶制造业卫生防护距离标准限值

生产规模 t/a	所在地区近5年平均风速 m/s	卫生防护距离 m
<5 000	<2	300
	≥2	200

表 1（续）

生产规模 t/a	所在地区近 5 年平均风速 m/s	卫生防护距离 m
≥5 000	<2	400
	2～4	300
	>4	200

4.2 地处复杂地形条件下的动物胶生产企业卫生防护距离的确定方法，参照 GB/T 3840—1991 中的 7.6 规定执行。

4.3 动物胶生产企业与敏感区的位置，应考虑风向频率及地形等因素的影响，尽量减少其对敏感区大气环境的污染。

4.4 在卫生防护距离范围内，种植浓密的乔木类植物绿化隔离带（宽度不少于 10 m）的企业，可按卫生防护距离标准限值的 90% 执行。注意选择对特征污染物具有抗性或吸附特性的树种。

ICS 13.100
C 51

中华人民共和国国家标准

GB 18080.1—2012

纺织业卫生防护距离
第1部分：棉、化纤纺织及印染精加工业

Health protection zone for textile industry—
Part 1: Cotton, chemical fiber textile and dyeing finishing industry

2012-06-29 发布　　2012-08-01 实施

中华人民共和国国家质量监督检验检疫总局
中国国家标准化管理委员会　发布

前　言

本部分4.2、4.3、4.4、4.5为推荐性的，其余为强制性的。

GB 18080《纺织业卫生防护距离》分为3个部分：

——第1部分：棉、化纤纺织及印染精加工业；

——第2部分：毛纺织和染整精加工业；

——第3部分：丝绢纺织及精加工业。

本部分为GB 18080的第1部分。

本部分由中华人民共和国卫生部提出并归口。

本部分由中华人民共和国卫生部负责解释。

本部分负责起草单位：中国疾病预防控制中心环境与健康相关产品安全所、深圳市疾病预防控制中心。

本部分参加起草单位：深圳市葵涌街道预防保健所。

本部分主要起草人：金银龙、彭朝琼、洪燕峰、余淑苑、张伟、吴辉、刘国红、徐新云、李锦、杨克志、苏志坚、唐传标。

纺织业卫生防护距离
第1部分:棉、化纤纺织及印染精加工业

1 范围

GB 18080的本部分规定了棉、化纤纺织及印染精加工企业与敏感区之间所需卫生防护距离。

本部分适用于地处平原地区的棉、化纤纺织及印染精加工企业的新建、改建、扩建工程。现有棉、化纤纺织及印染精加工企业可参照执行。

2 规范性引用文件

下列文件对于本文件的应用是必不可少的。凡是注日期的引用文件,仅注日期的版本适用于本文件。凡是不注日期的引用文件,其最新版本(包括所有的修改单)适用于本文件。

GB/T 3840—1991 制定地方大气污染物排放标准的技术方法

3 术语和定义

下列术语和定义适用于本文件。

3.1

卫生防护距离 health protection zone

产生有害因素的部门(生产车间或作业场所)的边界至敏感区边界的最小距离。

3.2

敏感区 sensitive area

对大气污染比较敏感的区域,包括居民区、学校和医院。

3.3

复杂地形 complicated landform

山区、丘陵、沿海等。

4 指标要求

4.1 棉、化纤纺织及印染精加工企业卫生防护距离限值见表1。

表1 棉、化纤纺织及印染精加工企业卫生防护距离限值

生产规模 亿 m/a	所在地区近五年平均风速 m/s	卫生防护距离 m
≤6	—	50
>6	<2	100
	≥2	50

4.2 地处复杂地形条件下的棉、化纤纺织及印染精加工企业卫生防护距离的确定方法，参照GB/T 3840—1991中的7.6规定执行。

4.3 棉、化纤纺织及印染精加工企业与敏感区的位置，应考虑风向频率及地形等因素的影响，尽量减少其对敏感区大气环境的污染。

4.4 棉、化纤纺织及印染精加工企业应采用技术先进、经济合理、减少污染的清洁生产工艺和设备，加强管理，最大限度地减少大气污染物的无组织排放量。

4.5 在卫生防护距离范围内，种值浓密的乔木类植物绿化隔离带(宽度不少于10 m)的企业，可按卫生防护距离标准限值的90%执行。注意选择对特征污染物具有抗性或吸附特性的树种。

ICS 13.100
C 51

中华人民共和国国家标准

GB 18082.1—2012
代替 GB 18082—2000

皮革、毛皮及其制品业卫生防护距离 第1部分：皮革鞣制加工业

Health protection zone for leather and fur and manufactured products industry—Part 1：Leather tanning industry

2012-11-20 发布　　2013-05-01 实施

中华人民共和国卫生部
中国国家标准化管理委员会　发布

前　言

本部分4.2～4.4为推荐性的，其余为强制性的。

GB 18082《皮革、毛皮及其制品业卫生防护距离》分为3个部分：

——第1部分：皮革鞣制加工业；

——第2部分：皮革制品制造业；

——第3部分：毛皮鞣制及制品加工业。

本部分为GB 18082的第1部分。

本部分按照GB/T 1.1—2009给出的规则起草。

本部分代替GB 18082—2000《制革厂卫生防护距离标准》，与GB 18082—2000相比主要技术变化如下：

——调整了标准名称，并依据GB/T 1.1—2009调整了标准结构；

——修订了卫生防护距离的定义，增加了敏感区、复杂地形2项术语和定义；

——修订了卫生防护距离标准限值，调整了生产规模分档；

——增加了有关绿化的要求。

本部分由中华人民共和国卫生部提出并归口。

本部分由中国疾病预防控制中心环境与健康相关产品安全所、温州市疾病预防控制中心负责起草，平阳县卫生监督所参加起草。

本部分主要起草人：金银龙、曾士典、洪燕峰、徐礼源、张伟、杨文静、陈瑞生、佟冬青、陈松林、方黄虹、徐青青、王黎荔、闫旭。

皮革、毛皮及其制品业卫生防护距离
第1部分：皮革鞣制加工业

1 范围

GB 18082的本部分规定了皮革鞣制加工企业与敏感区之间所需卫生防护距离。

本部分适用于地处平原地区的皮革鞣制加工企业的新建、改建、扩建工程。现有皮革鞣制加工企业可参照执行。

2 规范性引用文件

下列文件对于本文件的应用是必不可少的。凡是注日期的引用文件，仅注日期的版本适用于本文件。凡是不注日期的引用文件，其最新版本（包括所有的修改单）适用于本文件。

GB/T 3840—1991 制定地方大气污染物排放标准的技术方法

3 术语和定义

下列术语和定义适用于本文件。

3.1

卫生防护距离 health protection zone

产生有害因素的部门（生产车间或作业场所）的边界至敏感区边界的最小距离。

3.2

敏感区 sensitive area

居民区、学校、医院等对大气污染比较敏感的区域。

3.3

复杂地形 complicated landform

山区、丘陵、沿海等。

4 指标要求

4.1 皮革鞣制加工业卫生防护距离标准限值见表1。

表1 皮革鞣制加工业卫生防护距离标准限值

生产规模 万标张/年	所在地区近5年平均风速 m/s	卫生防护距离 m
＜100	＜2	500
	2～4	400
	＞4	300

表 1（续）

生产规模 万标张/年	所在地区近5年平均风速 m/s	卫生防护距离 m
≥100	<2	600
	2～4	500
	>4	400

4.2　地处复杂地形条件下的皮革鞣制加工企业卫生防护距离的确定方法，参照 GB/T 3840—1991 中的 7.6 规定执行。

4.3　皮革鞣制加工企业与敏感区的位置，应考虑风向频率及地形等因素的影响，尽量减少其对敏感区大气环境的污染。

4.4　在卫生防护距离范围内，种植浓密的乔木类植物绿化隔离带（宽度不少于 10 m）的企业，可按卫生防护距离标准限值的 90%执行。注意选择对特征污染物具有抗性或吸附特性的树种。

ICS 77.120.99
H 14

中华人民共和国国家标准

GB/T 18116.1—2012
代替 GB/T 18116.1—2000

氧化钇铕化学分析方法 第1部分:氧化镧、氧化铈、氧化镨、氧化钕、氧化钐、氧化钆、氧化铽、氧化镝、氧化钬、氧化铒、氧化铥、氧化镱和氧化镥量的测定

Yttrium-europium oxide—Determination of lanthanum oxide, cerium oxide, praseodymium oxide, neodymium oxide, samarium oxide, gadolinium oxide, terbium oxide, dysprosium oxide, holmium oxide, erbium oxide, thulium oxide, ytterbium oxide and lutetium oxide contents

2012-11-05 发布 2013-05-01 实施

中华人民共和国国家质量监督检验检疫总局
中国国家标准化管理委员会 发布

前言

本标准是按照 GB/T 1.1—2009 给出的规则起草的。

GB/T 18116《氧化钇铕化学分析方法》共分 2 个部分：

——第 1 部分：氧化镧、氧化铈、氧化镨、氧化钕、氧化钐、氧化钆、氧化铽、氧化镝、氧化钬、氧化铒、氧化铥、氧化镱和氧化镥量的测定；

——第 2 部分：氧化钇铕中氧化铕含量的测定。

本部分为第 1 部分。

本部分方法 1 电感耦合等离子体原子发射光谱法是对 GB/T 18116.1—2000《氧化钇铕化学分析方法　电感耦合等离子体原子发射光谱法测定氧化钇铕中氧化镧、氧化铈、氧化镨、氧化钕、氧化钐、氧化钆、氧化铽、氧化镝、氧化钬、氧化铒、氧化铥、氧化镱和氧化镥量》的修订，方法 2 电感耦合等离子体质谱法为制定。

两个方法的分析范围出现重叠时，氧化铥量的测定以方法 1 作为仲裁方法，除氧化铥外以方法 2 作为仲裁方法。

本部分与 GB/T 18116.1—2000 相比，主要技术变化如下：

——扩大了方法的适用范围，氧化钇铕中氧化铕测定范围由 4.00%～8.00%调整至 2.00%～10.00%；

——调整了方法 1 中 La_2O_3、CeO_2、Pr_6O_{11}、Sm_2O_3、Tb_4O_7 的测定下限；

——将方法 1 中原 CeO_2 404.076 nm、446.021 nm 和 Gd_2O_3 342.247 nm 分析线，替换为 CeO_2 413.765 nm、418.660 nm 和 Gd_2O_3 310.050 nm；

——在方法 1 中增加了参考线 Dy_2O_3 400.045 nm、Ho_2O_3 339.898 nm 和 Yb_2O_3 289.138 nm；

——增加了精密度(重复性)条款；

——增加了方法 2 电感耦合等离子体质谱法。

本部分由全国稀土标准化技术委员会(SAC/TC 229)归口。

本部分负责起草单位：北京有色金属研究总院、中国有色金属工业标准计量质量研究所。

本部分方法 1 主要起草单位：江阴加华新材料资源有限公司、甘肃稀土新材料股份有限公司、广东珠江稀土有限公司、江门市科恒实业股份有限公司。

本部分方法 1 主要起草人：赵萍红、郭剑啸、李小军、谢建伟、宋耀、陈伟、黄瑞甜、张远中、邓汉芹、喻雪琳。

本部分方法 2 主要起草单位：北京有色金属研究总院、江阴加华新材料资源有限公司、定南大华新材料资源有限公司、国家钨与稀土产品质量监督检验中心。

本部分方法 2 主要起草人：刘鹏宇、倪菊华、邵荣珍、刘兵、陈添连、陈星斌、何凤娟、张悫、王寿虹、吴希。

本部分所代替标准的历次版本发布情况为：

——GB/T 18116.1—2000。

氧化钇铕化学分析方法 第1部分：氧化镧、氧化铈、氧化镨、氧化钕、氧化钐、氧化钆、氧化铽、氧化镝、氧化钬、氧化铒、氧化铥、氧化镱和氧化镥量的测定

1 范围

GB/T 18116 的本部分规定了氧化钇铕中氧化镧、氧化铈、氧化镨、氧化钕、氧化钐、氧化钆、氧化铽、氧化镝、氧化钬、氧化铒、氧化铥、氧化镱和氧化镥含量的测定方法。

本部分适用于氧化钇铕(氧化铕量 2.00%～10.00%)中氧化镧、氧化铈、氧化镨、氧化钕、氧化钐、氧化钆、氧化铽、氧化镝、氧化钬、氧化铒、氧化铥、氧化镱和氧化镥含量的测定。方法 1 测定范围见表 1，方法 2 测定范围见表 2。

表 1

氧化物	质量分数/%	氧化物	质量分数/%
氧化镧	0.000 2～0.010	氧化镝	0.000 2～0.010
氧化铈	0.000 3～0.010	氧化钬	0.000 1～0.010
氧化镨	0.000 3～0.010	氧化铒	0.000 1～0.010
氧化钕	0.000 3～0.010	氧化铥	0.000 1～0.010
氧化钐	0.000 3～0.010	氧化镱	0.000 1～0.010
氧化钆	0.000 2～0.010	氧化镥	0.000 1～0.010
氧化铽	0.000 3～0.010	—	—

表 2

氧化物	质量分数/%	氧化物	质量分数/%
氧化镧	0.000 05～0.005	氧化镝	0.000 05～0.005
氧化铈	0.000 05～0.005	氧化钬	0.000 05～0.005
氧化镨	0.000 05～0.005	氧化铒	0.000 05～0.005
氧化钕	0.000 05～0.005	氧化铥	0.000 2～0.005
氧化钐	0.000 05～0.005	氧化镱	0.000 05～0.005
氧化钆	0.000 05～0.005	氧化镥	0.000 05～0.005
氧化铽	0.000 05～0.005		

2 电感耦合等离子体原子发射光谱法(方法 1)

2.1 方法原理

试样以盐酸溶解，在稀盐酸介质中，直接以氩等离子体光源激发，进行光谱测定。

2.2 试剂

2.2.1 过氧化氢(30%)。

2.2.2 盐酸(1+1)。

2.2.3 硝酸(1+1)。

2.2.4 氧化钇标准溶液:称取 25.000 0 g 经 950 ℃灼烧 1 h 的氧化钇[$w(Y_2O_3/REO)$>99.999%,$w(REO)$>99.5%],置于 250 mL 烧杯中,加 150 mL 盐酸 (2.2.2),低温加热溶清后冷却至室温,溶液移入 250 mL 容量瓶中,用水稀释至刻度,混匀。此溶液 1 mL 含 100 mg 氧化钇。

2.2.5 氧化铕标准溶液:称取 2.500 0 g 经 950 ℃灼烧 1 h 的氧化铕[$w(Eu_2O_3/REO)$>99.999%,$w(REO)$>99.5%],置于 250 mL 烧杯中,加 30 mL 盐酸 (2.2.2),低温加热溶清后冷却至室温,溶液移入 250 mL 容量瓶中,用水稀释至刻度,混匀。此溶液 1 mL 含 10 mg 氧化铕。

2.2.6 氧化镧标准贮存溶液:称取 0.100 0 g 经 950 ℃灼烧 1 h 的氧化镧[$w(La_2O_3/REO)$>99.999%,$w(REO)$>99.5%],置于 100 mL 烧杯中,加 10 mL 盐酸(2.2.2),低温加热溶清后冷却至室温,溶液移入 100 mL 容量瓶中,用水稀释至刻度,混匀。此溶液 1 mL 含 1 mg 氧化镧。

2.2.7 氧化铈标准贮存溶液:称取 0.100 0 g 经 950 ℃灼烧 1 h 的氧化铈[$w(CeO_2/REO)$>99.999%,$w(REO)$>99.5%],置于 100 mL 烧杯中,加 10 mL 硝酸(2.2.3),加 10 mL 过氧化氢(3.1),低温加热溶清后冷却至室温,溶液移入 100 mL 容量瓶中,用水稀释至刻度,混匀。此溶液 1 mL 含 1 mg 氧化铈。

2.2.8 氧化镨标准贮存溶液:称取 0.100 0 g 经 950 ℃灼烧 1 h 的氧化镨[$w(Pr_6O_{11}/REO)$>99.999%,$w(REO)$>99.5%],置于 100 mL 烧杯中,加 10 mL 盐酸(2.2.2),低温加热溶清后冷却至室温,溶液移入 100 mL 容量瓶中,用水稀释至刻度,混匀。此溶液 1 mL 含 1 mg 氧化镨。

2.2.9 氧化钕标准贮存溶液:称取 0.100 0 g 经 950 ℃灼烧 1 h 的氧化钕[$w(Nd_2O_3/REO)$>99.999%,$w(REO)$>99.5%],置于 100 mL 烧杯中,加 10 mL 盐酸(2.2.2),低温加热溶清后冷却至室温,溶液移入 100 mL 容量瓶中,用水稀释至刻度,混匀。此溶液 1 mL 含 1 mg 氧化钕。

2.2.10 氧化钐标准贮存溶液:称取 0.100 0 g 经 950 ℃灼烧 1 h 的氧化钐[$w(Sm_2O_3/REO)$>99.999%,$w(REO)$>99.5%],置于 100 mL 烧杯中,加 10 mL 盐酸(2.2.2),低温加热溶清后冷却至室温,溶液移入 100 mL 容量瓶中,用水稀释至刻度,混匀。此溶液 1 mL 含 1 mg 氧化钐。

2.2.11 氧化钆标准贮存溶液:称取 0.100 0 g 经 950 ℃灼烧 1 h 的氧化钆[$w(Gd_2O_3/REO)$>99.999%,$w(REO)$>99.5%],置于 100 mL 烧杯中,加 10 mL 盐酸(2.2.2),低温加热溶清后冷却至室温,溶液移入 100 mL 容量瓶中,用水稀释至刻度,混匀。此溶液 1 mL 含 1 mg 氧化钆。

2.2.12 氧化铽标准贮存溶液:称取 0.100 0 g 经 950 ℃灼烧 1 h 的氧化铽[$w(Tb_4O_7/REO)$>99.999%,$w(REO)$>99.5%],置于 100 mL 烧杯中,加 10 mL 盐酸(2.2.2),低温加热溶清后冷却至室温,溶液移入 100 mL 容量瓶中,用水稀释至刻度,混匀。此溶液 1 mL 含 1 mg 氧化铽。

2.2.13 氧化镝标准贮存溶液:称取 0.100 0 g 经 950 ℃灼烧 1 h 的氧化镝[$w(Dy_2O_3/REO)$>99.999%,$w(REO)$>99.5%],置于 100 mL 烧杯中,加 10 mL 盐酸(2.2.2),低温加热溶清后冷却至室温,溶液移入 100 mL 容量瓶中,用水稀释至刻度,混匀。此溶液 1 mL 含 1 mg 氧化镝。

2.2.14 氧化钬标准贮存溶液:称取 0.100 0 g 经 950 ℃灼烧 1 h 的氧化钬[$w(Ho_2O_3/REO)$>99.999%,$w(REO)$>99.5%],置于 100 mL 烧杯中,加 10 mL 盐酸(2.2.2),低温加热溶清后冷却至室温,溶液移入 100 mL 容量瓶中,用水稀释至刻度,混匀。此溶液 1 mL 含 1 mg 氧化钬。

2.2.15 氧化铒标准贮存溶液:称取 0.100 0 g 经 950 ℃灼烧 1 h 的氧化铒[$w(Er_2O_3/REO)$>99.999%,$w(REO)$>99.5%],置于 100 mL 烧杯中,加 10 mL 盐酸(2.2.2),低温加热溶清后冷却至室

温,溶液移入 100 mL 容量瓶中,用水稀释至刻度,混匀。此溶液 1 mL 含 1 mg 氧化铒。

2.2.16 氧化铥标准贮存溶液:称取 0.100 0 g 经 950 ℃灼烧 1 h 的氧化铥[$w(Tm_2O_3/REO)$>99.999%, $w(REO)$>99.5%],置于 100 mL 烧杯中,加 10 mL 盐酸(2.2.2),低温加热溶清后冷却至室温,溶液移入 100 mL 容量瓶中,用水稀释至刻度,混匀。此溶液 1 mL 含 1 mg 氧化铥。

2.2.17 氧化镱标准贮存溶液:称取 0.100 0 g 经 950 ℃灼烧 1 h 的氧化镱[$w(Yb_2O_3/REO)$>99.999%,$w(REO)$>99.5%],置于 100 mL 烧杯中,加 10 mL 盐酸(2.2.2),低温加热溶清后冷却至室温,溶液移入 100 mL 容量瓶中,用水稀释至刻度,混匀。此溶液 1 mL 含 1 mg 氧化镱。

2.2.18 氧化镥标准贮存溶液:称取 0.100 0 g 经 950 ℃灼烧 1 h 的氧化镥[$w(Lu_2O_3/REO)$>99.999%,$w(REO)$>99.5%],置于 100 mL 烧杯中,加 10 mL 盐酸(2.2.2),低温加热溶清后冷却至室温,溶液移入 100 mL 容量瓶中,用水稀释至刻度,混匀。此溶液 1 mL 含 1 mg 氧化镥。

2.2.19 混合稀土标准溶液:分别移取 2.00 mL 各稀土氧化物标准贮存溶液(2.2.6~2.2.18)置于 100 mL 容量瓶中,加 10 mL 盐酸(2.2.2),用水稀释至刻度,混匀。此溶液 1 mL 含 20.0 μg 各单一稀土氧化物。再将此溶液稀释成 1 mL 含各单一稀土氧化物分别为 1.00 μg 的标准溶液。其酸度为含 5%盐酸。

2.2.20 氩气[$w(Ar)$>99.99%]。

2.3 仪器

2.3.1 电感耦合等离子体发射光谱仪,分辨率<0.006 nm(200 nm 处)。

2.3.2 光源:氩等离子体光源。

2.4 试样

将试样于 950 ℃灼烧 1 h,置于干燥器中,冷却至室温,立即称量。

2.5 分析步骤

2.5.1 试料

称取 0.10 g 试样(2.4),精确至 0.000 1 g。

2.5.2 测定次数

称取两份试料进行平行测定,取其平均值。

2.5.3 分析试液的制备

将试料(2.5.1)置于 100 mL 烧杯中,加 10 mL 盐酸(2.2.2),低温加热至溶解完全,冷却至室温,移入 100 mL 容量瓶中,用水稀释至刻度,混匀。

2.5.4 标准系列溶液的配制

将氧化钇、氧化铕标准溶液(2.2.4、2.2.5)和各稀土氧化物混合标准溶液(2.2.19)按表 3 分别移入 6 套 6 组共 36 个 100 mL 容量瓶中,并加入 10 mL 盐酸(2.2.2),以水稀释至刻度,混匀,制得 24 个标准系列溶液。

表 3 标准系列配制

标液号	各稀土(以氧化物计)浓度/(μg/ mL)						
	氧化铕	氧化钇	氧化镧	氧化铈	氧化镨	氧化钕	氧化钐
1-1	250	9 750	0	0	0	0	0
1-2	250	9 750	0.02	0.02	0.02	0.02	0.02
1-3	250	9 750	0.10	0.10	0.10	0.10	0.10
1-4	250	9 750	0.50	0.50	0.50	0.50	0.50
1-5	250	9 750	1.00	1.00	1.00	1.00	1.00
1-6	250	9 750	2.00	2.00	2.00	2.00	2.00

标液号	各稀土(以氧化物计)浓度/(μg/ mL)							
	氧化钆	氧化铽	氧化镝	氧化钬	氧化铒	氧化铥	氧化镱	氧化镥
1-1	0	0	0	0	0	0	0	0
1-2	0.02	0.02	0.02	0.02	0.02	0.02	0.02	0.02
1-3	0.10	0.10	0.10	0.10	0.10	0.10	0.10	0.10
1-4	0.50	0.50	0.50	0.50	0.50	0.50	0.50	0.50
1-5	1.00	1.00	1.00	1.00	1.00	1.00	1.00	1.00
1-6	2.00	2.00	2.00	2.00	2.00	2.00	2.00	2.00

标液号	各稀土(以氧化物计)浓度/(μg/ mL)						
	氧化铕	氧化钇	氧化镧	氧化铈	氧化镨	氧化钕	氧化钐
2-1	510	9 490	0	0	0	0	0
2-2	510	9 490	0.02	0.02	0.02	0.02	0.02
2-3	510	9 490	0.10	0.10	0.10	0.10	0.10
2-4	510	9 490	0.50	0.50	0.50	0.50	0.50
2-5	510	9 490	1.00	1.00	1.00	1.00	1.00
2-6	510	9 490	2.00	2.00	2.00	2.00	2.00

标液号	各稀土(以氧化物计)浓度/(μg/ mL)							
	氧化钆	氧化铽	氧化镝	氧化钬	氧化铒	氧化铥	氧化镱	氧化镥
2-1	0	0	0	0	0	0	0	0
2-2	0.02	0.02	0.02	0.02	0.02	0.02	0.02	0.02
2-3	0.10	0.10	0.10	0.10	0.10	0.10	0.10	0.10
2-4	0.50	0.50	0.50	0.50	0.50	0.50	0.50	0.50
2-5	1.00	1.00	1.00	1.00	1.00	1.00	1.00	1.00
2-6	2.00	2.00	2.00	2.00	2.00	2.00	2.00	2.00

表 3（续）

标液号	各稀土(以氧化物计)浓度/(μg/ mL)						
	氧化铕	氧化钇	氧化镧	氧化铈	氧化镨	氧化钕	氧化钐
3-1	600	9 400	0	0	0	0	0
3-2	600	9 400	0.02	0.02	0.02	0.02	0.02
3-3	600	9 400	0.10	0.10	0.10	0.10	0.10
3-4	600	9 400	0.50	0.50	0.50	0.50	0.50
3-5	600	9 400	1.00	1.00	1.00	1.00	1.00
3-6	600	9 400	2.00	2.00	2.00	2.00	2.00

标液号	各稀土(以氧化物计)浓度/(μg/ mL)							
	氧化钆	氧化铽	氧化镝	氧化钬	氧化铒	氧化铥	氧化镱	氧化镥
3-1	0	0	0	0	0	0	0	0
3-2	0.02	0.02	0.02	0.02	0.02	0.02	0.02	0.02
3-3	0.10	0.10	0.10	0.10	0.10	0.10	0.10	0.10
3-4	0.50	0.50	0.50	0.50	0.50	0.50	0.50	0.50
3-5	1.00	1.00	1.00	1.00	1.00	1.00	1.00	1.00
3-6	2.00	2.00	2.00	2.00	2.00	2.00	2.00	2.00

标液号	各稀土(以氧化物计)浓度/(μg/ mL)						
	氧化铕	氧化钇	氧化镧	氧化铈	氧化镨	氧化钕	氧化钐
4-1	680	9 320	0	0	0	0	0
4-2	680	9 320	0.02	0.02	0.02	0.02	0.02
4-3	680	9 320	0.10	0.10	0.10	0.10	0.10
4-4	680	9 320	0.50	0.50	0.50	0.50	0.50
4-5	680	9 320	1.00	1.00	1.00	1.00	1.00
4-6	680	9 320	2.00	2.00	2.00	2.00	2.00

标液号	各稀土(以氧化物计)浓度/(μg/ mL)							
	氧化钆	氧化铽	氧化镝	氧化钬	氧化铒	氧化铥	氧化镱	氧化镥
4-1	0	0	0	0	0	0	0	0
4-2	0.02	0.02	0.02	0.02	0.02	0.02	0.02	0.02
4-3	0.10	0.10	0.10	0.10	0.10	0.10	0.10	0.10
4-4	0.50	0.50	0.50	0.50	0.50	0.50	0.50	0.50
4-5	1.00	1.00	1.00	1.00	1.00	1.00	1.00	1.00
4-6	2.00	2.00	2.00	2.00	2.00	2.00	2.00	2.00

表 3（续）

标液号	各稀土(以氧化物计)浓度/(μg/ mL)						
	氧化铕	氧化钇	氧化镧	氧化铈	氧化镨	氧化钕	氧化钐
5-1	760	9 240	0	0	0	0	0
5-2	760	9 240	0.02	0.02	0.02	0.02	0.02
5-3	760	9 240	0.10	0.10	0.10	0.10	0.10
5-4	760	9 240	0.50	0.50	0.50	0.50	0.50
5-5	760	9 240	1.00	1.00	1.00	1.00	1.00
5-6	760	9 240	2.00	2.00	2.00	2.00	2.00

标液号	各稀土(以氧化物计)浓度/(μg/ mL)							
	氧化钆	氧化铽	氧化镝	氧化钬	氧化铒	氧化铥	氧化镱	氧化镥
5-1	0	0	0	0	0	0	0	0
5-2	0.02	0.02	0.02	0.02	0.02	0.02	0.02	0.02
5-3	0.10	0.10	0.10	0.10	0.10	0.10	0.10	0.10
5-4	0.50	0.50	0.50	0.50	0.50	0.50	0.50	0.50
5-5	1.00	1.00	1.00	1.00	1.00	1.00	1.00	1.00
5-6	2.00	2.00	2.00	2.00	2.00	2.00	2.00	2.00

标液号	各稀土(以氧化物计)浓度/(μg/ mL)						
	氧化铕	氧化钇	氧化镧	氧化铈	氧化镨	氧化钕	氧化钐
6-1	860	9 140	0	0	0	0	0
6-2	860	9 140	0.02	0.02	0.02	0.02	0.02
6-3	860	9 140	0.10	0.10	0.10	0.10	0.10
6-4	860	9 140	0.50	0.50	0.50	0.50	0.50
6-5	860	9 140	1.00	1.00	1.00	1.00	1.00
6-6	860	9 140	2.00	2.00	2.00	2.00	2.00

标液号	各稀土(以氧化物计)浓度/(μg/ mL)							
	氧化钆	氧化铽	氧化镝	氧化钬	氧化铒	氧化铥	氧化镱	氧化镥
6-1	0	0	0	0	0	0	0	0
6-2	0.02	0.02	0.02	0.02	0.02	0.02	0.02	0.02
6-3	0.10	0.10	0.10	0.10	0.10	0.10	0.10	0.10
6-4	0.50	0.50	0.50	0.50	0.50	0.50	0.50	0.50
6-5	1.00	1.00	1.00	1.00	1.00	1.00	1.00	1.00
6-6	2.00	2.00	2.00	2.00	2.00	2.00	2.00	2.00

2.5.5 测定

2.5.5.1 推荐分析线见表 4。

表 4

元素	分析线/nm	元素	分析线/nm
La	408.672	Ce	413.765、418.660
Pr	422.535	Nd	401.225
Sm	428.078	Gd	310.050
Tb	350.917	Dy	353.171、400.045
Ho	339.898、345.600	Er	337.271
Tm	313.126	Yb	328.937、289.138
Lu	261.542	—	—

2.5.5.2 将分析试液(2.5.3)与铕、钇含量与试料中含量相近的一组标准系列溶液(2.5.4)同时进行氩等离子体光谱测定。

2.6 分析结果的表述

将标准系列溶液(2.5.4)的含量直接输入计算机,根据分析试液(2.5.3)和标准系列溶液(2.5.4)的强度值,由计算机计算、校正并输出分析试液(2.5.3)中待测稀土元素的质量浓度。

按式(1)计算待测稀土元素的质量分数(%):

$$w(X)=\frac{\rho \cdot V_0 \times 10^{-6}}{m_0}\times 100 \qquad (1)$$

式中:

ρ ——自工作曲线上查得被测稀土氧化物的质量浓度,单位为微克每毫升(μg/ mL);

V_0——试液总体积,单位为毫升(mL);

m_0——试料的质量,单位为克(g)。

2.7 精密度

2.7.1 重复性

在重复性条件下获得的两次独立测试结果的测定值,在以下给出的平均值范围内,这两个测试结果的绝对差值不超过重复性限(r),超过重复性限(r)的情况不超过 5%。重复性限(r)按表 5 数据采用线性内插法求得:

表 5

氧化物	质量分数/%	重复性限 r%	氧化物	质量分数/%	重复性限 r%
氧化镧	0.000 32	0.000 05	氧化铽	0.000 36	0.000 08
	0.000 51	0.000 15		0.000 53	0.000 15
	0.002 2	0.000 5		0.002 1	0.000 5
	0.005 2	0.000 8		0.005 0	0.000 8
	0.010	0.001		0.010	0.001
氧化铈	0.000 33	0.000 05	氧化镝	0.000 37	0.000 08
	0.000 50	0.000 15		0.000 56	0.000 15
	0.002 1	0.000 5		0.002 1	0.000 5
	0.005 1	0.000 8		0.005 1	0.000 8
	0.010	0.001		0.010	0.001
氧化镨	0.000 34	0.000 05	氧化钬	0.000 41	0.000 10
	0.000 53	0.000 15		0.000 62	0.000 20
	0.002 2	0.000 5		0.002 2	0.000 5
	0.005 1	0.000 8		0.005 2	0.000 8
	0.010	0.001		0.010	0.001
氧化钕	—	—	氧化铒	0.000 40	0.000 08
	0.000 32	0.000 05		0.000 56	0.000 15
	0.000 51	0.000 15		0.002 2	0.000 5
	0.002 2	0.000 5		0.005 1	0.000 8
	0.005 1	0.000 8		0.010	0.001
	0.010	0.001	氧化铥	0.000 15	0.000 05
氧化钐	0.000 33	0.000 08		0.000 32	0.000 15
	0.000 53	0.000 15		0.000 52	0.000 2
	0.002 1	0.000 5		0.002 1	0.000 5
	0.005 0	0.000 8		0.004 9	0.000 8
	0.010	0.001		0.010	0.001
氧化钆	0.000 31	0.000 05	氧化镱	0.000 34	0.000 05
	0.000 51	0.000 15		0.000 52	0.000 15
	0.002 2	0.000 5		0.002 1	0.000 5
	0.005 0	0.000 8		0.005 0	0.000 8
	0.010	0.001		0.010	0.001

表 5（续）

氧化物	质量分数/%	重复性限 r%	氧化物	质量分数/%	重复性限 r%
氧化镥	0.000 32	0.000 05	—	—	—
	0.000 51	0.000 15		—	—
	0.002 1	0.000 5		—	—
	0.005 0	0.000 8		—	—
	0.010	0.001		—	—
注：重复性限(*r*)为 2.8×*Sr*，*Sr* 为重复性标准差。					

2.7.2 允许差

实验室之间分析结果的差值应不大于表 6 所列允许差。

表 6

氧化物	质量分数/%	允许差/%
氧化钕 氧化铈 氧化镨 氧化钐 氧化铽	0.000 3～0.000 5	0.000 2
	>0.000 5～0.002 0	0.000 4
	>0.002 0～0.005 0	0.000 8
	>0.005 0～0.010	0.002 0
氧化钆 氧化镝	0.000 2～0.000 5	0.000 2
	>0.000 5～0.002 0	0.000 4
	>0.002 0～0.005 0	0.000 8
	>0.005 0～0.010	0.002 0
氧化钬	0.000 1～0.000 3	0.000 2
	>0.000 3～0.000 5	0.000 3
	>0.000 5～0.002 0	0.000 4
	>0.002 0～0.005 0	0.000 8
	>0.005 0～0.010	0.002 0
氧化镧 氧化铒 氧化铥 氧化镱 氧化镥	0.000 1～0.000 3	0.000 1
	>0.000 3～0.000 5	0.000 2
	>0.000 5～0.002 0	0.000 4
	>0.002 0～0.005 0	0.000 8
	>0.005 0～0.010	0.002 0

3 电感耦合等离子体质谱法（方法 2）

3.1 方法原理

试样以硝酸溶解，在稀酸介质中，以氩等离子体为离子化源，直接进行质谱测定，测定时以内标法进行校正，用干扰方程校正 Tm 所受 Eu 多原子离子干扰。

3.2 试剂和材料

3.2.1 过氧化氢(30%)。

3.2.2 硝酸溶液(1+1)。

3.2.3 氧化镧标准贮存溶液：称取0.100 0 g 经 950 ℃灼烧 1 h 的氧化镧[$w(La_2O_3/REO)$>99.999%，w(REO)>99.5%]，置于 100 mL 烧杯中，加 10 mL 硝酸(3.2.2)，低温加热至溶解完全，取下冷却，移入 100 mL 容量瓶中，用水稀至刻度，混匀。此溶液 1 mL 含 1 000 μg 氧化镧。

3.2.4 氧化铈标准贮存溶液：称取0.100 0 g 经 950 ℃灼烧 1 h 的氧化铈[$w(CeO_2/REO)$>99.999%，w(REO)>99.5%]，置于 100 mL 烧杯中，加 10 mL 硝酸(3.2.2)，2 mL 过氧化氢(12.1) 低温加热至溶解完全，取下冷却，移入 100 mL 容量瓶中，用水稀至刻度，混匀。此溶液 1 mL 含 1 000 μg 氧化铈。

3.2.5 氧化镨标准贮存溶液：称取0.100 0 g 经 950 ℃灼烧 1 h 的氧化镨[$w(Pr_6O_{11}/REO)$>99.999%，w(REO)>99.5%]，置于 100 mL 烧杯中，加 10 mL 硝酸(3.2.2)，低温加热至溶解完全，取下冷却，移入 100 mL 容量瓶中，用水稀至刻度，混匀。此溶液 1 mL 含 1 000 μg 氧化镨。

3.2.6 氧化钕标准贮存溶液：称取0.100 0 g 经 950 ℃灼烧 1 h 的氧化钕[$w(Nd_2O_3/REO)$>99.999%，w(REO)>99.5%]，置于 100 mL 烧杯中，加 10 mL 硝酸(3.2.2)，低温加热至溶解完全，取下冷却，移入 100 mL 容量瓶中，用水稀至刻度，混匀。此溶液 1 mL 含 1 000 μg 氧化钕。

3.2.7 氧化钐标准贮存溶液：称取0.100 0 g 经 950 ℃灼烧 1 h 的氧化钐[$w(Sm_2O_3/REO)$>99.999%，w(REO)>99.5%]，置于 100 mL 烧杯中，加 10 mL 硝酸(3.2.2)，低温加热至溶解完全，取下冷却，移入 100 mL 容量瓶中，用水稀至刻度，混匀。此溶液 1 mL 含 1 000 μg 氧化钐。

3.2.8 氧化钆标准贮存溶液：称取0.100 0 g 经 950 ℃灼烧 1 h 的氧化钆[$w(Gd_2O_3/REO)$>99.999%，w(REO)>99.5%]，置于 100 mL 烧杯中，加 10 mL 硝酸(3.2.2)，低温加热至溶解完全，取下冷却，移入 100 mL 容量瓶中，用水稀至刻度，混匀。此溶液 1 mL 含 1 000 μg 氧化钆。

3.2.9 氧化铽标准贮存溶液：称取0.100 0 g 经 950 ℃灼烧 1 h 的氧化铽[$w(Tb_4O_7/REO)$>99.999%，w(REO)>99.5%]，置于 100 mL 烧杯中，加 10 mL 硝酸(3.2.2)，低温加热至溶解完全，取下冷却，移入 100 mL 容量瓶中，用水稀至刻度，混匀。此溶液 1 mL 含 1 000 μg 氧化铽。

3.2.10 氧化镝标准贮存溶液：称取0.100 0 g 经 950 ℃灼烧 1 h 的氧化镝[$w(Dy_2O_3/REO)$>99.999%，w(REO)>99.5%]，置于 100 mL 烧杯中，加 10 mL 硝酸(3.2.2)，低温加热至溶解完全，取下冷却，移入 100 mL 容量瓶中，用水稀至刻度，混匀。此溶液 1 mL 含 1 000 μg 氧化镝。

3.2.11 氧化钬标准贮存溶液：称取0.100 0 g 经 950 ℃灼烧 1 h 的氧化钬[$w(Ho_2O_3/REO)$>99.999%，w(REO)>99.5%]，置于 100 mL 烧杯中，加 10 mL 硝酸(3.2.2)，低温加热至溶解完全，取下冷却，移入 100 mL 容量瓶中，用水稀至刻度，混匀。此溶液 1 mL 含 1 000 μg 氧化钬。

3.2.12 氧化铒标准贮存溶液：称取0.100 0 g 经 950 ℃灼烧 1 h 的氧化铒[$w(Er_2O_3/REO)$>99.999%，w(REO)>99.5%]，置于 100 mL 烧杯中，加 10 mL 硝酸(3.2.2)，低温加热至溶解完全，取下冷却，移入 100 mL 容量瓶中，用水稀至刻度，混匀。此溶液 1 mL 含 1 000 μg 氧化铒。

3.2.13 氧化铥标准贮存溶液：称取0.100 0 g 经 950 ℃灼烧 1 h 的氧化铥[$w(Tm_2O_3/REO)$>99.999%，w(REO)>99.5%]，置于 100 mL 烧杯中，加 10 mL 硝酸(3.2.2)，低温加热至溶解完全，取下冷却，移入 100 mL 容量瓶中，用水稀至刻度，混匀。此溶液 1 mL 含 1 000 μg 氧化铥。

3.2.14 氧化镱标准贮存溶液：称取0.100 0 g 经 950 ℃灼烧 1 h 的氧化镱[$w(Yb_2O_3/REO)$>99.999%，w(REO)>99.5%]，置于 100 mL 烧杯中，加 10 mL 硝酸(3.2.2)，低温加热至溶解完全，取下冷却，移入 100 mL 容量瓶中，用水稀至刻度，混匀。此溶液 1 mL 含 1 000 μg 氧化镱。

3.2.15 氧化镥标准贮存溶液：称取0.100 0 g，经 950 ℃灼烧 1 h 的氧化镥[$w(Lu_2O_3/REO)$

＞99.999%，w(REO)＞99.5%]，置于100 mL烧杯中，加10 mL硝酸(3.2.2)，低温加热至溶解，取下冷却，移入100 mL容量瓶中，用水稀至刻度，混匀。此溶液1 mL含1 000 μg氧化镥。

3.2.16 混合稀土标准溶液：分别移取2.00 mL各稀土氧化物标准贮存溶液(3.2.3～3.2.15)置于100 mL容量瓶中，加10 mL硝酸(3.2.2)，用水稀释至刻度，混匀。此溶液1 mL含20.0 μg各单一稀土氧化物。再将此溶液稀释成1 mL含各单一稀土氧化物分别为1.00 μg的标准溶液。

3.2.17 铯内标溶液：称取0.127 0 g氯化铯，加入10 mL水及2 mL硝酸(3.2.2)，溶解至清，冷却。移入100 mL容量瓶中，用水稀释至刻度，混匀。此溶液1 mL含1 mg铯。再将此溶液用硝酸(1+99)稀释成1 mL含1 μg铯的内标溶液。

3.2.18 氩气[w(Ar)＞99.99%]。

3.3 仪器

电感耦合等离子体质谱仪：质量分辨率不低于(0.8±0.1) Nor。

3.4 试样

试样于950 ℃灼烧1 h，置于干燥器中，冷却至室温，立即称量。

3.5 分析步骤

3.5.1 试料

称取0.10 g试样(3.4)，精确至0.000 1 g。

3.5.2 测定次数

称取两份试料进行平行测定，取其平均值。

3.5.3 空白试验

随同试料做空白试验。

3.5.4 分析试液的制备

将试料(3.5.1)置于200 mL聚四氟乙烯烧杯中，加入少许水及5 mL硝酸(3.2.2)，加热溶解至清。取下，放置冷却至室温，移入100 mL容量瓶中。加入1.00 mL铯内标溶液(3.2.17)，用水稀释至刻度，混匀。

3.5.5 标准系列溶液的配制

分别移取0 mL、0.20 mL、0.50 mL、1.00 mL、2.00 mL、5.00 mL混合稀土标准溶液(3.2.16)于6个100 mL容量瓶中，加入1.00 mL铯内标溶液(3.2.17)，加入4 mL硝酸溶液(3.2.2)，用水稀释至刻度，混匀。此标准系列溶液的浓度为0 ng/mL、2.00 ng/mL、5.00 ng/mL、10.00 ng/mL、20.00 ng/mL、50.00 ng/mL。

3.5.6 测定

3.5.6.1 测量元素同位素质量数见表7。

表 7

元素	测定同位素质量数	元素	测定同位素质量数	校正方程
La	139	Dy	163	
Ce	140	Ho	165	
Pr	141	Er	166	
Nd	146	Tm *	169	$I_{169\text{Tm}} = I_{169} - 1.092\,05 \cdot I_{167\text{Er}} + 0.745\,909 \cdot I_{166\text{Er}}$
Sm	147	Yb	174	
Gd	157	Lu	175	
Tb	159	Cs	133	

3.5.6.2 将空白试验溶液（3.5.3）、分析试液(3.5.4)与标准系列溶液(3.5.5)同时进行氩等离子体质谱测定。

3.6 分析结果的计算与表述

将标准系列溶液(3.5.5)的质量浓度直接输入计算机，用内标校正法校正，由计算机计算并输出空白试验溶液(3.5.3)、分析试液(3.5.4)中待测元素的质量浓度。

按式(2)计算各待测稀土元素的质量分数(%)：

$$w(X) = \frac{(\rho - \rho_0) \cdot V_0 \times 10^{-9}}{m} \times 100 \quad \cdots\cdots\cdots\cdots (2)$$

式中：

ρ ——计算机输出的分析试液 3.5.4 中待测元素的质量浓度，单位为纳克每毫升(ng/mL)；

ρ_0 ——计算机输出的空白试验 3.5.3 中待测元素的质量浓度，单位为纳克每毫升（ng/mL)；

V_0——试液总体积，单位为毫升(mL)；

m ——试料的质量，单位为克(g)。

3.7 精密度

3.7.1 重复性

在重复性条件下获得的两次独立测试结果的测定值，在以下给出的平均值范围内，这两个测试结果的绝对差值不超过重复性限(r)，超过重复性限(r)的情况不超过 5%，重复性限(r)按表 8 数据采用线性内插法求得；超过表 8 中含量的测定值，其重复性限(r)用外推法计算求得。

表 8

氧化物	质量分数/%	重复性限(*r*)/%	氧化物	质量分数/%	重复性限(*r*)/%
氧化镧	0.000 18	0.000 02	氧化镝	0.000 21	0.000 02
	0.000 53	0.000 05		0.000 56	0.000 04
	0.002 1	0.000 1		0.002 1	0.000 1
	0.005 1	0.000 2		0.005 1	0.000 1
氧化铈	0.000 16	0.000 02	氧化钬	0.000 28	0.000 02
	0.000 51	0.000 04		0.000 61	0.000 03
	0.002 0	0.000 1		0.002 1	0.000 1
	0.005 0	0.000 2		0.005 1	0.000 2
氧化镨	0.000 16	0.000 02	氧化铒	0.000 20	0.000 02
	0.000 53	0.000 03		0.000 54	0.000 03
	0.002 0	0.000 1		0.002 1	0.000 1
	0.005 0	0.000 2		0.005 0	0.000 2
氧化钕	0.000 17	0.000 03	氧化铥	0.000 18	0.000 03
	0.000 53	0.000 03		0.000 52	0.000 07
	0.002 0	0.000 1		0.002 0	0.000 3
	0.005 0	0.000 2		0.005 0	0.000 6
氧化钐	0.000 16	0.000 02	氧化镱	0.000 20	0.000 02
	0.000 52	0.000 03		0.000 53	0.000 04
	0.002 1	0.000 1		0.002 1	0.000 1
	0.005 1	0.000 2		0.005 0	0.000 2
氧化钆	0.000 16	0.000 02	氧化镥	0.000 16	0.000 02
	0.000 52	0.000 04		0.000 50	0.000 04
	0.002 1	0.000 1		0.002 0	0.000 1
	0.005 0	0.000 2		0.004 9	0.000 2
氧化铽	0.000 15	0.000 02	—	—	—
	0.000 51	0.000 03		—	—
	0.002 0	0.000 1		—	—
	0.005 0	0.000 2		—	—

注：重复性限(*r*)为 2.8×*Sr*，*Sr* 为重复性标准差。

3.7.2 允许差

实验室之间分析结果的差值应不大于表 9 所列允许差。

表 9

元　　素	质量分数/%	允许差/%
氧化镧　氧化钕　氧化钐　氧化钆 氧化铈　氧化镨　氧化铽　氧化镝 氧化钬　氧化铒　氧化镱　氧化镥	0.000 05～0.000 2	0.000 05
	>0.000 2～0.000 5	0.000 1
	>0.000 5～0.001 0	0.000 2
	>0.001 0～0.003 0	0.000 3
	>0.003 0～0.005 0	0.000 5
氧化铥	0.000 2～0.001 0	0.000 2
	>0.001 0～0.003 0	0.000 4
	>0.003 0～0.005 0	0.000 7

3.8　质量保证和控制

每周用自制的控制标样(如有国家级或行业级标样时,应首先使用)校核一次本标准分析方法的有效性。当过程失控时,应找出原因,纠正错误,重新进行校核。

ICS 65.020.20
B 00

中华人民共和国国家标准

GB 18133—2012
代替 GB 18133—2000,部分代替 GB 4406—1984

马 铃 薯 种 薯

Seed potatoes

2012-12-31 发布　　2013-12-19 实施

中华人民共和国国家质量监督检验检疫总局
中国国家标准化管理委员会　发布

前　言

本标准的5.2为强制性的，其余条款为推荐性的。

本标准根据GB/T 1.1—2009的规则编写。

本标准代替了GB 18133—2000《马铃薯脱毒种薯》，部分代替GB 4406—1984《种薯》。

本标准与GB 18133—2000相比差异如下：

——修订了标准名称；

——增加了规范性引用文件；

——修订了术语和定义；

——修改了种薯分级；

——修订了田间质量要求和检验方法；

——修订了块茎质量要求和检验方法；

——增加了实验室检测；

——修订了定级规则；

——减少了运输内容；

——修订了标签内容。

本标准代替了GB 4406—1984中的种薯分级和种薯分级指标。

本标准由中华人民共和国农业部提出。

本标准由全国农作物种子标准化技术委员会(SAC/TC 37)归口。

本标准起草单位：黑龙江省农科院植物脱毒苗木研究所(农业部脱毒马铃薯种薯质量监督检验测试中心-哈尔滨)、中国农业科学院蔬菜花卉研究所、黑龙江省农科院克山分院、东北农业大学农学系、农业部薯类品质监督检验测试中心(张家口)、湖南农业大学园艺学院、华中农业大学、云南师范大学薯类作物所、中国检验检疫研究院、北大荒马铃薯种薯研发中心。

本标准主要起草人：白艳菊、卞春松、李学湛、金黎平、谢开云、盛万民、陈伊里、王凤义、尹江、熊兴耀、谢从华、李灿辉、李明福、乔勇军、于滨。

本标准所代替标准的历次版本发布情况为：

——GB 4406—1984；

——GB 18133—2000。

马 铃 薯 种 薯

1 范围

本标准规定了马铃薯种薯分级的质量指标、检验方法和标签的最低要求。

本标准适用于中华人民共和国境内马铃薯种薯的生产、检验、销售以及产品认证和质量监督。

2 规范性引用文件

下列文件对于本文件的应用是必不可少的。凡是注日期的引用文件,仅注日期的版本适用于本文件。凡是不注日期的引用文件,其最新版本(包括所有的修改单)适用于本文件。

GB 20464 农作物种子标签通则

3 术语和定义

下列术语和定义适用于本文件。

3.1

马铃薯种薯 seed potatoes

符合本标准规定的相应质量要求的原原种、原种、一级种和二级种。

3.2

原原种(G1) pre-elite

用育种家种子、脱毒组培苗或试管薯在防虫网、温室等隔离条件下生产,经质量检测达到5.2要求的,用于原种生产的种薯。

3.3

原种(G2) elite

用原原种作种薯,在良好隔离环境中生产的,经质量检测达到5.2要求的,用于生产一级种的种薯。

3.4

一级种(G3) qualified Ⅰ

在相对隔离环境中,用原种作种薯生产的,经质量检测后达到5.2要求的,用于生产二级种的种薯。

3.5

二级种(G4) qualified Ⅱ

在相对隔离环境中,由一级种作种薯生产,经质量检测后达到5.2要求的,用于生产商品薯的种薯。

3.6

种薯批 seed potato lot

来源相同、同一地块、同一品种、同一级别以及同一时期收获、质量基本一致的马铃薯植株或块茎作为一批。

4 有害生物

4.1 非检疫性限定有害生物

4.1.1 病毒

马铃薯X病毒(Potato virus X,PVX)。

马铃薯Y病毒(Potato virus Y,PVY)。

马铃薯S病毒(Potato virus S,PVS)。

马铃薯M病毒(Potato virus M,PVM)。

马铃薯卷叶病毒(Potato leafroll virus,PLRV)。

4.1.2 细菌

马铃薯青枯病菌(*Ralstonia solanacearum*)。

马铃薯黑胫病和软腐病菌(*Erwinia carotovora* subspecies *atroseptica*,*Erwinia carotovora* subspecies *carotovora*,*Erwinia chrysanthemi*)。

马铃薯普通疮痂病菌(*Streptomyces scabies*)。

4.1.3 真菌

马铃薯晚疫病菌(*Phytophthora infestans*)。

马铃薯干腐病菌(*Fusarium*)。

马铃薯湿腐病菌(*Pythium ultimum*)。

马铃薯黑痣病菌(*Rhizoctonia solani*)。

4.1.4 昆虫

马铃薯块茎蛾(*Phthorimaea operculella*)。

4.2 检疫性有害生物

4.2.1 病毒和类病毒

马铃薯A病毒(Potato virus A,PVA)。

马铃薯纺锤块茎类病毒(Potato spindle tuber viroid,PSTVd)。

4.2.2 真菌

马铃薯癌肿病菌(*Synchytrium endobioticum*)。

4.2.3 细菌

马铃薯环腐病菌(*Clavibacter michiganensis* subspecies *sepedonicus*)。

4.2.4 植原体

马铃薯丛枝植原体(Potato witches'broom phytoplasma)。

4.2.5 昆虫

马铃薯甲虫(*Leptinotarsa decemlineata*)。

5 质量要求

5.1 种薯分级

种薯级别分为原原种、原种、一级种和二级种。

5.2 各级种薯的质量要求

5.2.1 检疫性病虫害允许率

所有4.2列出的检疫性有害生物在种薯生产中的允许率为“0”，一旦发现此类病虫害，应立即报给检疫部门，由检疫部门根据病虫害种类采取相应措施，同时该地块所有马铃薯不能用作种薯。

5.2.2 非检疫性有害生物和其他项目允许率

各级别种薯非检疫性限定有害生物和其他检测项目应符合最低要求(见表1、表2和表3)。

表1 各级别种薯田间检查植株质量要求

项目		允许率[a]/%			
		原原种	原种	一级种	二级种
混杂		0	1.0	5.0	5.0
病毒	重花叶	0	0.5	2.0	5.0
	卷叶	0	0.2	2.0	5.0
	总病毒病[b]	0	1.0	5.0	10.0
青枯病		0	0	0.5	1.0
黑胫病		0	0.1	0.5	1.0

[a] 表示所检测项目阳性样品占检测样品总数的百分比。

[b] 表示所有有病毒症状的植株。

表2 各级别种薯收获后检测质量要求

项目	允许率/%			
	原原种	原种	一级种	二级种
总病毒病(PVY和PLRV)	0	1.0	5.0	10.0
青枯病	0	0	0.5	1.0

表3 各级别种薯库房检查块茎质量要求

项目	允许率/(个/100个)	允许率/(个/50 kg)		
	原原种	原种	一级种	二级种
混杂	0	3	10	10
湿腐病	0	2	4	4
软腐病	0	1	2	2
晚疫病	0	2	3	3
干腐病	0	3	5	5
普通疮痂病[a]	2	10	20	25

表 3（续）

项目	允许率/(个/100个)	允许率/(个/50 kg)		
	原原种	原种	一级种	二级种
黑痣病[a]	0	10	20	25
马铃薯块茎蛾	0	0	0	0
外部缺陷	1	5	10	15
冻伤	0	1	2	2
土壤和杂质[b]	0	1%	2%	2%

[a] 病斑面积不超过块茎表面积的 1/5。

[b] 允许率按重量百分比计算。

6 检验方法

6.1 田间检查

6.1.1 原原种生产过程检查

温室或网棚中，组培苗扦插结束或试管薯出苗后 30 天～40 天，同一生产环境条件下，全部植株目测检查一次，目测不能确诊的非正常植株或器官组织应马上采集样本进行实验室检验。

6.1.2 原种、一级种和二级种田间检查

采用目测检查，种薯每批次至少随机抽检 5 点～10 点，每点 100 株（见表 4），目测不能确诊的非正常植株或器官组织应马上采集样本进行实验室检验。

表 4 每种薯批抽检点数

检测面积/hm^2	检测点数/个	检查总数/株
≤1	5	500
>1，≤40	6～10（每增加 10 hm^2 增加 1 个检测点）	600～1 000
>40	10（每增加 40 hm^2 增加 2 个检测点）	>1 000

整个田间检验过程要求于 40 天内完成。第一次检查在现蕾期至盛花期。第二次检查在收获前 30 天左右进行。

当第一次检查指标中任何一项超过允许率的 5 倍，则停止检查，该地块马铃薯不能作种薯销售。

第一次检查任何一项指标超过允许率在 5 倍以内，可通过种植者拔除病株和混杂株降低比率，第二次检查为最终田间检查结果。

6.2 块茎检验

6.2.1 收获后检测

种薯收获和入库期，根据种薯检验面积在收获田间随机取样，或者在库房随机抽取一定数量的块茎用于实验室检测。原原种每个品种每 100 万粒检测 200 粒（每增加 100 万粒增加 40 粒，不足 100 万粒

的按 100 万粒计算)。大田每批种薯根据生产面积确定检测样品数量(见表 5)。

块茎处理:块茎打破休眠栽植,苗高 15 cm 左右开始检测,病毒检测采用酶联免疫(ELISA)或逆转录聚合酶链式反应(RT-PCR)方法,类病毒采用往返电泳(R-PAGE)、RT-PCR 或核酸斑点杂交(NASH)方法,细菌采用 ELISA 或聚合酶链式反应(PCR)方法。以上各病害检测也可以采用灵敏度高于推荐方法的检测技术。

表 5 收获后实验室检测样品数量

种薯级别	≤40 hm^2[a] 取样量(个)
原种	200(每增加 10 hm^2～40 hm^2 增加 40 个块茎)
一级种	100(每增加 10 hm^2～40 hm^2 增加 20 个块茎)
二级种	100(每增加 10 hm^2～40 hm^2 增加 10 个块茎)

[a] 为种薯面积单位(hm^2)。

6.2.2 库房检查

种薯出库前应进行库房检查。

原原种根据每批次数量确定扦样点数(见表 6),随机扦样,每点取块茎 500 粒。

大田各级种薯根据每批次总产量确定扦样点数(见表 7),每点扦样 25 kg,随机扦取样品应具有代表性,样品的检验结果代表被抽检批次。同批次大田种薯存放不同库房,按不同批次处理,并注明质量溯源的衔接。

表 6 原原种块茎扦样量

每批次总产量/万粒	块茎取样点数/个	检验样品量/粒
≤50	5	2 500
>50,≤500	5～20(每增加 30 万粒增加 1 个检测点)	2 500～10 000
>500	20(每增加 100 万粒增加 2 个检测点)	>10 000

表 7 大田各级种薯块茎扦样量

每批次总产量/t	块茎取样点数/个	检验样品量/kg
≤40	4	100
>40,≤1 000	5～10(每增加 200 t 增加 1 个检测点)	125～250
>1 000	10(每增加 1 000 t 增加 2 个检测点)	>250

采用目测检验,目测不能确诊的病害也可采用实验室检测技术,目测检验包括同时进行块茎表皮和必要情况下一定数量内部症状检验。

7 判定规则

7.1 定级

种薯级别以种薯繁殖的代数,并同时满足田间检查和收获后检测达到的最低质量要求为定级标准。

7.2 降级

检验参数任何一项达不到拟生产级别种薯质量要求的，降到与检测结果相对应的质量指标的种薯级别，达不到最低一级别种薯质量指标的不能用作种薯。

第二次田间检查超过最低级别种薯允许率的，该地块马铃薯不能用作种薯。

7.3 出库标准

任何级别的种薯出库前应达到库房检查块茎质量要求，重新挑选或降到与库房检查结果相对应的质量指标的种薯级别，达不到最低一级别种薯质量指标的，应重新挑选至合格后方可发货。

8 标签

应符合 GB 20464 的相关规定。

ICS 83.140.99
G 47

中华人民共和国国家标准

GB 18173.1—2012
代替 GB 18173.1—2006

高分子防水材料 第1部分:片材

Polymer water-proof materials—Part 1:Water-proof sheet

2012-09-03 发布

2013-06-01 实施

中华人民共和国国家质量监督检验检疫总局
中国国家标准化管理委员会 发布

前　言

本部分的第5章和第8章为强制性条款，其余为推荐性条款。

GB 18173《高分子防水材料》分四个部分：

——第1部分：片材；

——第2部分：止水带；

——第3部分：遇水膨胀橡胶；

——第4部分：盾构法隧道管片用橡胶密封垫。

本部分为GB 18173的第1部分。

本部分按照GB/T 1.1—2009给出的规则起草。

本部分代替GB 18173.1—2006《高分子防水材料　第1部分：片材》。

本部分与GB 18173.1—2006的主要差异如下：

——修改并增加了部分术语和定义(见3.1,3.3,3.4,3.5,3.6,3.7,2006版的3.1,3.3,3.4)；

——增加了自粘片、异型片等防水片材种类、技术指标和相关的检测方法(见5.3.3,5.3.4,6.3.2.2,6.3.13)；

——删除了均质片中的再生胶(JL4)类防水片材(2006年版的4.1)；

——调整了部分均质片和复合片的物理性能指标(见5.3.1,5.3.2,2006年版的5.3.1)；

——调整了FS2型复合片材表层与芯层复合强度指标及试验方法(见5.3.2,附录E,2006年版的5.3.2)；

本部分参照JIS A 6008:2002《合成高分子系列屋面防水片材》和ASTM D6134:2007《防水系统用硫化橡胶板规格》,同时结合国内片材生产的发展及使用需要对原标准进行修订。

本部分由中国石油和化学工业联合会提出。

本部分由全国橡胶与橡胶制品标准化技术委员会橡胶杂品分技术委员会(SAC/TC 35/SC 7)归口。

本部分起草单位：北京市化工产品质量监督检验站、胜利油田大明新型建筑防水材料有限责任公司、常熟市三恒建材有限责任公司、沈阳星辰化工有限公司、建研(北京)结构工程有限公司、衡水中铁建土工材料制造有限公司、哈高科绥棱二塑有限公司、北京圣洁防水材料有限公司、北京世纪保佳建筑材料有限责任公司、衡水百威工程橡胶有限公司、北京鸿禹乔建材有限公司。

本部分主要起草人：宋宝清、杜奎义、张广彬、冯胜利、冯海凤、潘叶明、田丽、邹环宇、杜昕、赵顺旺、李树奎。

本部分所代替标准的历次版本发布情况为：

——GB 18173.1—2000、GB 18173.1—2006。

高分子防水材料　第1部分：片材

1　范围

GB 18173的本部分规定了高分子防水材料片材的术语和定义、分类与标记、要求、试验方法、检验规则以及标志、包装、运输与贮存等。

本部分适用于以高分子材料为主材料，以挤出或压延等方法生产，用于各类工程防水、防渗、防潮、隔气、防污染、排水等的均质片材（以下简称均质片）、复合片材（以下简称复合片）、异形片材（以下简称异型片）、自粘片材（以下简称自粘片）、点（条）粘片材（以下简称点（条）粘片）等。

2　规范性引用文件

下列文件对于本文件的应用是必不可少的。凡是注日期的引用文件，仅注日期的版本适用于本文件。凡是不注日期的引用文件，其最新版本（包括所有的修改单）适用于本文件。

GB/T 528　硫化橡胶或热塑性橡胶　拉伸应力应变性能的测定

GB/T 529　硫化橡胶或热塑性橡胶撕裂强度的测定（裤形、直角形和新月形试样）

GB/T 532　硫化橡胶或热塑性橡胶与织物粘合强度的测定

GB/T 1040.2　塑料　拉伸性能的测定　第2部分：模塑和挤塑塑料的试验条件

GB/T 1041　塑料压缩性能的测定

GB/T 1690　硫化橡胶或热塑性橡胶耐液体试验方法

GB/T 3511　硫化橡胶或热塑性橡胶耐候性

GB/T 3512　硫化橡胶或热塑性橡胶　热空气加速老化和耐热试验

GB/T 4851　压敏胶粘带持粘性试验方法

GB/T 7762　硫化橡胶或热塑性橡胶　耐臭氧龟裂　静态拉伸试验

3　术语和定义

下列术语和定义适用于本文件。

3.1

均质片　homogeneous sheet

以高分子合成材料为主要材料，各部位截面结构一致的防水片材。

3.2

复合片　composite sheet

以高分子合成材料为主要材料，复合织物等保护或增强层，以改变其尺寸稳定性和力学特性，各部位截面结构一致的防水片材。

3.3

自粘片　self-adhesive sheet

在高分子片材表面复合一层自粘材料和隔离保护层，以改善或提高其与基层的粘接性能，各部位截面结构一致的防水片材。

3.4

异型片 special-shaped sheet

以高分子合成材料为主要材料，经特殊工艺加工成表面为连续凸凹壳体或特定几何形状的防（排）水片材。

3.5

点（条）粘片 material with point (strip) adhesion sheet

均质片材与织物等保护层多点（条）粘接在一起，粘接点（条）在规定区域内均匀分布，利用粘接点（条）的间距，使其具有切向排水功能的防水片材。

3.6

复合强度 composite strength

复合片材表面保护或增强层与芯层的复合力度，用 MPa 表示。

3.7

排水截面积 section area of drainage water

异形片（防排水保护板）每延长米横截面上的壳形凸起所形成的可排水截面积，用 cm^2 表示。

4 分类与标记

4.1 片材的分类

如表 1 所示。

表 1 片材的分类

分类		代号	主要原材料
均质片	硫化橡胶类	JL1	三元乙丙橡胶
		JL2	橡塑共混
		JL3	氯丁橡胶、氯磺化聚乙烯、氯化聚乙烯等
	非硫化橡胶类	JF1	三元乙丙橡胶
		JF2	橡塑共混
		JF3	氯化聚乙烯
	树脂类	JS1	聚氯乙烯等
		JS2	乙烯醋酸乙烯共聚物、聚乙烯等
		JS3	乙烯醋酸乙烯共聚物与改性沥青共混等
复合片	硫化橡胶类	FL	（三元乙丙、丁基、氯丁橡胶、氯磺化聚乙烯等）/织物
	非硫化橡胶类	FF	（氯化聚乙烯、三元乙丙、丁基、氯丁橡胶、氯磺化聚乙烯等）/织物
	树脂类	FS1	聚氯乙烯/织物
		FS2	（聚乙烯、乙烯醋酸乙烯共聚物等）/织物
自粘片	硫化橡胶类	ZJL1	三元乙丙/自粘料
		ZJL2	橡塑共混/自粘料
		ZJL3	（氯丁橡胶、氯磺化聚乙烯、氯化聚乙烯等）/自粘料

表 1（续）

分　类		代　号	主要原材料
自粘片	硫化橡胶类	ZFL	（三元乙丙、丁基、氯丁橡胶、氯磺化聚乙烯等）/织物/自粘料
	非硫化橡胶类	ZJF1	三元乙丙/自粘料
		ZJF2	橡塑共混/自粘料
		ZJF3	氯化聚乙烯/自粘料
		ZFF	（氯化聚乙烯、三元乙丙、丁基、氯丁橡胶、氯磺化聚乙烯等）/织物/自粘料
	树脂类	ZJS1	聚氯乙烯/自粘料
		ZJS2	（乙烯醋酸乙烯共聚物、聚乙烯等）/自粘料
		ZJS3	乙烯醋酸乙烯共聚物与改性沥青共混等/自粘料
		ZFS1	聚氯乙烯/织物/自粘料
		ZFS2	（聚乙烯、乙烯醋酸乙烯共聚物等）/织物/自粘料
异形片	树脂类（防排水保护板）	YS	高密度聚乙烯，改性聚丙烯，高抗冲聚苯乙烯等
点（条）粘片	树脂类	DS1/TS1	聚氯乙烯/织物
		DS2/TS2	（乙烯醋酸乙烯共聚物、聚乙烯等）/织物
		DS3/TS3	乙烯醋酸乙烯共聚物与改性沥青共混物等/织物

4.2 产品标记

4.2.1 标记方法

产品应按下列顺序标记，并可根据需要增加标记内容：

类型代号、材质（简称或代号）、规格（长度×宽度×厚度）。异型片材加入壳体高度。

4.2.2 标记示例

均质片：长度为 20.0 m，宽度为 1.0 m，厚度为 1.2 mm 的硫化型三元乙丙橡胶（EPDM）片材标记为：JL 1-EPDM-20.0 m×1.0 m×1.2 mm。

异形片：长度为 20.0 m，宽度为 2.0 m，厚度为 0.8 mm，壳体高度为 8 mm 的高密度聚乙烯防排水片材标记为：YS-HDPE-20.0 m×2.0 m×0.8 mm×8 mm。

5 要求

5.1 规格尺寸

片材的规格尺寸及允许偏差如表 2、表 3 所示，特殊规格由供需双方商定。

表 2 片材的规格尺寸

项 目	厚度/mm	宽度/m	长度/m
橡胶类	1.0,1.2,1.5,1.8,2.0	1.0,1.1,1.2	≥20[a]
树脂类	>0.5	1.0,1.2,1.5,2.0,2.5,3.0,4.0,6.0	

[a] 橡胶类片材在每卷 20 m 长度中允许有一处接头,且最小块长度应≥3 m,并应加长 15 cm 备作搭接;树脂类片材在每卷至少 20 m 长度内不允许有接头;自粘片材及异型片材每卷 10 m 长度内不允许有接头。

表 3 允许偏差

项 目	厚 度		宽 度	长 度
允许偏差	<1.0 mm	≥1.0 mm	±1%	不允许出现负值
	±10%	±5%		

5.2 外观质量

5.2.1 片材表面应平整,不能有影响使用性能的杂质、机械损伤、折痕及异常粘着等缺陷。

5.2.2 在不影响使用的条件下,片材表面缺陷应符合下列规定:

a) 凹痕深度,橡胶类片材不得超过片材厚度的 20%;树脂类片材不得超过 5%;

b) 气泡深度,橡胶类不得超过片材厚度的 20%,每 1 m^2 内气泡面积不得超过 7 mm^2;树脂类片材不允许有。

5.2.3 异型片表面应边缘整齐、无裂纹、孔洞、粘连、气泡、疤痕及其他机械损伤缺陷。

5.3 物理性能

5.3.1 均质片

均质片的物理性能应符合表 4 的规定。

表 4 均质片的物理性能

项 目		指 标									适用试验条目
		硫化橡胶类			非硫化橡胶类			树脂类			
		JL1	JL2	JL3	JF1	JF2	JF3	JS1	JS2	JS3	
拉伸强度/MPa	常温(23 ℃) ≥	7.5	6.0	6.0	4.0	3.0	5.0	10	16	14	6.3.2
	高温(60 ℃) ≥	2.3	2.1	1.8	0.8	0.4	1.0	4	6	5	
拉断伸长率/%	常温(23 ℃) ≥	450	400	300	400	200	200	200	550	500	
	低温(−20 ℃) ≥	200	200	170	200	100	100	—	350	300	
撕裂强度/(kN/m) ≥		25	24	23	18	10	10	40	60	60	6.3.3

表 4（续）

项目		指标									适用试验条目
		硫化橡胶类			非硫化橡胶类			树脂类			
		JL1	JL2	JL3	JF1	JF2	JF3	JS1	JS2	JS3	
不透水性(30 min)		0.3 MPa 无渗漏	0.3 MPa 无渗漏	0.2 MPa 无渗漏	0.3 MPa 无渗漏	0.2 MPa 无渗漏	0.2 MPa 无渗漏	0.3 MPa 无渗漏	0.3 MPa 无渗漏	0.3 MPa 无渗漏	6.3.4
低温弯折		−40 ℃ 无裂纹	−30 ℃ 无裂纹	−30 ℃ 无裂纹	−30 ℃ 无裂纹	−20 ℃ 无裂纹	−20 ℃ 无裂纹	−20 ℃ 无裂纹	−35 ℃ 无裂纹	−35 ℃ 无裂纹	6.3.5
加热伸缩量/mm	延伸 ≤	2	2	2	2	4	4	2	2	2	6.3.6
	收缩 ≤	4	4	4	4	6	10	6	6	6	
热空气老化(80 ℃×168 h)	拉伸强度保持率/% ≥	80	80	80	90	60	80	80	80	80	6.3.7
	拉断伸长率保持率/% ≥	70	70	70	70	70	70	70	70	70	
耐碱性[饱和 $Ca(OH)_2$ 溶液 23 ℃×168 h]	拉伸强度保持率/% ≥	80	80	80	80	70	70	80	80	80	6.3.8
	拉断伸长率保持率/% ≥	80	80	80	90	80	70	80	90	90	
臭氧老化(40 ℃×168 h)	伸长率 40%，500×10^{-8}	无裂纹	—	—	无裂纹	—	—	—	—	—	6.3.9
	伸长率 20%，200×10^{-8}	—	无裂纹	—	—	—	—	—	—	—	
	伸长率 20%，100×10^{-8}	—	—	无裂纹	—	无裂纹	无裂纹	—	—	—	
人工气候老化	拉伸强度保持率/% ≥	80	80	80	80	70	80	80	80	80	6.3.10
	拉断伸长率保持率/% ≥	70	70	70	70	70	70	70	70	70	
粘结剥离强度(片材与片材)	标准试验条件/(N/mm) ≥	1.5									6.3.11
	浸水保持率(23 ℃×168 h)/% ≥	70									

注 1：人工气候老化和粘结剥离强度为推荐项目。

注 2：非外露使用可以不考核臭氧老化、人工气候老化、加热伸缩量、60 ℃拉伸强度性能。

5.3.2 复合片

5.3.2.1 复合片的物理性能应符合表 5 的规定。

表 5 复合片的物理性能

项目		指标				适用试验条目
		硫化橡胶类 FL	非硫化橡胶类 FF	树脂类		
				FS1	FS2	
拉伸强度/(N/cm)	常温(23 ℃) ≥	80	60	100	60	6.3.2
	高温(60 ℃) ≥	30	20	40	30	
拉断伸长率/%	常温(23 ℃) ≥	300	250	150	400	
	低温(−20 ℃) ≥	150	50	—	300	
撕裂强度/N ≥		40	20	20	50	6.3.3
不透水性(0.3 MPa,30 min)		无渗漏	无渗漏	无渗漏	无渗漏	6.3.4
低温弯折		−35 ℃ 无裂纹	−20 ℃ 无裂纹	−30 ℃ 无裂纹	−20 ℃ 无裂纹	6.3.5
加热伸缩量/mm	延伸 ≤	2	2	2	2	6.3.6
	收缩 ≤	4	4	2	4	
热空气老化(80 ℃×168 h)	拉伸强度保持率/% ≥	80	80	80	80	6.3.7
	拉断伸长率保持率/% ≥	70	70	70	70	
耐碱性[饱和 $Ca(OH)_2$ 溶液 23 ℃×168 h]	拉伸强度保持率/% ≥	80	60	80	80	6.3.8
	拉断伸长率保持率/% ≥	80	60	80	80	
臭氧老化(40 ℃×168 h),200×10^{-8},伸长率 20%		无裂纹	无裂纹	—	—	6.3.9
人工气候老化	拉伸强度保持率/% ≥	80	70	80	80	6.3.10
	拉断伸长率保持率/% ≥	70	70	70	70	
粘结剥离强度(片材与片材)	标准试验条件/(N/mm) ≥	1.5	1.5	1.5	1.5	6.3.11
	浸水保持率(23 ℃×168 h)/% ≥	70			70	
复合强度(FS2 型表层与芯层)/MPa ≥		—			0.8	6.3.12

注 1:人工气候老化和粘合性能项目为推荐项目。

注 2:非外露使用可以不考核臭氧老化、人工气候老化、加热伸缩量、高温(60 ℃)拉伸强度性能。

5.3.2.2 对于聚酯胎上涂覆三元乙丙橡胶的 FF 类片材,拉断伸长率(纵/横)指标不得小于 100%,其他性能指标应符合表 5 的规定。

5.3.2.3 对于总厚度小于 1.0 mm 的 FS2 类复合片材,拉伸强度(纵/横)指标常温(23 ℃)时不得小于 50 N/cm,高温(60 ℃)时不得小于 30 N/cm;拉断伸长率(纵/横)指标常温(23 ℃)时不得小于 100%,低温(−20 ℃)时不得小于 80%;其他性能应符合表 5 规定值要求。

5.3.3 自粘片

自粘片的主体材料应符合表 4、表 5 中相关类别的要求,自粘层性能应符合表 6 规定。

表 6 自粘层性能

项目			指标	适用试验条目
低温弯折			−25 ℃无裂纹	6.3.5
持粘性/min ≥			20	6.3.13.1
剥离强度/(N/mm)	标准试验条件	片材与片材 ≥	0.8	6.3.13.2
		片材与铝板 ≥	1.0	
		片材与水泥砂浆板 ≥	1.0	
	热空气老化后(80 ℃×168 h)	片材与片材 ≥	1.0	
		片材与铝板 ≥	1.2	
		片材与水泥砂浆板 ≥	1.2	

5.3.4 异型片

异型片的物理性能应符合表 7 规定。

表 7 异型片的物理性能

项目		指标			适用试验条目
		膜片厚度 <0.8 mm	膜片厚度 0.8 mm～1.0 mm	膜片厚度 ≥1.0 mm	
拉伸强度/(N/cm) ≥		40	56	72	6.3.2.2
拉断伸长率/% ≥		25	35	50	
抗压性能	抗压强度/kPa ≥	100	150	300	6.3.14
	壳体高度压缩 50%后外观	无破损			
排水截面积/cm^2 ≥		30			6.3.15
热空气老化(80 ℃×168 h)	拉伸强度保持率/% ≥	80			6.3.7
	拉断伸长率保持率/% ≥	70			
耐碱性[饱和 $Ca(OH)_2$ 溶液 23 ℃×168 h]	拉伸强度保持率/% ≥	80			6.3.8
	拉断伸长率保持率/% ≥	80			

注：壳体形状和高度无具体要求，但性能指标须满足本表规定。

5.3.5 点(条)粘片

点(条)粘片主体材料应符合表 4 中相关类别的要求，粘接部位的性能应符合表 8 的规定。

表 8 点(条)粘片粘接部位的物理性能

项目		指标			适用试验条目
		DS1/TS1	DS2/TS2	DS3/TS3	
常温(23 ℃)拉伸强度/(N/cm)	≥	100	60		6.3.2.1.3
常温(23 ℃)拉断伸长率/%	≥	150	400		
剥离强度/(N/mm)	≥	1			6.3.11

6 试验方法

6.1 片材尺寸的测定

6.1.1 长度、宽度

用钢卷尺测量,精确到 1 mm。宽度在纵向两端及中央附近测定三点,取算术平均值;长度的测定取每卷展平后的全长的最短部位。

6.1.2 厚度

用分度为 1/100 mm、压力为(22±5)kPa、测足直径为 6 mm 的厚度计测量,其测量点如图 1 所示,自端部起裁去 300 mm,再从其裁断处的 20 mm 内侧,且自宽度方向距两边各 10%宽度范围内取两个点(a、b),再将 ab 间距四等分,取其等分点(c、d、e)共五个点进行厚度测量,测量结果用五个点的算术平均值表示;宽度不满 500 mm 的,可以省略 c、d 两点的测定。点(条)粘片测量防水层厚度;复合片测量片材总厚度(当需测定芯层厚度时,按附录 A 规定的方法进行);异型片测量平面部分的膜厚;自粘片材测量时应减去隔离纸(膜)的厚度,主体材料厚度按附录 A 规定的方法测量,精确到 0.01 mm。

单位为毫米

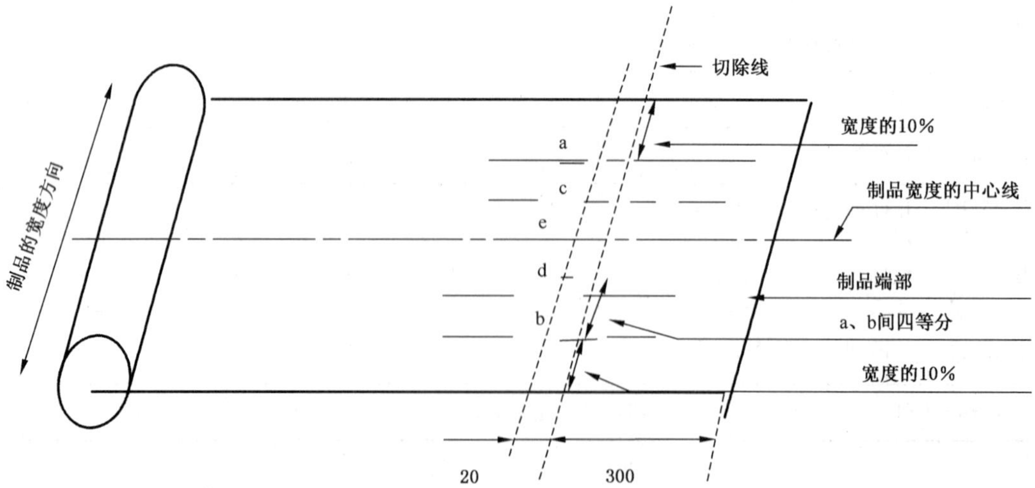

图 1 厚度测量点示意图

6.1.3 异型片材壳体高度

用精度为 0.02 mm 的游标卡尺测量，自端部起裁掉大于等于 300 mm，然后再裁取 100 mm 长试样，测量点同 6.1.2，应保证裁切处的壳体完整，测量结果以五个壳体高度的算术平均值表示。

6.2 外观质量

片材的外观质量用目测方法及量具检查。

6.3 片材物理性能的测定

6.3.1 试样制备

将规格尺寸检测合格的卷材展平后在标准状态下静置 24 h，裁取试验所需的足够长度试样，均质片、复合片、自粘片和点(条)粘片按图 2 及表 9 裁取所需试样；用于自粘层性能检测的试样按图 3 及表 10 裁取所需试样；异形片按图 4 及表 11 裁取所需试样；试片距卷材边缘不得小于 100 mm。裁切复合片时应顺着织物的纹路，尽量不破坏纤维并使工作部分保证最大的纤维根数。

表 9 试样的形状、尺寸与数量

<table>
<tr><th colspan="2" rowspan="2">项目</th><th rowspan="2">试样代号</th><th colspan="3" rowspan="2">试样形状及尺寸</th><th colspan="2">试样数量</th></tr>
<tr><th>纵向</th><th>横向</th></tr>
<tr><td colspan="2">不透水性</td><td>A</td><td colspan="3">140 mm×140 mm</td><td colspan="2">3</td></tr>
<tr><td rowspan="3">拉伸性能</td><td>常温(23 ℃)</td><td>B,B′</td><td rowspan="3">GB/T 528 中
Ⅰ型哑铃片</td><td rowspan="3">FS2 类
片材</td><td>200 mm×25 mm</td><td>5</td><td>5</td></tr>
<tr><td>高温(60 ℃)</td><td>D,D′</td><td rowspan="2">100 mm×25 mm</td><td>5</td><td>5</td></tr>
<tr><td>低温(−20 ℃)</td><td>E,E′</td><td>5</td><td>5</td></tr>
<tr><td colspan="2">撕裂强度</td><td>C,C′</td><td colspan="3">GB/T 529 中直角形试片</td><td>5</td><td>5</td></tr>
<tr><td colspan="2">低温弯折</td><td>S,S′</td><td colspan="3">120 mm×50 mm</td><td>2</td><td>2</td></tr>
<tr><td colspan="2">加热伸缩量</td><td>F,F′</td><td colspan="3">300 mm×30 mm</td><td>3</td><td>3</td></tr>
<tr><td colspan="2">热空气老化</td><td>G,G′</td><td rowspan="2">GB/T 528 中
Ⅰ型哑铃片</td><td colspan="2">—</td><td>3</td><td>3</td></tr>
<tr><td colspan="2">耐碱性</td><td>I,I′</td><td colspan="2">FS2 类片材，
200 mm×25 mm</td><td>3</td><td>3</td></tr>
<tr><td colspan="2">臭氧老化</td><td>L,L′</td><td rowspan="2">GB/T 528 中
Ⅰ型哑铃片</td><td colspan="2" rowspan="2">FS2 类片材，
200 mm×25 mm</td><td>3</td><td>3</td></tr>
<tr><td colspan="2">人工气候老化</td><td>H,H′</td><td>3</td><td>3</td></tr>
<tr><td rowspan="2">粘接剥离强度</td><td>标准试验条件</td><td>M</td><td colspan="3" rowspan="2">200 mm×150 mm</td><td>2</td><td>—</td></tr>
<tr><td>浸水 168 h</td><td>N</td><td>2</td><td>—</td></tr>
<tr><td colspan="2">复合强度</td><td>K</td><td colspan="3">FS2 类片材，50 mm×50 mm</td><td>5</td><td>—</td></tr>
<tr><td colspan="8">注：试样代号中，字母上方有“′”者应横向取样。</td></tr>
</table>

单位为毫米

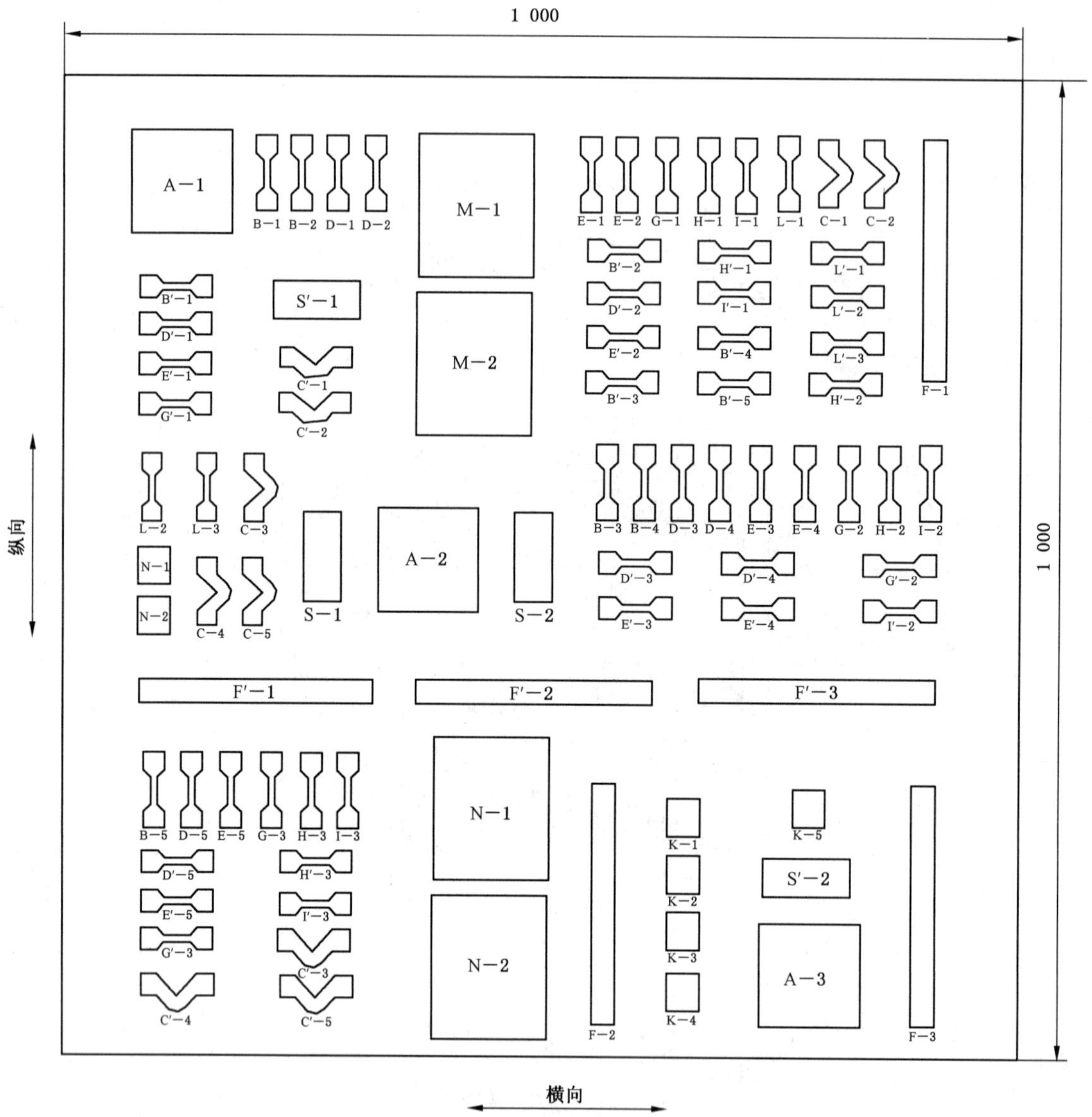

图 2 裁样示意图

单位为毫米

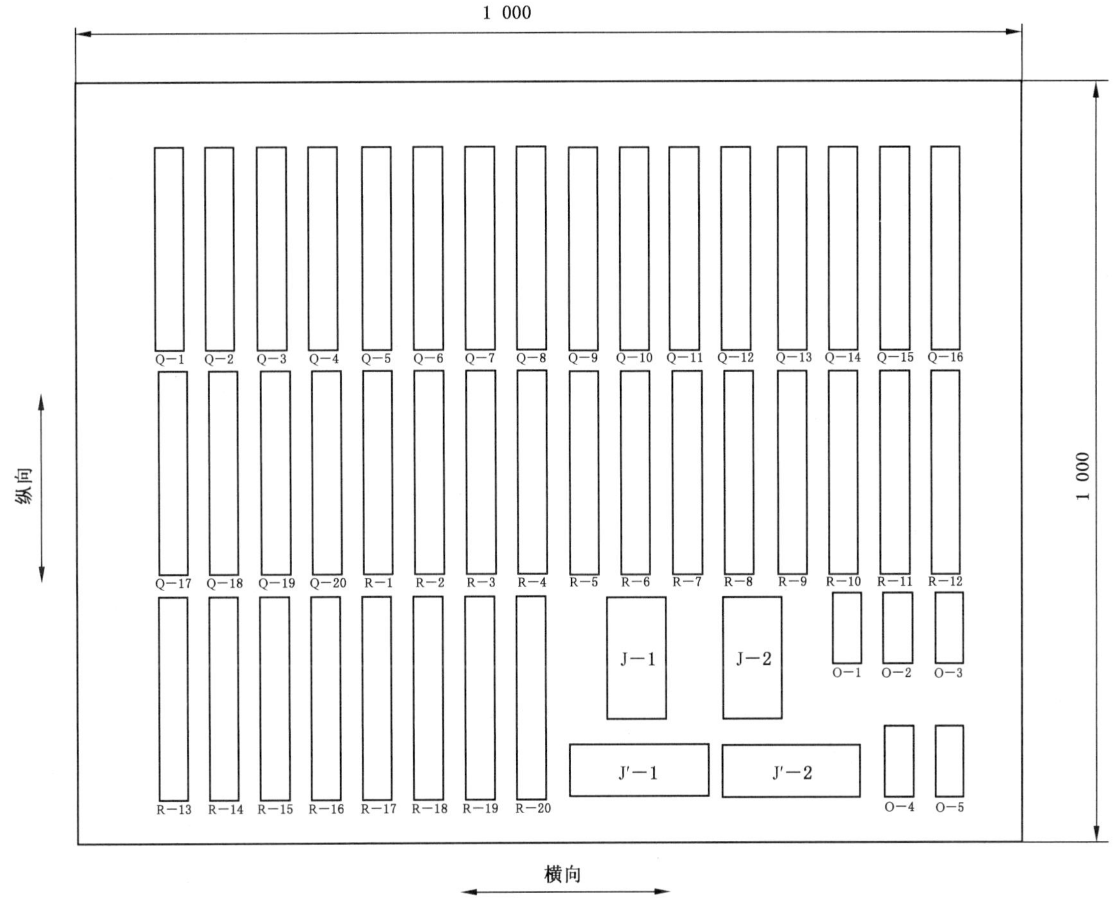

图 3 用于自粘层性能检测的试样裁样示意图

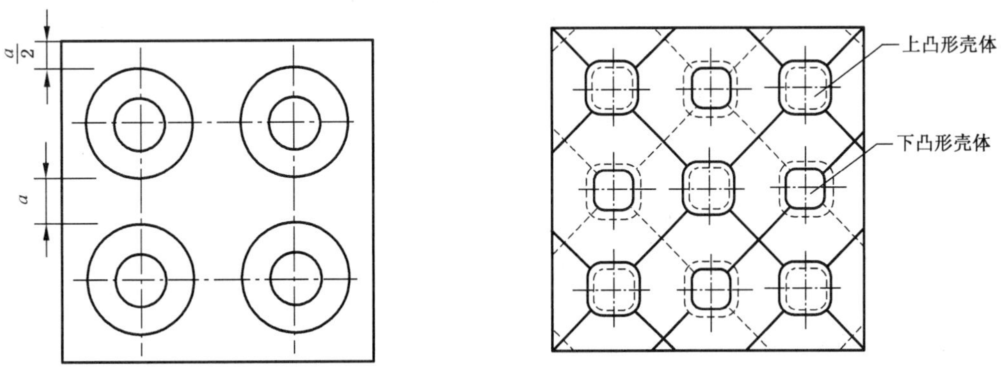

（单向壳体） （双向壳体）

图 4 异型片抗压强度裁样示意图

表 10 用于自粘层性能检测的试样尺寸与数量

项目		试样代号	试样规格尺寸	试样数量	
				纵向	横向
低温弯折		J,J′	120 mm×50 mm	2	2
持粘性		O	70 mm×25 mm	5	—
剥离强度（片材与片材、片材与铝板、片材与水泥砂浆板）	标准试验条件	Q	200 mm×25 mm	20	—
	热空气老化后	R	200 mm×25 mm	20	—

表 11 异形片试样的尺寸与数量

项目	试样规格尺寸	试样数量	
		纵向	横向
平均膜厚度	100 mm×片材宽度	1	—
壳体总厚度	100 mm×片材宽度	1	—
拉伸强度和拉断伸长率	试样长度为 250 mm；宽度：单向壳体至少含有一个完整的壳型凸起的宽度，双向壳体至少上下各含有一个完整的壳型凸起的宽度。	3	3
抗压强度	单向壳体取 4 个完整壳体构成的正方形样块，双向壳体上面取 5 个完整壳体下面 4 个完整壳体构成的正方形样块（见图 4 所示）。	5	—

6.3.2 片材的拉伸性能

6.3.2.1 均质片、复合片、自粘片和点（条）粘片

6.3.2.1.1 均质片、复合片、自粘片和点（条）粘片的拉伸强度、拉断伸长率试验按 GB/T 528 的规定进行。测试五个试样，取中值。

6.3.2.1.2 均质片、自粘均质片的拉伸强度按式(1)计算，精确到 0.1 MPa，常温(23 ℃)拉断伸长率按式(2)计算，低温(−20 ℃)拉断伸长率按式(4)计算，精确到 1%，点（条）粘片、自粘均质片进行拉伸强度计算时，应取主体材料的厚度，拉断伸长率为主体材料指标。

$$TS_b = F_b / Wt \qquad \cdots\cdots(1)$$

式中：

TS_b ——试样拉伸强度，单位为兆帕(MPa)；

F_b ——最大拉力，单位为牛顿(N)；

W ——哑铃试片狭小平行部分宽度，单位为毫米(mm)；

t ——试验长度部分的厚度，单位为毫米(mm)。

$$E_b = \frac{(L_b - L_0)}{L_0} \times 100\% \qquad \cdots\cdots(2)$$

式中：

E_b ——常温(23 ℃)试样拉断伸长率，%；

L_b ——试样断裂时的标距，单位为毫米(mm)；

L_0 ——试样的初始标距，单位为毫米(mm)。

6.3.2.1.3 复合片、点(条)粘片粘接部位、自粘复合片拉伸强度按式(3)计算,精确到0.1N/cm;拉断伸长率按式(4)计算,精确到1%。

$$TS_b = F_b / W \quad \cdots\cdots\cdots\cdots(3)$$

式中:

TS_b ——试样拉伸强度,单位为牛顿每厘米(N/cm);

F_b ——最大拉力,单位为牛顿(N);

W ——哑铃试片狭小平行部分宽度或矩形试片的宽度,单位为厘米(cm)。

$$E_b = \frac{(L_b - L_0)}{L_0} \times 100\% \quad \cdots\cdots\cdots\cdots(4)$$

式中:

E_b ——试样拉断伸长率,%;

L_b ——试样完全断裂时夹持器间的距离,单位为毫米(mm);

L_0 ——试样的初始夹持器间距离(Ⅰ型试样50 mm,Ⅱ型试样30 mm)。

6.3.2.1.4 拉伸试验用Ⅰ型试样,高温(60 ℃)和低温(−20 ℃)试验时,如Ⅰ型试样不适用,可用Ⅱ型试样,将试样在规定温度下预热或预冷1 h。仲裁检验试样的形状为哑铃Ⅱ型;FS2型片材拉伸试样为矩形,尺寸为200 mm×25 mm,夹持距离为120 mm,若试样拉伸至设备极限(如>600%)而不能断裂时,可采用50 mm夹持距离重新试验,高温(60 ℃)和低温(−20 ℃)试验时,试样尺寸为100 mm×25 mm,夹持距离为50 mm。

6.3.2.1.5 试样夹持器的移动速度:橡胶类为(500±50)mm/min;树脂类为(250±50)mm/min,其中FS2型片材为(100±10)mm/min。

6.3.2.2 异形片

异形片拉伸强度、拉断伸长率按GB/T 1040.2进行,拉伸强度按式(5)计算,精确到0.1 N/cm,拉断伸长率按式(6)计算,精确到1%,夹具间距170 mm,试验速度为50 mm/min,纵、横向均进行试验。试样宽度:单向壳体至少含有一个完整的壳型凸起,双向壳体至少上下各含有一个完整的壳型凸起。

$$TS = \frac{F}{W} \quad \cdots\cdots\cdots\cdots(5)$$

式中:

TS ——拉伸强度,单位为牛顿每厘米(N/cm);

F ——最大拉力,单位为牛顿(N);

W ——试样的初始宽度,单位为厘米(cm)。

分别计算纵向和横向三个试样的算术平均值作为试验结果。精确到0.1 N/cm。

$$E = \frac{L_1 - L_0}{L_0} \times 100\% \quad \cdots\cdots\cdots\cdots(6)$$

式中:

E ——试样拉断伸长率,%;

L_0 ——试样初始夹具间距离,L_0=170 mm;

L_1 ——试样断裂时夹具间距离,单位为毫米(mm)。

分别计算纵向或横向三个试样的算术平均值作为试验结果,精确到1%。

6.3.3 撕裂强度

片材的撕裂强度试验按GB/T 529中的无割口直角形试样执行,拉伸速度同6.3.2.1.5;复合片取其拉伸至断裂时的最大力值为撕裂强度。试验结果取五个试样的中位数。

6.3.4 不透水性

片材的不透水性试验采用图5所示的十字型压板。试验时按透水仪的操作规程将试样装好,并一次性升压至规定压力,保持30 min后观察试样有无渗漏;以三个试样均无渗漏为合格。

单位为毫米

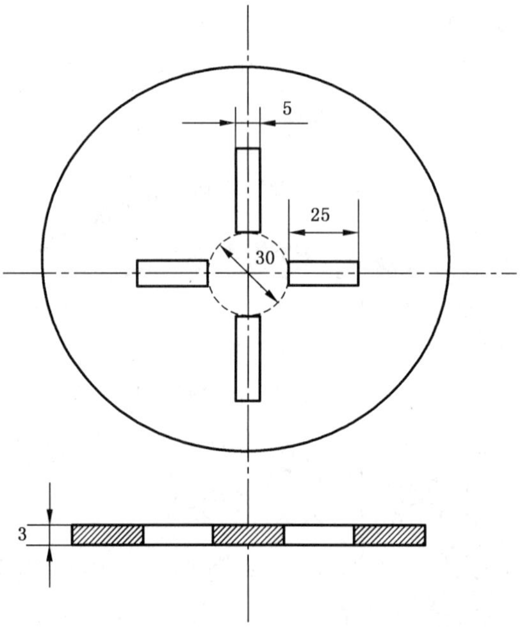

图5 透水仪压板示意图

6.3.5 低温弯折

片材的低温弯折试验按附录B的规定执行。

6.3.6 加热伸缩量

片材的加热伸缩量试验按附录C的规定执行。

6.3.7 热空气老化

片材的热空气老化试验按GB/T 3512的规定执行。

6.3.8 耐碱性

片材的耐碱性试验按GB/T 1690的规定执行,试验前应用适宜的方法将复合片做封边处理。

6.3.9 臭氧老化

片材的臭氧老化试验按GB/T 7762的规定执行,以用8倍放大镜检验无龟裂为合格。

6.3.10 人工气候老化

片材的人工气候老化性能按GB/T 3511的规定执行;黑板温度为(63±3)℃,相对湿度为(50±5)%,降雨周期为120 min,其中降雨18 min,间隔干燥102 min,总辐照量为495 MJ/m^2(或辐照强度为550 W/m^2,试验时间为250 h)。试样经暴露处理后在标准状态下停放4 h,进行性能测定。

6.3.11 粘接剥离强度

片材粘接剥离强度的测定按附录 D 的规定执行，点(条)粘片粘接部位的剥离强度测定按 GB/T 532 的规定执行，从成品中取样。

6.3.12 复合强度

FS2 类复合片材的复合强度测定按附录 E 执行，具有两个表面保护或增强层的复合片材，两表面的复合强度均应测定。

6.3.13 自粘片材粘接性能

6.3.13.1 持粘性

持粘性的测定按 GB/T 4851 的规定进行，试片与试验板的粘合面积为 25 mm×25 mm，试片与加载板的粘合面积为 45 mm×25 mm，粘接试样如图 6 所示，试样数量为五个。分别记录每个试样的脱落时间，若大于 60 min 未脱落，记录为 60 min，计算时去掉一个最大值和一个最小值，取另外三个值的算术平均值为试验结果。单位为 min，对于双面自粘片材，两面应分别进行测定。

单位为毫米

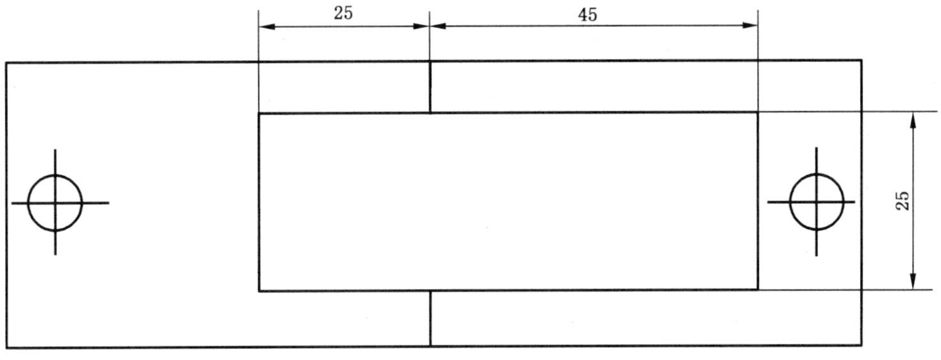

图 6 粘贴试样示意图

6.3.13.2 剥离强度

剥离强度按附录 D 的规定执行，对于双面自粘片材，两面应分别进行测定。

6.3.14 异型片抗压强度

按 GB/T 1041 进行，试验速度为 2 mm/min。按图 4 和表 11 裁取所需试样，试样上下垫有(100×100)mm，大于 10 mm 厚的钢板，将试样放在夹具中心，不得歪扭。启动试验机，压缩试样至壳体高度的 50%，记录最大压力值，并观察有无破损。试样的抗压强度按式(7)计算，精确到 1 kPa。

$$\sigma=\frac{P}{F}\times 1\ 000 \quad \cdots\cdots(7)$$

式中：

σ ——试样的抗压强度，单位为千帕(kPa)；

P ——最大压力值，单位为牛顿(N)；

F ——试样的原始面积，单位为平方毫米(mm^2)。

6.3.15 异型片排水截面积

排水截面积按式(8)计算：

$$S=(L\times h)-(S_0\times n) \qquad \cdots\cdots(8)$$

式中：

S ——每延长米排水截面积，单位为平方厘米(cm^2)；

L ——横截面长度，$L=100$ cm；

h ——壳体高度，单位为厘米(cm)；

S_0——一个壳体的横截面积，单位为平方厘米(cm^2)；

n ——每延长米的壳体数量。

7 检验规则

7.1 检验分类

7.1.1 出厂检验

7.1.1.1 组批与抽样

以连续生产的同品种、同规格的 5 000 m^2 片材为一批(不足 5 000 m^2 时，以连续生产的同品种、同规格的片材量为一批，日产量超过 8 000 m^2 则以 8 000 m^2 为一批)，随机抽取 3 卷进行规格尺寸和外观质量检验，在上述检验合格的样品中再随机抽取足够的试样进行物理性能检验。

7.1.1.2 检验项目

7.1.1.2.1 均质片、复合片、自粘片和点(条)粘片

规格尺寸、外观质量、常温(23 ℃)时的拉伸强度和拉断伸长率、撕裂强度、低温弯折、不透水性、复合强度(FS2)、自粘片持粘性及剥离强度、点(条)粘片粘接部位的常温(23 ℃)时的拉伸强度和拉断伸长率以及剥离强度，按批进行出厂检验。

7.1.1.2.2 异型片

规格尺寸、外观质量、拉伸强度、拉断伸长率、抗压性能、排水截面积按批进行出厂检验。

7.1.2 型式检验

本部分所列全部技术要求为型式检验项目，通常在下列情况之一时应进行型式检验：

a) 新产品的试制定型鉴定；
b) 产品的结构、设计、工艺、材料、生产设备、管理等方面有重大改变；
c) 转产、转厂、长期停产(超过 6 个月)后复产；
d) 合同规定；
e) 出厂检验结果与上次型式检验有较大差异；
f) 仲裁检验或国家质量监督检验机构提出进行该项试验的要求。

7.1.3 周期检验

在正常情况下，臭氧老化应为每年至少进行一次检验，其余各项为每半年进行一次检验；人工气候老化根据用户要求进行型式试验。

7.2 判定规则

7.2.1 规格尺寸、外观质量及物理性能各项指标全部符合技术要求，则为合格品。

7.2.2 规格尺寸或外观质量若有一项不符合要求，则该卷片材为不合格品；此时需另外抽取3卷进行复试，复试结果如仍有一卷不合格，则应对该批产品进行逐卷检查，剔除不合格品。

7.2.3 物理性能有一项指标不符合技术要求，应另取双倍试样进行该项复试，复试结果若仍不合格，则该批产品为不合格品。

8 标志、包装、运输和贮存

8.1 每一独立包装应有合格证，并注明产品名称、产品标记、商标、生产许可证编号、制造厂名厂址、生产日期、产品标准编号。

8.2 片材卷曲为圆柱形，外用适宜材料包装。

8.3 片材在运输与贮存时，应注意勿使包装损坏，放置于通风、干燥处，贮存垛高不应超过平放五个片材卷高度。堆放时，应放置于干燥的水平地面上，避免阳光直射，禁止与酸、碱、油类及有机溶剂等接触，且隔离热源。

8.4 在遵守8.3规定的条件下，自生产日期起在不超过一年的保存期内产品性能应符合本部分的规定。

附 录 A
（规范性附录）
复合片芯层及自粘片主体材料厚度测量

A.1 试验仪器

读数显微镜：最小分度值 0.01 mm，放大倍数最小 20 倍。

A.2 测量方法

在距片材长度方向边缘(100±15)mm 向内各取一点，在这两点中均分取三点，以这五点为中心裁取五块 50 mm×50 mm 试样，在每块试样上沿宽度方向用薄的锋利刀片，垂直于试样表面切取一条约 50 mm×2 mm 的试条，注意不使试条的切面变形(厚度方向的断面)。将试条的切面向上，置于读数显微镜的试样台上，读取片材芯层(或主体材料)厚度(不包括纤维层和自粘层)，以芯层最外端切线位置计算厚度。每个试条取四个均分点测量，厚度以五个试条共 20 处数值的算术平均值表示，并报告 20 处中的最小单值。

附　录　B
（规范性附录）
低温弯折试验

B.1　试验仪器

低温弯折仪应由低温箱和弯折板两部分组成。低温箱应能在 0 ℃～－40 ℃之间自动调节，误差为±2 ℃，且能使试样在被操作过程中保持恒定温度；弯折板由金属平板、转轴和调距螺丝组成，平板间距可任意调节，示意图如图 B.1。

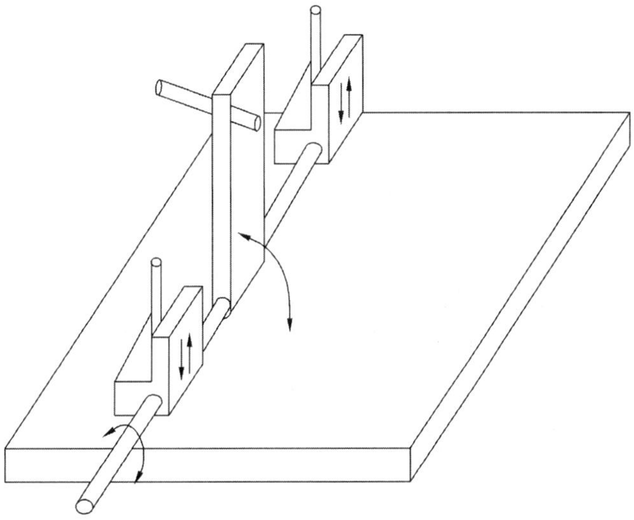

图 B.1　弯折板示意图

B.2　试验条件

B.2.1　试验室温度：(23±2)℃。
B.2.2　试样在试验室温度下停放时间不少于 24 h。

B.3　试验程序

B.3.1　将按本部分 6.3.1 制备的试样弯曲 180°（自粘片时自粘层在外侧），使 50 mm 宽的试样边缘重合、齐平，并用定位夹或 10 mm 宽的胶布将边缘固定，以保证其在试验中不发生错位；并将弯折仪的两平板间距调到片材厚度的三倍。
B.3.2　将弯折仪上平板打开，将厚度相同的两块试样平放在底板上，重合的一边朝向转轴，且距转轴 20 mm；在规定温度下保持 1 h 之后迅速压下上平板，达到所调间距位置，保持 1 s 后将试样取出，观察试样弯折处是否断裂，并用放大镜观察试样弯折处受拉面有无裂纹。

B.4　判定

用 8 倍放大镜观察试样表面，以纵横向试样均无裂纹为合格。

附　录　C
（规范性附录）
加热伸缩量试验

C.1　试验仪器

C.1.1　测伸缩量的标尺精度不低于 0.5 mm。
C.1.2　老化试验箱。

C.2　试验条件

C.2.1　试验室温度：(23±2)℃。
C.2.2　试样在试验室温度下停放时间不少于 24 h。

C.3　试验程序

将按本部分 6.3.1 规定制好的试样放入(80±2)℃的老化箱中，时间为 168 h；取出试样后停放 1 h，按图 C.1 所示测量方法用量具测量试样的长度，根据初始长度计算伸缩量。取纵横两个方向的算术平均值。用三个试样的算术平均值表示其伸缩量。

注：如试片弯曲，需施以适当的重物将其压平测量。

单位为毫米

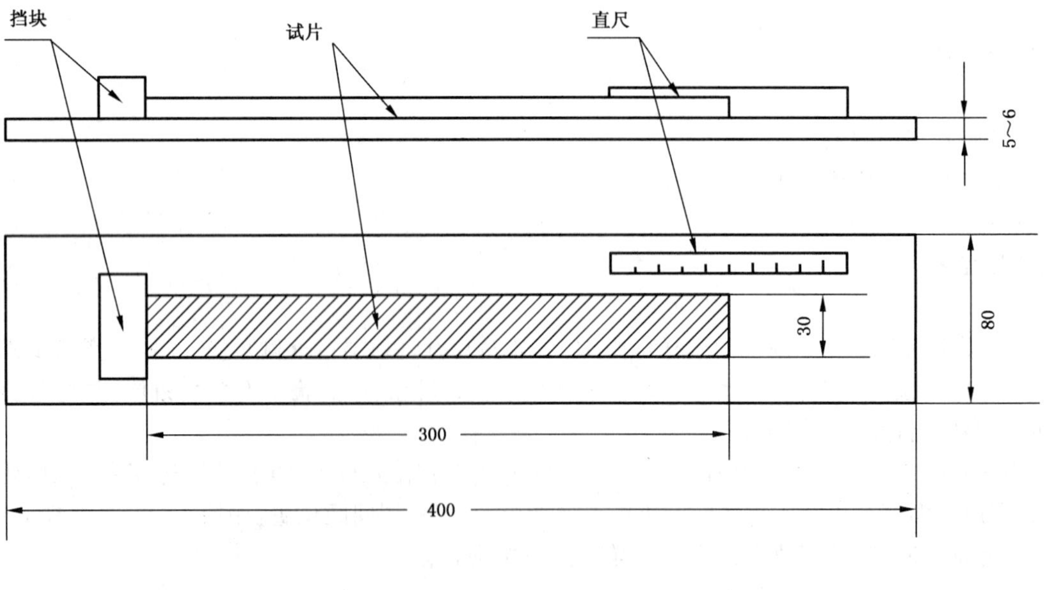

图 C.1　测量方法示意图

附 录 D
（规范性附录）
片材粘接剥离强度试验

D.1 试验设备

拉力试验机，量程≥500 N。

D.2 试验条件

试验室温度为(23±2)℃，相对湿度 45%～65%。

D.3 试样制备

D.3.1 胶粘剂粘合时

按本部分 6.3.1 规定及图 2 所示沿片材纵向裁取 200 mm×150 mm 试片 4 块，在标准试验条件下，将与片材配套的胶粘剂涂在试片上，涂胶面积为 150 mm×150 mm；然后将每两片片材按图 D.1 所示对正粘贴，粘贴时间按生产厂商规定进行。将试片在标准试验条件下停放 168 h 后裁取 10 个 200 mm×25 mm 的试样；取出五个试样在(23±2)℃的水中放置 168 h，取出后在标准试验条件下停放 4 h 备用。

单位为毫米

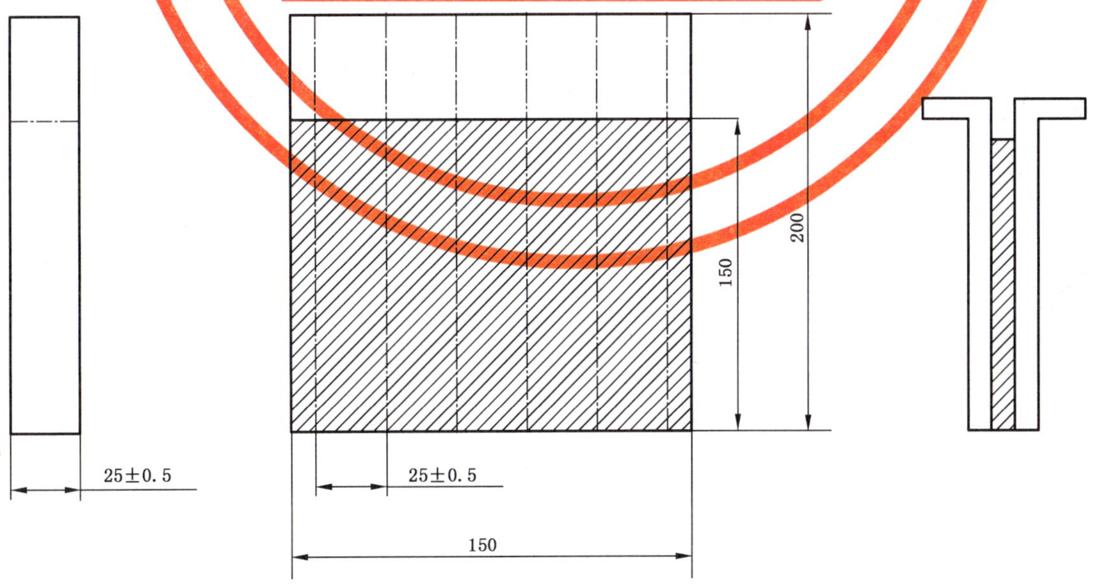

图 D.1 剥离强度试样

D.3.2 自粘片材自粘合或与铝板粘合时

按本部分6.3.1规定及图3所示，沿片材纵向裁取200 mm×25 mm试片40块，标准试验条件下，将自粘片材的胶粘面与片材的非胶表面(用封箱胶带粘除表面灰尘)或光滑铝板表面(用溶剂清洁)进行粘合，粘接面为75 mm×25 mm；用质量为(2 000±50)g、宽度为50 mm～60 mm的压辊反复滚压3次，粘合后试片在标准试验条件下停放72 h备用；用于热空气老化的试样，应将试件连同防粘材料一起水平放入(80±2)℃的烘箱中，经168 h后取出在标准条件下停放24 h，按上述方法进行。

D.3.3 自粘片材与水泥砂浆板粘合时

D.3.3.1 水泥砂浆配合比为：强度等级42.5的普通硅酸盐水泥∶中砂∶水＝1∶2∶0.4。

D.3.3.2 将按上述配合比调好的水泥砂浆拌合物倒入模具，振实，厚度约6 mm，必要时可内置铁丝等进行增强处理。在标准养护条件下养护7 d备用。水泥砂浆板与自粘片材粘合前应用封箱胶带粘除表面灰尘。

D.4 试验程序

将试样分别夹在拉力试验机上，夹持部位不能滑移，开动试验机，以(100±10)mm/min的速度进行剥离试验，试样剥离长度至少要有125 mm(自粘片材70 mm)，剥离力以拉伸过程中(不包括最初的25 mm)的最大力值表示。

D.5 结果表示

剥离强度按下式计算：

$$\sigma_T = F/B$$

式中：

σ_T ——剥离强度，单位为牛顿每毫米(N/mm)；

F ——剥离力，单位为牛顿(N)；

B ——试样宽度，单位为毫米(mm)。

取五个试样的剥离强度算术平均值为测定结果。

附 录 E
（规范性附录）
复合强度试验方法

E.1 仪器设备

E.1.1 拉力试验机：量程≥2 000 N，精度 1%。
E.1.2 拉伸专用夹具，上、下粘结钢块面积均为 40 mm×40 mm，厚度 8 mm～10 mm。上粘结钢块与拉力机连接应有活动余量，如以球形连接头连接。

E.2 试验条件

E.2.1 试验室温度：(23±2)℃，相对湿度：(50±10)%。
E.2.2 试样在试验室温度下停放时间不得少于 24 h。

E.3 试件制备

E.3.1 粘结钢块底面用砂纸磨除浮锈，四个侧面薄抹黄油或凡士林后备用。
E.3.2 裁切 50 mm×50 mm 的片材试样五片。
E.3.3 用快干环氧胶粘剂涂于片材试样表面，使胶充分浸润渗入纤维层，上、下表面分别与粘结钢块粘合，并使粘结钢块于中心位置对齐，压实后刮去周边溢出的多余胶液，平置 24 h 以上（见图 E.1）。

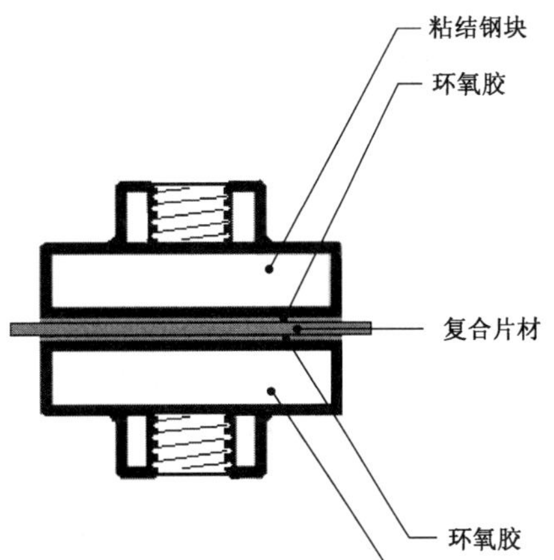

图 E.1 复合强度试件示意图

E.3.4 切除粘结钢块四周多余片材，使试件试验尺寸为 40 mm×40 mm，共制备五个试件。

E.4 试验步骤

将拉伸专用夹具按图 E.2 安装到拉力机上,以 5 mm/min 的速度加荷至试件破坏,记录最大荷载值。

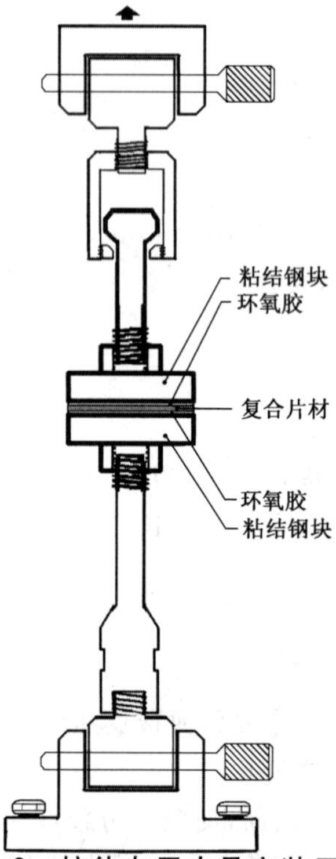

图 E.2 拉伸专用夹具安装示意图

E.5 试验结果

复合强度按下式计算,精确至 0.1 MPa。

$$R=\frac{F}{A}$$

式中:

R ——复合强度,单位为兆帕(MPa);

F ——试件破坏时的最大荷载,单位为牛顿(N);

A ——粘结面积,$A=1\ 600\ mm^2$。

以五个试件试验数据的中位数作为复合强度的结论值。

ICS 23.020.30
J 74

中华人民共和国国家标准

GB/T 18182—2012
代替 GB/T 18182—2000

金属压力容器声发射检测及结果评价方法

Acoustic emission examination and evaluation of metallic pressure vessels

2012-12-31 发布　　　　2013-07-01 实施

中华人民共和国国家质量监督检验检疫总局
中国国家标准化管理委员会　发布

前　言

本标准按 GB/T 1.1—2009 给出的规则起草。

本标准代替 GB/T 18182—2000《金属压力容器声发射检测及结果评价方法》，与 GB/T 18182—2000 相比，主要变化如下：

——增加了声发射源、声发射定位源和活性缺陷的定义(见 3.1、3.2 和 3.5)；

——修改了第 6 章的名称(见第 6 章“设备与器材”，2000 年版的检测系统)；

——增加了安全要求(见 7.3)；

——修改了加压程序的具体要求(见 7.5.5，2000 年版的 7.4.3)；

——增加了检测数据分析(见 7.6)；

——修改了检测结果分级及评价(见第 8 章、第 9 章，2000 年版的第 8 章)；

——删除了附录 B(见 2000 版的附录 B)。

本标准由全国锅炉压力容器标准化技术委员会(SAC/TC 262)提出并归口。

本标准起草单位：中国特种设备检测研究院、大庆石油学院、南京市锅炉压力容器检验研究院、合肥通用机械研究院、北京声华兴业科技有限公司、北京科海恒生科技有限公司、天津石化装备研究院、航天材料工艺性能检测和失效分析中心、武汉市锅炉压力容器检验研究所。

本标准起草人：李光海、沈功田、李邦宪、戴光、梁华、关卫和、刘时风、段庆儒、蒋仕良、刘哲军、霍臻、蒋俊、王笑梅。

本标准所代替标准的历次版本发布情况为：

——GB/T 18182—2000。

金属压力容器声发射检测及结果评价方法

1 范围

本标准规定了金属压力容器受载荷作用时的声发射检测及结果评价方法。

本标准适用于金属压力容器的声发射检测。锅炉、压力管道及其他金属构件的声发射检测也可参照执行。

2 规范性引用文件

下列文件对于本文件的应用是必不可少的。凡是注日期的引用文件，仅注日期的版本适用于本文件。凡是不注日期的引用文件，其最新版本(包括所有的修改单)适用于本文件。

GB/T 9445 无损检测 人员资格鉴定与认证

GB/T 12604.4 无损检测 术语 声发射检测

GB/T 19624 在用含缺陷压力容器安全评定

GB/T 19800 无损检测 声发射检测 换能器的一级校准

GB/T 19801 无损检测 声发射检测 声发射传感器的二级校准

GB/T 20737 无损检测 通用术语和定义

JB/T 4730.2 承压设备无损检测 第2部分:射线检测

JB/T 4730.3 承压设备无损检测 第3部分:超声检测

JB/T 4730.4 承压设备无损检测 第4部分:磁粉检测

JB/T 4730.5 承压设备无损检测 第5部分:渗透检测

3 术语和定义

GB/T 12604.4 和 GB/T 20737 界定的以及下列术语和定义适用于本文件。

3.1

声发射源 acoustic emission source

材料中能量快速释放而产生瞬态弹性波的物理源点或部位。

3.2

声发射定位源 acoustic emission location source

通过分析声发射数据确定的被检件上声发射源的位置。

注：常用的几种源定位方法包括区域定位、计算定位和连续信号定位。

3.3

活性 activity

声发射源的事件数随加载过程或时间变化的程度。

3.4

强度 intensity

声发射源的事件所释放的平均弹性能。

3.5

活性缺陷 active defect

因载荷作用而产生瞬态弹性波释放的缺陷。

4 方法提要

4.1 声发射检测的主要目的是检测由金属压力容器壳体母材、焊缝、连接的零部件等表面和内部因不连续产生的声发射源，并确定声发射源的部位及划分综合等级。

4.2 金属压力容器的声发射检测通常采用加压的方式在加载过程中进行检测。加压过程一般包括升压、保压过程。在被检件表面布置声发射传感器，接收来自活性缺陷的声波并转换成电信号，经过检测系统鉴别、处理、显示、记录和分析声源的位置及声发射特性参数。

4.3 检测出的声发射定位源应根据源的综合等级划分结果决定是否采用其他无损检测方法进行复验。

5 人员资格

5.1 采用本标准进行检测的人员应按照 GB/T 9445 的要求或压力容器安全主管部门的规定，取得由相应无损检测人员资格鉴定机构颁发或认可的声发射检测等级资格证书，方可从事相应资格等级规定的检测工作。

5.2 从事声发射检测的检验人员要求掌握一定的声发射检测知识，具有现场检验经验，并掌握一定的压力容器知识。

6 设备与器材

6.1 声发射检测系统

声发射检测系统应包括传感器、前置放大器、系统主机、显示和存储等单元。检测系统的性能应符合附录 A 的要求。

声发射传感器、前置放大器和系统主机每年至少进行一次校准。声发射传感器的校准按 GB/T 19800 和 GB/T 19801 的要求进行，其他部件的校准按仪器制造商规定的方法进行，其结果不得低于附录 A 的要求。校准结果应有相应记录和报告。

6.2 压力指示装置

检测时被检件上应有压力指示装置，并在有效校准期内，其最大量程应当为最高试验压力的 1.5 倍～3 倍。

7 检测程序

7.1 资料审查

资料审查应包括下列内容：

a) 设计文件、产品合格证、质量证明书、竣工图等；

b) 运行记录、开停车记录、有关运行参数、介质成分、载荷变化情况以及运行中出现的异常情况等资料；

c) 检验资料、历次检验报告；

d) 有关修理和改造的文件。

7.2 技术准备

检测开始前，应做好以下准备工作：

a) 现场勘察，找出所有可能出现的噪声源，如电磁干扰、振动、摩擦和流体流动等。对这些噪声源应设法予以排除；

b) 确定加压程序；

c) 建立声发射检测人员和加载人员的联络方式；

d) 确定传感器阵列，如无特殊要求，相邻传感器之间的间距应尽量接近；

e) 传感器应直接耦合在容器或管道的表面或与容器或管道构成整体的波导杆上，并保证声耦合良好；

f) 设定检测条件，制定检测方案。

7.3 安全要求

本标准没有完全列出进行检测时所有的安全要求，使用本标准的用户有义务在检测前建立适当的安全和健康准则。检测过程中的安全要求如下：

a) 检测时被检件的壁温应当比其材料的无延性转变温度高 30 ℃，或按照其设计标准的规定执行；

b) 检测人员应根据检测地点的要求穿戴防护工作服和佩戴有关防护设备；

c) 如有要求，使用的电子仪器应具有防爆功能；

d) 在进行加载试验时，应满足有关安全规范和标准的要求，若进行气压试验，应制定特别的安全措施；

e) 在线检测时，应避免安全阀过早或突然开启引起的危险后果，尤其是被检件内储存有毒或易爆等危害性介质时。

7.4 检测校准

7.4.1 仪器调试

将已安装的传感器与前置放大器和系统主机用电缆线连接，开机预热至系统稳定工作状态，根据被检件对声发射检测系统进行初步工作参数设置，保证声发射系统有足够的检测灵敏度。

7.4.2 模拟源

用模拟源进行灵敏度测试和校准定位。模拟源应能重复发出弹性波，可以采用声发射信号发生器作为模拟源，也可以采用直径为 0.3 mm，硬度为 2H 的铅笔芯折断信号作为模拟源。铅芯伸出长度约为 2.5 mm，与被检件表面的夹角为 30°左右，距传感器中心 100 mm±5 mm 处折断。其响应幅度值应取 3 次以上响应的平均值。

7.4.3 通道灵敏度测试

在检测开始之前和结束之后应进行通道灵敏度的测试。要求对每一个通道进行模拟源声发射幅度值响应测试，每个通道响应的幅度值与所有通道的平均幅度值之差应不大于±4 dB。如系统主机有自动传感器测试功能，检测结束后可采用该功能进行通道灵敏度测试。

7.4.4 衰减测量

应进行与声发射检测条件相同的衰减特性测量。衰减测量应选择远离人孔和接管等结构不连续的部位，使用模拟源进行测量。如果已有检测条件相同的衰减特性数据，可不再进行衰减特性测量，但应把该衰减特性数据在本次检验记录和报告中注明。

7.4.5 定位校准

采用计算定位时，在被检件上传感器阵列的任何部位，声发射模拟源产生的弹性波至少能被该定位阵列中的传感器收到，并得到唯一定位结果，定位误差不超过该传感器阵列中最大传感器间距±5%。

采用区域定位时，声发射模拟源产生的弹性波应至少能被该区域内的一个传感器接收到。

7.5 检测

7.5.1 背景噪声

7.5.1.1 加压检测前，应进行背景噪声的测量。通过降低门槛电压来测量每个通道的背景噪声，设定每个通道的门槛电压至少大于背景噪声 6 dB，然后对整个检测系统进行背景噪声测量，在制压力容器和停产进行声发射检测的压力容器背景噪声测量应不少于 5 min，进行在线检测的压力容器背景噪声测量应不少于 15 min。如果背景噪声接近或大于所被检件材料活性缺陷产生的声发射信号强度，应设法消除背景噪声的干扰，否则不宜进行声发射检测。

7.5.1.2 加压过程中，应注意下列因素对检测结果的影响：

a) 介质的注入；
b) 加压速率过高；
c) 外部机械振动；
d) 内部构件、工装、脚手架等的移动或受压爆裂；
e) 电磁干扰；
f) 天气情况，如风、雨等的干扰；
g) 泄漏。

7.5.2 检测时应观察声发射撞击数随压力或时间的变化趋势，声发射撞击数随压力或时间的增加呈快速增加时，应及时停止加压，在未查出声发射撞击数增加的原因时，禁止继续加压。

7.5.3 检测时对于声发射定位源集中出现的部位，应查看是否有外部干扰因素，如存在应停止加压并尽量排除干扰因素。

7.5.4 检测过程中如遇到强噪声干扰时，应暂停检测，排除强噪声干扰后再进行检测。

7.5.5 加压程序

7.5.5.1 概述

应根据被检件有关安全技术规范、标准和合同的要求来确定声发射检测最高试验压力和加压程序。升压速度一般应不大于 0.5 MPa/min。保压时间一般应不小于 10 min，如果在保压期间出现持续的声发射信号且数量较多时，可适当延长保压时间直到声发射信号收敛为止；如果保压开始的 5 min 内无声发射信号出现，也可提前终止保压。

7.5.5.2 在制压力容器的加压程序

对于在制压力容器的检测，最高试验压力为耐压试验压力。

在制压力容器的加压程序见图 1。声发射检测应在试验压力达到设计压力的 50%前开始进行，并至少在压力分别达到设计压力 P_D 和最高试验压力 P_{T1} 时进行保压。如果声发射数据指示可能有活性缺陷存在或不确定，应从设计压力开始进行第二次加压检测，第二次加压检测的最高试验压力 P_{T2} 应不超过第一次加压的最高试验压力 P_{T1}，建议 P_{T2} 为 97% P_{T1}。

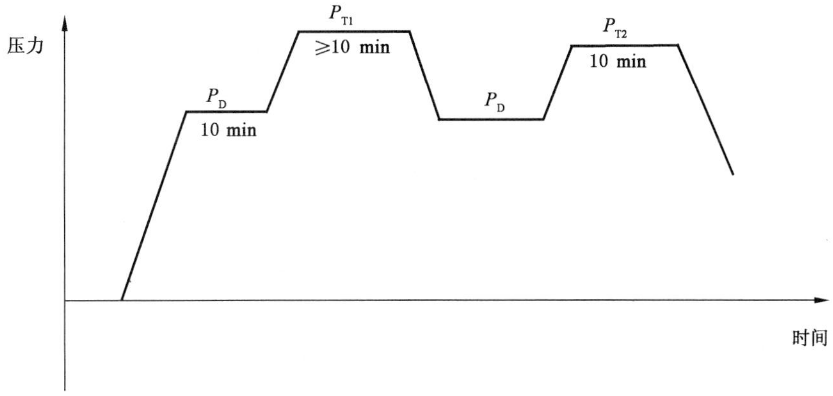

图 1　在制压力容器的加压程序

7.5.5.3　在用压力容器的加压程序

对于在用压力容器的检测，试验压力一般不小于最高工作压力的 1.1 倍。对于压力容器的在线检测和监测，当工艺条件限制声发射检测所要求的试验压力时，其试验压力不应低于最高工作压力，并在检测前一个月将操作压力至少降低 15%，以满足检测时的加压循环需要。

在用压力容器的加压程序见图 2。声发射检测在达到压力容器最高工作压力 P_W 的 50%前开始进行，并至少在压力分别达到最高工作压力 P_W 和最高试验压力 P_{T1} 时进行保压。如果声发射数据指示可能有活性缺陷存在或不确定，应从最高工作压力 P_W 开始进行第二次加压检测，第二次加压检测的最高试验压力 P_{T2} 应不超过第一次加压的最高试验压力 P_{T1}，建议 P_{T2} 为 97%P_{T1}。

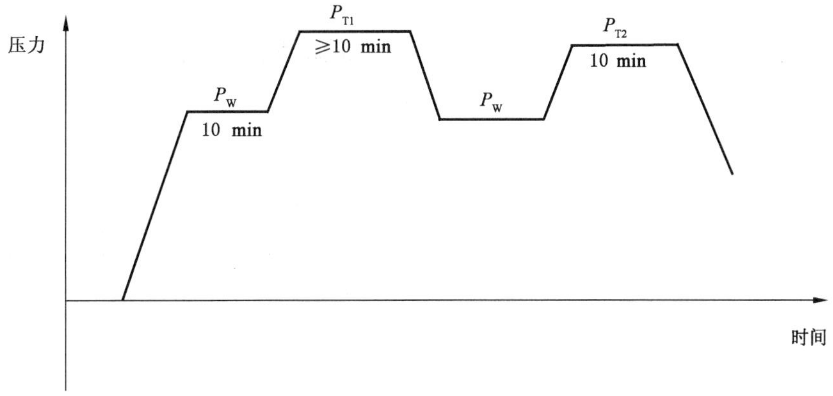

图 2　在用压力容器的加压程序

7.6　检测数据分析

7.6.1　从检测数据中标示检测过程出现的噪声数据，并在检测记录中注明。

7.6.2　利用软件滤波或数据图形显示分析的方法，从检测数据中分离出非相关声发射信号，并在检测记录中注明。

7.6.3　根据检测数据确定相关声发射定位源的位置。对结构不连续区域的声发射定位源还应通过定位校准的方法确定其位置。定位校准采用模拟源方法，若得到的定位显示与检测数据中的声发射定位源部位显示一致，则该模拟源的位置为检测到的声发射定位源部位。

7.6.4　声发射源的位置处于非结构不连续部位，如容器的母材，是否仍要按第 9 章要求进行检测结果评价由检测人员根据检测要求确定。

8 检测结果分级

8.1 概述

声发射定位源的等级根据声发射定位源的活性和强度来综合评价,评价方法是先确定声发射定位源的活性等级和强度等级,然后再确定声发射定位源的综合等级。

综合评价的声发射定位源包括区域定位和时差法计算定位分析得到的定位结果。

8.2 声发射定位源的活性分级

区域定位以通道覆盖区域划定出评定区域。时差法计算定位以传感器阵列中最大传感器间距的10%为边长或直径划定出正方形或圆形评定区域。落在同一评定区域内的声发射定位源事件,认为是同一源区产生的声发射定位源事件。

如果声发射定位源区的事件数随着升压或保压呈快速增加时,则认为该部位的声发射定位源具有超强活性。

如果声发射定位源区的事件数随着升压或保压呈连续增加时,则认为该部位的声发射定位源具有强活性。

如果声发射定位源区的事件数随着升压或保压呈间断出现时,则按表1、表2进行分级。如果进行两次加压循环,声发射定位源的活性等级划分方法见表1;对于进行一次加压循环,声发射定位源的活性等级划分方法见表2。

表1 两次加压循环声发射定位源的活性分级

活性等级	第一次加压循环		第二次加压循环	
	升压	保压	升压	保压
弱活性	×			
弱活性		×		
弱活性			×	
弱活性				×
中活性	×	×		
中活性			×	×
中活性	×		×	
中活性		×	×	
中活性	×			×
强活性		×		×
强活性	×	×	×	
强活性	×	×		×
强活性	×		×	×

表 1（续）

活性等级	第一次加压循环		第二次加压循环	
	升压	保压	升压	保压
强活性		×	×	×
超强活性	×	×	×	×
注 1：×表示加压或保压阶段有声发射定位源；空白表示加压或保压阶段无声发射定位源。 注 2：停止加压后 1 min 内的信号记入升压信号，1 min 后的信号为保压信号。 注 3：如果同一升压或保压阶段源区内声发射事件数较多时，可根据实际情况将该源的活性等级适当提高。				

表 2　一次加压循环声发射定位源的活性分级

活性等级	升压	保压
中活性	×	
强活性		×
超强活性	×	×
注 1：×表示加压或保压阶段有声发射定位源；空白表示加压或保压阶段无声发射定位源。 注 2：停止加压后 1 min 内的信号记入升压信号，1 min 后的信号为保压信号。 注 3：如果同一升压或保压阶段源区内声发射事件数较多时，可根据实际情况将该源的活性等级适当提高。		

8.3　声发射定位源的强度分级

声发射定位源的强度 Q 可用能量、幅度或计数参数来表示。声发射定位源的强度计算取声发射定位源区中前 5 个最大的能量、幅度或计数参数的平均值。幅度参数应根据衰减测量结果加以修正，区域定位按该通道覆盖的最远距离修正，时差计算定位按定位源的计算距离修正。声发射定位源的强度分级参考表 3 进行。表 3 中的 a、b 值应由试验来确定，Q345R 钢采用幅度参数进行声发射定位源的强度分级推荐值见表 4。

表 3　声发射定位源的强度分级

声发射定位源的强度等级	声发射定位源的强度 Q
低强度	$Q<a$
中强度	$a \leqslant Q \leqslant b$
高强度	$Q>b$

表 4　Q345R 钢采用幅度参数进行声发射定位源的强度分级

声发射定位源的强度等级	幅度 Q/dB
低强度	$Q<60$ dB
中强度	60 dB$\leqslant Q \leqslant$80 dB
高强度	$Q>80$ dB
注：表中的数据是经衰减修正后的数据。传感器输出 1 μV 为 0 dB。	

8.4 声发射定位源的综合分级

声发射定位源的综合分级按表5进行。

表5 声发射定位源的综合分级

声发射定位源的强度等级	活性等级			
	超强活性	强活性	中活性	弱活性
高强度	Ⅳ	Ⅳ	Ⅲ	Ⅱ
中强度	Ⅳ	Ⅲ	Ⅱ	Ⅰ
低强度	Ⅲ	Ⅲ	Ⅱ	Ⅰ

9 检测结果评价

9.1 Ⅰ级声发射定位源不需要采用其他无损检测方法复检，Ⅱ级声发射定位源由检测人员根据被检件的使用情况和定位源部位的实际结构来确定是否需要采用其他无损检测方法复检，其他级别的声发射定位源应采用其他无损检测方法进行复检，检测标准可按JB/T 4730.2～4730.5执行。

9.2 经过其他无损检测方法复检确定的缺陷可按压力容器检验的相关规则进行评价，也可进行合于使用评价，评价标准参照GB/T 19624的要求进行。

10 记录和报告

10.1 记录

10.1.1 应按检测方案的要求记录检测数据或信息，并按相关法规、标准和（或）合同要求保存所有记录。

10.1.2 检测时如遇不可排除因素的噪声干扰，如人为干扰、风、雨和泄漏等，应如实记录，并在检测结果中注明。

10.2 报告

声发射检测报告至少应包括以下内容：

a) 设备名称、编号、制造单位、设计压力、温度、介质、最高工作压力、材料牌号、公称壁厚和几何尺寸；
b) 加载史和缺陷情况；
c) 执行与参考标准；
d) 检测方式、仪器型号、耦合剂、传感器型号及固定方式；
e) 各通道灵敏度测试结果；
f) 各通道门槛和系统增益的设置值；
g) 背景噪声的测定值；

h） 衰减特性；

i） 传感器布置示意图；

j） 源部位校准记录；

k） 检测软件名称及数据文件名称；

l） 加压程序图；

m） 声发射定位源定位图及必要的关联图；

n） 检测结果分析、源的综合等级划分结果；

o） 结论；

p） 检测人员、报告编写人和审核人签字及资格证书编号；

q） 检测日期。

附 录 A
（规范性附录）
声发射系统性能要求

A.1 传感器

传感器的响应频率推荐在 100 kHz～400 kHz 范围内，其灵敏度不小于 60 dB[表面波声场校准，相对于 1 V/(m·s^{-1})]或－77 dB(纵波声场校准，相对于 1 V/μbar)。当选用其他频带范围内的传感器时，应考虑灵敏度的变化，以确保所选频带范围内有足够的接收灵敏度。应能屏蔽无线电波或电磁噪声干扰。传感器在响应频率和工作温度范围内灵敏度变化应不大于 3 dB。传感器与被检件表面之间应保持电绝缘。

A.2 信号线

传感器到前置放大器之间的信号电缆长度不应超过 2 m，且能够屏蔽电磁干扰。

A.3 信号电缆

前置放大器到系统主机之间的信号电缆应能屏蔽电磁噪声干扰。信号电缆衰减损失应小于 1 dB/30 m。信号电缆长度不宜超过 150 m。

A.4 耦合剂

耦合剂应能在试验期间内保持良好的声耦合效果。应根据容器壁温选用无气泡、黏度适宜的耦合剂。可选用真空脂、凡士林及黄油。

检测奥氏体不锈钢、钛和镍合金时，耦合剂中氯化物、氟化物离子含量应满足相关规范的要求，采用粘接方法固定时，粘接剂中的氯、氟离子含量和硫含量应满足相关规范的要求。

A.5 前置放大器

前置放大器短路噪声有效值电压不大于 7 μV。在工作频率和工作温度范围内，前置放大器的频率响应变化不超过 3 dB。前置放大器的频率响应应与传感器的频率响应相匹配，其增益应与系统主机的增益设置相匹配，通常为 40 dB 或 34 dB。如果前置放大器采用差分电路，其共模噪声抑制不低于 40 dB。

A.6 滤波器

放置在前置放大器和系统主机处理器内的滤波器的频率响应应与传感器的频率响应相匹配。

A.7 系统主机

A.7.1 声发射系统主机应有覆盖检验区域的足够通道数，应至少能实时显示和存储声发射信号的参数(包括到达时间、门槛、幅度、振铃计数、能量、上升时间、持续时间、撞击数,宜具有接收和记录压力、温度等外部电信号)的功能。

A.7.2 各个通道的独立采样频率应不低于传感器响应频率中心点频率的10倍。

A.7.3 门槛精度应控制在±1 dB的范围内。

A.7.4 声发射信号计数测量值的精度应在±5%范围内。

A.7.5 从信号撞击开始算起10 s之内,声发射系统应对每个通道具有采集、处理、记录和显示不少于20个/s声发射撞击信号的短时处理能力;当连续监测时,声发射系统对每个通道在采集、处理、记录和显示过程中应具有处理不少于10个/s声发射撞击信号的能力。当出现大量数据以致发生堵塞情况,系统应能发出报警信号。

A.7.6 峰值幅度测量值的精度应在±2 dB范围内,同时要满足信号不失真的动态范围不低于65 dB。

A.7.7 能量测量值的精度应在±5%范围内,同时要满足信号能量的动态范围不低于40 dB。

A.7.8 时差定位声发射检测系统,每个通道的上升时间、持续时间和到达时间的分辨率应优于0.25 μs,精度应在±1 μs范围内,各通道之间的误差应不大于平均值的±3 μs。

A.7.9 系统测量外接参数电压值的精度应不低于满量程的2%。

A.7.10 声发射采集软件应能实时显示声发射信号的参数、声发射信号参数之间和参数随压力或时间的关联图,以及声发射定位源的线定位和平面定位图,实时显示的滞后时间应不超过2 s。

A.7.11 声发射分析软件应能回放原始声发射检测数据,并能根据重新设定的条件对声发射检测数据进行滤波、定位、关联和识别等分析处理。

ICS 13.100
C 56

中华人民共和国国家标准

GB/T 18205—2012
代替 GB/T 18205—2000

学校卫生综合评价

Comprehensive appraisement for health in schools

2012-12-31 发布　　2013-05-01 实施

中华人民共和国卫生部
中国国家标准化管理委员会　发布

前　　言

本标准按照 GB/T 1.1—2009 给出的规则起草。

本标准代替 GB/T 18205—2000《学校卫生监督综合评价》。

本标准与 GB/T 18205—2000 相比主要变化如下：

——修改了名称；

——增加了目次；

——修改了范围(见 1,2000 年版的 1)；

——修改了规范性引用文件(见 2,2000 年版的 2)；

——删除了定义(见 2000 年版的 3)；

——修改了评价项目,分为管理、监测两个部分(见 3.1、3.2,2000 年版的 4.1)；

——修改了单一项目的评价标准、评价指标、评价方法、计分方法、项目分数,并重新排列项目顺序(见 4,2000 年版的 5)；

——增加了突发公共卫生事件管理(见 4.1.1)；

——增加了常见病与多发病管理(见 4.1.3)

——修改了监督评价项目抽样、记分方法(见 4.2.3.1、4.2.3.2,2000 年版的 4.2.1、4.2.2、4.3)；

——删除了学校基本卫生状况监督合格标准(见 2000 年版的表 1)；

——删除了公共场所监督合格标准(见 2000 年版的 4.4.2 和表 2)；

——删除了学生身高与课桌椅分配符合评价表(见 2000 年版的表 3)；

——删除了生活饮用水余氯测定方法(见 2000 年版的 5.9.3 b))；

——修改了学校食品卫生的提法(见 4.1.4,2000 年版的 5.10)；

——修改了洗浴设施的提法(见 4.1.8,2000 年版的 5.14)；

——修改了监测方法的依据(见 4.2.5.1b)、4.2.5.2b)、4.2.5.3b)、4.2.5.4c),2000 年版的 5.14.3b)、5.16.3b)、5.15.3b)和 5.12.3c))；

——删除了对娱乐场所、学校招待所的评价(见 2000 年版的 5.17 和 5.18)；

——增加了综合评价判定(见 5)；

——修改了表 A.1(见表 A.1,2000 年版的表 A1)；

——增加了学校校长是突发公共卫生事件管理第一责任人(见表 A.1)；

——增加了表 A.2、表 A.3(见表 A.2、表 A.3)；

——删除了附录 B(见 2000 年版的附录 B)。

本标准由中华人民共和国卫生部提出并归口。

本标准起草单位：辽宁省卫生监督所、辽宁省疾病预防控制中心、北京市疾病预防控制中心、中国医科大学。

本标准主要起草人：潘德鸿、窦志勇、王宏伟、段佳丽、潘松、贾丽红、翟恩来、白英龙。

学校卫生综合评价

1 范围

本标准规定了学校卫生综合评价项目、评价方法以及综合评价判定。

本标准适用于全日制小学(含民办小学)、初级中学、高级中学(含中等职业学校、民办中学)和普通高等学校(含民办高等学校、独立院校)各项卫生状况的综合评价。

2 规范性引用文件

下列文件对于本文件的应用是必不可少的。凡是注日期的引用文件,仅注日期的版本适用于本文件。凡是不注日期的引用文件,其最新版本(包括所有的修改单)适用于本文件。

GB/T 3976 学校课桌椅功能尺寸

GB 4789(所有部分) 食品微生物学检验

GB/T 5699 采光测量方法

GB/T 5700 照明测量方法

GB 5749 生活饮用水卫生标准

GB/T 5750 生活饮用水标准检验方法

GB 7793 中小学校教室采光和照明卫生标准

GB 9665 公共浴室卫生标准

GB 9667 游泳场所卫生标准

GB 9668 体育馆卫生标准

GB 9669 图书馆、博物馆、美术馆、展览馆卫生标准

GB 14934 食(饮)具消毒卫生标准

GB/T 17225 中小学校教室采暖温度标准

GB/T 17226 中小学校教室换气卫生标准

GB/T 18204(所有部分) 公共场所卫生标准检验方法

GB 28231 书写板安全卫生要求

GB 50034 建筑照明设计标准

GB 50099 中小学校设计规范

3 综合评价项目

3.1 管理

突发公共卫生事件、传染病预防控制、常见病与多发病、学校食品安全、生活饮用水卫生、教室环境卫生、生活环境卫生和公共场所卫生。

3.2 监测

学校食品安全(食饮具消毒)、生活饮用水卫生、教室环境卫生、生活环境卫生和公共场所卫生。

4 评价方法

4.1 管理

4.1.1 突发公共卫生事件

以学校为单位,检查学校突发公共卫生事件防控工作情况。

4.1.2 传染病预防控制

对学校传染病预防控制管理的评价宜遵循以下方法:

a) 以学校为单位,检查学校传染病预防管理、疫情报告、传染病控制以及预防接种等工作情况。

b) 以学校设置的校医院、卫生所、卫生室、保健室为对象,对其执行《中华人民共和国传染病防治法》的相关工作进行检查。

4.1.3 常见病与多发病

以学校为单位,检查学校常见病与多发病管理工作情况。

4.1.4 学校食品安全

对学校食品安全管理的评价宜遵循以下方法:

a) 以每个食堂、外供快餐单位和超市(食杂店)为评价单位。

b) 如学校没有食堂,而有外供快餐,则以加工外供快餐的单位和学校分餐环节为评价单位。

c) 学校设有多个食堂,应先评出每个单位得分,将各单位得分相加,取平均分数为该项目的得分。

4.1.5 生活饮用水卫生

对学校集中式供水、二次供水、小型集中式供水及分散式供水,进行卫生管理情况检查。

4.1.6 教室环境卫生

以学校教室为单位,检查教室人均面积、课桌椅、黑板、教室采光、教室照明、微小气候、噪声等项目符合要求情况。

4.1.7 生活环境卫生

以学校内厕所、学生宿舍为单位,检查其符合要求情况

4.1.8 公共场所卫生

以学校内公共浴池、游泳场所、体育馆和图书馆为单位,检查其符合要求情况。

4.2 监测

4.2.1 学校食品安全[食(饮)具消毒监测]

4.2.1.1 评价指标

按照 GB 14934 规定,对食(饮)具消毒的感官指标、理化指标、细菌指标进行监测。

4.2.1.2 评价方法

对学校食堂的食(饮)具消毒监测评价宜遵循以下方法:

a） 以每个食堂为单位抽检食(饮)具,进行监测评价。

b） 监测方法执行 GB 4789(所有部分)。

4.2.2 生活饮用水卫生

4.2.2.1 评价指标

根据 GB 5749 的规定对细菌总数、总大肠菌群、消毒剂余量、色度、浑浊度、臭和味、肉眼可见物、pH 进行监测。其他项目根据当地水源水质实际情况增加。

4.2.2.2 评价方法

对学校内生活饮用水卫生监测宜遵循以下方法：

a） 选取 1 个以上末梢取水点。

b） 监测方法执行 GB/T 5750。

4.2.3 教室环境卫生

4.2.3.1 抽样

凡对学校教室环境的评价项目,应根据学校教室设置状况进行抽样。按学校教室的结构、层次、朝向、单侧采光、双侧采光的不同类型确定监测教室数,抽取有代表性的教室作为样本。不少于 6 间教室。

4.2.3.2 教室监测评价记分方法

累积计分:将评价项目各档得分值,分别乘以该档得分的教室数,然后累加得分,得分再除以教室样本数,得数为该项目得分。

4.2.3.3 教室人均面积

4.2.3.3.1 评价依据

普通教室人均面积按照 GB 50099 的规定进行评价。

4.2.3.3.2 评价方法

对教室人均面积监测的评价宜遵循以下方法：

a） 在抽样教室中测量教室面积及学生人数,分别计算各教室的人均面积。

b） 按式(1)计算。

$$S_1 = \frac{S_2}{a} \qquad \cdots\cdots (1)$$

式中：

S_1——人均面积；

S_2——被测教室面积；

a ——该教室学生人数。

4.2.3.4 课桌椅

4.2.3.4.1 评价依据

按照 GB/T 3976 的规定,判定课桌椅分配符合情况。

4.2.3.4.2 评价指标

分别计算课桌椅分配符合率,实际达到的百分率,分为≥80%、79%～40%、<40%三等。

4.2.3.4.3 使用器材

学生身高及课桌椅型号测量尺:该尺按课桌和课椅的高度(cm),标有相应的号数,测量时可直接读出被测桌椅号,同时也可测量学生身高(cm)。也可用普通测量尺测量学生身高及课桌椅的高度。

4.2.3.4.4 评价方法

对课桌椅分配符合率监测的评价宜遵循以下方法:

a) 在抽样教室中,测量教室内在座学生身高及相应课桌椅高度,按照 GB/T 3976 规定的课桌椅各型号的身高范围进行评价,被测课桌椅号数在使用者身高范围内,则分配符合。
b) 按式(2)计算。

$$M=\frac{c}{b}\times 100\% \qquad \cdots\cdots(2)$$

式中:

M ——课桌或课椅分配符合率;

c ——课桌与课椅号与就座学生身高相符合的人数;

b ——被测学生人数。

4.2.3.4.5 记分方法

按课桌椅分配符合率的标准,给出每个被评价教室分值,然后累加各教室得分,再除以教室样本数,得数为该项目得分。

4.2.3.5 黑板

4.2.3.5.1 评价依据

按照 GB 28231、GB 7793 及 GB 50099 中有关规定评价。

4.2.3.5.2 评价方法

对黑板监测的评价宜遵循以下方法:

a) 用测量尺,测量黑板高度与宽度,黑板下缘与讲台地面的垂直距离。
b) 反射比的测量:黑板垂直分成四等份,取三条等分线的中点为测定点,以三个测定点的反射比的平均值为代表值。

4.2.3.6 教室采光

4.2.3.6.1 评价依据

按照 GB 7793 及 GB 50099 中有关的规定评价。

4.2.3.6.2 评价指标

采光系数、后墙壁反射比、窗地面积比。

4.2.3.6.3 使用器材

照度计(指针式或数字式)。

4.2.3.6.4 **评价方法**

按 GB/T 5699 的规定进行测量。

室内照度测量：选择教室内光线最差的课桌面测量照度，测得数为室内照度值。

室外照度测量：选择周围无遮挡的空地，避免直射阳光，在测量室内照度前后各测一次室外照度，取两次测得数的平均值作为室外照度值。

采光系数计算公式见式(3)：

$$X_1 = \frac{E_{室内}}{E_{室外}} \times 100\% \qquad \cdots\cdots(3)$$

式中：

X_1 ——采光系数；

$E_{室内}$ ——室内照度；

$E_{室外}$ ——室外照度。

后墙壁反射比测量：将后墙壁分为左、中、右，取 3 个测点，左、右测点应离相邻墙面相接处 10 cm～20 cm，然后求出反射比的平均值，作为代表值。每个测点的反射比宜遵循以下方法得出：

a) 入射照度测量：将照度计接收器感光面朝上，置于被测表面某一位置，读取入射照度值。

b) 反射照度测量：将照度计接收器感光面对准同一被测表面的原来位置，逐渐平移离开，待照度稳定后，读取反射照度值。

c) 反射比计算公式见式(4)。

$$X_2 = \frac{E_{反射}}{E_{入射}} \qquad \cdots\cdots(4)$$

式中：

X_2 ——反射比；

$E_{反射}$ ——反射照度；

$E_{入射}$ ——入射照度。

窗地面积比测量：测量教室采光窗洞口总面积及教室地板面积。

窗地比计算：计算教室窗洞口总面积为 1，求出与地板面积的比例，以 1 比多少来表示。

测量时间：选择 10 时至 14 时。

4.2.3.7 **教室照明**

4.2.3.7.1 **评价依据**

按照 GB 7793 的规定评价。

4.2.3.7.2 **使用器材**

照度计(指针式或数字式)。

4.2.3.7.3 **评价方法**

按 GB/T 5700 的规定进行测量。

4.2.3.8 **教室微小气候**

4.2.3.8.1 **评价依据**

应按照 GB/T 17226 和 GB/T 17225 的规定评价。

4.2.3.8.2 使用器材

便携式红外线二氧化碳分析器，干湿球温度计。

4.2.3.8.3 评价方法

对教室微小气候监测的评价宜遵循以下方法：

a) 在抽样教室中进行教室二氧化碳浓度和温度的测量。

b) 测量方法：

二氧化碳浓度测量：按 GB/T 18204.24 公共场所空气中二氧化碳测定方法进行测量。

温度测量：按 GB/T 17225 的规定方法进行测定。

测定时间：为每年冬季，一般在当年 11 月至下一年 1 月，10 时和 14 时各测一次，取平均值作为代表值。

4.2.3.9 噪声

4.2.3.9.1 评价依据

按照 GB 9669 图书馆噪声的规定评价。

4.2.3.9.2 使用器材

普通声级计。

4.2.3.9.3 评价方法

对教室噪声监测的评价宜遵循以下方法：

a) 在抽样教室内进行噪声测量。

b) 测量方法：按 GB/T 18204.22 公共场所噪声测量方法执行。

——教室内噪声测量：把测定点选在教室（小于 100 m^2）中央一点。

——外来声源噪声测量：在开窗的条件下测定的数值。

——背景噪声（或本底噪声）测量：学生全部在教室入座，限制活动产生的噪声，在闭窗的条件下测定的数值，或者在空教室中测定的数值。

4.2.4 生活环境卫生

4.2.4.1 学校厕所

4.2.4.1.1 评价依据

按照 GB 50099 有关规定评价，高等学校可参照此规定。

4.2.4.1.2 评价方法

学校厕所监测的评价宜遵循以下方法：

a) 厕所蹲位与小便槽评价（教工专用厕所除外）。

蹲位：查看学校男、女厕所蹲位数，按全校男、女学生人数，分别计算男、女厕所平均每一个蹲位所容纳的学生人数。按式(5)计算：

$$i=\frac{j}{k} \qquad \cdots\cdots(5)$$

式中：

i ——每蹲位学生人数(男或女)；

j ——学生人数(男或女)；

k ——厕所蹲位数(男或女)。

男厕小便槽：测量小便槽长度米数，按全校男学生人数计算平均每米小便槽容纳学生数。按式(6)计算：

$$n=\frac{m}{l} \qquad \cdots\cdots(6)$$

式中：

n ——每米小便槽男学生人数；

m ——男学生人数；

l ——小便槽长度，单位为米(m)。

b) 凡设有多个厕所学校可混合计算。

c) 无论室内外厕所均以每一个厕所为单位进行卫生状况评价。

4.2.4.2 学生宿舍

4.2.4.2.1 评价依据

按照 GB 50099 有关规定评价。

4.2.4.2.2 评价方法

对学生宿舍监测的评价宜遵循以下方法：

a) 以每栋学生宿舍为单位进行评价。

b) 根据宿舍的不同面积、层次、朝向等，抽取不同类型的寝室作为评价样本。每栋宿舍抽取的寝室不少于 3 间。

4.2.4.2.3 记分方法

首先评出每个寝室的得分，将各得分相加，取平均数为该项目的得分。

4.2.5 公共场所卫生

4.2.5.1 公共浴池

按照 GB 9665 中的规定对学校公共浴池监测，监测评价宜遵循以下方法：

a) 以每个公共浴池为单位进行评价。

b) 监测方法执行 GB/T 18204(所有部分)等有关规定。

4.2.5.2 游泳场所

按照 GB 9667 中的规定对学校游泳馆、池监测，监测评价宜遵循以下方法：

a) 以每个游泳馆、池为单位进行评价。

b) 监测方法执行 GB/T 18204(所有部分)等有关规定。

4.2.5.3 体育馆

按照 GB 9668 中的规定对学校体育馆监测，监测评价宜遵循以下方法：

a) 以每个体育馆为单位进行评价。

b） 监测方法执行 GB/T 18204(所有部分)等有关规定。

4.2.5.4 图书馆

按照 GB 9669 及 GB 50034 中的规定对学校图书馆监测，监测的评价宜遵循以下方法：

a） 以图书馆为单位进行评价。

b） 根据图书馆、阅览室的不同面积、层次、抽取有代表性的房间进行监测。

c） 监测方法执行 GB/T 18204(所有部分)等有关规定。

5 综合评价判定

5.1 管理

见表 A.1。

5.2 监测

见表 A.2。

5.3 综合评价得分及判定

学校卫生管理评价得分与监测评价得分的总和为综合评价实际得分。

凡综合评价实际得分达到管理与监测标准总分的 85%及以上者为学校卫生优秀学校，定为 A 级；60%～85%为学校卫生合格学校(不含 85%)，定为 B 级；60%以下者(不含 60%)，为学校卫生不合格学校，定为 C 级。

表 A.3 给出了学校卫生综合评价判定结果和等级。

附　录　A
（规范性附录）
管理、监测评价及综合判定

表 A.1 给出了学校卫生管理评价项目、评价指标、各项分值和实际得分。

表 A.2 给出了学校卫生监测评价项目、评价指标、评分标准、各项分值和实际得分。

表 A.3 给出了学校卫生综合评价判定结果和等级。

表 A.1　学校卫生管理评价记分表

学校名称：		负责人：		
地址：	联系电话：	评价日期：　年　月　日		
项目(100 分)	评价指标	分值	实际得分	
			单项	合计
突发公共卫生事件管理(10 分)	建立校长为第一责任人制度	2		
	建立突发公共卫生事件应急处理领导小组	2		
	制定学校突发公共卫生事件应急处理预案	2		
	建立突发公共卫生事件报告制度	1		
	有专职或兼职报告人	1		
	定期(每学期 1 次)开展防控突发公共卫生事件宣传教育活动	1		
	每学年开展一次突发公共事件应对演练	1		
	因校方责任发生的其他突发公共卫生事件	**		
传染病预防控制管理(15 分)	有校长为第一责任人的传染病预防控制工作小组	2		
	有传染病疫情报告制度	2		
	有专人负责疫情报告	2		
	有晨检制度	2		
	有学生因病缺勤登记、追踪制度和复课证明查验制度	1		
	有新生入学接种卡、证查验制度	1		
	定期(每学期 1 次)开展预防传染病知识的宣传活动	1		
	寄宿制或 600 名学生以上非寄宿学校配备卫生专业技术人员；600 名以下非寄宿学校配备保健教师或卫生专业技术人员	2		
	寄宿学校应设立卫生室，非寄宿学校视规模设卫生室或保健室	2		
	因校方责任发生传染病暴发流行	**		

表 A.1（续）

学校名称：			负责人：		
地址：		联系电话：	评价日期：　年　月　日		
项目(100分)		评价指标	分值	实际得分	
				单项	合计
常见病与多发病管理(10分)		建立学生健康体检档案	2		
		建立体检异常学生登记记录	1		
		建立体检结果向家长反馈制度	1		
		制定学生常见病与多发病防治计划、措施	2		
		开展预防近视专题宣传活动	1		
		每年实施1次学生健康体检	2		
		定期(每学期1次)开展健康生活方式、营养和慢性病预防知识教育和宣传活动	1		
		校医院、卫生所、卫生室、医务室有《医疗机构执业许可证》	*		
学校食品安全管理(20分)	学生食堂(13分)	餐饮服务许可证有效	*		
		从业人员持健康证明	1		
		从业人员有食品安全知识培训证明	1		
		有各项食品安全管理制度	2		
		食品生产加工条件符合要求	2		
		食(饮)具实施消毒	2		
		食(饮)具消毒情况监测频率符合规定要求(至少1次/月)	1		
		从业人员个人卫生符合要求	1		
		烹饪加工要烧熟煮透(中心温度在70℃以上)	1		
		原料采购、运输和储藏条件符合要求	1		
		有索证索票制度，建立台账	1		
	外供快餐(2分)	供餐单位食品生产或餐饮服务许可证有效	*		
		包装、运输和分发条件应符合要求	1		
		一次性餐盒符合要求	1		
	超市(食杂店)(5分)	食品流通许可证有效	*		
		从业人员持健康证明	1		
		从业人员有食品安全知识培训证明	1		
		有食品进货查验记录制度	1		
		按照保证食品安全的要求贮存食品	1		
		不得有变质或超过保质期的食品	1		
	因校方责任发生集体性食品安全事故		**		

表 A.1(续)

学校名称:			负责人:		
地址:		联系电话:	评价日期: 年 月 日		
项目(100 分)		评价指标	分值	实际得分	
				单项	合计
生活饮用水卫生管理(10 分)		集中式供水依法取得卫生许可证	*		
		二次供水蓄水设施定期(每年 1 次)清洗、消毒	1		
		分散式供水有卫生安全防护设施并对水质进行消毒	1		
		建立供水卫生管理制度	2		
		涉水产品符合相关卫生要求	2		
		配备专(兼)职供水人员	2		
		水质监测频率符合当地规定要求	1		
		供水人员持健康证明上岗	1		
		供应饮用水水质符合卫生要求	*		
		因校方责任发生校内生活饮用水污染事故	**		
教室环境管理(15 分)	课桌椅(3 分)	每间教室内最少设 2 种不同型号的课桌椅	2		
		每人 1 席	1		
	黑板(2 分)	无破损	1		
		无眩光	1		
	教室采光(2 分)	教室墙壁和顶棚为白色或浅色,窗户为无色透明玻璃	1		
		单侧采光光线应从座位左侧入,双采光主采光窗应设在左侧	1		
	教室照明(4 分)	灯管垂直黑板	2		
		控照式灯具,不宜用裸灯	2		
	微小气候(2 分)	教室应设通气窗,寒冷地区应有采暖设备	2		
	噪声(1 分)	教室不受音乐室等外界环境干扰	1		
	监测报告有效		*		
	监测频率符合规定(1 次以上/2 年)(1 分)		1		
生活环境卫生管理(9)	厕所(3 分)	教学楼每层设厕所,室内厕所有洗手设备	2		
		独立设置的厕所与生活饮用水水源和食堂相距 30 米以上	**		
		无蝇、蛆	1		
	学生宿舍(6 分)	男、女生宿舍分区或分单元布置	1		
		不设在地下室或半地下室	1		

表 A.1（续）

学校名称：				负责人：	
地址：		联系电话：		评价日期：　年　月　日	
项目(100 分)		评价指标	分值	实际得分	
				单项	合计
生活环境卫生管理(9)	学生宿舍(6 分)	保证学生一人一床	1		
		保证通风良好(寒冷地区宿舍应设有换气窗)	1		
		宿舍内设有厕所、盥洗设施	1		
		有卫生管理制度	1		
公共场所卫生管理(11 分)	公共浴池(4 分)	依法取得卫生许可证	*		
		从业人员有健康证明	1		
		有浴室卫生消毒制度	1		
		监测报告有效	1		
		监测频率(1 次以上/年)	1		
	游泳馆(3 分)	依法取得卫生许可证	*		
		建立健全卫生管理制度	1		
		游泳场所的通道及卫生设施应定期消毒、保持清洁、无异味	1		
		监测频率符合规定(1 次以上/年)	1		
	体育馆(2 分)	馆内环境清洁卫生、禁止吸烟	1		
		监测频率符合规定(1 次以上/年)	1		
	图书馆(2 分)	馆内采用湿式清扫,保持馆内整洁,禁止吸烟	1		
		监测频率符合规定(1 次以上/年)	1		
合理缺项项目总分_______分　管理应得分_______分　管理实得分_______分　标化后得分_______分					

注 1：* 为重要指标,若该指标不合格,本项目不得分。

注 2：** 为关键指标,若该指标不合格,直接评价该校为学校卫生不合格。

注 3：教室环境卫生管理项目中各指标得分应为抽样检查教室数的平均分,普通高等院校不参加此项评价。

注 4：有合理缺项时,总分中减掉该项目分值后,为应得分。即:管理应得分=100－合理缺项项目总分。
如缺少学生宿舍,总分值中应减掉学生宿舍的单项分值。标化后得分=(各项实际得分的总合/应得分)×100。

表 A.2 学校卫生监测评价记分表

学校名称：			负责人：			
地址：			联系电话：			
抽样监测教室数：			评价日期： 年 月 日			
项目(100 分)		评价指标	评分标准	分值	实际得分	
					单项	合计
学校食品安全监测(食饮具消毒)(10 分)		感官指标、理化指标、细菌指标	其中一项指标不合格整项不得分	8		
		监测频率达到至少 1 次/月		2		
生活饮用水监测(10 分)		细菌总数、总大肠菌群、消毒剂余量、色度、浑浊度、臭和味、肉眼可见物、pH 及当地根据水源水质实际情况增加的其他项目	其中一项指标不合格整项不得分	8		
		监测频率符合当地规定要求		2		
教室环境卫生监测(60 分)	人均面积(10 分)	小学 ≥1.36 m^2、1.15 m^2～1.36 m^2、<1.15 m^2	≥1.36 m^2 得满分 1.15 m^2～1.36 m^2 得 5 分 <1.15 m^2 不得分	10		
		中学 ≥1.39 m^2、1.22 m^2～1.39 m^2、<1.22 m^2	≥1.39 m^2 得满分 1.22 m^2～1.39 m^2 得 5 分 <1.22 m^2 不得分			
	课桌椅分配符合率(10 分)	≥80%、79%～40%、<40%	≥80% 得满分 79%～40% 得 5 分 <40% 不得分	10		
	黑板(10)	尺寸≥1 m×3.6 m(小学) ≥1 m×4.0 m(中学)	弧形黑板的长度按照玄长测量	5		
		下缘与讲台地面的垂直距离 0.8 m～0.9 m(小学) 1.0 m～1.1 m(中学)	不在此范围不得分	3		
		反射比 0.15～0.2	≥0.2 不得分	2		
	教室采光(10 分)	采光系数≥2.0%	<2.0% 不得分	4		
		窗地面积比 ≥1∶5	<1∶5 不得分	4		
		后(侧)墙壁反射比 0.7～0.8	<0.7 不得分	2		
	教室照明(10 分)	课桌面照度≥300 lx、课桌面照度 200 lx～300 lx、课桌面照度<200 lx	≥300 lx 得满分 200 lx～300 lx 得 3 分 <200 lx 得分	5		
		灯桌间距≥1.7 m	<1.7 m 不得分	2		
		黑板面照度≥500 lx	<500 lx 不得分	3		

表 A.2(续)

学校名称:			负责人:			
地址:			联系电话:			
抽样监测教室数:			评价日期: 年 月 日			
项目(100 分)		评价指标	评分标准	分值	实际得分	
					单项	合计
教室环境卫生监测(60 分)	微小气候(4 分)	二氧化碳≤0.15%	>0.15% 不得分	2		
		室温 16 ℃以上(冬季采暖地区)	<16 ℃ 不得分	2		
	噪声(4 分)	外环境对普通教室产生的噪声≤50 dB	>50 dB 不得分	2		
		两排教室相对长边距≥25 m	<25 m 不得分	2		
	监测频率为每 2 年 1 次(2)		一项未测 不得分	2		
生活环境卫生监测(8 分)	厕所(4 分)	每蹲位≤40 人 (男生)	>40 人 不得分	1		
		每蹲位≤13 人 (女生)	>13 人 不得分	1		
		0.6 m 长小便槽≤20 人(或 20 人设 1 个小便斗)	>20 人 不得分	1		
		小学厕所蹲位宽度≤18 cm	>18 cm 不得分	1		
	学生宿舍(4 分)	人均使用面积≥3.0 m²	<3.0 m² 不得分	2		
		盥洗室门与居室门间距离≤20 m	>20 m 不得分	2		
公共场所卫生监测(12 分)	公共浴池(4 分)	池水浊度≤30 度、室温 25℃、照度≥50 lx、二氧化碳≤0.15%	其中一项指标不合格整项不得分	3		
		监测频率 1 次以上/年		1		
	游泳馆(4 分)	池水细菌总数≤1 000 个/mL、大肠菌群≤18 个/L、混浊度≤5 度、余氯 0.3 mg/L~0.5 mg/L、空气细菌数(撞击法)≤4 000 CFU/m³、二氧化碳≤0.15%	其中一项指标不合格整项不得分	3		
		监测频率 1 次以上/年		1		
	体育馆(2 分)	可吸入颗粒物≤0.25 mg/m³、室内温度≥16 ℃、空气细菌数(撞击法)≤4 000 CFU/m³、二氧化碳≤0.15%	其中一项指标不合格整项不得分	1		
		监测频率 1 次以上/年		1		
	图书馆(2 分)	室内温度≥20 ℃、照度≥300 lx、噪声≤50 dB、空气细菌数(撞击法)≤2 500 CFU/m³、二氧化碳≤0.10%	其中一项指标不合格整项不得分	1		
		监测频率 1 次以上/年		1		
合理缺项项目总分______分 监测应得分______分 监测实得分______分 标化后得分______分						

注 1:普通高等学校不参加教室环境卫生监测评价。

注 2:有合理缺项时,总分中减掉该项目分值后,为应得分。即:监测应得分=100-合理缺项项目总分。如缺少学生宿舍,总分值中应减掉学生宿舍的单项分值。标化后得分=(各项实际得分的总合/应得分)×100。

表 A.3 学校卫生综合评价判定

学校名称		日期	年 月 日
综合评价判定	100×(管理实得分+监测实得分)/(管理应得分+监测应得分)=	等级	

ICS 17.220.20
N 20

中华人民共和国国家标准

GB/T 18216.1—2012/IEC 61557-1:2007
代替 GB/T 18216.1—2000

交流1 000 V和直流1 500V以下低压配电系统电气安全防护措施的试验、测量或监控设备 第1部分:通用要求

Electrical safety in low voltage distribution systems up to 1 000 V a.c. and 1 500 V d.c.—Equipment for testing, measuring or monitoring of protective measures—Part 1: General requirements

(IEC 61557-1:2007, IDT)

2012-11-05 发布　　　　2013-02-15 实施

中华人民共和国国家质量监督检验检疫总局
中国国家标准化管理委员会　发布

前　言

GB/T 18216《交流 1 000 V 和直流 1 500 V 以下低压配电系统电气安全　防护措施的试验、测量或监控设备》目前拟分为 13 个部分：

——第 1 部分：通用要求(IEC 61557-1)；

——第 2 部分：绝缘电阻(IEC 61557-2)；

——第 3 部分：环路阻抗(IEC 61557-3)；

——第 4 部分：接地电阻和等电位接地电阻(IEC 61557-4)；

——第 5 部分：对地电阻(IEC 61557-5)；

——第 6 部分：在 TT 和 TN 系统中残余电流防护装置(RCD)(IEC 61557-6)；

——第 7 部分：相序 (IEC 61557-7)；

——第 8 部分：IT 系统绝缘监测装置(IEC 61557-8)；

——第 9 部分：IT 系统绝缘故障点测定装置(IEC 61557-9)；

——第 10 部分：防护措施的综合检测或监测装置(IEC 61557-10)；

——第 11 部分：在 TT、TN、IT 系统中 A 类和 B 类残余电流监测的有效性(IEC 61557-11)；

——第 12 部分：性能测量和监控装置(PMD)(IEC 61557-12)；

——第 13 部分：用于电力配电系统漏电流测量的手持式电流钳和传感器(IEC 61557-13)。

注：上述部分的名称会随 IEC 标准名称的变化而变化。

本部分为 GB/T 18216 的第 1 部分。

本部分按照 GB/T 1.1—2009 给出的规则起草。

本部分是对 GB/T 18216.1—2000 的修订。

本部分与 GB/T 18216.1—2000 相比主要技术变化如下：

——重新界定了术语，使用了“不确定度”(见 3.19、3.20、3.21 和 3.22)；

——“工作误差(B)，百分工作误差($B[\%]$)”修改为“工作不确定度(B)，百分工作不确定度($B[\%]$)”；同时修改了“公式(1)”并增加了影响量 E_9 和 E_{10}(见 4.1)；

——增加了“测量等级”(见 4.8)；

——增加了电磁兼容性(EMC)要求的内容(见 4.9)；

——使用说明中增加了新的要求，提供了“不确定度和 $E_1 \sim E_{10}$ 改变量”的要求(见 5.2)。

本部分使用翻译法等同采用 IEC 61557-1:2007《交流 1 000 V 和直流 1 500 V 以下低压配电系统电气安全　防护措施的试验、测量或监控设备　第 1 部分：通用要求》(英文版)。

请注意本文件的某些内容可能涉及专利。本文件的发布机构不承担识别这些专利的责任。

本部分由中国机械工业联合会提出。

本部分由全国电工仪器仪表标准化技术委员会(SAC/TC 104)归口。

本部分起草单位：上海英孚特电子技术有限公司、哈尔滨电工仪表研究所、河南省电力公司计量中心、天津市电力公司、山西省电力公司、重庆市电力公司、宁波三星电气股份有限公司。

本部分主要起草人：薛德晋、罗玉荣、赵玉富、王慧武、满玉岩、董力群、吴华、夏亚莉。

本部分所代替标准的历次版本发布情况为：

——GB/T 18216.1—2000。

引　言

IEC 60364-6:2006 规定了在 TN、TT 或 IT(IEC 60364)系统中电力安装设备的首次试验、连续监控以及这些设备调整后试验的标准化条件。除了规定施行这些试验的通用标准外，IEC 60364-6 还包括了必须通过测量来验证的要求。只有在少数几种情况下，例如在测量绝缘电阻时，该标准包括了所使用的测量装置的特性细节。在 IEC 60364-6 中作为例子给出并在正文中加以引用的电路图，一般不适用于实际使用。

当电气安装出现危险电压以及设备的使用不当或有缺陷时，在电力安装中施行试验很容易引起意外。因此，技术人员除了简化测量以外，还必须依赖于保证测量方法安全的测量装置。

应用电工和电子测量装置的通用安全规则(GB 4793.1)进行防护措施试验本身是不充分的。在电力安装中进行测量不仅对技术人员，还可能由于测量方法不同对第三方造成危害。

同样，为了获得一个关于设备的客观评判，例如设备移交以后进行周期性试验、连续绝缘监控或者对设备实行担保时，一个重要的前提是采用不同厂家的测量装置获得可靠的和可比的测量结果。

制定本系列标准的目的在于规定与上述特性相符合的统一原则，这些原则适用于标称电压交流 1 000 V和直流 1 500 V 以下系统中的电气安全试验和性能测试用的测量和监控设备。

由于这个原因，在 GB/T 18216 的第 1 部分和其他各部分已经规定了以下公共规范：

——对外部电压的防护；

——防护等级Ⅱ级(绝缘监控装置除外)；

——测量装置中危险接触电压的规范和安全防护；

——被试设备中涉及接线错误的接线方式的评判规定；

——特殊机械要求；

——测量方法；

——被测量；

——最大工作不确定度的规定；

——影响量试验和工作不确定度计算的规定；

——在各个部分中规定的测量装置不确定度的阈值；

——型式和常规试验种类的规定以及试验所需的条件。

交流 1 000 V 和直流 1 500V 以下低压配电系统电气安全防护措施的试验、测量或监控设备 第 1 部分:通用要求

1 范围

GB/T 18216 的本部分规定了标称电压交流 1 000 V 和直流 1 500 V 以下低压配电系统中用于电气安全性测量和监控试验设备的通用要求。

当测量设备或测量装置涉及由本标准所覆盖的各种测量设备的测量任务时,那么本标准的各有关部分适用于每个有关的测量任务。

注:术语"测量设备"在下文中指"试验、测量和监控设备"。

2 规范性引用文件

下列文件对于本文件的应用是必不可少的。凡是注日期的引用文件,仅注日期的版本适用于本文件。凡是不注日期的引用文件,其最新版本(包括所有的修改单)适用于本文件。

GB 4208—2008 外壳防护等级(IP 代码)(IEC 60529:2001,IDT)

GB 4793.1—2007 测量、控制和实验室用电气设备的安全要求 第 1 部分:通用要求(IEC 61010-1:2001,IDT)

GB/T 16935.1 低压系统内设备的绝缘配合 第 1 部分:原理、要求和试验(GB/T 16935.1—2008,IEC 60664-1:2007,IDT)

IEC 60038:1983[1] IEC 标准电压(修正案 1:1994,修正案 2:1997)(IEC standard voltages)

IEC 60364-6:2006 建筑电气安装 第 6 部分:检验(Electrical installations of buildings—Part 6: Verification)

IEC 61010-2-030 测量、控制和实验室用电气设备的安全要求 第 2-30 部分:试验和测量电路的特殊要求 (Safety requirements for electrical equipment for measurement, control, and laboratory use-Part 2-030: Special requirements for testing and measuring circuits)

IEC 61326-2-2:2005 测量、控制和实验室用电气设备 电磁兼容性(EMC)的要求 第 2-2 部分:特殊要求 用于低压配电系统的便携式试验、测量和监测设备的试验配置、操作条件和性能标准(Electrical equipment for measurement, control and laboratory use—EMC requirements—Part 2-2: Particular requirements—Test configurations, operational conditions and performance criteria for portable test, measuring and monitoring equipment used in low voltage distribution systems)

IEC 61326-2-4:2006 测量、控制和实验室用电气设备 电磁兼容性(EMC)的要求 第 2-4 部分:特殊要求 符合 IEC 61557-8 的绝缘监测装置和符合 IEC 61557-9 的绝缘故障定位设备的试验配置、操作条件和性能标准(Electrical equipment for measurement, control and laboratory use—EMC requirements—Part 2: Particular requirements—Test configurations, operational conditions and performance criteria for insulation monitoring devices according to IEC 61557-8 and for equipment for insulation

1) 在"综合版"(6.2)中,"综合版"包括 IEC 60038:1983 和它的修正案 1(1994)和 2(1997)。

fault location according to IEC 61557-9)

IEC 61557-2 交流 1 000 V 和直流 1 500 V 以下低压配电系统电气安全 防护措施的试验、测量或监控设备 第 2 部分:绝缘电阻(Electrical safety in low voltage distribution systems up to 1 000V a. c. and 1 500 V d. c. —Equipment for testing,measuring or monitoring of protective measures—Part 2:Insulation resistance)

IEC 61557-3 交流 1 000 V 和直流 1 500 V 以下低压配电系统电气安全 防护措施的试验、测量或监控设备 第 3 部分:环路阻抗(Electrical safety in low voltage distribution systems up tp 1 000 V a. c. and 1 500 V d. c. —Equipment for testing,measuring or monitoring of protective measures—Part 3:Loop impedance)

IEC 61557-4 交流 1 000 V 和直流 1 500 V 以下低压配电系统电气安全 防护措施的试验、测量或监控设备 第 4 部分:接地电阻和等电位接地电阻(Electrical safety in low voltage distribution systems up tp 1 000 V a. c. and 1 500 V d. c. —Equipment for testing,measuring or monitoring of protective measures—Part 4:Resistance of earth connection and equipotential bonding)

IEC 61557-5 交流 1 000 V 和直流 1 500 V 以下低压电配电系统电气安全 防护措施的试验、测量或监控设备 第 5 部分:对地电阻(Electrical safety in low voltage distribution systems up to 1 000 V a. c. and 1 500 V d. c. —Equipment for testing,measuring or monitoring of protective measures—Part 5:Resistance to earth)

IEC 61557-6 交流 1 000 V 和直流 1 500 V 以下低压配电系统电气安全 防护措施的试验、测量或监控设备 第 6 部分:在 TT 和 TN 系统中残留电流装置(RCD)(Electrical safety in low voltage distribution systems up to 1000 V a. c. and 1500 V d. c. —Equipment for testing, measuring or monitoring of protective measures—Part 6: Residual current devices (RCD) in TT and TN systems)

IEC 61557-7 交流 1 000 V 和直流 1 500 V 以下低压配电系统电气安全 防护措施的试验、测量或监控设备 第 7 部分:相序(Electrical safety in low voltage distribution systems up to 1000 V a. c. and 1500 V d. c. —Equipment for testing, measuring or monitoring of protective measures—Part 7: Phase sequence)

IEC 61557-8 交流 1 000 V 和直流 1 500 V 以下低压配电系统电气安全 防护措施的试验、测量或监控设备 第 8 部分:IT 系统绝缘监控装置(Electrical safety in low voltage distribution systems up to 1 000 V a. c. and 1 500 V d. c. —Equipment for testing, measuring or monitoring of protective measures—Part 8: Insulation monitoring devices for IT systems)

IEC 61557-9 交流 1 000 V 和直流 1 500 V 以下低压配电系统电气安全 防护措施的试验、测量或监控设备 第 9 部分:IT 系统绝缘故障点测定装置(Electrical safety in low voltage distribution systems up to 1 000 V a. c. and 1 500 V d. c. —Equipment for testing, measuring or monitoring of protective measures—Part 9: Equipment for insulation fault location in IT systems)

IEC 61557-10 交流 1 000 V 和直流 1 500 V 以下低压配电系统电气安全 防护措施的试验、测量或监控设备 第 10 部分:防护措施的综合检测或监测装置(Electrical safety in low voltage distribution systems up to 1 000 V a. c. and 1 500 V d. c. —Equipment for testing, measuring or monitoring of protective measures—Part 10: Combined measuring equipment for testing, measuring or monitoring of protective measures)

3 术语和定义

下列术语和定义适用于本文件。

3.1

配电系统的标称电压　nominal voltage of the distribution system

U_n

用于标明配电系统或设备的电压,某些工作特性与这个电压有关。

[IEV 60601-01-22,经修订]

3.2

系统中的工作电压　operating voltage in a system

正常条件下,系统在指定时刻和指定点上的电压值。

[IEV 60601-01-22,经修订]

3.3

对地电压　voltage against earth

U_0

a）在中性点接地的配电系统中,相线与接地中性点之间的电压;

b）在所有其他配电系统中,其中一相对地短路时其余各相导体与地之间的电压。

3.4

故障电压　fault voltage

U_f

在故障状态下,出现在暴露的导电部件(和/或外部导电部件)与地之间的电压。

3.5

(实际的)接触电压　(effective) touch voltage

U_t

当两个导电部件被人或动物同时接触时,导电部件之间的电压。

[IEV 826-11-05]

3.6

常规的接触电压限值　conventional touch voltage limit

U_L

在规定的外部影响条件下允许维持的不确定的接触电压的最大值,通常等于50 V交流方均根值或120 V无纹波的直流值。

[IEV 826-02-04,经修订]

3.7

额定电压范围　rated range of voltages

设计的测量和监控设备预期使用的电压范围。

3.8

额定供电电压　rated supply voltage

U_S

使测量设备工作的电压或作为电源测量设备能吸收电能的电压。

3.9

输出电压　output voltage

U_a

测量设备工作时或能输出电能时其端子之间的电压。

3.10

开路电压　open-circuit voltage

U_q

测量设备空载端子间的电压。

3.11

测量设备的额定电压 rated voltage of measuring equipment

U_{ME}

标志在设备上的,测量设备预期被使用的电压。

3.12

外部电压 extraneous voltage

由外部影响所产生的,测量设备可承受的电压。不是测量设备工作所需要的但却可能影响其工作的电压。

3.13

额定电流 rated current

I_N

在额定工作条件下测量设备的电流。

3.14

短路电流 short-circuit current

I_k

流过测量设备短路端子之间的电流。

3.15

额定频率 rated frequency

f_N

设计的预期使用测量设备的频率值。

3.16

地 earth

接地的导电体,其上任何点的电位约定等于零。

[IEV 826-04-01]

3.17

地电极 earth electrode

与地紧密接触并提供电气连接的单个导电部件或部件组。

[IEV 826-04-02]

3.18

总接地电阻 total earthing resistance

R_A

主接地端和地之间的电阻。

[IEV 826-04-03]

3.19

百分基准不确定度 percentage fiducial uncertainty

以基准值(见3.26)的百分数表示的测量设备的(绝对)不确定度。

3.20

基本不确定度 intrinsic uncertainty

在参比条件下使用的测量仪器或替代仪表的不确定度。

[IEC 60359,定义3.2.10]

注:由摩擦引起的不确定度是基本不确定度的一部分。

3.21

仪表的工作不确定度　operating instrumental uncertainty

额定工作条件下仪表的不确定度。

[IEC 60359,定义 3.2.11]

注：在工作范围内其影响量的某个组合下,工作不确定度将有一极大值(不考虑符号)。

3.22

百分工作不确定度　percentage operating uncertainty

以基准值百分数表示的测量设备的工作不确定度。

3.23

性能特性　performance characteristic

为对设备规定其性能而指定的某个量(用值、允差、范围来表示)。

注：视其应用而定,同一个量在本标准中可称为"性能特性"和"被测量或供给量",也可作为"影响量"。此外,术语"性能特性"包括一些量的商,诸如单位长度的电压等。

3.24

影响量　influence quantity

不是测量的对象,但是其变化影响测量结果和示值之间的关系。

[IEC 60359,定义 3.1.14]

注：影响量对于设备来说可以是外部的也可以是内部的。当影响量之一的值在其测量范围内改变时,它可能由于其他的原因而影响不确定度。被测量或其参数自身也可作为影响量。例如,对于一个电压表,被测电压值由于非线性或其频率也可能导致附加的不确定度。

3.25

改变量(由影响量引起的)　variation (due to an influence quantity)

当一个影响量相继取两个不同的值时,指示仪表的同一被测量的校准示值之间的差,或者是实物量具的两个值的差。

[IEC 60359, 定义 3.3.5]

3.26

基准值　fiducial value

为了定义基准不确定度而明确规定的作为参考的值。

注：例如,这个值可以是测量范围上限、标尺长度或任何其他明确说明的值。

[IEV 311-01-16,经修订]

3.27

参比条件　reference conditions

影响量的规定值和/或规定的值的范围的适当的集合,在此条件下规定测量仪表的最小允许不确定度。

[IEC 60359,定义 3.3.10]

3.28

规定的工作范围　specified operating range

构成额定工作条件(见 3.31)一部分的某单一影响量的量值范围。

3.29

供电电压的影响　effect of the supply voltage

由于供电电压而影响测量设备运行,并从而影响其产生的被测值的效应。

3.30

配电系统电压的影响　effects of the distribution system voltage

由于配电系统电压而影响设备工作,并从而影响其产生的被测值的效应。

3.31

额定工作条件 rated operating conditions

在测量期间为使校准图有效而应满足的一组条件。

[IEC 60359，定义 3.3.13]

3.32

额定测量电压 rated measuring voltage

$\boldsymbol{U}_{\mathrm{M}}$

在测量期间测量端子上存在的电压。

4 要求

当测量设备用于规定用途时不应危及人、畜或财产安全。此外，测量设备附加有不适用于本标准各部分的附加功能时，也不应危及人、畜或财产安全。

如果此后没有不同的规定，测量设备应符合 GB 4793.1—2007 的规定。

如果测量设备标明了其测量端子上的电压条件，它也必须指出是否存在系统电压以及带电导体是否可以和防护导体互换。

4.1 工作不确定度(*B*)，百分工作不确定度(*B* [%])

工作不确定度按下列公式计算：

$$B=\pm(|A|+1.15\sqrt{\sum_{i=1}^{N}E_i^{\,2}}) \qquad \cdots\cdots(1)$$

式中：

A ——基本不确定度；

E_i——改变量；

i ——改变量的顺序号；

N——影响因素的数量。

百分工作不确定度应按下列公式计算：

$$B[\%]=\pm\frac{B}{\text{基准值}}\times 100\% \qquad \cdots\cdots(2)$$

用来计算对工作不确定度有影响的改变量的标识如下：

——位置变化引起的改变量 E_1

——供电电压变化引起的改变量 E_2

——温度变化引起的改变量 E_3

——干扰电压引起的改变量 E_4

——地电极电阻引起的改变量 E_5

——测试电路阻抗相角改变引起的改变量 E_6

——系统频率变化引起的改变量 E_7

——系统电压变化引起的改变量 E_8

——系统谐波引起的改变量 E_9

——系统直流分量引起的改变量 E_{10}

允许的百分工作不确定度在本标准中其他各部分中规定。

注：在计算工作不确定度时，仅单个影响量改变而其余影响量保持在参考条件下。将改变量各个值(正、负)中较大的一个代入公式计算工作不确定度。并非所有的影响量都与本标准中第 2 到第 8 部分所覆盖的测量设备有关。型式试验中测得的改变量在特定条件下可以用来计算常规试验中的工作不确定度。本系列标准中相关部分对此进行了详细阐述。

4.2 额定工作条件

应在下列额定工作条件下确定工作不确定度：

——温度范围 0 ℃ ～ 35 ℃；

——对可携式测量设备从参比位置到±90°位置；

——对于由配电系统供电(如果适用)的测量设备，适用于标称供电电压的 85%～110%(对于由配电系统供电的电压应使用 IEC 60038 中的值)；

——对于由电池组/蓄电池组供电的测量设备，电池或电池组/蓄电池组的充电状态应符合 4.3 的规定；

——手摇发电机供电的测量设备由制造厂规定每分钟转数的范围；

——供电电压频率(如适用)的±1 %。

注：其他的额定工作条件由本标准中的其他部分规定。

4.3 电池检查装置

由电池或充电电池供电的测量设备应按规定的要求检查这些电池的充电状态是否允许测量。这可作为测量周期的一部分自动进行或作为一种独立的功能进行。电池所充电荷量至少和测量期间所需的一样。

4.4 端子

端子应设计成探头组与测量设备能可靠地连接，并且任何带电部件不能被意外地触及。在这种情况下，除了适用于本标准第 8 部分的测量装置外，防护导体应视为导电部件。

4.5 防护等级

除了适用于本标准第 8 部分和第 9 部分的测量装置外，测量装置应按双重绝缘或加强绝缘设计(Ⅱ级防护)。

4.6 污染等级

测量设备应至少按 GB 4793.1—2007 规定的污染等级 2 级设计。

4.7 过电压等级

适用于本标准第 8 部分和第 9 部分的测量设备应至少按 GB/T 16935.1 规定的过电压等级Ⅲ级设计。

4.8 测量等级

为了符合 IEC 61010-2-030 的规定，适用于本标准第 3 部分、第 5 部分、第 6 部分、第 7 部分和第 10 部分的测量设备应至少按测量等级Ⅲ级设计。适用于本标准第 2 部分、第 4 部分和第 5 部分(电池供电的)的测量设备应至少按测量等级Ⅱ级设计。

4.9 电磁兼容性(EMC)

4.9.1 适用于本标准第 2 部分、第 3 部分、第 4 部分、第 5 部分、第 6 部分、第 7 部分和第 10 部分的测量设备应按 IEC 61326-2-2 的规定设计。

4.9.2 适用于本标准第 8 部分和第 9 部分的测量设备应按 IEC 61326-2-4 的规定设计。

4.10 振动试验

除了按 GB 4793.1 进行耐机械力试验外，测量设备应成功地通过下列条件的振动试验(型式试验)：

——方向：三个互相垂直的轴向；

——振幅：1 mm；

——频率：25 Hz；

——持续时间：20 min。

5 标志和使用说明书

除非本标准其他部分另有规定，标志和使用说明书应符合 GB 4793.1—2007 的规定。

5.1 标志

测量设备应具有以下标志，这些标志应清晰可识别并不易擦除。

a) 设备类型；

b) 被测量的单位；

c) 测量范围；

d) 可换熔丝的熔丝型号和额定电流；

e) 在电池盒内标志电池/蓄电池的型号和连接极性；

f) 由配电系统供电的测量设备标志配电系统标称电压和 GB 4793.1—2007 规定的双重绝缘的符号；

g) 制造厂名或注册商标；

h) 型号、名称或其他识别设备的方法(在内部或外部)；

i) 参见使用说明书，按 GB 4793.1 的规定使用符号⚠。

5.2 使用说明书

使用说明书中应提供工作不确定度、基本不确定度和改变量 $E_1 \sim E_{10}$(IEC 61557 第 8 部分和第 9 部分覆盖的测量设备除外)。

使用说明书应包括以下细节：

a) 接线图；

b) 测量方法；

c) 测量原理的简述；

d) 由制造厂以图或表格说明最大允许指示值，这些最大允许值应考虑到由制造商规定的允差(如果有必要)；

e) 电池/可充电电池的类型；

f) 关于可充电电池的充电电流、充电电压和充电时间的信息；

g) 电池/可充电电池的工作寿命/运行时间或可测量的次数；

h) IP 防护类型(GB 4208—2008)；

i) 必要的特殊指导性说明。

6 试验

除非下列条款或本标准的其他部分另有规定，测量设备应依照 IEC 61010-2-30 和 IEC 61326-2-2 的要求进行试验。

除非另有规定，所有试验都应在参比条件下进行。该参比条件在本标准的各部分中作了规定。

6.1 位置影响

如果适用，按 4.2 的规定，由于位置改变引起的改变量 E_1 应由制造厂规定的参比位置改变到＋90°或－90°位置进行确定(常规试验)。

6.2 温度影响

按 4.2 的规定，由于温度改变而引起的改变量 E_3 应在以下额定工作条件下确定：

——在 0 ℃ 和 35 ℃下达到平衡状态以后进行(型式试验)。

6.3 供电电压影响

由供电电压改变引起的改变量 E_2 应在以下额定工作条件下确定(常规试验)：

——由配电系统供电的测量设备按 4.2 确定的限值；

——由电池/蓄电池供电的测量设备按 4.3 和 6.4 确定的限值；

——由手摇发电机供电的测量设备按 4.2 确定的限值。

6.4 电池检查装置

应按 4.3 电池检查装置的规定设置电池电压的下限和上限，使用外部电压源来确定。应将在进行 6.3 规定的试验中的这些值视为由供电电压变化引起的改变量的限值 E_2 使用。

6.5 防护等级

除了适用于本标准第 8 部分和第 9 部分的设备外，应按 4.5 的规定检查其双重绝缘或加强绝缘(Ⅱ级防护)的符合性(型式试验)。

6.6 端子

应按 4.4 的规定检查端子对与带电部件偶然接触的防护(型式试验)。

6.7 机械要求

本试验应按 4.10 的规定进行(型式试验)。

当没有零件松动或弯曲，并且连接导线没有被损坏，就认为成功地通过了这些试验。试验以后测量设备应符合 4.1 有关工作不确定度的要求(型式试验)。

6.8 标志和使用说明书

按本标准第 1 部分到第 10 部分的第 5 章相关要求对标志和使用说明书进行目视检查(型式试验，标志作为常规试验)。

参 考 文 献

[1] IEC 60050-300:2001 International electrotechnical vocabulary—Electrical and electronic measurements and measuring instruments—Part 311:General terms relating to measurements

[2] IEC 60050-601:1985 International electrotechnical vocabulary—Chapter 601:Generation, transmission and distribution of electricity—General

[3] IEC 60050-826:1982 Amendment 1:1998 International electrotechnical vocabulary—Part 826:Electrical installations of buildings

[4] IEC 60359:2001 Expression of the performance of electrical and electronic measuring equipment

[5] IEC 60364-1:2001 Electrical installations of buildings—Part 1:Fundamental principles, assessment of general characteristics,definitions

[6] IEC 60364-6:2006 Low electrical installations—Part 6:Verification

[7] IEC 61326-1:2005 Electrical equipment for measurement, control and laboratory use—EMC requirements—Part 1: General requirements

ICS 17.220.20
N 20

中华人民共和国国家标准

GB/T 18216.2—2012/IEC 61557-2:2007
代替 GB/T 18216.2—2002

交流 1 000 V 和直流 1 500 V 以下低压配电系统电气安全防护措施的试验、测量或监控设备 第 2 部分:绝缘电阻

Electrical safety in low voltage distribution systems up to 1 000 V a. c. and 1 500 V d. c.—Equipment for testing, measuring or monitoring of protective measures—Part 2: Insulation resistance

(IEC 61557-2:2007, IDT)

2012-11-05 发布　　2013-02-15 实施

中华人民共和国国家质量监督检验检疫总局
中国国家标准化管理委员会　发布

前　言

GB/T 18216《交流 1 000 V 和直流 1 500 V 以下低压配电系统电气安全　防护措施的试验、测量或监控设备》目前拟分为 13 个部分：

——第 1 部分：通用要求(IEC 61557-1)；

——第 2 部分：绝缘电阻(IEC 61557-2)；

——第 3 部分：环路阻抗(IEC 61557-3)；

——第 4 部分：接地电阻和等电位接地电阻(IEC 61557-4)；

——第 5 部分：对地电阻(IEC 61557-5)；

——第 6 部分：在 TT 和 TN 系统中残余电流防护装置(RCD)(IEC 61557-6)；

——第 7 部分：相序 (IEC 61557-7)；

——第 8 部分：IT 系统绝缘监测装置(IEC 61557-8)；

——第 9 部分：IT 系统绝缘故障点测定装置(IEC 61557-9)；

——第 10 部分：防护措施的综合检测或监测装置(IEC 61557-10)；

——第 11 部分：在 TT、TN、IT 系统中 A 类和 B 类残余电流监测的有效性(IEC 61557-11)；

——第 12 部分：性能测量和监控装置(PMD)(IEC 61557-12)；

——第 13 部分：用于电力配电系统漏电流测量的手持式电流钳和传感器(IEC 61557-13)。

注：上述部分的名称会随 IEC 标准名称的变化而变化。

本部分为 GB/T 18216 的第 2 部分。

本部分按照 GB/T 1.1—2009 给出的规则起草。

本部分是对 GB/T 18216.2—2002 的修订。

本部分与 GB/T 18216.2—2002 相比主要技术变化如下：

——补充了术语“额定输出电压”(见 3.1)；

——修订了开路电压范围(见 4.2)；“工作误差”的要求修改为相应的“工作不确定度”要求(见 4.5)；

——增加了警告图示(见 4.6)；

——对过载试验条款的修订(见 6.6)。

本部分使用翻译法等同采用 IEC 61557-2:2007《交流 1 000 V 和直流 1 500 V 以下低压配电系统电气安全　防护措施的试验、测量或监控设备　第 2 部分：绝缘电阻》(英文版)。

请注意本文件的某些内容可能涉及专利。本文件的发布机构不承担识别这些专利的责任。

本部分由中国机械工业联合会提出。

本部分由全国电工仪器仪表标准化技术委员会(SAC/TC 104)归口。

本部分起草单位：上海英孚特电子技术有限公司、哈尔滨电工仪表研究所、河南省电力公司计量中心、湖北省电力公司、湖南省电力公司、重庆市电力公司、宁波三星电气股份有限公司。

本部分主要起草人：薛德晋、罗玉荣、赵玉富、王慧武、申莉、刘红、吴华、夏亚莉。

本部分所代替标准的历次版本发布情况为：

——GB/T 18216.2—2002。

交流 1 000 V 和直流 1 500 V 以下低压配电系统电气安全防护措施的试验、测量或监控设备 第 2 部分:绝缘电阻

1 范围

GB/T 18216 的本部分规定了测量绝缘电阻设备的要求,这些设备适用于测量在非激励状态下的设备和电气安装的绝缘电阻。

2 规范性引用文件

下列文件对于本文件的应用是必不可少的。凡是注日期的引用文件,仅注日期的版本适用于本文件。凡是不注日期的引用文件,其最新版本(包括所有的修改单)适用于本文件。

GB 4793.1—2007 测量、控制和实验室用电气设备的安全要求 第 1 部分:通用要求(IEC 61010-1:2001,IDT)

GB/T 18216.1—2012 交流 1 000 V 和直流 1 500 V 以下低压配电系统电气安全 防护措施的试验、测量或监控设备 第 1 部分:通用要求(IEC 61557-1:2007,IDT)

3 术语和定义

GB/T 18216.1 界定的以及下列术语和定义适用于本文件。

3.1

额定输出电压 rated output voltage

U_N

当测量设备以额定电流加载时,测量设备端子之间输出的电压。

4 要求

下列要求以及 GB/T 18216.1 确立的要求适用于本文件。

4.1 输出电压应为直流电压;当一个被测绝缘电阻与一个 2 μF 电容并联时,输出电压可能出现交流电压分量,在一个量值为 $U_N \times (1\ 000\ \Omega/V)$ 的电阻两端的额定输出电压的指示值与相应的标示值之差应不大于 10 %。

4.2 开路电压不应超过额定输出电压的 1.25 倍。

4.3 额定输出电流至少应为 1 mA。

4.4 测量电流不应超过峰值 15 mA,出现的任何交流分量不应超过峰值 1.5 mA。

4.5 在标志或规定的测量范围内,按表 1 确定的以测量值作为基准值的最大百分工作不确定度不应超过±30%。

工作不确定度应适用于GB/T 18216.1规定的额定工作条件。

表1 工作不确定度的计算

基本不确定度或影响量	参比条件或规定工作范围	符号	GB/T 18216系列标准相关部分的要求或试验	试验类型
基本不确定度	参比条件	A	本部分的6.1	R
位置	参比位置±90°	E_1	GB/T 18216.1—2012的4.2	R
供电电压	由制造厂商规定的极限	E_2	GB/T 18216.1—2012的4.2、4.3	R
温度	0 ℃和35 ℃	E_3	GB/T 18216.1—2012的4.2	T
工作不确定度	$B=\pm(\lvert A\rvert+1.15\sqrt{E_1{}^2+E_2{}^2+E_3{}^2})$		本部分的4.5	R
A=基本不确定度 E_n=改变量 R=常规试验 T=型式试验 $B[\%]=\pm\frac{B}{\text{基准值}}\times 100\%$				

4.6 当测量设备的测量端子上偶然施加一个量值达到最高额定输出电压的120 %且持续时间为10 s的外部直流或交流电压时，使用者不应受到危险。

4.6.1 当测量设备上具有下列标志之一时，施加的外部交流过电压可以减小到1.1倍线电压：

a)

不能用于电压高于…V的配电系统中

注1：标志应用中文书写。

注2：标志上所示的电压值应是最大线电压的1.1倍。

或者

b) 在交流500 V系统中如图1所示：

注1：图与外框应和背景颜色形成反差。

注2：标志上所示的电压值应是最大线电压的1.1倍。

图1

施加降低了的交流过电压以后，设备还应符合规范。

5 标志和使用说明书

5.1 标志

除 GB/T 18216.1—2012 规定的标志外，测量设备上还应有以下信息：

a) 额定输出电压；

b) 额定电流；

c) 按 4.5 规定的测量范围。

5.2 使用说明书

除 GB/T 18216.1—2012 规定的操作说明外，使用说明书还应包括以下信息：

a) 一个警告性说明，应指出只能对非激励状态下的设备或对一个电气安装上的非激励的部分进行测量；

b) 当由手摇发电机供电时，应有正确的操作说明；

c) 以电池组或蓄电池组供电的测量设备应按 6.7 的规定，说明可能的测量次数。

6 试验

除了 GB/T 18216.1—2012 给出的试验外，还应进行下列试验。

6.1 确定工作不确定度的参比条件

工作不确定度应按表 1 的规定来确定，在此过程中基本不确定度应在下列参比条件下确定：

——供电电压的标称值；

——由手摇发电机供电时，发电机标称的每分钟转数；

——参比温度：23 ℃ ± 2 ℃；

——按制造厂商规定的参比位置。

这样评定的工作不确定度不应超过 4.5 规定的限值。

6.2 开路电压

应按 4.2 的规定检验开路电压(常规试验)。

6.3 额定电流

应通过一个阻值为 $U_N \times (1\,000\ \Omega/V)$ 的试验电阻来测试额定电流，应检验 4.3 要求的符合性(常规试验)。

6.4 测量电流

应测试测量电流，并应检查 4.4 的要求的符合性(常规试验)。

注：当在直流电压上叠加了一个交流电压时，必须使用测量电流峰值的测量设备。

6.5 设备加载试验

应这样进行试验，通过一个纯电阻(无电容和电感)加载测量设备，产生一个额定输出电压和额定电流，当并联一个 2(1±10%)μF 的电容时，指示值应稳定并且变化不大于 10%(型式试验)。

6.6 过载试验

6.6.1 交流电压过载试验

根据4.6或4.6.1的规定应进行允许的过载试验。因此,用4.6或4.6.1规定的交流电压,以接通和断开设备的方法,施加到设备上持续10 s的时间。

交流试验源应具有激活保护装置并且显示电路薄弱环节的能力。如果保护装置被激活或有零部件损坏,应用具有GB/T 4793.1—2007中16.2规定能力的试验源重新进行试验。

按4.6进行交流过载试验后,如果有任何缺陷,应明确地指出,指示值和显示值不应导致不安全的判读。

按4.6.1进行交流过载试验后,设备仍应符合规范。

这包括用户在没有任何维修的情况下重新激活保护装置。

注:更换用户所能触及的保险丝应被认为是重新激活保护装置。

6.6.2 直流电压过载试验

此外,以接通和断开设备的方式施加两个极性的直流电压试验,此直流电压是最高额定输出电压的1.2倍,贮存在2 μF的电容里。

经此试验后,测量设备仍应符合其规范,不应激活保护装置。

6.7 测量次数试验

应确定可能进行的测量次数,此测量次数是由电池检测装置确定的达到电压范围极限值前的数值。

在此过程中,应通过一个U_N×(1 000 Ω/V)的试验电阻对设备加载,以加载5 s,间断约25 s的周期交替进行(型式试验)。

6.8 记录

本章中的试验符合性应进行记录。

ICS 17.220.20
N 20

中华人民共和国国家标准

GB/T 18216.3—2012/IEC 61557-3:2007
代替 GB/T 18216.3—2007

交流 1 000 V 和直流 1 500 V 以下低压配电系统电气安全 防护措施的试验、测量或监控设备 第 3 部分:环路阻抗

Electrical safety in low voltage distribution systems up to 1 000 V a.c. and 1 500 V d.c.—Equipment for testing, measuring or monitoring of protective measures—Part 3: Loop impedance

(IEC 61557-3:2007, IDT)

2012-11-05 发布　　2013-02-15 实施

中华人民共和国国家质量监督检验检疫总局
中国国家标准化管理委员会　发布

前　言

GB/T 18216《交流 1 000 V 和直流 1 500 V 以下低压配电系统电气安全　防护措施的试验、测量或监控设备》目前拟分为 13 个部分：

——第 1 部分：通用要求(IEC 61557-1)；

——第 2 部分：绝缘电阻(IEC 61557-2)；

——第 3 部分：环路阻抗(IEC 61557-3)；

——第 4 部分：接地电阻和等电位接地电阻(IEC 61557-4)；

——第 5 部分：对地电阻(IEC 61557-5)；

——第 6 部分：在 TT 和 TN 系统中残余电流防护装置(RCD)(IEC 61557-6)；

——第 7 部分：相序(IEC 61557-7)；

——第 8 部分：IT 系统绝缘监测装置(IEC 61557-8)；

——第 9 部分：IT 系统绝缘故障点测定装置(IEC 61557-9)；

——第 10 部分：防护措施的综合检测或监测装置(IEC 61557-10)；

——第 11 部分：在 TT、TN、IT 系统中 A 类和 B 类残余电流监测的有效性(IEC 61557-11)；

——第 12 部分：性能测量和监控装置(PMD)(IEC 61557-12)；

——第 13 部分：用于电力配电系统漏电流测量的手持式电流钳和传感器(IEC 61557-13)。

注：上述部分的名称会随 IEC 标准名称的变化而变化。

本部分为 GB/T 18216 的第 3 部分。

本部分按照 GB/T 1.1—2009 给出的规则起草。

本部分是对 GB/T 18216.3—2007 的修订。

本部分与 GB/T 18216.3—2007 的主要变化如下：

——补充了术语“系统相位角”(3.4)、“环路阻抗”(3.5)；

——关于“工作误差”的要求修改为相应的“工作不确定度”要求(见 4.1)；

——增加使用说明的信息(见 5.2)；

——增加新影响量 E_9 和 E_{10}。

本部分使用翻译法等同采用 IEC 61557-3:2007《交流 1 000 V 和直流 1 500 V 以下低压配电系统电气安全　防护措施的试验、测量或监控设备　第 3 部分：环路阻抗》(英文版)。

请注意本文件的某些内容可能涉及专利。本文件的发布机构不承担识别这些专利的责任。

本部分由中国机械工业联合会提出。

本部分由全国电工仪器仪表标准化技术委员会(SAC/TC 104)归口。

本部分起草单位：哈尔滨电工仪表研究所、上海英孚特电子技术有限公司、河南省电力公司计量中心、天津市电力公司、山西省电力公司、重庆市电力公司、宁波三星电气股份有限公司。

本部分主要起草人：罗玉荣、薛德晋、赵玉富、王慧武、满玉岩、董力群、吴华、夏亚莉。

本部分所代替标准的历次版本发布情况为：

——GB/T 18216.3—2007。

交流 1 000 V 和直流 1 500 V 以下低压配电系统电气安全 防护措施的试验、测量或监控设备 第 3 部分:环路阻抗

1 范围

GB/T 18216 的本部分规定了通过对被测电路加载产生电压降落的方法来测量环路阻抗的设备的要求,环路阻抗是相导体与防护导体之间或相导体与中性导线之间或某两相导体之间的阻抗。

2 规范性引用文件

下列文件对于本文件的应用是必不可少的。凡是注日期的引用文件,仅注日期的版本适用于本文件。凡是不注日期的引用文件,其最新版本(包括所有的修改单)适用于本文件。

GB 4793.1—2007 测量、控制和试验室用电气设备的安全要求 第 1 部分:通用要求(IEC 61010-1:2001,IDT)

GB/T 18216.1 交流 1 000 V 和直流 1 500 V 及以下低压配电系统电气安全 防护措施的试验、测量或监控设备 第 1 部分:通用要求(GB/T 18216.1—2012,IEC 61557-1:2007,IDT)

3 术语和定义

GB/T 18216.1 界定的以及下列术语和定义适用于本文件。

3.1

加载方法 loading method

给配电系统中某一电路加以负载而产生电压降落的方法。

3.2

加载设备 loading equipment

在某一电路中产生电压降落的设备。

3.3

测试电流 test current

在某一电路中产生电压降落的电流。

3.4

系统相位角 system phase angle

配电系统中环路阻抗与环路电阻之间的夹角。

3.5

环路阻抗 loop impedance

在电流环路中包含电流源阻抗在内的所有阻抗和,即从测量点到电流源另一端子的相导体(例如保护导体、接地电极和大地)的阻抗。

4 要求

下列要求以及 GB/T 18216.1 确立的要求适用于本文件。

4.1 在标志的或声明的测量范围内，按表 1 确定的最大百分工作不确定度不应超过以测量值作为基准值的±30%。

工作不确定度在 GB/T 18216.1 规定的额定工作条件和下列工作条件下适用：

——被测试电路没有加载；

——系统电压应在设备设计使用的配电系统的标称电压的 85%～110%之间；

——系统频率应在设备设计使用的配电系统标称频率的 99%～101%之间；

——在测量过程中，系统的电压和频率保持恒定不变；

——电路通过加设备加载。

对于配电系统中接近变压器的测量，用户应使用带有规定功能的（系统相角影响量最低 30°）环路阻抗测量设备进行，或者由用户考虑附加的规定的工作不确定度。

注：在接近源端变压器处（例如小于 50 m）进行环路电阻的测量系统相角可能超过 18°（例如直到 30°），因此变压器的内部阻抗的电感部分不能忽略。

4.2 通过加载设备加载引起配电系统瞬变时，作为瞬变结果的工作不确定度不应超差。

带有规定的 18°系统相角影响量 $E_{6.1}$ 的设备应按 GB 4793.1—2007 中第 14 个警告符号在邻近环路功能标志的地方标记或者在显示器上警告。

4.3 当在做零偏移校准包括外部电阻时，则应注明。

无论在范围或功能方面有任何改变，只要被注明偏移就应一直包含在内。

4.4 应确保避免由于在受试电路的测量点上超过 50 V 的测量而产生故障电压。当出现 GB/T 4793.1—2007 中图 1 所示的超过 50 V 的故障电压时，可以通过自动切断来避免。

4.5 当测量设备连接到设计的测量设备使用的配电系统的 120%标称电压上时，测量设备不应受到损害，使用者不应受到危险，防护装置不应动作。

4.6 当测量设备意外连接到对地电压为它的额定电压的 173%的电压上达 1 min 时，测量设备不应被损坏，使用者不应受到危险，防护装置可以动作。

表 1 工作不确定度计算

基本不确定度或影响量	参比条件或规定工作范围	符号	GB/T 18216 标准相关部分的要求或试验	试验类型
基本不确定度	参比条件	A	本部分的 6.1	R
位置	参比位置±90°	E_1	GB/T 18216.1 的 4.2	R
供电电压	由制造厂商规定的极限	E_2	GB/T 18216.1 的 4.2、4.3	R
温度	0 ℃和 35 ℃	E_3	GB/T 18216.1 的 4.2	T
系统相位角	测量范围下限的系统相位角 0°～18°	$E_{6.1}^{a}$	本部分的 4.1	T
系统相位角	测量范围下限的系统相位角 0°～30°	$E_{6.2}^{a}$	本部分的 4.1	T
系统频率	标称频率的 99%～101%	E_7	本部分的 4.1	T
系统电压	标称电压的 85%～110%	E_8	本部分的 4.1	T

表 1（续）

基本不确定度或影响量	参比条件或规定工作范围	符号	GB/T 18216 标准相关部分的要求或试验	试验类型
谐波	0°相角时，三次谐波 5% 180°相角时，五次谐波 6% 0°相角时，七次谐波 5%（配电系统标称电压的基波百分数）	E_9	本部分的 4.1	T
直流量	加上系统标称电压 0,5% 的附加直流分量，两个极性； 推荐制造厂按本表计算工作不确定度时包括 E_{10}	E_{10}^{b}	本部分的 4.1	T
工作不确定度	$B=\pm(\lvert A\rvert+1.15\sqrt{E_1^2+E_2^2+E_3^2+E_6^2+E_7^2+E_8^2+E_9^2+E_{10}^2})$		本部分的 4.1	R

A＝基本不确定度

E_n＝改变量

R＝常规试验

T＝型式试验

$$B[\%]=\pm\frac{B}{\text{基准值}}\times 100\%$$

[a] 按照适用情况，分别使用 $E_{6.1}$ 或 $E_{6.2}$。

[b] 影响量 E_{10} 包括计算由依照 IEC 61800-5-2 的直流泄露电流引起的，作用于 PE 或 PEN 导体上的可能的电压跌落。

5 标志和使用说明书

5.1 标志

除 GB/T 18216.1 规定的标志外，在测量设备上还应提供下列信息：

a) 不确定度限值符合 4.1 规定的环路阻抗的电阻范围或计算出的短路电流的范围；

b) 设备额定使用的标称系统电压；

c) 设备额定使用的额定系统频率；

d) 当相位角大于 18°时，加载设备的相位角。

5.2 使用说明书

除了 GB/T 18216.1 规定外，说明书还应规定以下操作说明：

a) 如相位角大于 18°，应说明与加载设备有关的数据；

b) 测试电流的值和波形以及加载时间；

c) 工作不确定度不超过 4.1 规定的系统电压的范围；

d) 工作不确定度不超过 4.1 的规定的环路阻抗的范围（幅值和角度）；

e) 可能的不确定度提示，例如对被测试电路预加载而产生的不确定度；

f) 受系统电压变化影响和来自系统的其他影响的有关数据，诸如靠近配电系统变压器的测量。应规定详细的用户校正值，除非仪器有一个完整的详细的环路阻抗测量函数。

6 试验

除了GB/T 18216.1列出的试验外，还应施行以下试验。

6.1 应根据表1的规定计算工作不确定度。在此过程中，基本不确定度应在下列参比条件下确定：

——标称系统电压；

——标称系统频率；

——参比温度23 ℃±2 ℃；

——按制造厂规定的参比位置；

——标称配电系统供电电压或电池电压；

——加载设备与在试电路环路阻抗的相位角差小于或等于5°。

这样评定的工作不确定度不应超过4.1规定的限值。

6.2 按4.3的要求进行符合性试验(型式试验)。

6.3 按4.4的要求进行符合性试验(常规试验)。

6.4 按4.5和4.6的要求进行允许的过载试验(型式试验)。

6.5 本章中的各项符合性试验应进行记录。

参 考 文 献

[1] IEC 61800-5-2 Adjustable speed electrical power drive systems—Part 5-2: Safety requirements—Functional

ICS 17.220.20
N 20

中华人民共和国国家标准

GB/T 18216.4—2012/IEC 61557-4:2007
代替 GB/T 18216.4—2007

交流 1 000 V 和直流 1 500 V 以下低压配电系统电气安全 防护措施的试验、测量或监控设备 第 4 部分:接地电阻和等电位接地电阻

Electrical safety in low voltage distribution systems up to 1 000 V a. c. and 1 500 V d. c.—Equipment for testing, measuring or monitoring of protective measures—Part 4: Resistance of earth connection and equipotential bonding

(IEC 61557-4:2007,IDT)

2012-11-05 发布　　2013-02-15 实施

中华人民共和国国家质量监督检验检疫总局
中国国家标准化管理委员会　发布

前　言

GB/T 18216《交流 1 000 V 和直流 1 500 V 以下低压配电系统电气安全　防护措施的试验、测量或监控设备》目前拟分为 13 个部分：

——第 1 部分：通用要求(IEC 61557-1)；

——第 2 部分：绝缘电阻(IEC 61557-2)；

——第 3 部分：环路阻抗(IEC 61557-3)；

——第 4 部分：接地电阻和等电位接地电阻(IEC 61557-4)；

——第 5 部分：对地电阻(IEC 61557-5)；

——第 6 部分：在 TT 和 TN 系统中残余电流防护装置(RCD)(IEC 61557-6)；

——第 7 部分：相序 (IEC 61557-7)；

——第 8 部分：IT 系统绝缘监测装置(IEC 61557-8)；

——第 9 部分：IT 系统绝缘故障点测定装置(IEC 61557-9)；

——第 10 部分：防护措施的综合检测或监测装置(IEC 61557-10)；

——第 11 部分：在 TT、TN、IT 系统中 A 类和 B 类残余电流监测的有效性(IEC 61557-11)；

——第 12 部分：性能测量和监控装置(PMD)(IEC 61557-12)；

——第 13 部分：用于电力配电系统漏电流测量的手持式电流钳和传感器(IEC 61557-13)。

注：上述部分的名称会随 IEC 标准名称的变化而变化。

本部分为 GB/T 18216 的第 4 部分。

本部分按照 GB/T 1.1—2009 给出的规则起草。

本部分是对 GB/T 18216.4—2007(IEC 61557-4:1997)的修订。

本部分与 GB/T 18216.4—2007 相比主要变化如下：

——删减术语"测量电压"；

——关于"工作误差"的要求修改为相应的"工作不确定度"要求(见 4.6)；

——数字式设备的分辨率由 0.01 Ω 修改为 0.1 Ω(见 4.5)。

本部分使用翻译法等同采用 IEC 61557-4:2007《交流 1 000 V 和直流 1 500 V 以下低压配电系统电气安全防护措施的试验、测量或监控设备　第 4 部分：接地电阻和等电位接地电阻》。

请注意本文件的某些内容可能涉及专利。本文件的发布机构不承担识别这些专利的责任。

本部分由中国机械工业联合会提出。

本部分由全国电工仪器仪表标准化技术委员会(SAC/TC 104)归口。

本部分起草单位：哈尔滨电工仪表研究所、上海英孚特电子技术有限公司、天津市电力公司、山西省电力公司、重庆市电力公司、河南省电力公司、宁波三星电气股份有限公司。

本部分主要起草人：罗玉荣、薛德晋、王慧武、满玉岩、董力群、吴华、陈卓亚、夏亚莉。

本部分所代替标准的历次版本发布情况为：

——GB/T 18216.4—2007。

交流 1 000 V 和直流 1 500 V 以下低压配电系统电气安全 防护措施的试验、测量或监控设备 第 4 部分:接地电阻和等电位接地电阻

1 范围

GB/T 18216 的本部分规定了测量设备的要求,这些测量设备是以测量值指示或以极限值指示的用于测量接地导体、保护接地导体以及包括连接线和端子在内的等电位连接导体的电阻的设备。

2 规范性引用文件

下列文件对于本文件的应用是必不可少的。凡是注日期的引用文件,仅注日期的版本适用于本文件。凡是不注日期的引用文件,其最新版本(包括所有的修改单)适用于本文件。

GB/T 18216.1—2012 交流 1 000 V 和直流 1 500 V 及以下低压配电系统电气安全 防护措施的试验、测量或监控设备 第 1 部分:通用要求(IEC 61557-1:2007,IDT)

3 术语和定义

GB/T 18216.1—2012 界定的术语和定义适用于本文件。

4 要求

下列要求以及 GB/T 18216.1—2012 确立的要求适用于本文件。

4.1 测量电压可以是一个直流电压或是交流电压。开路电压应介于 4 V~24 V 之间。

4.2 按 4.4 的规定,在最小测量范围内的测量电流应不小于 0.2 A。

4.3 用直流电压作为测量电压的电阻测量设备,应或者提供一个换向开关或者允许交换测试导线。

4.4 工作不确定度符合 4.6 的规定的测量范围应包括 0.2 Ω~2 Ω。

这个范围应标志在设备上。对于测量结果只有模拟显示的应将量限标在刻度盘上。

4.5 按 4.4 的规定,在模拟测量设备上标志的量限应至少覆盖标度尺长度的 50%。

在此范围内,标度尺的分度应至少为 0.5 mm/0.1 Ω。

数字式设备的分辨率至少为 0.1 Ω。

4.6 在标示或规定的测量范围内,以测量值为基准值按表 1 确定的最大百分数工作不确定度应不超过 ±30%。

工作不确定度适用于 GB/T 18216.1—2012 规定的额定工作条件下。

4.7 校零时如果包含外部电阻,则应标志出。

无论范围和功能发生任何改变,只要标志存在校零时包含的外部电阻都应一直保留着。

4.8 只有极限值指示的设备,无论是达到上限值或是下限值,都应清晰无误地显示超限。

4.9 对于可以在配电系统中使用的测量设备,当其偶然接到 120% 配电系统标称电压上时,使用者应

不受到危险，设备不应被损坏。

防护设备可以被激活。

表 1　工作不确定度计算

基本不确定度或影响量	参比条件或规定工作范围	符号	GB/T 18216 相关部分的要求或试验	试验类型
基本不确定度	参比条件	A	本部分的 6.1	R
位置	参比位置±90°	E_1	GB/T 18216.1—2012 的 4.2	R
供电电压	由制造厂商规定的极限	E_2	GB/T 18216.1—2012 的 4.2、4.3	R
温度	0 ℃和 35 ℃	E_3	GB/T 18216.1—2012 的 4.2	T
工作不确定度	$B=\pm(\lvert A\rvert+1.15\sqrt{E_1{}^2+E_2{}^2+E_3{}^2})$		本部分的 4.6	R

A ——基本不确定度；

E_n——改变量；

R ——常规试验；

T ——型式试验。

$B[\%]=\pm\frac{B}{\text{基准值}}\times 100\%$

5　标志和使用说明书

5.1　标志

除 GB/T 18216.1—2012 规定的标志外，在测量设备上还应提供下列信息：

a)　开路电压；

b)　测量电流；

c)　设备额定的标称系统电压；

d)　符合 4.6 规定的测量范围。

5.2　使用说明书

除了 GB/T 18216.1—2012 的规定外，说明书还应包括以下信息：

a)　只能对非激励的电路进行测量的警告标志；

b)　由于并联另外的工作电路的阻抗或瞬时电流可能对测量结果产生不利影响的警告标志；

c)　当用手摇发电机供电时，给出正确操作的说明；

d)　用电池或可充电电池供电的测量设备，应说明可测量的次数。

6　试验

除了 GB/T 18216.1—2012 规定的试验外，还应施行下列试验。

6.1　应根据表 1 的规定计算工作不确定度。在此过程中，基本不确定度应在下列参比条件下确定：

——供电电压为标称值；

——当以手摇发电机作为电源时，应在标称转速下；

——参比温度 23 ℃±2 ℃；

——按制造厂规定的参比位置。

这样评定的工作不确定度应不超过 4.6 规定的限值。

6.2 应进行 4.1 要求的试验，测量开路电压的下限值(常规试验)。

应进行 4.1 要求的试验，测量开路电压的上限值(型式试验)。

6.3 应进行 4.2 要求的试验，检测测量电流(常规试验)。

6.4 进行 4.7 要求的符合性试验(型式试验)。

6.5 按 4.9 的规定进行允许过载试验。

为此目的，一个幅值为 1.2 倍配电系统标称电压的顺序改变极性的直流电压和一个交流电压依次施加到测量端子上历时 10 s。可以用接通和断开测量设备的方式进行试验。经此试验后，该测量设备应无损坏。(型式试验)

6.6 应确定达到电池检查设备规定的电压范围极限时可能进行的测量次数。试验过程中，测量设备应通过 1 Ω± 5 mΩ 的试验电阻每次加载 5 s，每次新的加载间隔为 25 s。

6.7 本章中的符合性试验应进行记录。

ICS 17.220.20
N 20

中华人民共和国国家标准

GB/T 18216.5—2012/IEC 61557-5:2007
代替 GB/T 18216.5—2007

交流1 000 V和直流1 500 V以下低压配电系统电气安全防护措施的试验、测量或监控设备 第5部分:对地阻抗

Electrical safety in low voltage distribution systems up to 1 000 V a.c. and 1 500 V d.c.—Equipment for testing, measuring or monitoring of protective measures—Part 5: Resistance to earth

(IEC 61557-5:2007, IDT)

2012-11-05 发布　　2013-02-15 实施

中华人民共和国国家质量监督检验检疫总局
中国国家标准化管理委员会　发布

前　言

GB/T 18216《交流 1 000 V 和直流 1 500 V 以下低压配电系统电气安全　防护措施的试验、测量或监控设备》目前拟分为 13 个部分：

——第 1 部分：通用要求(IEC 61557-1)；

——第 2 部分：绝缘电阻(IEC 61557-2)；

——第 3 部分：环路阻抗(IEC 61557-3)；

——第 4 部分：接地电阻和等电位接地电阻(IEC 61557-4)；

——第 5 部分：对地电阻(IEC 61557-5)；

——第 6 部分：在 TT 和 TN 系统中残余电流防护装置(RCD)(IEC 61557-6)；

——第 7 部分：相序 (IEC 61557-7)；

——第 8 部分：IT 系统绝缘监测装置(IEC 61557-8)；

——第 9 部分：IT 系统绝缘故障点测定装置(IEC 61557-9)；

——第 10 部分：防护措施的综合检测或监测装置(IEC 61557-10)；

——第 11 部分：在 TT、TN、IT 系统中 A 类和 B 类残余电流监测的有效性(IEC 61557-11)；

——第 12 部分：性能测量和监控装置(PMD)(IEC 61557-12)；

——第 13 部分：用于电力配电系统漏电流测量的手持式电流钳和传感器(IEC 61557-13)。

注：上述部分的名称会随 IEC 标准名称的变化而变化。

本部分为 GB/T 18216 的第 5 部分。

本部分按照 GB/T 1.1—2009 给出的规则起草。

本部分是对 GB/T 18216.5—2007(IEC 61557-5:1997)的修订。

本部分与 GB/T 18216.5—2007 的主要区别如下：

——增加术语“辅助地电极”“辅助地电极电阻”“探针”“探针电阻”(见 3.2、3.3、3.4、3.5)；

——关于“工作误差”的要求修改为相应的“工作不确定度”要求(见 4.3)。

本部分使用翻译法等同采用 IEC 61557-5:2007《交流 1 000 V 和直流 1 500 V 以下低压配电系统电气安全　防护措施的试验、测量或监控设备　第 5 部分：对地电阻》。

请注意本文件的某些内容可能涉及专利。本文件的发布机构不承担识别这些专利的责任。

本部分由中国机械工业联合会提出。

本部分由全国电工仪器仪表标准化技术委员会(SAC/TC 104)归口。

本部分起草单位：哈尔滨电工仪表研究所、上海英孚特电子技术有限公司、天津市电力公司、山西省电力公司、重庆市电力公司、河南省电力公司、宁波三星电气股份有限公司。

本部分主要起草人：罗玉荣、薛德晋、王慧武、满玉岩、董力群、吴华、陈卓亚、夏亚莉。

本部分所代替标准的历次版本发布情况为：

——GB/T 18216.5—2007。

交流1 000 V和直流1 500 V以下低压配电系统电气安全防护措施的试验、测量或监控设备 第5部分:对地阻抗

1 范围

GB/T 18216的本部分规定了使用交流电压来测量对地电阻的设备的要求。

2 规范性引用文件

下列文件对于本文件的应用是必不可少的。凡是注日期的引用文件,仅注日期的版本适用于本文件。凡是不注日期的引用文件,其最新版本(包括所有的修改单)适用于本文件。

GB 4793.1—2007 测量、控制和实验室用电气设备的安全要求 第1部分:通用要求(IEC 61010-1:2001,IDT)

GB/T 18216.1—2012 交流1 000 V和直流1 500 V及以下低压配电系统电气安全 防护措施的试验、测量或监控设备 第1部分:通用要求(IEC 61557-1:2007,IDT)

3 术语和定义

GB/T 18216.1—2012界定的以及下列术语和定义适用于本文件。

3.1

串联干扰电压 series interference voltage

叠加在测量电压上的外来电压。

3.2

辅助地电极 auxiliary earth electrode

提供测量所需电流的附加地电极。

3.3

辅助地电极电阻 auxiliary earth electrode resistance

R_H

流过测量所需电流的附加地电极的电阻。

3.4

探针 probe

测量期间用作探测电位的附加地电极。

3.5

探针电阻 probe resistance

R_S

测量期间用作探测电位的附加地电极的地电极电阻。

4 要求

下列要求以及 GB/T 18216.1—2012 确立的要求适用于本文件。

4.1 出现在端子 E 和 H 之间的输出电压应是一个不含直流分量的交流电压。

应这样选择其频率和波形，使电干扰，特别是来自以系统频率工作的电气安装的电干扰不会对测量结果产生显著的不利影响。

4.2 如果来自配电系统的交流或直流电流干扰电压的影响超过 4.3 的要求，制造厂应在使用说明书中说明。

4.3 按表 1 规定，在标志的或说明的测量范围内最大百分数工作不确定度不应超过以被测值作为基准值的±30 %。

表 1 工作不确定度的计算

基本不确定度或影响量	参比条件或规定工作范围	符号	GB/T 18216 相关部分的要求或试验	试验类型
基本不确定度	参比条件	A	本部分的 6.1	R
位置	参比位置±90°	E_1	GB/T 18216.1—2012 的 4.2	R
供电电压	由制造厂商规定的极限	E_2	GB/T 18216.1—2012 的 4.2、4.3	R
温度	0 ℃和 35 ℃	E_3	GB/T 18216.1—2012 的 4.2	T
串联干扰电压	见 4.2 和 4.3	E_4	本部分的 4.2、4.3	T
探针和辅助地电极的电阻	0 ～(100×R_A)，但小于或等于 50 kΩ	E_5	本部分的 4.3	T
系统频率	标称频率的 99%～101%	E_7	本部分的 4.3	T
系统电压	标称电压的 85%～110%	E_8	本部分的 4.3	T
工作不确定度	$B=\pm(\lvert A\rvert+1.15\sqrt{E_1^2+E_2^2+E_3^2+E_4^2+E_5^2+E_7^2+E_8^2})$		本部分的 4.5	R

A——基本不确定度；
E_n——改变量；
R——常规试验；
T——型式试验。

$$B[\%]=\pm\frac{B}{\text{基准值}}\times 100\%$$

工作不确定度适用于 GB/T 18216.1—2012 规定的额定工作条件和以下要求：

——在端子 E(ES)和 S 之间或对地电阻环路之间分别注入系统频率为 400 Hz、60 Hz、50 Hz、$16\frac{2}{3}$ Hz的串联干扰电压或直流电压。带有辅助电极的设备的串联干扰电压的方均根值(r.m.s.)应为3 V。对于使用电流钳的设备，如果影响量超出改变量 E_4 和工作不确定度的规定值，应明确指出干扰的存在。

——辅助地电极和探针的电阻：0 ～($100\times R_A$)，但小于或等于 50 kΩ。

——对于以电网供电的测量设备和(或)直接从配电系统获取其输出电压的测量设备，系统电压应在标称系统电压的 85%～110%之间，系统频率应在标称系统频率的 99%～101%之间。

4.4 测量设备应能判定探针和辅助地电极的电阻值是否超过最大允许值。

4.5 测量中不应出现危险的接触电压。

这可以通过下列要求对输出电压的电源进行适当的设计来实现：

——输出电压的开路值限制到方均根值(r.m.s.)50 V 或峰值 70 V；

注：在农田里测量时，该开路电压不应超过方均根值 25 V(r.m.s.)或峰值 35 V。

——当电压值超过 50 V(70 V)或 25 V (35 V)时，短路电流值限制到方均根值(峰值)3.5 mA (5 mA)。

当出现与上述条件不相符时，测量过程应在 GB/T 4793.1—2007 图 1 规定的允许时间内自动切断。

4.6 当测量设备的用于连接到配电系统电源的任何插头或插座连接到其标称电压的 120%的电压上时，使用者不应接触到超过允许接触电压的电压，测量设备应回复到规范的要求，保护装置不应动作。

5 标志和使用说明书

5.1 标志

除 GB/T 18216.1—2012 规定的标志外，测量设备还应有下列标志：

a) 适用于最大工作不确定度的测量范围；

b) 输出电压的频率；

c) 端子的符号(尽可能适用)：

- E：地电极端子；
- ES：最靠近地电极的探针端子；
- S：探针端子；
- H：辅助地电极端子。

5.2 使用说明书

除 GB/T 18216.1—2012 的规定外，说明书还应包括以下操作说明：

a) 测量地电阻设备的应用范围(例如：用于农用器械或其他)；

b) 是否有串联干扰电压影响大于 4.3 规定值的情况；

c) 关于正确使用手摇发电机(如提供)的说明；

d) 与 5.1 中 c)项不同的端子符号的说明。

6 试验

除了 GB/T 18216.1—2012 列出的试验外，还应施行以下试验。

6.1 应根据表 1 计算工作不确定度。在此过程中，基本不确定度应在下列参比条件下确定：

——供电电压为标称值；

——当使用手摇发电机供电时，发电机应在每分钟标称转速下运行；

——以电网供电的测量设备，供电电源的标称频率应符合 4.3 的要求；

——参比温度：23 ℃±2 ℃；

——按制造厂规定的参比位置；

——探针和辅助地电极的电阻为 100 Ω；

——干扰电压为 0 V。

这样评定的工作不确定度不应超过 4.3 规定的限值。

6.2 在各自的测量范围内，检查开路电压、短路电流和延时切断是否符合 4.5 的规定(常规试验)。

6.3 检查各个探针和辅助地电极的最大电阻是否超过允许的最大值(型式试验)。

6.4 当测量设备的用于连接到配电系统电源的任何插头或插座连接到其标称电压的 120% 的电压上时，应按 4.6 进行过载保护试验(型式试验)，保护装置不应动作。

6.5 本章中的各项符合性试验应进行记录。